Andreas Kremling

Kompendium Systembiologie

Andreas Kremling

Kompendium Systembiologie

Mathematische Modellierung und Modellanalyse

STUDIUM

Bibliografische Information der Deutschen Nationalbibliothek
Die Deutsche Nationalbibliothek verzeichnet diese Publikation in der
Deutschen Nationalbibliografie; detaillierte bibliografische Daten sind im Internet über
<http://dnb.d-nb.de> abrufbar.

1. Auflage 2012

Lektorat: Ulrich Sandten | Kerstin Hoffmann

Vieweg+Teubner Verlag ist eine Marke von Springer Fachmedien.
Springer Fachmedien ist Teil der Fachverlagsgruppe Springer Science+Business Media.
www.viewegteubner.de

Umschlaggestaltung: KünkelLopka Medienentwicklung, Heidelberg
Druck und buchbinderische Verarbeitung: AZ Druck und Datentechnik, Berlin
Gedruckt auf säurefreiem und chlorfrei gebleichtem Papier

ISBN 978-3-8348-1907-9

Die Idee zu diesem Kompendium entstand während der Vorbereitung von Vorlesungen, die ich im Rahmen des Studienganges Biosystemtechnik an der Universität Magdeburg gehalten habe. Ermutigt durch viele Anregungen von Studenten und von ehemaligen Kollegen am Max-Planck-Institut Magdeburg habe ich mir die Zeit genommen, alle Aufschriebe und Hilfsblätter durchzusehen, zu sortieren und zu strukturieren. Das Kompendium wendet sich an Studierende mit Grundkenntnissen in Mathematik und Systemtheorie, die sich für die Modellierung und Analyse von komplexen biochemischen Netzwerken interessieren und die die Prozesse, die in einer Zelle ablaufen, verstehen wollen und daraus Schlussfolgerungen über die Funktion und das Verhalten der Netzwerke kennenlernen möchten. Damit unterstützt es Vorlesungen im Bereich der mathematischen Modellierung zellulärer Systeme und erlaubt es, eine Übersicht und Anwendungsmöglichkeiten der mathematischen Modellierung in der Systembiologie zu erhalten. Da der Stoff anhand von zahlreichen Beispielen vertieft wird, ist das Kompendium auch ideal zum Selbststudium geeignet.

Biologisches Grundwissen, welches zum Verständnis der Beispiele notwendig ist, wird in kompakter Form dargestellt. Hier geht mein Dank an Dr. Katharina Pflüger-Grau, die sich des Kapitels angenommen hat. Im Kompendium werden viele Beispiele durch Abbildungen unterstützt, in denen Simulationen mit MATLAB gezeigt werden. Die entsprechenden Dateien können dem interessierten Leser zur Verfügung gestellt werden. Damit wird es möglich, die gezeigten Simulationen selbstständig durchzuführen und mit den Parameterwerten zu experimentieren.

Ein großer Dank gilt Frau Kathrin Schumann, die für die erste Fassung alles Material in LATEXgesetzt hat. Herzlichen Dank auch an alle Mitarbeiter und Mitarbeiterinnen, vor allem an Frau Berthold und an Frau Haller sowie an die Studentinnen und Studenten, die bei der Durchsicht und Korrektur des Kompendiums mitgeholfen haben. Herrn Blässle gilt mein Dank für die Erstellung der LATEX-Endfassung.

München, im Juli 2011

A. Kremling

Inhaltsverzeichnis

Teil I

Einleitung & Grundlagen

Im ersten Teil des Kompendiums werden nach einer kurzen Einführung in die Systembiologie aus Sicht des Theoretikers zunächst einige biologische Grundlagen sehr knapp zusammegestellt, die im wesentlichen Physiologie, Stoffwechsel, Genexpression und Signalverarbeitung in Bakterien umfassen. Die Beispiele aus der Biologie werden nachher benötigt, um theoretische Methoden zu illustrieren und anwenden zu können. Danach sollen die Grundlagen für die mathematische Modellierung gelegt werden, wobei verschiedene Beschreibungsformen diskutiert werden. Thermodynamische Aspekte spielen vor allem bei der Berechnung von Flussverteilungen eine Rolle. Daher ist der Thermodynamik ein eigenes Kapitel gewidmet. Zum Abschluss des Kapitels wird auf die Schätzung von unsicheren und unbekannten Parametern eingegangen.

1 Einleitung

Die Systembiologie hat in den letzten Jahren einen starken Aufschwung erlebt. Dies äußert sich nicht nur in zahlreichen neuen Forschungsprogrammen, die aufgelegt wurden, sondern auch im Angebot neuer Vorlesungen an Universitäten und Forschungseinrichtungen. Allerdings finden sich zahlreiche Ausrichtungen der Systembiologie, sei es in experimenteller oder in theoretischer Weise, so dass sich heute noch kein klar umrissenes Bild eines "Systembiologen" zeigt.

Forschung in der Systembiologie zeichnet sich durch einen interdisziplinären Ansatz aus. Das bedeutet, dass theoretische, experimentelle und auch informationstechnische Methoden und Verfahren gleichermaßen zum Einsatz kommen. Die Systembiologie, wie sie im vorliegenden Kompendium beschrieben wird, stellt die mathematische Modellierung ins Zentrum der Aktivitäten. Dies hat mehrere Gründe: Biologische Systeme (hier speziell zelluläre Systeme) zeichnen sich durch eine Vielzahl von Komponenten aus, die miteinander verknüpft sind. Diese Verknüpfungen sind nicht linearer Natur, wie z.B. bei einer reinen Hintereinanderschaltung von bioechemischen Reaktionen, sondern sie sind vielmehr durch Rückkopplungs- und Vorwärtsschleifen gekennzeichnet, deren Verhalten sich rein intuitiv nicht verstehen lässt. Die mathematische Modellierung dient dann in einem ersten Schritt einer Formalisierung des vorhandenen Wissens über die Systeme. Anschließend können Verfahren der Modellanalyse helfen, zu einem verbesserten Verständnis zu kommen. Basierend auf einer deterministischen Beschreibung stehen dazu eine ganze Reihe von Verfahren zur Verfügung, die teilweise auch in diesem Kompendium behandelt werden. Drittens sollen diese Modelle dann gezielt in der Anwendung, etwa der Biotechnologie, eingesetzt werden, um die biologischen Ressourcen effizient zu nutzen. Das setzt voraus, dass die Modelle prädiktiven Charakter haben müssen, dass es also möglich ist, Hypothesen zu formulieren, die durch Simulationsstudien überprüft werden können.

In der Systembiologie lassen sich nun zwei unterschiedliche und sich ergänzende Ansätze finden, die zu einem mathematischen Modell führen. Im Bottom-Up-Ansatz geht man von einem kleinen Teilsystem aus, für welches biologisches Wissen aus der Literatur bekannt ist und für das ein mathematisches Modell aufgestellt werden soll. Wie in Abbildung 1.1 links gezeigt, wird dieses Modell verifiziert und analysiert. Dann kann es mit weiteren Teilmodellen zu einer größeren Einheit verschaltet werden. Im experimentell orientierten Top-Down-Ansatz liegt ein Gesamtbild der zellulären Aktivität beispielsweise in Form von cDNA-Array-Daten vor (Abbildung 1.1 rechts). Diese Daten werden in einem ersten Schritt analysiert und dann mit anderen Daten, wie zum Beispiel Proteom-Daten oder Metabolom-Daten in einer Gesamtdarstellung integriert. Basierend auf verschiedenen Techniken lassen sich dann aus den Daten ebenfalls mathematische Modelle ableiten. Im vorliegenden Kompendium sollen aus beiden oben vorgestellten Vorgehensweisen mathematische Modelle abgeleitet werden, wobei der Modellierung aus dem Bottom-up-Ansatz größerer Raum eingeräumt wird.

Mathematische Modellierung und molekularbiologisches Experiment gehen in der systembiologischen Forschung Hand in Hand wie Abbildung 1.2 zeigt. Ausgangspunkt ist in der Regel

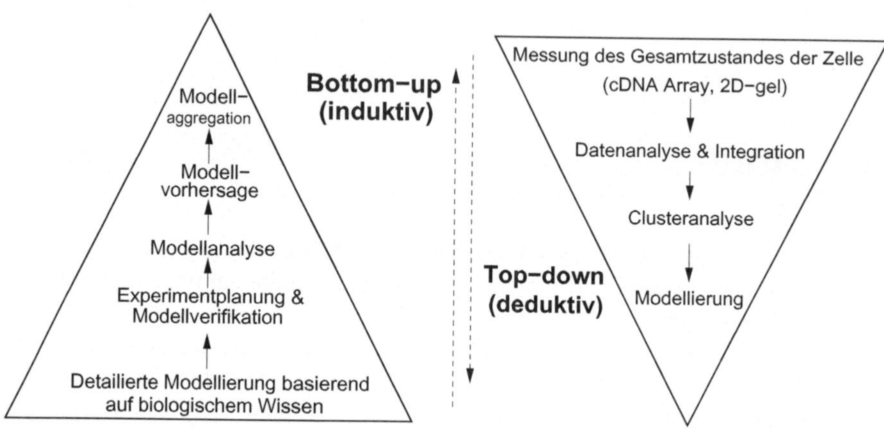

Abbildung 1.1: Zwei Vorgehensweisen in der Systembiologie. Links: Bottom-up und rechts: Top-down. In der Systembiologie wird versucht, mit beiden Ansätzen mathematische Modelle zu entwickeln.

ein biologisches Experiment, eine Beobachtung oder ein Phänomen, welches nicht erklärt werden kann. Wesentlich ist nun, dass die Formulierung der Fragestellung oder Problemstellung einer mathematischen Beschreibung zugänglich ist. In diese Fragestellungen gehen schon erste Vorstellungen über die Lösung des Problems in Form von Hypothesen ein. Bei der Modellierung kommt es darauf an, dass das Modell eine Erklärung für die vorliegenden Daten liefert, sei sie quantitativer oder qualitativer Natur. Dies erfolgt in der Regel durch eine Vorhersage des Verhaltens, wenn andere Eingangsbedingungen vorliegen. Damit kann das Modell Vorschläge für weitere Experimente liefern, mit denen die Modellvorstellung überprüft werden soll. In einer iterativen Folge von Modellverbesserungen und neuen Experimenten soll dann die Fragestellung geklärt werden.

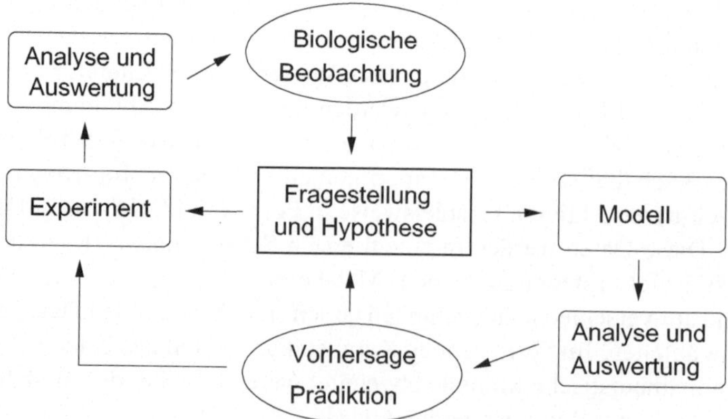

Abbildung 1.2: Iterativer Zyklus aus Fragestellung, biologischem Exeperiment und Modellierungsvorgang.

Obwohl die vorgestellten Methoden genereller Natur sind, kommen die entsprechenden Beispiele meistens aus der Biolgie von *Escherichia coli*, einem der am besten untersuchten Mikroorganismen. Um die gezeigten Methoden auch konkret auf den Stoffwechsel und die Regulation anwenden zu können, wird deshalb (in sehr knapper Form) auf die biologischen Grundlagen eingegangen. Anschließend werden die Grundlagen der mathematischen Modellierung behandelt, wobei unterschiedliche Beschreibungsformen diskutiert werden. Der Schwerpunkt liegt auf der Ableitung von deterministischen Modellen, die im Weiteren auch für die Modellanalyse und die Modellverifikation herangezogen werden. Durch die Bilanzierung von Stoff- und Energieströmen kommt man so zu einem System von Differentialgleichungen – den Bilanzgleichungen, welches in der Regel nur numerisch gelöst werden kann. Die stochastische Modellierung kommt zum Tragen, wenn die Anzahl der beteiligten Reaktionspartner sehr klein ist; das ist dann der Fall, wenn eine Interaktion eines Proteins mit der DNA betrachtet wird und beide Partner – das Protein und die Anbindesequenz für das Protein – nur in kleiner Kopienzahl vorliegen. Das Pendant zur Bilanzgleichung ist die Master-Gleichung, die angibt, wie groß die Wahrscheinlichkeit ist, dass eine Komponente in der Zelle in einer bestimmten Anzahl von Molekülen vorliegt. Deterimistische Modelle können auch diskreter Natur sein und das System qualitativ beschreiben. Im weitesten Sinne gehören hier auch Graphen dazu, die oft zur Beschreibung von biochemischen Netzwerken herangezogen werden und eine weitere Möglichkeit zur Darstellung von biochemischen Netzwerken darstellen.

Der Ermittlung von Modellparametern aus experimentellen Daten und der Versuchsplanung wird ein breiter Raum zur Verfügung gestellt, da eine quantitative Beschreibung experimenteller Daten mit Hilfe eines mathematischen Modells in der Regel eine Schätzung der kinetischen Parameter erfordert. Allerdings soll hier der Schwerpunkt nicht auf Optimierungsverfahren liegen, da diese Methoden Stoff spezieller Vorlesungen sind. Es sollen vielmehr die Bewertung der geschätzten Parameter und Modelle sowie die Verbesserung der Güte der Parameter im Mittelpunkt des Kapitels stehen. Dabei werden zunächst die Methoden der linearen Regression aufgegriffen und es wird gezeigt, wo die Unterschiede zu nichtlinearen Systemen liegen. Bei der Vesuchsplanung werden dann Eingangsgrößen ermittelt, die die Güte der Schätzung verbessern.

Im zweiten Teil werden anschließend verschiedene intrazelluläre Prozesse besprochen. Den enzymatischen Reaktionen wird dabei ein breiter Raum zur Verfügung gestellt. Hier sind eine ganze Reihe von Mechanismen bekannt, die die Umsetzung von Substraten in Produkte beschreiben. Hinzu kommen noch regulatorische Einflüsse durch Inhibitoren oder Aktivatoren, die die Reaktionsgeschwindigkeit beeinflussen. Bei den Signaltransduktionssystemen werden zunächst einfache Netzwerkstrukturen betrachtet, die ein bestimmtes Signal-Antwort-Verhalten zeigen. Als Beispiele bekannter Systeme werden dann die Zwei-Komponenten Signaltransduktion, das Phosphotransferase-System und Phosphatübertragungskaskaden besprochen. Dabei werden auch räumliche Gradienten betrachtet, die z. B. dann auftreten, wenn die Phosphorylierung einer Komponente an einer Membran stattfindet, die Dephosphorylierung jedoch im Zellinneren.

Polymerisationsprozesse stellen eine weitere wichtige Klasse von Reaktionen dar. Bei der Initiation der Synthese von mRNA spielt die Interaktion von Regulatorproteinen mit spezifischen DNA-Bindestellen eine wichtige Rolle. Auch die gesamte Synthese von Makromolekülen kann im Detail sehr gut modelliert und mit Messdaten verglichen werden. Ausgehend von einer makroskopischen Betrachtung werden detaillierte Modelle der Polymerisation abgeleitet. Weiterhin werden die Modellvorstellungen der Induktion und der Repression diskutiert. Bei der Replikation in bakteriellen Zellen wird beobachtet, dass die DNA-Neusynthese wieder beginnt, obwohl die gerade stattfindende Synthese noch gar nicht vollständig abgeschlossen ist. Dies führt dazu, dass in der Zelle die einzelnen Gene oder Operons in unterschiedlicher Kopienzahl vorliegen. Hierzu werden einige Beziehungen angegeben, die es erlauben, die Kopienzahl in Abhängigkeit von Wachstumsrate und Ort auf der DNA zu ermitteln.

Eine Idee der Konzeption des Kompendiums ist die Vorstellung, dass das Zusammenwirken der einzelnen Prozesse zu einer bestimmten Funktionalität des Teilnetzwerkes in der Zelle führt, welches sich in einem bestimmten Verhalten der gesamten Zellpopulation äußert. Die Reihenfolge Prozess – Funktion – Verhalten stellt den roten Faden bei der Kapiteleinteilung dar.

Die Modellierung und Analyse von Signaltransduktionseinheiten stellt dabei eine Mittlerrolle zwischen Prozess und Funktion dar. Schon eine einfache Verschaltung von wenigen Elementen bringt eine Funktionalität hervor. Tritt diese Verschaltung häufig auf, kann man davon ausgehen, dass sie besonders wichtig ist. Diese Verschaltungsmuster werden als Motive bezeichnet. Zelluläre Systeme sind auch dadurch gekennzeichnet, dass sich große Teile des Netzwerkes zusammenfassen und eigenständig beschreiben lassen. Diese Teile werden als Modul bezeichnet und können nach unterschiedlichen Kriterien definiert werden. Auf der einen Seite kann nach der Funktion im Stoffwechsel, also zum Beispiel der Bereitstellung von Vorstufen strukturiert werden. Auf der anderen Seite stellt die Organisation der Gene in Operons oder Regulons ein weiteres Merkmal dar, welches eine Zuordnung zu Modulen erlaubt. Zuletzt werden Komponenten und Reaktionen auch über Signalweiterleitung und -verarbeitung strukturiert; so ist es sinnvoll, Elemente, die über ein gemeinsames Signaltransduktionssystem kontrolliert werden, zu einer Einheit zusammenzufassen. Diese Ideen werden in einer interessanten und sehr zu empfehlenden Arbeit diskutiert[1].

In Abbildung 1.3 wird der Zusammenhang zwischen Modulen und Motiven noch einmal veranschaulicht. In **A** wird die Glykolyse gezeigt, die eine fast lineare Kette von Reaktionen umfasst, die 6-er Zucker zu 3-er Zucker abbaut. Die Glykolyse kann als Modul bezeichnet werden, da sie zur Gewinnung von ATP dient. Wachsen Organismen unter anaeroben Bedingungen, so stellt die Glykolyse die nahezu einzige ATP-Produktionseinheit dar. Im linken Teil der Abbildung sind einzelne Reaktionen gezeigt, wobei ein Teil **B** herausgehoben ist, der ein Motiv darstellt. Das Motiv stellt die Aktivierung der Pyruvat-Kinase-Reaktion durch den Metaboliten Fru-1,6-Bisphosphat dar, wie sie aus *E. coli* bekannt ist. Diese Vorwärtsschleife erfüllt eine bestimmte Funktion, die im Kapitel Signaltransduktion erläutert wird und ein schönes Beispiel für die Verknüpfung von Stoffwechsel und Signalverarbeitung darstellt. Im oberen Teil der Abbildung werden die Aufnahmesysteme für Laktose **C** und Arabinose **D** gezeigt. Sie stellen ein Modul dar, da die entsprechenden Gene für den Abbau von Laktose (*lacZYA*) und Arabinose (*araFGH*) ein Operon bilden. Betrachtet man die Verschaltung der einzelnen Elemente, beobachtet man beim Laktose-Aufnahmesystem eine bestimmte Funktion. Bekannt ist, dass bei Zugabe eines Induktors, der die Expression auslöst, ein bistabiles Verhalten beobachtet wird. Erhöht man die Konzentration an Induktor, so erfolgt die Proteinbildung erst nach Erreichen eines Schwellenwertes. Wird die Konzentration des Induktors wieder erniedrigt, so findet das Umschalten (oder Abschalten) bei einer niedrigeren Konzentration statt, wie im Bild angedeutet. Diese Funktion-

---

[1]Motifs, modules and games in bacteria. D. M. Wolf and A. P. Arkin, Current Opinion in Microbiology 6: 125-134, 2003

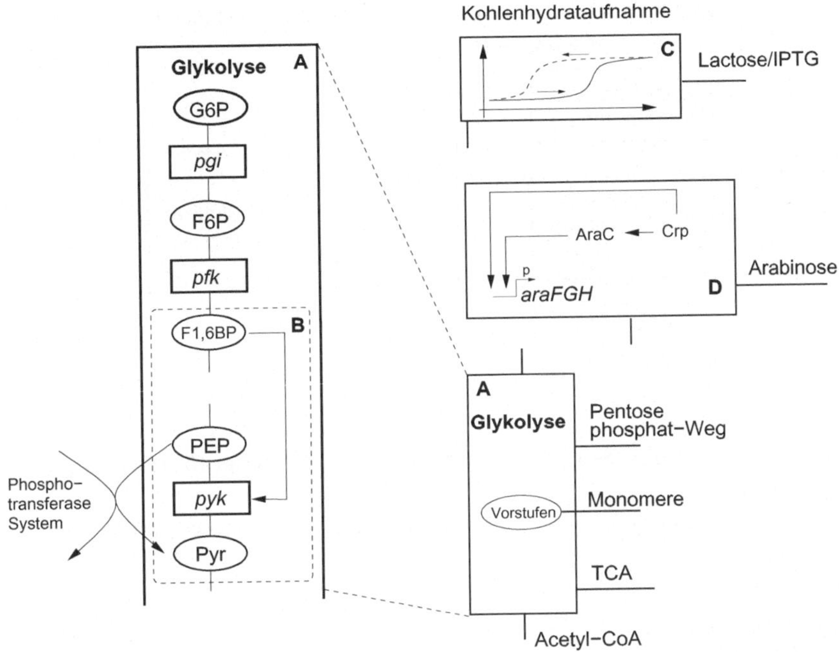

Abbildung 1.3: Darstellung von Modulen und Motiven am Beispiel der Kohlenhydrataufnahme in *E. coli*.

alität hat den Vorteil, dass bei Schwankungen der Nährstoffversorgung nicht ständig die Genexpression an- oder ausgeschaltet werden muss. In **D** ist die Verschaltung von zwei Transkriptionsfaktoren gezeigt, die das *ara*-Operon beeinflussen. Es ist zu sehen, dass Crp sowohl AraC als auch das Operon reguliert. Hier tritt wieder eine Vorwärtschleife auf, diesmal auf der Ebene der Genregulation. Da dieses Motiv sehr häufig vorkommt, wird es detailliert vorgestellt.

Der dritte Teil beschäftigt sich mit der Analyse von Modulen und Motiven, wobei Methoden vorgestellt werden, die sich auf die Dynamik der Teilsysteme und auf das Verhalten im Gleichgewicht richten. Zunächst werden Verfahren vorgestellt, die die unterschiedlichen Zeitskalen, die charakteristisch für die Systeme sind, bestimmen und für eine Modellreduktion ausnutzen. Mittlerweile hat auch die Sensitivitätsanalyse einen festen Platz im Methodenspektrum eingenommen. Die Ermittlung von Sensitivitäten ist besonders bei der Parameterschätzung ein wichtiges Werkzeug, um empfindliche Parameter zu bestimmen. Eine sehr etablierte Methode für die Analyse von Sensitivitäten stellt die "Metabole Kontrolltheorie" dar, die Koeffizienten definiert, die lokale Eigenschaften des Prozesses mit den globalen Eigenschaften des Moduls verbinden. Eine darauf aufbauende Analyse der Dynamik des Systems stellt die "strukturierte kinetische Modellierung" dar, die anschließend behandelt wird. Werden Interaktionen von Signalproteinen mit Effektoren betrachtet, kann sich eine große Anzahl von unterschiedlichen Konformationen ergeben. Ist man nur an physiologisch interessanten Größen interessiert, kann die Anzahl der Konformationen durch Reduktionstechniken verringert werden.

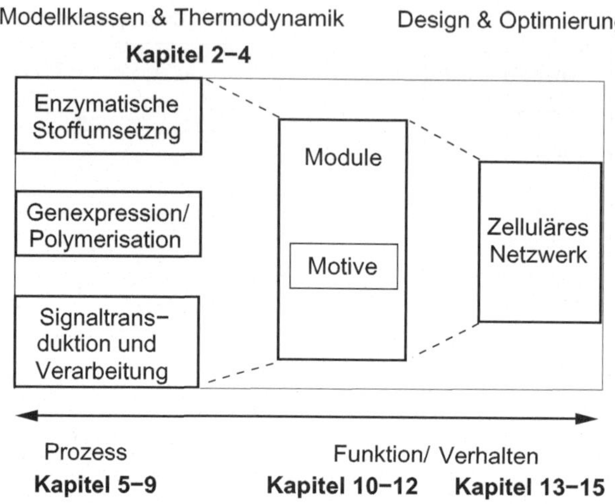

Abbildung 1.4: Übersicht über die Struktur des Kompendiums.

Regelungstheoretische Aspekte finden zur Zeit noch wenig Beachtung, obwohl einige interessante Beispiele wie die bakterielle Chemotaxis zeigen, dass Rückkopplungsschleifen wichtig für das Verständnis der ablaufenden Prozesse sind. Schon bei einfachen Netzwerkstrukturen kann eine Rückführung identifiziert werden, die zu einem perfekten Ausregeln von − im regelungstechnischen Sinne − Störsignalen führt. Abschließend wird in diesem Teil auch ein Verfahren der robusten Regelung vorgestellt. Biochemische Netzwerke zeichnen sich dadurch aus, das für viele Teile nur ungenügend quantitative Informationen vorliegen, um ein dynamisches Modell ausreichend zu parametrieren. Die Klasse der monotonen Systeme stellt damit ein Bindeglied zwischen den beiden Welten − qualitativ / quantitiv − dar. Die Monotonie von Systemen kann mittels graphentheoretischer Methoden überprüft werden. Liegt monotones Verhalten für Teilsysteme vor, so können ohne detailliertes quantitatives Wissen schon Rückschlüsse auf das dynamische Verhalten des Gesamtsystems gezogen werden.

Im vierten Teil wird dann eine Brücke zu den Netzwerken geschlagen, die unter zwei Aspekten betrachtet werden. Die Analyse von stöchiometrischen Netzwerken gehört heute zum Standardrepertoire an Methoden eines Biotechnologen. Diese Methode erlaubt es, die Flussverteilung (flux maps) in der Zelle zu ermitteln und stellt damit die Grundlage dar, die Stoffflüsse in die gewünschte Richtung zu lenken. Netzwerke lassen sich auch rein graphentechnisch analysieren. Dabei stehen Fragen nach der Verbindungshäufigkeit, nach der kürzesten Verbindung zwischen zwei Komponenten oder nach der Eigenschaft ein Cluster zu bilden, im Vordergrund. Dieser Teil befasst sich auch mit Methoden des Top-Down Ansatzes, wobei zu sagen ist, dass sich bisher in der Literatur noch kein Ansatz richtig durchgesetzt hat. Als Fachbegriff hat sich hier der Ausdruck Reverse Engineering eingebürgert, der − im Gegensatz zur Synthese und dem Design als Kernaufgabe eines Ingenieurs − die Analyse eines Systems mit unbekannten/uncharakterisierten Verbindungen der Elemente in den Mittelpunkt nimmt. Als sinnvoll erscheint es, sich auf eine kleine Anzahl von Komponenten und Reaktionen/Wechselwirkungen zu fokussieren, wenn man ein mathematisches Modell ableiten will, da eine große Anzahl von beteiligten Elementen auch eine große Menge an quantitativen Daten erfordert, die heute noch nicht umfassend verfügbar ist. Liegt eine große Datenmenge vor, so kann diese durch Einsatz von Clustertechniken auf eine kleinere Anzahl von Variablen, die als Repräsentanten betrachtet werden, reduziert werden. Bei einem linearen Ansatz versucht man dann, die Einträge in der Jacobi-Matrix zu ermitteln und dadurch die Interaktionen der Komponenten zu beschreiben. Ein interessanter Ansatz ist die Netzwerk-Komponenten-Analyse, die experimentelle Daten geschickt zerlegt, wenn Informationen über mögliche Kopplungen bereits vorliegen.

Abbildung 1.4 stellt die einzelnen Kapitel in den Kontext des gesamten Kompendiums. Hat man ausreichend gute Modelle erstellt, können diese für Optimierungsaufgaben in der Biotechnologie eingesetzt werden. Ausführungen zu den Grundlagen der Optimierung sind hier nicht vorgesehen und werden zu einem späteren Zeitpunkt ergänzt. Ein Kompendium ist ein kurz gefasstes Lehrbuch. Das bedeutet, dass die Inhalte nicht in ihrer ganzen Breite vorgestellt und diskutiert werden, sondern eher als Hilfmittel für entsprechende Vorlesungen dienen sollen.

2 Biologische Grundlagen

[Dieses Kapitel enstand unter Mitarbeit von Frau Dr. Pflüger-Grau, München.]

2.1 Die Zelle – eine Einführung

Die Zelle ist die kleinste lebensfähige Einheit. Die Grundbestandteile der Zelle sind in allen Lebewesen identisch, sie besteht aus DNA (Desoxyribonukleinsäure), RNA (Ribonukleinsäure), Proteinen, Lipiden und Phospholipiden. Allerdings zeigen sich deutliche Unterschiede in der Feinstruktur der Zelle und in den Feinheiten in der stofflichen Zusammensetzung zwischen verschiedenen Organismengruppen. Im allgemeinen wird zwischen eukaryontischen (Tiere, Pflanzen, Algen und Protozoen) und prokaryontischen Zellen (Bakterien und Archäen) unterschieden. Die bakterielle Zelle besteht zu 70-85% aus Wasser, d.h., das Trockengewicht beträgt ca. 15-30% der Frischmasse. Davon sind ca. 50% Protein, 10-20% entfallen auf die Zellwand, ebenfalls 10-20% auf die Gesamt-RNA, 3-4% auf die DNA und ca. 10% sind Lipide. Im Gegensatz zur eukaryontischen Zelle verfügt die prokaryontische nicht über einen Zellkern und das Genom liegt auf einem einzigen ringförmig geschlossenen Strang im Zytoplasma vor, dem Bakterienchromosom. Auf der DNA sind alle Informationen gespeichert, die die Zelle zum Wachsen braucht. Darüberhinaus können noch kleinere ringförmige DNA Strukturen vorliegen, die sogenannten Plasmide. Diese sind allerdings nicht essentiell für die Zelle.

Prokaryonten sind hinsichtlich ihrer Zellform relativ uniform. Sie können entweder kugelförmig sein, diese Mikroorganismen werden dann als Kokken bezeichnet, oder als gerade oder gekrümmte Zylinder vorliegen, die sogenannten Stäbchen. Sie vermehren sich durch Zellteilung, bei der in der Regel zwei identische Tochterzellen entstehen. In Bezug auf ihre Habitate hingegen sind die Prokaryonten äußerst vielseitig. Man unterscheidet im allgemeinen aerobe Mikroorganismen, solche die Sauerstoff zum Leben benötigen, von anaeroben Mikroorgansimen, die nur in Abwesenheit von Sauerstoff überleben können. Darüberhinaus wurden Mikroorganismen in einem großen Temperaturbereich (-15°C bis 113°C), einem weiten pH-Bereich (pH=0,06 bis pH=12), bei unterschiedlichen Drücken (z.B in der Tiefsee), oder Salzkonzentrationen gefunden (in gesättigter Salzlösung), d.h., sie sind weit verbreitet und in fast allen denkbaren Habitaten anzutreffen. Die Mikroorganismen, die extreme Habitate besiedeln, werden als Extremophile bezeichnet. Extremophile Mikroorganismen haben eine große Bedeutung in der Biotechnologie, da sie über Enzyme verfügen, welche unter extremen Bedingungen funktional sind (z.B. bei hohen Temperaturen).

Diese breite Vielfalt setzt sich auch hinsichtlich des Stoffwechsels fort. Unter Stoffwechsel versteht man die Gesamtheit aller biochemischen Reaktionen, die für die Energiegewinnung und somit das Wachstum und die Zellteilung notwendig sind. Man unterscheidet Atmung, Photosynthese und Gärung. Bei der Atmung dient Sauerstoff (aerobe Atmung) oder ein anderes Molekül (z.B. SO_4^{2-}) (anaerobe Atmung) als terminaler Elektronenakzeptor. Dabei wird ein Protonengradient über der Zellmembran aufgebaut, welcher anschließend zur Energiegewinnung genutzt wird. Bei der Photosynthese wird die Lichtenergie zur ATP-Gewinnung genutzt, d.h. in chemische Energie umgewandelt. Die Gärung beschreibt einen Prozess, bei dem organische Komponenten unter anaeroben Bedingungen sowohl als Elektronendonatoren als auch als -akzeptoren fungieren und bei dem die Energie ausschließlich über Substratkettenphosphorylierung gewonnen wird.

2.2 Zellteilung und Wachstum

Wachstum bezeichnet die Zunahme der lebenden Substanz, also der Zellmasse und der Zellzahl. Die spezifische Wachstumsrate (μ) beschreibt die Zunahme der bakteriellen Zellzahl in einer bestimmten Zeiteinheit. Prokaryontische Zellen wachsen in der Regel durch symmetrische Teilung in der Mitte, dabei entstehen zwei identische Tochterzellen. Der Zellteilung geht eine Vergrößerung der Zelle und damit eine Zunahme der Biomasse und die Verdoppelung des bakteriellen Chromosoms und gegebenenfalls des Plasmids voraus. Die Zeit, die benötigt wird, um eine Verdoppelung der Zellzahl zu erreichen, wird als Generationszeit (g) bezeichnet, wohingegen das Zeitintervall für die Verdoppelung der Zellmasse Verdoppelungszeit (τ) heißt. In der Regel sind Generationszeit und Verdoppelungszeit gleich, da sich die Zellmasse in der gleichen Zeit verdoppelt wie die Zellzahl. Die Verdoppelungszeit kann aus der spezifischen Wachstumsrate μ ermittelt werden. Setzt man folgende Gleichung zur Beschreibung der Änderung der Biomasse B mit konstanter Wachstumrate μ an:

$$\dot{B} = \mu B \quad \longrightarrow \quad B(t) = B_0 e^{\mu t}, \tag{2.1}$$

kann man die Verdoppelungszeit τ aus der Beziehung:

$$2 B_0 = B_0 e^{\mu \tau} \tag{2.2}$$

ermitteln. Damit ergibt sich folgender Zusammenhang zwischen τ und μ:

$$\tau = \frac{\ln 2}{\mu}. \tag{2.3}$$

Die spezifische Wachstumsrate eines bakteriellen Stammes ist abhängig von vielen Faktoren, aber unter gleichen Bedingungen stets konstant. Neben der Temperatur, haben auch die Sauerstoffversorgung und die Medienzusammensetzung einen entscheidenden Einfluss auf die Wachstumsrate. Bei ansonsten gleichem Medium kann z.B. mit unterschiedlichen Substraten der Einfluss der C-Quelle auf die Wachstumsrate untersucht werden. Somit können besser verwertbare C-Quellen von schlechter verwertbaren unterschieden werden.

Das Wachstum einer bakteriellen Kultur kann in mehrere Wachstumsphasen unterteilt werden, die bei graphischer Darstellung offensichtlich werden. Trägt man die optische Dichte (ein Maß für die Zellzahl) einer statischen Kultur auf der Ordinate und die Zeit auf der Abszisse auf, so erhält man eine für Bakterien typische Wachstumskurve. Dabei wird die halblogarithmische Darstellung bevorzugt, da die Kurve ansonsten für die Darstellung einer größeren Anzahl an

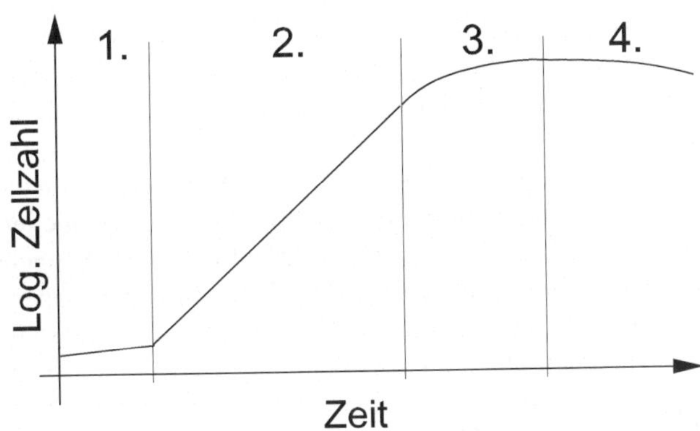

Abbildung 2.1: Exemplarische Wachstumskurve einer Bakterienkultur: 1. Anlaufphase/ Lag-Phase; 2. Exponentielle Phase; 3. Stationäre Phase; 4. Absterbephase.

Zellteilungen ungeeignet wäre und sich exponentielle Verläufe so am besten darstellen lassen. Eine typische Wachstumskurve ist in Abbildung 2.1 exemplarisch dargestellt.

Die Anlaufphase, oder Lag-Phase, ist die Zeit vom Animpfen der Kultur bis zum Erreichen der maximalen Teilungsrate. In dieser Zeit stellen sich die Bakterien auf die neuen Wachstumsbedingungen ein. Sind die Zellen komplett adaptiert, beginnt die exponentielle Phase. In dieser Phase wachsen die Bakterien mit maximaler Geschwindigkeit, und die Zellgröße, Zellzusammensetzung und die Stoffflüsse innerhalb der Zelle sind meist konstant. Deswegen werden viele physiologische Untersuchungen in dieser Phase durchgeführt. Anschließend beginnt die stationäre Phase. In dieser Phase findet wenig (Netto-)Wachstum statt. Der Übergang von der exponentiellen Phase zur stationären Phase erfolgt allmählich und ist durch eine Abnahme der Substratkonzentration, hohe Populationsdichten, niedrigen Sauerstoff-Partialdruck oder auch eine Anhäufung toxischer Stoffwechselprodukte bedingt. Die Zellen sind in dieser Phase aber durchaus noch metabolisch aktiv und können sogenannte Sekundärmetabolite (z.B. Penizillin) bilden. Viele biotechnologische Anwendungen zielen genau auf solche Sekundärmetabolite ab. Dabei bezeichnet man in der Biotechnologie auch die erste Ernährungs- oder Wachstumsphase als Trophophase und die darauffolgende Produktionsphase als Idiophase. An die stationäre Phase schließt sich die letzte Phase, die Absterbephase, an. In ihr kommt es zu einer sukzessiven Abnahme der lebenden Zellen in der Kultur bis hin zum vollständigen Tod aller Zellen.

2.3 Grundlagen des Stoffwechsels

Unter Stoffwechsel (=Metabolismus) versteht man die Gesamtheit aller biochemischen Reaktionen, die für das Wachstum, die Energiebereitstellung und die Zellteilung notwendig sind. Als Energiequelle werden Nährstoffe genutzt, die aus der Umgebung aufgenommen werden und dann durch hintereinander geschaltete Enzymreaktionen über unterschiedliche Stoffwechselwege umgesetzt werden. Diese neu entstandenen chemischen Verbindungen dienen der Zelle als Vorläufermoleküle für Zellbestandteile und dienen somit dem Zellwachstum. Diesen Vorgang, bei dem Nährstoffe zu Zellbestandteilen verstoffwechselt werden, nennt man Anabolismus. Diese biochemische Synthese von neuem Zellmaterial wird auch als Biosynthese bezeichnet. Die Biosynthesereaktionen sind ein energieabhängiger Prozess, d.h., dass jede Zelle in der Lage zur Energiegewinnung sein muss.

Außer für die Biosynthese wird Energie auch für andere Funktionen wie die Zellbeweglichkeit (Motilität) oder den Transport von Nährstoffen benötigt. Die Energiequellen, die von der Zelle verwendet werden, kommen, wie auch schon die Nährstoffe, aus der Umgebung. Generell kann zwischen zwei Energiequellen unterschieden werden: Licht und chemischen Verbindungen. Die Organismen, die Licht als Energiequelle nutzen, betreiben Photosynthese und werden als phototrophe Organismen bezeichnet. Die andere Gruppe der Mikroorganismen, die Energie durch den Abbau chemischer Verbindungen gewinnt, wird als chemotrophe Organismen bezeichnet. Alle metabolischen Prozesse in einer Zelle die zur Gewinnung von Energie führen, werden unter dem Begriff Katabolismus zusammengefasst. Die globale Struktur des Metabolismus ist in Abbildung 2.2 dargestellt.

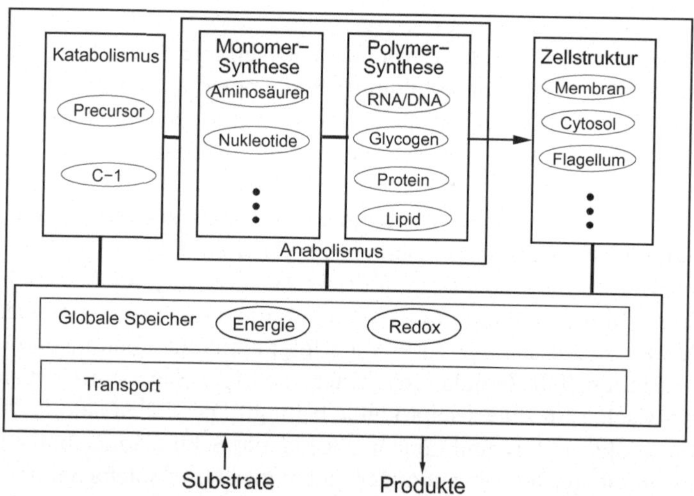

Abbildung 2.2: Grobe Struktur des Stoffwechsels, aufgeteilt in in Katabolismus und Anabolismus. Die Polymere und andere Makromoleküle machen die Zellstruktur aus. Transportprozesse finden für viele Komponenten statt und sind deshalb über alle Module verteilt. Redox- und Energieäquivalente sind an Reaktionen aus allen Modulen beteiligt.

Betrachtet man die chemische Zusammensetzung einer Zelle, so sieht man, dass diese hauptsächlich aus vier verschiedenen Elementen besteht, nämlich Kohlenstoff, Sauerstoff, Wasserstoff und Stickstoff. Diese vier Elemente bilden das Grundgerüst aller Makromoleküle (DNA/RNA, Proteine, Lipide, Polysaccharide) und auch der kleinen organischen Moleküle (Aminosäuren, Nukleotide, Zucker). Darüberhinaus sind natürlich noch weitere Elemente in der Zelle vorhanden, die ebenfalls essentiell für den Stoffwechsel sind, aber in deutlich geringeren Konzentrationen vorliegen. Diese umfassen Phosphat, Kalium, Calcium, Magnesium, Schwefel, Eisen, Zink, Mangan, Kupfer, Molybdän, Kobalt und noch einige mehr, abhängig vom betrachteten Organismus. Diese Elemente müssen von der Zelle aufgenommen werden, damir sie für die Synthese der Makromoleküle zur Verfügung stehen.

2.3.1 Energiegewinnung

Im Katabolismus werden Nährstoffe zur Energiegewinnung im Stoffwechsel abgebaut. Würde das in einem einzigen Schritt geschehen, so würde die Zelle auf Grund der Wärmeentwicklung vermutlich verbrennen. Deshalb wird die Energie schrittweise auf eine Trägersubstanz übertragen. Dabei entsteht Adenosintriphosphat (ATP), ein Nukleotid. Das ATP ist die am höchsten phosphorylierte Stufe, wie Abbildung 2.3 zu entnehmen ist.

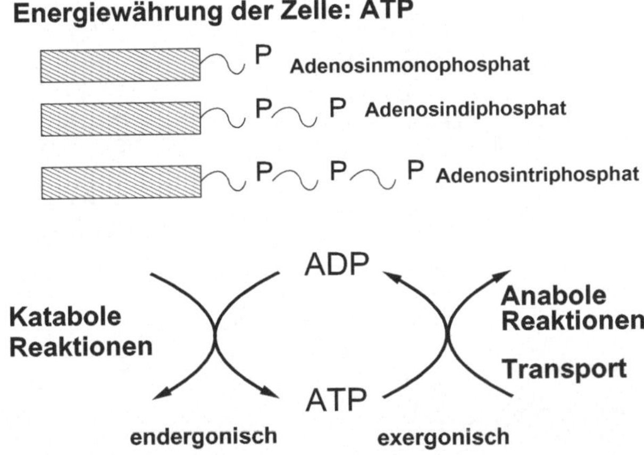

Abbildung 2.3: Die Energiewährung der Zelle: ATP.

Reaktionen, die zur Gewinnung von ATP führen, laufen nicht spontan ab und werden als endergon bezeichnet. Das ATP wird in anabolen Reaktionen und Transportreaktionen wieder verbraucht (exergone Reaktionen). ATP kann in Zellen über drei unterschiedliche Prozesse generiert werden: die photosynthetische Phosphorylierung, die Atmungskettenphosphorylierung und die Substratkettenphosphorylierung. In den ersten beiden Prozessen wird der Protonengradient über der Membran genutzt, um mit Hilfe eines Enzyms, der ATP Synthase, ATP zu generieren. Die Substratkettenphosphorylierung erfolgt bei einigen Reaktionen im zentralen Stoffwechsel. Dabei wird mittels des beteiligten Enzyms ein Phosphatmolekül direkt auf ADP übertragen. Ein Beispiel hierfür ist die Umsetzung von Phosphoenolpyruvat (PEP) durch die Pyruvat-Kinase. Hierbei entstehen Pyruvat und ATP:

$$PEP + ADP + H^+ \longrightarrow Pyr + ATP$$

Organismen, die ihre Energie aus Gärungsreaktionen beziehen, haben eine deutlich geringere Energieausbeute als Organismen, die Atmung oder Photosynthese betreiben, da sie ATP ausschließlich über die Substratkettenphosphorylierung generieren können.

2.3.2 Stoffwechselwege

Ein Stoffwechselweg oder -pfad besteht aus Metaboliten und Reaktionen, die diese miteinander verbinden. Die Hauptstoffwechselwege wie die Zuckerabbauwege und die Atmungskette sind bei allen Lebewesen nahezu identisch. Bei einigen Bakteriengruppen sind diese Grundschemata allerdings verändert, und einige Routen sind verkürzt oder verkümmert, während andere überwiegen. Stoffwechselwege dienen speziellen Funktionen der Zelle, also bspw. der Bereitstellung von Energieäquivalenten wie in der Glykolyse (Abbau von Zuckern, Katabolismus) oder der Bereitstellung von Ausgangsstoffen zur Bildung von Monomeren (Anabolismus). Die Metabolite können auf verschiedenste Art und Weise miteinander verschaltet sein. In Abbildung 2.4 sind mehrere Möglichkeiten dafür dargestellt.

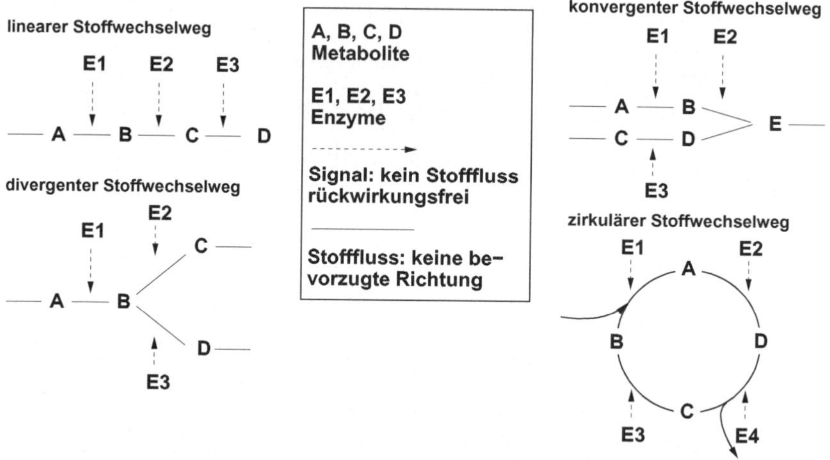

Abbildung 2.4: Verschiedene Verschaltungsmöglichkeiten von Metaboliten und Reaktionen.

2.3.3 Enzyme

Stoffwechselreaktionen laufen in der Regel nicht von alleine ab, sondern werden durch Enzyme katalysiert. Die Enzyme selbst werden bei dieser Stoffumwandlung nicht verbraucht, sondern stehen für weitere Reaktionen zur Verfügung. Enzyme sind eine spezielle Klasse von Proteinen. Sie sind aus unterschiedlichen funktionellen Domänen aufgebaut und katalysieren in der Regel eine spezifische Reaktion, d.h., die Umsetzung eines Metaboliten in einen anderen. Das Enzym muss zunächst den betreffenden Metaboliten erkennen und anschließend die Reaktion katalysieren. Durch die Beteiligung von Enzyme werden Reaktionen regulierbar. Allerdings kann nur die Reaktionsgeschwindigkeit modifiziert werden, nicht aber die Gleichgewichtslage der Reaktion. Enzyme werden auch als Biokatalysatoren bezeichnet, da sie die Aktivierungsenergie herabsetzen. Ihre katalytische Wirkung ist abhängig von der Temperatur und dem pH-Wert. Jedes Enzym hat eine bestimmte Substratspezifität. Es reagiert daher in der Regel nur mit einem bestimmten Metaboliten, der als Enzymsubstrat bezeichnet wird. Dabei katalysiert es dessen Umwandlung in das Produkt der Reaktion bis zur Einstellung des Gleichgewichts. Die enzymatische Reaktion beginnt mit dem Erkennen und Binden des Substrates an dem sogenannten katalytischen Zentrum (bestimmte Stelle des Enzymproteins) des entsprechenden Enzyms, somit entsteht der Enzym-Substrat-Komplex. Ist die Umwandlung erfolgt, löst sich nun das Produkt vom Enzym und dieses ist bereit für die nächste Reaktion. Eine relevante Eigenschaft der Enzyme für die Funktionalität der Stoffwechselwege ist die Regulierbarkeit ihrer katalytischen Aktivität. Unter anderem durch die Anpassung der Reaktionsgeschwindigkeiten können die Stoffflüsse bestimmter Stoffwechselwege an veränderte Situationen angepasst werden und so zu einer optimalen Ausnützung der vorhandenen Ressourcen beitragen. Diese regulierbaren Enzyme besitzen in der Regel noch eine zweite Bindungsstelle, das sogenannte regulatorische Zentrum. Ein weitverbreiteter Regulationsmechanismus ist die Endprodukthemmung, bei der das Endprodukt eines Stoffwechselweges an dem regulatorischen Zentrum eines der Enzyme der Reaktionskette bindet und durch diese Bindung die Geschwindigkeit der Enzymreaktion reduziert. Dadurch verhindert die Zelle die Anhäufung eines Stoffwechselproduktes. Die Metabolite, die zu einer Veränderung der Geschwindigkeit der Enzymreaktion führen, werden als Effektoren bezeichnet. Führt ihre Bindung zu einer Hemmung der Enzymaktivität, spricht man von negativen Effektoren oder Repressoren, führt sie zu einer Steigerung der Aktivität, werden sie als positive Effektoren oder Aktivatoren bezeichnet.

2.3.4 Abbau der Kohlehydrate

Kohlehydrate sind allgemeinen gute Nährstoffe für die Mehrheit der Mikroorganismen. Makromoleküle (z.B. Stärke) werden in der Regel außerhalb der Zelle durch ausgeschiedene Enzyme zu den monomeren Bausteinen (z.B. Glukose) abgebaut, welche dann durch Transportsysteme in die Zelle aufgenommen und dort dem Stoffwechsel zugeführt werden. Eine schematische Darstellung der Grundstruktur des Stoffwechsels zuckerabbauender, atmender Organismen ist in Abbildung 2.5 gezeigt.

In die Zelle aufgenommene Hexosen (Monosaccharide mit sechs Kohlenstoff-Atomen) werden über unterschiedliche Stoffwechselwege in Pyruvat gespalten, welches ein zentraler Metabolit des Intermediärstoffwechsels ist. Die möglichen Stoffwechselwege vom C6-Körper (Zucker) zum C3-Körper (Pyruvat) sind der Emden-Meyerhof-Parnas-Weg (EMP), auch als Glykolyse bezeichnet, der Entner-Douderoff-Weg (ED) oder der Pentosephosphat-Zyklus. Alle diese Stoffwechselwege konvergieren auf der Höhe von Pyruvat. Im Verlauf der oben genannten Reaktionen wird Energie in Form von ATP über die Substratkettenphosphorylierung gewonnen. Der nächste Schritt ist die Decarboxylierung des Pyruvates und die Verknüpfung des entstandenen C2-Körpers mit einem geeigneten Akzeptor, dem Oxalacetat (OAA) und die Einschleusung in den Tricarbonsäure-Zyklus (TCA-Zyklus oder auch Zitronensäurezyklus genannt), wo eine schrittweise Oxidation zu Kohlendioxid erfolgt. In diesem zyklischen Prozess wird OAA regeneriert. Die im Laufe der Reaktionen entstandenen Wasserstoffatome (Reduktionsäquivalente [H]) werden in Form von NADH zur Energiegewinnung in die Atmungskette eingeschleust. Die soeben beschriebenen Stoffwechselwege dienen aber nicht ausschließlich der Energiegewinnung (Katabolismus), sondern liefern auch die Vorläufer/Ausgangsstoffe (Precursor) für die Neusynthese von Zellmaterial (Anabolismus). In Abbildung 2.6 sind die Precursor, die in den zentralen Stoffwechselwegen bereitgestellt werden, und die Monomere, die gebildet werden, aufgelistet.

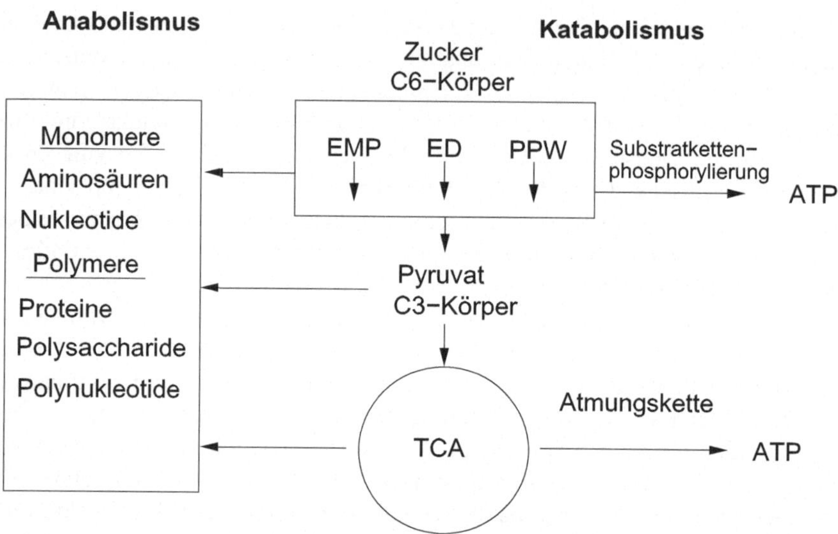

Abbildung 2.5: Grundstruktur des Stoffwechsels. Emden-Meyerhof-Parnas-Weg (EMP), auch als Glykolyse bezeichnet, Entner-Douderoff-Weg (ED), Pentosephosphat-Zyklus (PPW) und Tricarbonsäure-Zyklus (TCA).

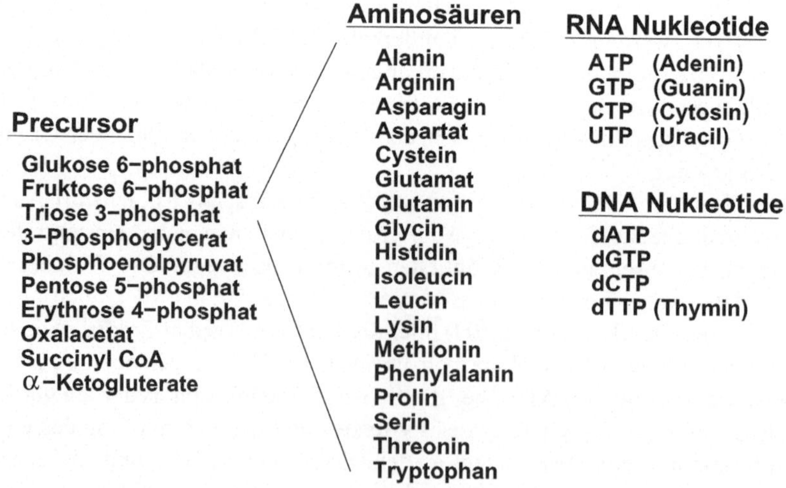

Abbildung 2.6: Ausgangsstoffe und Monomere, die von der Zelle gebildet werden.

2.3.5 Atmungskette

Die Reduktionsäquivalente, die im TCA-Zyklus in Form von NADH gewonnen werden, werden in der Atmungskette verwendet. Dabei wird NADH zu NAD reduziert und die dabei freiwerdenden Protonen werden über die Membran nach außen transportiert, während die Elektronen von spezifischen Enzymen innerhalb der Membran weitergegeben werden bis hin zum terminalen Elektronenakzeptor, dem Sauerstoff. Im Laufe dieser Elektronentransportkette kommt es zu einer weiteren Translokation von Protonen aus der Zelle. Somit wird ein Protonengradient über der Membran generiert. Diese protonenmotorische Kraft (engl. proton motive force, PMF) wird nun von einem membranständigen Enzym, der ATP Synthase genutzt. Die Protonen, die entlang ihres Konzentrationsgradienten in das Innere der Zelle "drängen", werden durch einen Proteinkanal in der ATP-Synthase geleitet, und die freiwerdende Energie wird durch die Synthese von ATP gespeichert (Abbildung 2.7). Eine atmende Zelle bildet theoretisch pro Molekül Glukose, das in den Stoffwechsel eingeschleust wird, 38 Moleküle ATP.

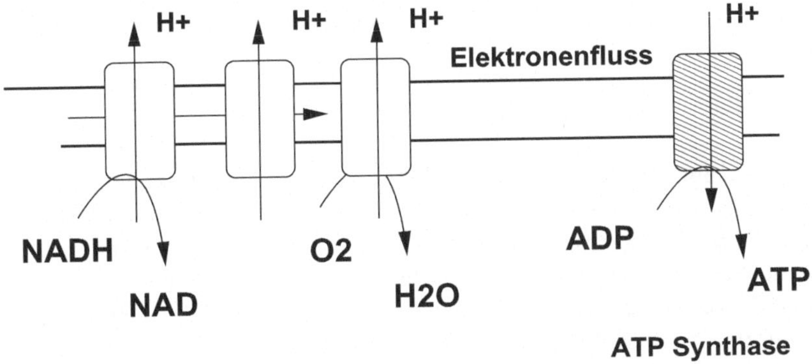

Abbildung 2.7: Vereinfachtes Schema der Atmungskette.

2.3.6 Stofftransport in die Zelle

Die Cytoplasmamembran "schützt" die Zelle vor der Umgebung. Gleichzeitig bedeutet dies jedoch, dass Nährstoffe, die in der Zelle umgesetzt werden sollen, zunächst diese Barriere überwinden müssen. Kleine Moleküle und Ionen können meist frei durch die Membran diffundieren, aber größeren Molekülen ist dies nicht möglich. Deswegen gibt es in der Membran unterschiedliche Transportsysteme, die die Stoffaufnahme in die Zelle sicherstellen. Es gibt drei Typen von Transportern: die sogenannten Uniporter, mit deren Hilfe eine Substanz von einer Seite der Cytoplasmamembran zur anderen transportiert wird, die Symporter und die Antiporter. Den beiden letzteren ist gemein, dass sie zum Transport der gewünschten Substanz eine zweite Substanz benötigen, die ebenfalls transportiert wird und dabei die Energie für den Transport liefert. Im Falle der Symporter werden beide Substanzen gemeinsam von der gleichen Seite der Membran auf die andere transportiert, im Falle der Antiporter handelt es sich um einen gegenläufigen Transport (siehe Abbildung 2.8). Darüberhinaus kann zwischen passiver Diffusion, aktivem Transport und Gruppentranslokation unterschieden werden. Unter passiver Diffusion versteht man das unspezifische Eindringen von Stoffen in die Zelle entlang ihres Konzentrationsgradienten. Dabei kann es nicht zu einer Akkumulation der Stoffe in der Zelle kommen, dies ist nur durch aktiven Transport möglich, d.h., der Transport muss mit einem energieliefernden

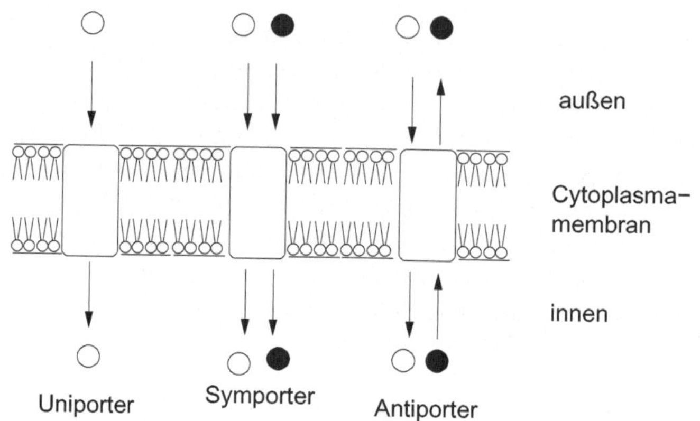

Abbildung 2.8: Zelluläre Transportsysteme.

Prozess gekoppelt sein. Dies kann entweder die Energie aus dem Protonengradienten oder Energie aus ATP sein. Am aktiven Transport, wie auch an der Gruppentranslokation, sind Proteine beteiligt, die in der Membran lokalisiert sind und die eigentlichen Transporter darstellen. Bei der Gruppentranslokation ist der Transportprozess mit einer chemischen Modifikation des transportierten Stoffes verbunden. Somit kommt es nicht zum Aufbau eines Konzentrationsgradienten des transportierten Stoffes über der Membran, da der Stoff in der Zelle chemisch verändert wurde und somit nicht mehr mit dem außerhalb der Zelle vorliegenden Substrat identisch ist. Das bestuntersuchte Beispiel für einen Transportprozess durch Gruppentranslokation ist das Phosphotransferase-System (PTS), welches exemplarisch in Abbildung 2.9 dargestellt ist. Mittels dieses Systems kommt es zur Aufnahme des Zuckers in die Zelle, wobei der Zucker phosphoryliert wird. Die Phosphatgruppe, welche auf den transportierten Zucker übertragen wird, wird von Phosphoenolpyruvat (PEP) über eine Reihe von Enzymen (EI, HPr und EIIA) dem eigentlichen Transporter (EIIBC) zur Verfügung gestellt.

Transporter können neben dem Transport der Nährstoffe auch die Funktion eines Sensors übernehmen. Das PTS dient bspw. als Sensor, der den gesamten Fluss durch den zentralen Stoffwechselweg Glykolyse misst und dieses Signal weitergibt. Dadurch können entsprechende regulative Aufgaben erfüllt werden.

2.3.7 Replikation, Transkription und Translation

Ein Gen ist ein Stück DNA (Desoxyribonukleinsäure), das für ein spezifisches Protein kodiert. Die Gene sind auf dem Chromosom lokalisiert. Das Grundgerüst der DNA wird aus einem Polymer aus alternierenden Zucker- und Phosphatmolekülen gebildet. An dieses Grundgerüst sind kovalent Basen gebunden. Die DNA besteht aus vier Basen: Adenin, Cytosin, Guanin und Thymin, wobei jeweils Adenin und Thymin, und Guanin und Cytosin zueinander komplementär sind, d.h., miteinander sogenannte Basenpaare bilden. Dies führt dazu, dass die DNA als Doppelstrang in der Zelle vorliegt. Als Nukleotid wird das Gesamtmolekül aus Zucker, Phosphat und der jeweiligen Base bezeichnet (siehe Abbildung 2.10). Durch die Verknüpfung mehrerer Nukleotide

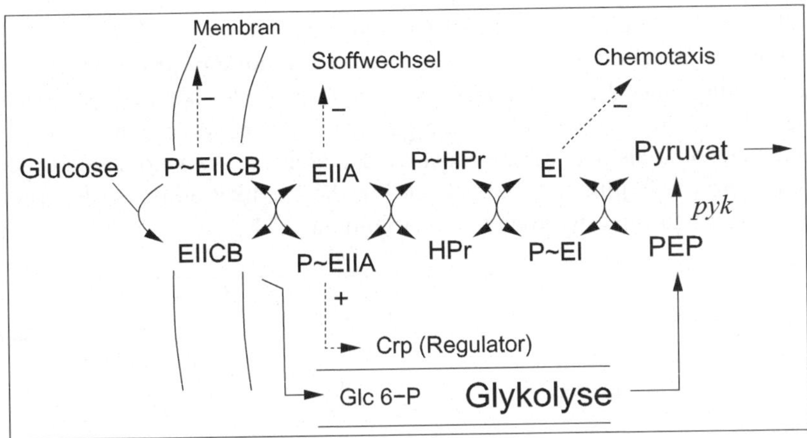

Abbildung 2.9: Das bakterielle PTS ist Transport- und Sensorsystem. Glukose wird beim Eintritt in die Zelle zu Glc-6-Phosphat phosphoryliert. Die Energie kommt vom Metaboliten PEP aus der Glykolyse und wird in einer Reihe von Schritten auf Glukose übertragen. Die beteiligen Proteine EI, HPr und EIIA liegen sowohl in phosphorylierter als auch freier Form vor. Der Phosphorylierungsgrad ist ein Maß für die Verfügbarkeit von Nährstoffen und wird als Signal abgegriffen und für die Regulation der Stoffwechselenzyme genutzt.

entsteht ein Polynukleotid.

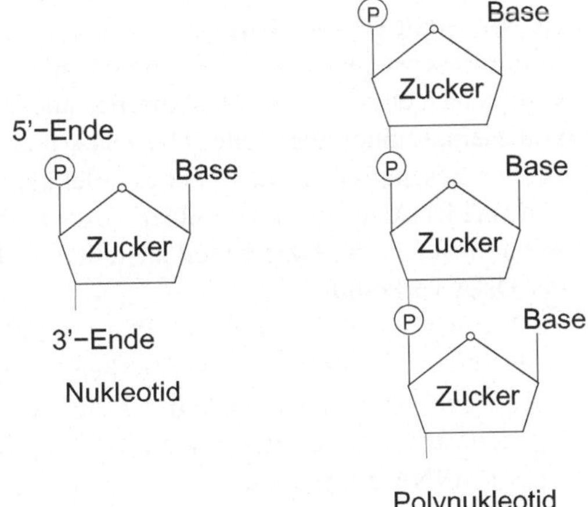

Abbildung 2.10: Schematische Darstellung eines Nukleotides und eines Polynukleotides.

Man unterscheidet zwischen dem 5'-Ende und dem 3'-Ende des DNA-Einzelstrangs, wobei mit 5'-Ende das Ende des Polynukleotidstrangs bezeichnet wird, an dem das Phosphatmolekül am C5 Atom des Zuckers hängt und mit 3'-Ende das Ende ohne Phosphat. Die Information für das kodierte Protein ist durch die Sequenz der Basen gespeichert. Jeweils drei Basen bilden ein sogenanntes Basentriplet (Codon) und kodieren für eine Aminosäure, also einen Proteinbaustein.

Bei der Zellteilung muss die DNA kopiert werden. Dabei entstehen zwei identische Tochterchromosomen, die an die Tochterzellen weitergegeben werden, so dass diese Zellen genetisch identisch sind, und somit als Klone bezeichnet werden können. Die Verdoppelung der DNA vor der Zellteilung wird als Replikation bezeichnet. Für die Replikation ist ein Enzym, die DNA-Polymerase, maßgeblich verantwortlich (siehe Abbildung 2.11).

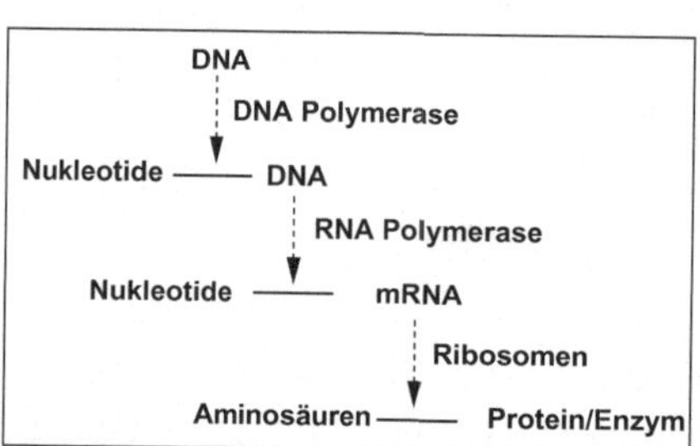
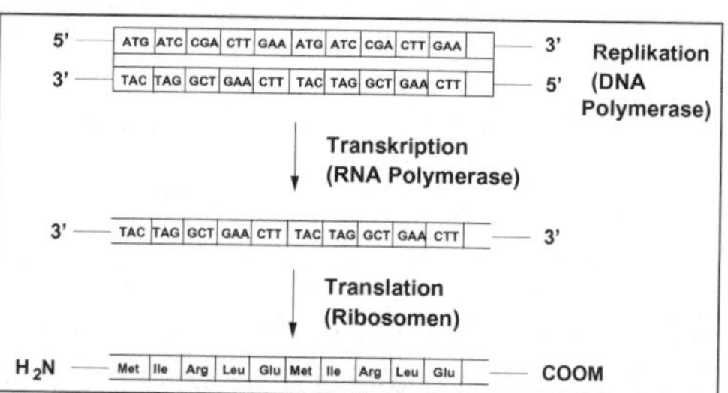

Abbildung 2.11: Dogma der Molekularbiologie: Die auf der DNA gespeicherte genetische Information wird über zwei Prozesse – Transkription und Translation – in Proteine umgesetzt. Links: Signaltechnische Darstellung; rechts: Molekularbiologische Darstellung.

Neben der DNA gibt es noch ein weiteres Polynukleotid in der Zelle, die sogenannte RNA (Ribonukleinsäure). Die RNA erfüllt drei Funktionen in der Zelle: als Messenger-RNA (mRNA) fungiert sie als ein Überträger der genetischen Information zwischen der DNA und den Ribosomen, als Transfer-RNA (tRNA) stellt sie die Bausteine für die Proteine zur Verfügung (die tRNA übersetzt somit direkt die Basensequenz in die entsprechende Aminosäuresequenz) und als ribosomale RNA (rRNA) bildet sie ein wichtiges strukturelles und katalytisches Element der Ribosomen, den Protein-Synthesemaschinen der Zelle. Die DNA und die RNA unterscheiden sich in ihrer Grundstruktur in der Beschaffenheit des Zuckermoleküls: bei der DNA handelt es sich um Desoxyribose, während die RNA aus Ribose gebildet wird. Darüberhinaus liegt die RNA einzelsträngig in der Zelle vor und enthält die Base Uracil anstelle von Thymin, welches bis auf wenige Ausnahmen nur in der DNA vorkommt.

Als Transkription wird der Prozess bezeichnet, in dem mittels eines Enzyms, der RNA-Polymerase, ein Sequenzbereich der DNA in mRNA umgeschrieben wird. Die RNA-Polymerase bindet an einen bestimmten Sequenzbereich in der DNA, den Promotor. Der Promotor ist einem oder mehreren Genen vorangestellt und reguliert deren Transkription. Der Sequenzbereich, der im Rahmen der Transkription zur mRNA umgeschrieben wird, wird als Operon bezeichnet. Die Transkription ist in Abbildung 2.12 am Beispiel des *lac*-Operons bildlich veranschaulicht. Die RNA Polymerase bindet an den *lac*-Promotor, der stromaufwärts der Gene *lacZ*, *lacY* und *lacA* liegt. Diese drei Gene werden in ein mRNA Transkript umgeschrieben und bilden somit ein Operon, das *lac*-Operon. Das Binden der RNA-Polymerase an den Promotor wird als Initiation bezeichnet. Dem folgt die Elongation, der Prozess, in dem die RNA-Polymerase am DNA-Strang entlangläuft und dabei das mRNA-Transkript bildet. Erreicht sie eine bestimmte Sequenz, die sogenannte Terminationssequenz, löst sie sich wieder von der DNA und die Transkription ist beendet.

Die entstandene mRNA ist relativ kurzlebig und steht somit nur für eine bestimmte Zeitspanne als Matrize für die Proteinsynthese durch die Ribosomen zur Verfügung. Anschließend wird sie wieder abgebaut.

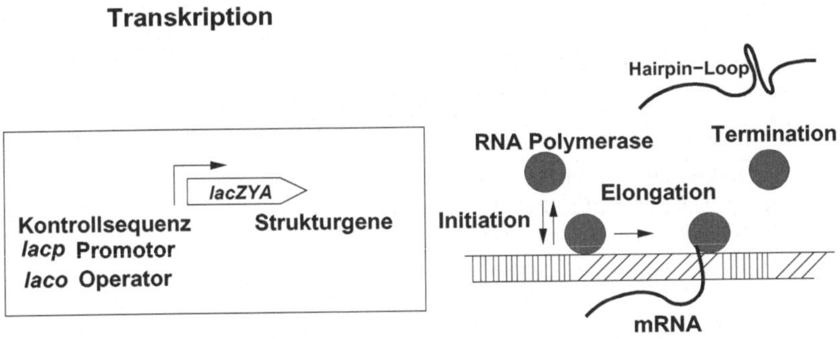

Transkription

Abbildung 2.12: Transkription: Abschreiben der DNA Information in die mRNA. Die mRNA bildet eine sekundäre Struktur aus, bspw. einen Hairpin-Loop.

Das Umschreiben der mRNA in die Aminosäuresequenz wird als Translation bezeichnet. Dieser Prozess, der auch als Proteinbiosynthese bezeichnet wird, ist verantwortlich für die richtige Anordnung der Aminosäure in der Polypeptidkette und somit für die Produktion (Synthese) des richtigen Proteins. Die Proteinbiosynthesemaschinen der Zellen sind die Ribosomen. Die mRNA trägt eine spezifische Sequenz, die Shine-Dalgarno-Sequenz. Diese dient als Erkennungssequenz für die Ribosomen und wird deshalb auch als Ribosomenbindestelle (RBS) bezeichnet. Neben dem Ribosom kommt auch die tRNA bei der Translation zum Einsatz. Sie dient als Adaptormolekül, welches zwei unterschiedliche Spezifitäten besitzt: zum einen ist sie spezifisch für das Basentriplet (Codon) auf der mRNA und zum anderen ist sie spezifisch für die entsprechende Aminosäure. Die Schritte der Proteinbiosynthese werden analog zur Transkription in Initiation, Elongation und Termination eingeteilt (Abbildung 2.13). Das Binden des Ribosoms an die Shine-Dalgarno-Sequenz der mRNA wird als Initiation bezeichnet. Im nächsten Schritt, der Elongation, kommt es zu einer schrittweisen Verlängerung der Polypeptidkette. Als Start-Codon dient AUG, hier beginnt die Proteinbiosynthese, d.h. die erste Aminosäure der wachsenden Polypeptidkette ist ein Methionin. Das Ribosom wandert an der mRNA entlang und bringt die entsprechenden tRNAs in Position, so dass die dazugehörigen Aminosäuren miteinander verknüpft werden können. Die Termination erfolgt, wenn ein Stopp-Codon erreicht wird, d.h., ein Codon, für das keine beladene tRNA zur Verfügung steht. Anstelle der tRNA binden andere Proteine an das Ribosom, die die Polypeptidkette abspalten und ein Loslösen des Ribosoms ermöglichen. Für die korrekte Faltung der Proteine sind in vielen Fällen Enzyme zuständig, die an die "frische" Polypeptidkette binden und für die richtige Faltung sorgen. Diese Enzyme werden als Chaperone bezeichnet.

2.3.8 Regulation der Enzymaktivität und der Enzymsynthese

Während eines bakteriellen Zellzyklus finden hunderte von enzymatischen Reaktionen gleichzeitig statt. Diese laufen verständlicherweise nicht alle in der gleichen Stärke, mit gleicher Ge-

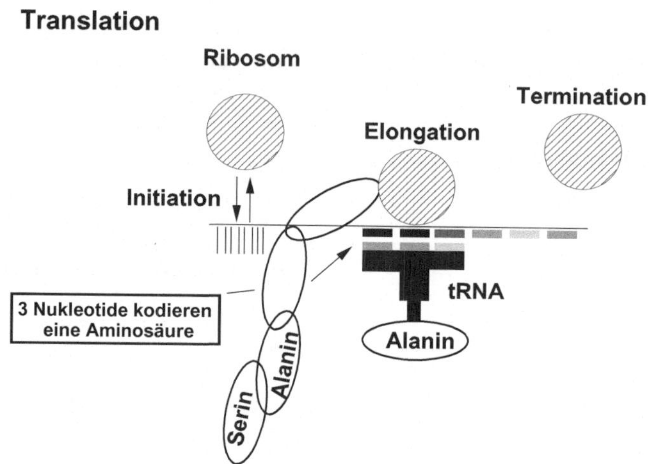

Abbildung 2.13: Translation: Umschreiben der mRNA in das Protein.

schwindigkeit und in gleichem Umfang ab, sondern unterliegen einer fein abgestimmten Kontrolle. Manche Komponenten werden in größerer Menge benötigt als andere, so dass die enzymatischen Reaktionen, die zu diesem Produkt führen, schneller oder in größerem Umfang ablaufen müssen, und andere Reaktionen, die zu Produkten führen, von denen nur geringe Mengen benötigt werden, laufen langsamer ab. Die Kontrolle der enzymatischen Reaktionen ermöglicht es der Zelle, die vorhandenen Ressourcen bestmöglich zu nutzen.

Die Regulation von enzymatischen Reaktionen kann auf zwei Ebenen erfolgen: zum einen kann die Aktivität des Enzyms, zum anderen kann die Menge des Enzyms kontrolliert werden. Ersteres erfolgt auf Proteinebene, man spricht deshalb auch von einer Regulation auf posttranslationaler Ebene. Die Kontrolle der Enzymmenge kann entweder auf transkriptioneller Ebene, also über die Menge der mRNA, erfolgen, oder auf translationaler Ebene, d.h. auf Ebene der Proteinsynthese.

Die Regulation der Aktivität eines Enzyms kann auf vielfältige Weise erfolgen. Eine Möglichkeit ist die sogenannte Produktinhibition. Hier wird das Enzym durch sein eigenes Reaktionsprodukt gehemmt, falls dieses in höheren Konzentrationen vorliegt. Ein anderer weitverbreiteter Mechanismus ist die Endprodukthemmung (Feedback-Inhibition). Diese kommt häufig bei ganzen Biosynthesewegen zum Einsatz: dabei hemmt das Endprodukt eines Biosyntheseweges (z.B. eine bestimmte Aminosäure) die Aktivität des ersten Enzyms dieses Syntheseweges. Dies geschieht durch reversible Bindung des Endproduktes (=Inhibitor) an das regulatorische Zentrum des Enzyms. Durch die Bindung kommt es in der Regel zu einer Konformationsänderung des Enzyms, so dass das Substrat nicht mehr binden kann und somit die Reaktion nicht mehr stattfindet. Nimmt die Konzentration des Inhibitors wieder ab, dissoziiert dieser von dem Enzym, so dass das Enzym wieder in seiner aktiven Form vorliegt. Darüberhinaus kann die Regulation der Aktivität eines Enzyms auch noch durch kovalente Modifikationen erfolgen. Dabei kommt es in der Regel zur Bindung eines kleinen Moleküls an das Enzym, was dann zu einer Änderung der Aktivität führt. Dies kann durch Phosphorylierung, Methylierung oder auch das Binden von

AMP oder ADP erfolgen. Die Regulation auf Proteinebene erfolgt meist recht schnell (innerhalb von Sekunden oder weniger) und ist für die Zelle somit ein wirksames Mittel, um schnell auf veränderte Umweltbedingungen reagieren zu können.

Da die Zelle aber nicht immer alle Enzyme gleichzeitig im Zytoplasma vorliegen hat, sondern es aus energetischen Gründen sinnvoll ist, nur die Enzyme zu synthetisieren, die momentan von Nutzen sind, reguliert die Zelle auf transkriptioneller Ebene die Synthese von Enzymen. Dieser Prozess ist vergleichsweise langsam, ermöglicht der Zelle aber eine Adaptation an veränderte Umweltbedingungen über einen längeren Zeitraum. Die zwei häufigsten Regulationsmechanismen auf transkriptioneller Ebene in Prokaryonten sind die Induktion und die Repression. Bei der Induktion kommt es zu einer verstärkten Transkription der Gene des induzierten Operons und damit zur Produktion des Enzyms, wenn sein Substrat anwesend ist. Bei der Repression hingegen kommt es zur Hemmung der Transkription der Gene des Operons und damit auch nicht zur Produktion des entsprechenden Enzyms, wenn das Produkt in hoher Konzentration vorliegt.

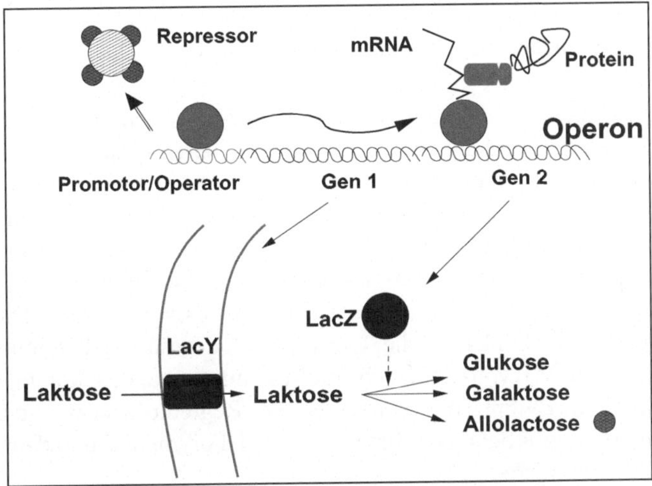

Abbildung 2.14: Schema der Induktion des *lac*-Operons.

Das Prinzip der Induktion soll im Folgenden am Beispiel des *lac*-Operons aus *Escherichia coli* näher erläutert werden (Abbildung 2.14). Die Enzyme, die für die Aufnahme und den Abbau von Laktose verantwortlich sind, werden nur dann verstärkt gebildet, wenn Laktose in der Umgebung vorhanden ist. Das *lac*-Operon enthält neben dem Promotor auch noch eine Kontrollsequenz, den sogenannten Operator. An diesem bindet in Abwesenheit von Laktose ein Repressor, der das Binden der RNA-Polymerase und das Ablesen des *lac*-Operons verhindert. Ist nun Laktose in der Umgebung vorhanden, wird eine geringe Menge Laktose in die Zelle transportiert und u.a. zu Allolaktose umgesetzt. Dies ist möglich, weil es eine basale Transkription des *lac*-Operons gibt, die sicherstellt, dass immer eine geringe Menge Enzym vorhanden ist. Die Allolaktose fungiert nun als Induktor und bindet an den Repressor. Dieser löst sich dadurch vom Operator und macht den Weg frei für die RNA-Polymerase, die nun an den Promotor binden kann und die Transkription der Gene des *lac*-Operons induziert. Somit kommt es zu einer verstärkten Bildung der Enzyme, die für die Aufnahme und die Umwandlung von Laktose verantwortlich sind.

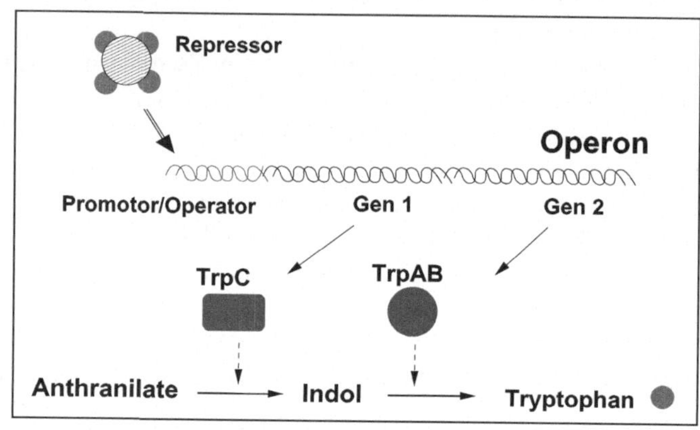

Abbildung 2.15: Schema der Repression des *trp*-Operons.

Bei der Repression bindet - im Gegensatz zur Induktion - ein aktivierendes Molekül an das Regulatorprotein. Durch die Bindung des Moleküls kann der Regulator an den Operator binden, was zu einer Hemmung der Transkription führt. Ein Beispiel hierfür ist die Regulation des Tryptophan-Operons (Abbildung 2.15). Die Proteine, die für die Bildung von Tryptophan verantwortlich sind, werden nur dann gebildet, wenn Tryptophan nicht im Medium vorhanden ist und somit von der Zelle selber synthetisiert werden muss. Ist Tryptophan vorhanden, wird es in die Zelle aufgenommen und bindet an den Regulator des *trp*-Operons. Dieser kann nun an den Operator binden und verhindert so die Transkription der für die Tryptophan-Synthese verantwortlichen Gene. Ist kein Tryptophan mehr im Medium vorhanden, kommt es auch zu einem Mangel an Tryptophan im Zytoplasma. Somit liegt der Regulator frei vor und kann nicht mehr an die DNA binden, das ermöglicht das Binden der RNA-Polymerase und damit die Bildung der Tryptophan-Biosyntheseenzyme.

2.3.9 Signaltransduktion

Bakterien regulieren den Stoffwechsel in Abhängigkeit von einer Vielzahl von Umwelteinflüssen und Stimuli, wie der Verfügbarkeit bestimmter Nähstoffe, der Temperatur, dem pH-Wert oder der Osmolarität der Umgebung. Diese Information wird von der Zelle wahrgenommen und über Signaltransduktionsketten zu dem entsprechenden Empfänger weitergeleitet. Meist ist das Resultat eine Veränderung der Transkription der betroffenen Gene. Signaltransduktionssysteme sind analog zu technischen Systemen aufgebaut. Es gibt Sensoren, die Informationen von außen in zellinterne Signale umsetzen, die weiterverarbeitet eine zelluläre Antwort hervorrufen. Eine solche einfache Kette ist in Abbildung 2.16 gezeigt.

Ein typisches Beispiel für eine Signaltransduktionskette sind die sogenannten Zwei-Komponenten-Systeme (TCS von engl. two-component system). Hierbei handelt es sich um zwei Proteine, die Sensorkinase und den Antwortregulator. Die Sensorkinase ist in der Membran lokalisiert und detektiert ein Signal von außerhalb der Zelle, dies führt zur Autophosphorylierung, d.h.,

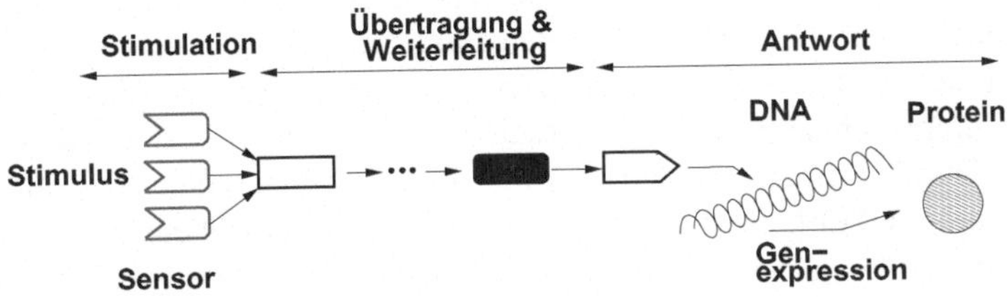

Abbildung 2.16: Schematischer Aufbau einer Signaltransduktionseinheit. Ein Sensor erfaßt die Situation in der Umgebung der Zelle und wandelt sie in ein intrazelluläres Signal um. Dieses wird weiterverarbeitet und führt in der Regel zur Aktivierung (oder Hemmung) eines Transkriptionsfaktors.

die Sensorkinase phosphoryliert sich selbst an einer spezifischen Stelle auf ihrer zytoplasmatischen Seite. Diese Phosphatgruppe wird dann auf das andere Protein des Zwei-Komponenten-Systems, den Antwortregulator, transferiert. Bei diesem handelt es sich in der Regel um ein DNA-Bindeprotein, das die Transkription reguliert. So kann z.B. der phosphorylierte Antwortregulator als Repressor fungieren, während das nicht-phosphorylierte Protein die DNA nicht binden kann. Es gibt aber auch den umgekehrten Fall, in dem der phosphorylierte Antwortregulator durch Binden an die DNA die Transkription eines Operons induziert. In den letzten Jahren gab es immer mehr Hinweise, dass die unterschiedlichen Zwei-Komponentensysteme nicht komplett unabhängig voneinander funktionieren, sondern durch eine Gruppe von Proteinen auf posttranslationaler Ebene miteinander verschaltet sind. Diese stellen Verbindungselemente zwischen unterschiedlichen Zwei-Komponentensystemen dar und werden als TCS-Konnektoren bezeichnet. Die Synthese der TCS-Konnektoren erfolgt meist als Antwort auf Signale, die von den Signalen der beteiligten Zwei-Komponentensysteme verschieden sind. Dadurch können unterschiedliche Signale miteinander verschaltet werden. TCS-Konnektoren modulieren die Aktivität der Antwortregulatoren, indem sie an den Schritten angreifen, die zur Phosphorylierung des Antwortregulators führen. Dies kann beispielsweise durch Inhibition der Autophosphorylierung der Sensorkinase oder durch Inhibition der Dephosphorylierung des Antwortregulators geschehen. Durch die TCS-Konnektoren wird eine weitere Ebene der Kontrolle erreicht, die es der Zelle ermöglicht, die Antwort auf unterschiedliche Stimuli miteinander zu kombinieren und somit zur Feinabstimmung des Metabolismus beiträgt.

2.3.10 Zell-Zell-Kommunikation

Einige Mikroorganismen können über chemische Botenstoffe miteinander kommunizieren. Dies ermöglicht ihnen ein koordiniertes Verhalten in der Gruppe. So ist z.B. *Vibrio fischeri* in der Lage, Licht zu emittieren (Biolumineszenz). Dies ist nur sinnvoll, wenn eine bestimmte Anzahl von Zellen vorhanden ist, damit das emittierte Licht überhaupt wahrgenommen werden kann. *V. fischeri* lebt in Symbiose mit einigen Eukaryonten (z.B. mit *Euprymna scolopes*: Zwergtintenfisch vor der hawaiianischen Küste), die jeweils ein spezifisches Lichtorgan entwickelt haben, das von *V. fischeri* besiedelt und beleuchtet wird. Das Messen der eigenen Zelldichte wird als Quorum-Sensing bezeichnet. Dies ermöglicht den Bakterien, die Expression bestimmter Gene mit der lokalen Zelldichte zu koordinieren. Bakterien, die zu Quorum Sensing in der Lage sind, produzieren fortwährend Signalmoleküle (sogenannte Autoinduktoren), die aus der Zelle ausgeschleust werden. Darüberhinaus besitzen sie einen Rezeptor für eben diesen Autoinduktor. Erreicht die externe Autoinduktorkonzentration einen bestimmten Schwellenwert, weil ausreichend Mikroorganismen in der Umgebung vorhanden sind, kann der Autoinduktor an den Rezeptor binden. Dies führt zur Transkription spezifischer Gene, inklusive der Gene, die für die Produktion des Autoinduktors verantwortlich sind. Somit wird dessen Produktion verstärkt. Dies führt zu einer positiven Verstärkung, so dass der Rezeptor vollständig aktiviert wird und damit eine bestimmte Gruppe von Genen in allen Zellen der Gruppe gleichzeitig induziert und transkribiert wird. Dies ermöglicht ein koordiniertes Verhalten einer Gruppe von Mikroorganismen.

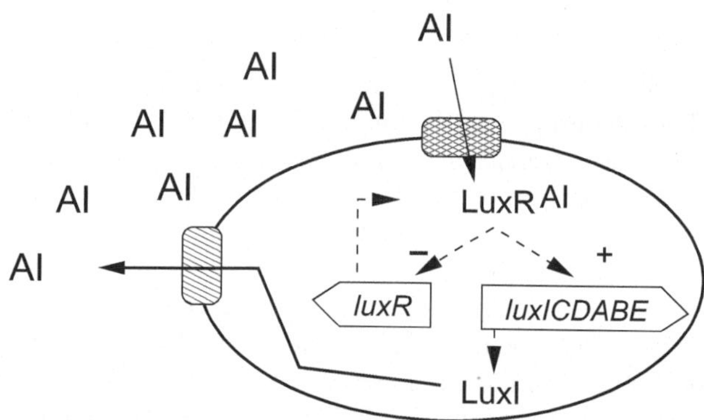

Abbildung 2.17: Schematische Abbildung des Quorum-Sensing-Systems.

In Abbildung 2.17 ist das Quorum-Sensing-System von *V. fischeri* dargestellt. Die Gene, die für die Biolumineszenz verantwortlich sind, sind *luxCDABE*. Diese liegen zusammen mit *luxI*, das für das Rezeptorprotein kodiert, in einem Operon. Divergent dazu liegt das Gen *luxR*, das für ein Enzym kodiert, das für die Synthese des Autoinduktors verantwortlich ist. Eine Erhöhung der Zelldichte führt zu einer Erhöhung der Konzentration des Autoinduktors. Ist ein bestimmter Schwellenwert erreicht, bindet dieser an den Rezeptor LuxR. Der LuxR-Autoinduktor-Komplex binden nun an den *luxICDABE*-Promotor und führt zur Induktion der Transkription und damit zu einer Verstärkung der Autoinduktorsynthese (positiver Feedback-Loop), da mehr LuxI gebildet wird. Dies resultiert in der Ausbildung der Biolumineszenz. Gleichzeitig reprimiert der LuxR-Autoinduktor-Komplex den *luxR*-Promotor. So wird ein Überschießen des Systems auf Grund des positiven Feedback-Loops vermieden. Quorum-Sensing wird von Bakterien nicht nur für die Biolumineszenz genutzt, sondern wird z.B. auch zur koordinierten Expression von Pathogenitätsfaktoren oder zur Biofilmbildung eingesetzt.

3 Grundlagen der mathematischen Modellierung

3.1 Begriffsdefinitionen – Übersicht Modellklassen – Vorgehensweise

Die beiden Begriffe "System" und "Modell" sind zentrale Schlüsselwörter, die für das Verständnis der weiteren Vorgehensweise notwendig sind und die im Folgenden erläutert werden.

3.1.1 System

Unter einem System versteht man eine Anzahl von Komponenten, die miteinander in Wechselwirkung stehen. Ein wichtiger Schritt bei der Abgrenzung eines Systems gegenüber seiner Umgebung ist die Festlegung der Systemgrenzen. In der Regel ist der Informationsaustausch innerhalb eines Systems größer als der Informationsaustausch mit der Umgebung, so dass eine gewisse Eigenständigkeit des Systems garantiert ist. Ein System wird durch zwei relevante Größen beschrieben: Eingangsgrößen u wirken dabei auf das System von außen ein und regen es an, während Zustandsgrößen x die beeinflussten physikalisch-chemischen Größen sind und das System charakterisieren. Als Ausgangsgrößen werden diejenigen Zustandsgrößen (oder Kombinationen von Zustandsgrößen) bezeichnet, die messtechnisch erfasst werden und damit nach außen sichtbar sind.

3.1.2 Modell

Ein mathematisches Modell stellt den Zusammenhang zwischen den Eingangs- und den Zustandsgrößen mit mathematischen Gleichungen dar und kann daher auch als abstraktes und vereinfachtes Abbild der Realität betrachtet werden. Für sehr umfangreiche Systeme erfolgt die Modellbildung heute rechnergestützt. Das bedeutet, dass das vorhandene Wissen über ein System in geeigneter Weise strukturiert und in einer Wissensbasis abgelegt sein muss. Daher kann ein Modell auch als formale Repräsentation des Wissens aufgefasst werden. Ein Modell ist immer mit geeigneten Experimenten zu validieren. Allerdings gibt es bis heute noch keinerlei Maß für die Gültigkeit eines Modells: Der Nutzen eines Modell ist daher nur über die Anwendung zu beurteilen. Kann ein einfaches Modell als Grundlage einer Prozessführung eingesetzt werden und werden ausreichend gute Ergebnisse erzielt, so kann der Modellierungsvorgang als abgeschlossenen betrachtet werden. Soll ein Modell zur Aufklärung biologischer Hypothesen herangezogen werden, wird es so lange als "gut" bezeichnet, wie sich alle Experimente beschreiben lassen. Ein Modell kann damit durch Experimente widerlegt werden, die sich nicht beschreiben lassen (Falsifikation). Beispielsweise ist für die Dimensionierung eines Temperatur-Reglers für einen Reaktor in der Regel nur eine einfache Beschreibung notwendig; sollen aber detaillierte kinetische Untersuchungen von Stoffwechselaktivitäten gemacht werden, ist eine umfangreichere Beschreibung angebracht. Abbildung 3.1 stellt verschiedene Modellklassen gegenüber, die sich durch ihre mathematische Beschreibung unterscheiden. Die einzelnen Klassen werden nun vorgestellt, wobei bei einigen Klassen allerdings nicht in die Tiefe gegangen werden kann.

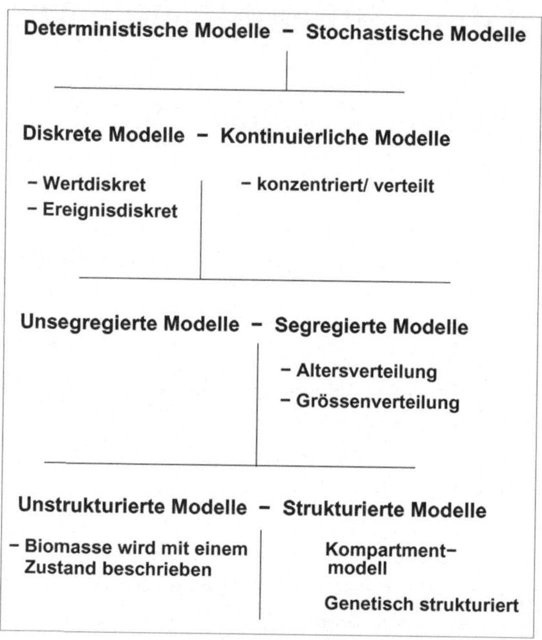

Abbildung 3.1: Übersicht über verschiedene Klassen von Modellen.

Die deterministische Beschreibung ist die am häufigsten gewählte Beschreibungsform. Grundlage sind chemisch-physikalische Grundgesetze, wie die Erhaltung der Masse bei Stoffumwandlungsprozessen. Die Beschreibung findet in der Regel auch auf einer makroskopischen Ebene statt, und die biochemische Reaktion wird auf Grund der hohen Anzahl der beteiligten Moleküle als von der Konzentration der Partner abhängig gesehen. Die Zelle wird dabei durch ein oder mehrere Kompartimente beschrieben, wobei Austauschströme zwischen den Kompartimenten berücksichtigt werden. Als Ergebnis erhält man sogenannte Bilanzgleichungen in Form von Differentialgleichungen. Hier werden die Zusammenhänge also ohne Elemente des Zufalls formuliert. Bei einer stochastischen Beschreibung werden einzelne Prozesse mit Wahrscheinlichkeiten beschrieben. Dies kann notwendig sein, wenn nur ungenügendes Wissen vorhanden ist oder aber die Gesetzmäßigkeiten, die bei der deterministischen Modellierung zu Grunde gelegt werden, nicht mehr gelten. Ist beispielsweise die Anzahl der beteiligten Moleküle sehr klein, wird das Zusammentreffen von Molekülen mittels eines stochastischen Vorganges modelliert und nicht über die Konzentrationen der Partner beschrieben. Es wird eine Wahrscheinlichkeit $P_n(t)$ angegeben, die aussagt, dass die betreffende Komponente zur Zeit t in der Zelle in genau n Molekülen vorliegt. Hat man eine große Anzahl von Komponenten zu betrachten, so wird klar, dass diese Wahrscheinlichkeit $P_{n1,n2,...}(t)$ sehr schwer zu bestimmen ist. Ein entsprechender Ansatz wird unten vorgestellt. Der Mittelwert einer Komponente X über eine gesamte Population mit l Zellen kann dann wie folgt berechnet werden:

$$< X(t) > = \sum_{n=1}^{l} n \cdot P_n(t) \tag{3.1}$$

wobei der Ausdruck in den Klammern den Mittelwert darstellen soll. Die Betrachtung von Mittelwerten der Wahrscheinlichkeiten führt zur Betrachtung einer "durchschnittlichen" Zelle und damit wiederum zu Bilanzgleichungen für die Masse der Komponenten.

Eine weitere Unterscheidung findet zwischen diskreten und kontinuierlichen Modellen statt. Bisher wurde nur die Zeit t als kontinuierliche Größe betrachtet. Führt man noch eine räumliche Dimension ein, zum Beispiel eine eindimensionale Linie von einer Zellwand durch den Mittelpunkt der Zelle bis zur anderen Zellwand, so muss die Diffusion der Komponenten entlang dieser Achse in der Zelle berücksichtigt werden und man kommt zu einem verteilten Modell, abhängig von der Zeit t und dem Ort z im Gegensatz zu einem konzentrierten Modell, welches nur abhängig von der Zeit t ist (ein entsprechendes Beispiel findet sich im Kapitel Signalverarbeitung). Ist die Diffusionskonstante allerdings sehr groß, ergeben sich kaum Konzentrationsgradienten innerhalb der Zelle.

Wenn biologisches Wissen über ein System vorhanden ist, aber ausreichende Kenntnisse über die kinetischen Parameter fehlen, kommt die Untersuchung von qualitativen Eigenschaften in Betracht und diskrete Modelle werden eingesetzt. Bei diskreten Modellen wird die Zeit und/oder der Wertebereich der Zustandsgrößen in feste Werte unterteilt. Dies ist sinnvoll, wenn Umschaltprozesse oder genetische Modifikationen mit [ein,aus]/[Gen vorhanden, nicht vorhanden] betrachtet werden. Auch Graphen von zellulären Netzen können in diesem Sinne zu den diskreten Modellen gezählt werden, da angegeben wird, ob eine Verbindung existiert oder nicht. Weiterhin können an die entsprechenden Pfeile auch Vorzeichen angebracht werden, die eine aktivierende oder inhibierende Funktion einer Komponente auf andere Komponenten kennzeichnen. Hier beschreiben Interaktionsgraphen die Wechselwirkungen der Spezies untereinander. Allerdings sind Interaktionsgraphen oft nicht ausreichend für eine adäquate Systembeschreibung. Wirken mehrere unterschiedliche Komponenten auf eine weitere Komponente ein, so kann ein logischer Interaktions-Hypergraph verwendet werden.

Segregierte Modelle zeichnen sich durch die Betrachtung von bestimmten Eigenschaften wie Größenverteilungen oder Altersverteilungen aus. Daher ist die Basis hier die einzelne Zelle und nicht die Gesamtpopulation wie oben. Unter Umständen können auch bestimmte Komponenten in der einzelnen Zelle betrachtet werden. Formal wird ein Eigenschaftsraum betrachtet und es werde die Vorgänge in einem differenziellen Element angeschrieben. Dazu gehören neben Zellteilungsprozessen (aus einer Zelle werden zwei) auch Wachstumsprozesse (z.B. Größenverteilung oder Altersverteilung). Die Schwierigkeit besteht dann in der Regel darin, die Gesetzmäßigkeiten dieser Prozesse richtig anzugeben, da sie von einer Vielzahl anderer Größen abhängen. Da man sich für die zeitliche Veränderung von Verteilungen interessiert, spricht man auch von statistischen Modellen.

Ein spezieller Begriff aus der Bioprozesstechnik ist die Unterscheidung zwischen strukturierten und unstrukturierten Modellen. Bei unstrukturierten Modellen wird die Biomasse mit einer einzigen Zustandsgröße beschrieben, während bei strukturierten Modellen Gleichungen für einzelne Bestandteile der Zelle (z.B. Metabolite, Proteinfraktion oder DNA) aufgestellt werden.

Wie bereits oben angedeutet richtet sich die Auswahl des Modelltyps vor allem nach der Zielsetzung, die verfolgt wird. Neben einem verbesserten Verständnis von komplexen Zusammenhängen ist auch der Einsatz des Modells beispielsweise zur Auslegung eines Apparats oder einer Anlage entscheidend für die Modellauswahl. Heute finden Modelle auch bei der Planung von Experimenten und bei der Formulierung von Hypothesen bei unbekannten Sachverhalten viele Einsatzmöglichkeiten. Modellierungsansätze und Simulationstools sind daher entsprechend in der Literatur ausführlich beschrieben[1].

3.1.3 Der Modellierungsvorgang

Modellierung ist als ein iterativer Prozess zu verstehen, der immer auf ein bestimmtes Ziel ausgerichtet sein sollte. Diese Ziele können in der Grundlagenforschung als auch in der Anwendung in Biotechnologie oder Medizin liegen. In einem ersten Schritt ist die Festlegung der Eingangs- und Zustandsgrößen notwendig. Die Zustandsgrößen sind extensiver Natur, damit die entsprechenden Massenbilanzen angeschrieben und mit entsprechender Software numerisch gelöst werden können. In der Regel erhält man mit einem ersten Modell nur eine sehr grobe Beschreibung des Systems, die in weiteren Schritten verfeinert werden muss. So führt gerade der Vergleich mit realen Experimenten oft zu Veränderungen der Modellstruktur oder der verwendeten Parameter. Im Bereich der Reaktionstechnik findet man über viele Reaktionsmechanismen nur unzureichende Informationen oder Parameterwerte. Allerdings gibt es mathematische Verfahren, die die Anpassung der Modellstruktur und der Modellparameter an reale Experimente unterstützen. Man spricht hier von Struktur- bzw. Parameteridentifikation. Oft ändert sich auch der Einsatzzweck des Modells und bringt verschiedene Modellveränderungen mit sich. Abbildung 3.2 fasst die einzelnen Schritte der Modellierung und der Modellvalidierung zusammen.

3.2 Stochastische Systembeschreibung

Eine stochastische Systembeschreibung ist notwendig, wenn die Anzahl von Molekülen der Komponenten in der Zelle, die miteinander reagieren, sehr klein ist. Die Reaktion ist dann ein stochastischer Prozess. Dieser ist dadurch charakterisiert, dass er sich als eine Folge von Zufallsexperimenten mit jeweils unterschiedlichem zeitlichen Verlauf auffassen lässt. Der Anzahl von Molekülen der Komponente X wird eine Wahrscheinlichkeit zugeordnet. Man schreibt $\#X = n$ für die Anzahl der Moleküle n von X. Mit $P_n(t)$ wird die Wahrscheinlichkeit angegeben, dass n Moleküle von X zur Zeit t in der Zelle vorliegen. Diese Wahrscheinlichkeit kann nicht direkt angegeben werden; man interessiert sich daher für die zeitliche Veränderung dieser Größe. Diese Zeitabhängigkeit von $P_n(t)$ bedeutet, dass man an $P_n(t + \Delta t)$ als Funktion von $P_m(t)$ für alle m interessiert ist. Oder mit anderen Worten: Wie entwickelt sich das System zum Zeitpunkt $t + \Delta t$, wenn zum Zeitpunkt t genau m Moleküle von X vorliegen. Dies lässt sich auch schreiben als:

$$P(\#X(t + \Delta t) = n) = \sum_m P(\#X(t + \Delta t) = n, \#X(t) = m), \tag{3.2}$$

---

[1] W. Wiechert: Modeling and simulation: tools for metabolic engineernig. J.Biotech. 94, 37-63, 2002.

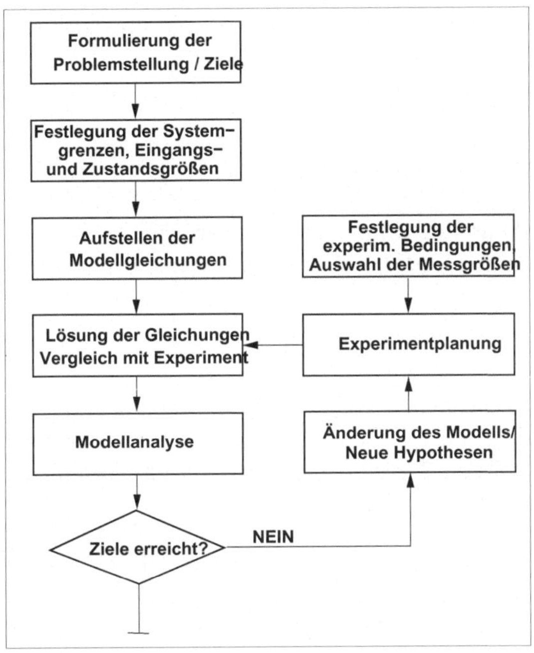

Abbildung 3.2: Die einzelnen Schritte des Modellierungsvorganges: Ein wesentlicher Schritt in diesem iterativen Prozess ist die Modellkalibrierung, also der Vergleich zwischen Modell und Experiment. Sie stellt die Grundlage dar, um anschließend eine Modellanalyse basierend auf aussagekräftigen Modellen durchführen zu können.

wobei der Ausdruck

$$P(_\#X(t+\Delta t) = n,_\#X(t) = m) \tag{3.3}$$

als eine "und"-Verknüpfung der beiden Terme $_\#X(t+\Delta t) = n$ und $_\#X(t) = m$ aufzufassen ist, d.h., der Zustand ist durch beide Bedingungen festgelegt. Die Summe auf der rechten Seite macht deutlich, dass die Ausgangssituation zur Zeit t $_\#X(t) = m$ Moleküle ist. Diese Aufsummierung ist möglich, weil sich alle Vorbedingungen ($m = 1$, $m = 2$, ...) ausschließen. Die Wahrscheinlichkeiten auf der rechten Seite lassen sich als bedingte Wahrscheinlichkeiten angeben:

$$P(_\#X(t+\Delta t) = n,_\#X(t) = m) \;=\; P(_\#X(t) = m) \cdot P(_\#X(t+\Delta t) = n|_\#X(t) = m), \tag{3.4}$$

wobei der erste Term $P(_\#X(t) = m)$ die Vorbedingung darstellt und der zweite Term die Wahrscheinlichkeit $P(_\#X(t+\Delta t) = n)$ angibt, wenn die Vorbedingung erfüllt ist. In einer kompakteren Schreibweise lautet die Beziehung:

$$P_n(t+\Delta t) \;=\; \sum_m P_{m,n}\, P_m(t) \quad \text{mit} \quad P_{m,n} \equiv P(_\#S(t+\Delta t) = n|_\#S(t) = m). \tag{3.5}$$

Der beschriebene stochastische Prozess wird auch Markov-Prozess genannt. Er stellt eine besondere Klasse der stochastischen Prozesse dar. Dabei wird angenommen, dass die Übergänge selbst nicht von der Zeit abhängen und dass das Wissen über die Vorgeschichte stark eingeschränkt ist. Die Prädiktion des nächsten Zeitschrittes findet nur auf Grund des aktuellen Zustandes und des vorhergehendes Zustandes statt.

Beispiel 1
Mastergleichung für ein einfaches Reaktionssystem.

Bei diesem Beispiel wird nur eine Komponente X betrachtet, wobei die Übergänge nur die Zunahme oder Abnahme von einem Molekül von X erlauben. Damit werden nur folgende Prozesse betrachtet:

$$\#X = n - 1 \quad \underset{-1}{\overset{+1}{\rightleftarrows}} \quad \#X = n \quad \underset{+1}{\overset{-1}{\rightleftarrows}} \quad \#X = n + 1 \tag{3.6}$$

Damit sind die Wahrscheinlichkeiten $P_{m,n} = 0$, außer wenn $m = n - 1$, $m = n + 1$ oder $m = n$ ist. Alle Wahrscheinlichkeiten des Abbaus müssen sich zu 1 aufsummieren: Ist der Zustand n Moleküle, so kann im nächsten Zeitschritt ein Molekül dazukommen, ein Molekül weggehen oder es bleibt bei n Molekülen. Damit erhält man:

$$P_{n,n} + P_{n,n+1} + P_{n,n-1} = 1 \quad \longrightarrow \quad P_{n,n} = 1 - P_{n,n+1} - P_{n,n-1}\,. \tag{3.7}$$

Nach Gleichung (3.5) kann man für das Beispiel angeben:

$$\begin{aligned} P_n(t + \Delta t) &= P_{n-1,n} \cdot P_{n-1}(t) + P_{n+1,n} \cdot P_{n+1}(t) + P_{n,n} \cdot P_n(t) \\ &= P_{n-1,n} \cdot P_{n-1}(t) + P_{n+1,n} \cdot P_{n+1}(t) + (1 - P_{n,n+1} - P_{n,n-1})P_n(t)\,. \end{aligned} \tag{3.8}$$

Für die einzelnen Übergänge sind noch Beziehungen anzugeben. Nimmt man an, dass die Übergänge proportional zu n und zum Zeitintervall Δt sind, so ergeben sich:

$$\begin{aligned} P_{n-1,n} &= k^+ \, (n - 1) \, \Delta t \\ P_{n+1,n} &= k^- \, (n + 1) \, \Delta t \\ P_{n,n-1} &= k^- \, n \, \Delta t \\ P_{n,n+1} &= k^+ \, n \, \Delta t\,. \end{aligned}$$

Damit erhält man:

$$\begin{aligned} P_n(t + \Delta t) &= k^+ \cdot (n - 1) \cdot \Delta t \cdot P_{n-1} \\ &\quad + k^- \cdot (n + 1) \cdot \Delta t \cdot P_{n+1} + (1 - k^+ \cdot n \cdot \Delta t - k^- \cdot n \cdot \Delta t) \cdot P_n \end{aligned} \tag{3.9}$$

womit sich der folgende Differenzenquotient anschreiben lässt:

$$\begin{aligned} \frac{P_n(t + \Delta t) - P_n(t)}{\Delta t} &= k^+ \cdot (n - 1) \cdot P_{n-1}(t) + \\ &\quad k^- \cdot (n + 1) \cdot P_{n+1}(t) - (k^+ + k^-) \cdot n \cdot P_n(t)\,. \end{aligned} \tag{3.10}$$

Für Δt gegen 0 ergibt sich der Differentialquotient:

$$\frac{dP_n}{dt} = k^+ \cdot (n-1) \cdot P_{n-1} + k^- \cdot (n+1) \cdot P_{n+1} - (k^+ + k^-) \cdot n \cdot P_n. \qquad (3.11)$$

Gleichung (3.11) wird als Mastergleichung bezeichnet. Dieses System aus Differentialgleichungen (für jedes $n = 1, 2, \cdots$ ist eine Gleichung anzuschreiben) ist für größere Netzwerke analytisch kaum lösbar. Deshalb behilft man sich oft mit einer Approximation, wobei der Zeitpunkt und die Auswahl des einzelnen Umwandlungsschrittes simuliert werden (siehe unten).

Um einen Vergleich mit einem deterministischen Ansatz zu erhalten, kann von allen Wahrscheinlichkeiten der Mittelwert gebildet werden. Die Mittelwertbildung erfolgt über obige Gleichung (3.1):

$$<X(t)> = \sum_{n=1}^{\infty} n \cdot P_n(t).$$

Setzt man die ermittelten Beziehungen von oben ein, ergibt sich:

$$<X(t+\Delta t)> = \sum_{n=1}^{\infty} n \cdot P_n(t+\Delta t)$$

$$= \sum_{n=1}^{\infty} n \cdot P_{n-1,n} \cdot P_{n-1} + n \cdot P_{n+1,n} \cdot P_{n+1}$$

$$+ n \cdot (1 - P_{n,n+1} - P_{n,n-1}) \cdot P_n \qquad (3.12)$$

Wenn man die Summe ausschreibt und Terme zusammenfasst, erhält man:

$$<X(t+\Delta t)> = \sum_{n=1}^{\infty} (n + P_{n,n+1} - P_{n,n-1}) \cdot P_n(t)$$

$$= \sum_{n=1}^{\infty} (n + k^+ \cdot n \cdot \Delta t - k^- \cdot n \cdot \Delta t) \cdot P_n(t)$$

$$= \left(1 + (k^+ - k^-) \cdot \Delta t\right) \cdot \underbrace{\sum_{n=1}^{\infty} n \cdot P_n(t)}_{<X(t)>}$$

$$= <X(t)> + (k^+ - k^-)\, \Delta t\, <X(t)> \qquad (3.13)$$

$$\rightarrow \quad \frac{<X(t+\Delta t)> - <X(t)>}{\Delta t} = (k^+ - k^-) <X(t)>. \qquad (3.14)$$

Der berechnete Mittelwert stellt die Konzentration c_X von X dar. Man erhält also folgende Differentialgleichung für den Grenzfall $\Delta t \rightarrow 0$:

$$\frac{dc_X}{dt} = \underbrace{(k^+ - k^-)}_{k} \cdot c_X \qquad (3.15)$$

wobei k die Reaktionsgeschwindigkeitskonstante ist. Ergibt sich ein positiver Wert, so wird mehr X gebildet als verbraucht wird, und X wird akkumulieren. Im anderen Fall wird X abgebaut. Für dieses einfache System lassen sich die Differentialgleichungen (3.11) numerisch lösen. Man schreibt in MATLAB eine einfache Schleife, die eine vorgegebene Anzahl von Molekülen umfasst. Abbildung 3.3 zeigt den zeitlichen Verlauf der Wahrscheinlichkeiten P_n für $n = 1, 2, \cdots 100$. Zum Zeitpunkt $t = 0$ gilt folgende Anfangsbedingung: $P_1(t = 0) = 1$. Zu jedem Zeitpunkt kann dann abgelesen werden, wie hoch die Wahrscheinlichkeit ist, dass gerade n Moleküle von X vorliegen (da man aber nicht eine beliebig große Zahl von Molekülen simulieren kann, addieren sich die Wahrscheinlichkeiten nicht zu Eins. Der Fehler macht sich allerdings erst zu späten Zeitpunkten bemerkbar). Die rechte Abbildung zeigt das Verhalten für einen ausgewählten Zeitpunkt $t = 3$ und gibt die entsprechende Verteilung an Molekülen an.

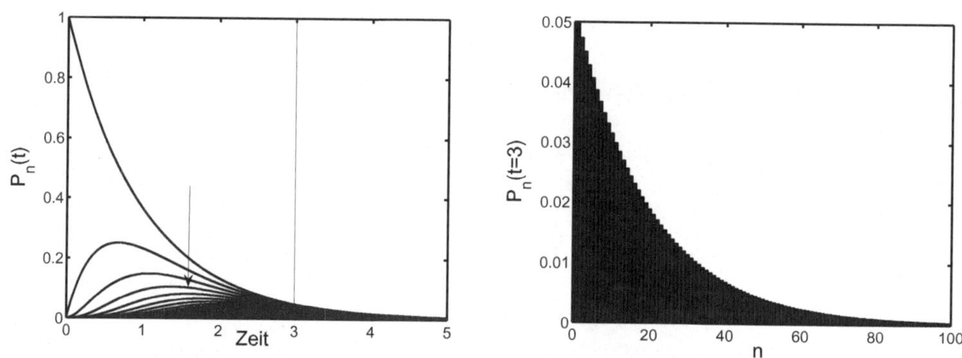

Abbildung 3.3: Links: Zeitlicher Verlauf der Wahrscheinlichkeiten $P_n(t)$. Die Kurven durchlaufen alle ein Maximum (außer für $P_1(t)$). Rechts: Verteilung für den Zeitpunkt $t = 3$.

3.2.1 Stochastische Simulation mit dem Gillespie-Algorithmus

Wie oben gezeigt, wird schon die Mastergleichung für eine Komponente umfangreich. Wird nun eine Wahrscheinlichkeitsfunktion P für ein Volumenelement V mit den Metaboliten S_1, S_2, $\cdots$ formuliert mit

$$P_{s_1, s_2, \cdots}(t), \tag{3.16}$$

stehen keine Techniken zur Verfügung, in begrenzter Zeit eine Lösung für große Reaktionsnetzwerke herzuleiten. Man behilft sich nun durch eine Monte-Carlo-Simulation[2], um eine hohe statistische Sicherheit der Simulationsergebnisse zu erhalten. Das bedeutet, dass Rechnungen oft wiederholt und dann ausgewertet werden. Dabei ergeben sich zwei zentrale Fragen:

- Wann passiert die nächste Reaktion

- und welche Reaktion wird das sein?

[2] D.T. Gillespie: Exact Stochastic Simulation of Coupled Chemical Reactions. The Journal of Physical Chemistry 81(25): 2340-2361, 1977

Beim vorgestellten Ansatz sucht man die Wahrscheinlichkeit $P(\tau,\mu)\,d\tau$, so dass im gegebenen Zustand zur Zeit t die nächste Reaktion im Zeitintervall $[t+\tau,t+\tau+d\tau]$ passiert und die Reaktion r_μ ist (im Intervall $t+\tau$ findet keine Reaktion statt). Die natürliche Zahl μ kennzeichnet hier die Nummer der Reaktion.

Das Vorgehen ist nun wie folgt: Zunächst hat eine Zuordnung einer Zahl h_μ zu jeder Reaktion zu erfolgen, die über die Reaktionskombinatorik Auskunft gibt. Für die elementaren Reaktionen sind diese Wahrscheinlichkeiten wie folgt (wobei die Kleinbuchstaben die Anzahl der Moleküle angeben):

$$S_j \qquad \longrightarrow \qquad M \qquad h_\mu = s_j$$

$$S_j + S_k \qquad \longrightarrow \qquad M \qquad h_\mu = s_j \cdot s_k$$

$$2 \cdot S_j \qquad \longrightarrow \qquad M \qquad h_\mu = s_j \cdot \frac{s_j - 1}{2}$$

$$S_j + 2 \cdot S_k \qquad \longrightarrow \qquad M \qquad h_\mu = s_j \cdot s_k \cdot \frac{s_k - 1}{2}$$

$$3 \cdot S_j \qquad \longrightarrow \qquad M \qquad h_\mu = s_j \cdot \frac{s_j - 1}{2} \cdot \frac{s_j - 2}{3}$$

Die Terme h_μ geben die Kombinatorik der Moleküle an. Sind bspw. von zwei Molekülsorten S_j und S_k jeweils 5 Moleküle im Reaktionsraum, so kann jedes Molekül aus S_j mit jedem Molekül aus S_k zusammentreffen. Es ergeben sich 25 Möglichkeiten. Reagieren jedoch die Moleküle aus S_j untereinander, so sind 2-er Mengen aus 5 zu bilden und es ergeben sich 10 Möglichkeiten (dies entspricht dem Binomialkoeffizienten "5 über 2").

Im zweiten Schritt erfolgt die Zuordnung einer durchschnittlichen (Reaktions-)Wahrscheinlichkeit $c_\mu\,d\tau$ zu jeder Reaktion so, dass die Reaktion im Zeitintervall $d\tau$ stattfindet. c_μ entspricht der Reaktionskonstanten k_μ im deterministischen System. Der Ausdruck

$$h_\mu\, c_\mu\, d\tau \;=\; a_\mu\, d\tau \tag{3.17}$$

ist dann die Wahrscheinlichkeit, dass die Reaktion r_μ stattfindet, wenn das System im Zustand $(s_1, s_2, \cdots)$ ist. Dann gilt

$$P(\tau,\mu)\,d\tau = P_0(\tau) \cdot a_\mu\, d\tau \tag{3.18}$$

mit $P_0(\tau)$ der Wahrscheinlichkeit, dass im Zeitintervall $[t, t+\tau]$ keine Reaktion stattfindet. Diese Wahrscheinlichkeit wird mit einer e-Funktion mit negativem Exponenten angegeben:

$$P_0(\tau) \;=\; e^{-\sum_j a_j \tau} \tag{3.19}$$

und es ergibt sich für oben:

$$P(\tau,\mu) \;=\; a_\mu\, e^{-\sum_j a_j \tau}\,. \tag{3.20}$$

Der Simulationsalgorithmus teilt die Berechnung auf zwei Teilprozesse auf:

$$P(\tau,\mu) \;=\; P_1(\tau)\,P_2(\mu|\tau) \tag{3.21}$$

wobei $P_1(\tau)\,d\tau$ die Wahrscheinlichkeit darstellt, das irgendeine Reaktion im Zeitraum $[t+\tau, t+\tau+d\tau]$ passiert:

$$P_1(\tau) \;=\; \sum_j P(\tau,\mu) \;=\; a \cdot e^{-a\tau}, \tag{3.22}$$

mit $a = \sum_j h_\mu\, c_\mu$. Dann ergibt sich für P_2:

$$P_2(\mu|\tau) \;=\; \frac{P(\tau,\mu)}{P_1(\tau)} \;=\; \frac{a_\mu}{a}. \tag{3.23}$$

Nun werden zwei Zufallszahlen gezogen und damit Zeit und Reaktion bestimmt:

- Ziehe 1. Zufallszahl $rand_1$ (gleichverteilt) und berechne $\tau = \frac{1}{a} \cdot ln\frac{1}{rand_1}$.

- Ziehe 2. Zufallszahl $rand_2$, so dass für das gesuchte μ gilt:

$$\sum_{j=1}^{\mu-1} a_j \;<\; rand_2 \cdot a \;\leq\; \sum_{j=1}^{\mu} a_j;$$

μ wird dann als der Wert gesetzt, dessen Index zuletzt addiert wurde.

Beispiel 2
Genexpression – Autokatalytische Schleife.

Ein einfaches Modell der Genexpression beschreibt den Promotor D in zwei Zuständen (Abbildung 3.4): offen und geschlossen. Durch die Anbindung eines RNA Polymerasemoleküls wird der Übergang realisiert. Hat das Polymerasemolekül angebunden, ist der Promotor offen und es kommt zur Synthese eines mRNA Moleküls und des Proteins Pr. Ein vereinfachtes Reaktionsschema bildet diesen Sachverhalt ab:

$$D_{gesch.} \; \underset{c_{-1}}{\overset{c_1}{\rightleftharpoons}} \; D_{offen}$$

$$D_{offen} \; \overset{c_2}{\longrightarrow} \; D_{offen} + Pr \tag{3.24}$$

Für die Reaktionsgeschwindigkeiten werden einfache Raten angenommen: Der Übergang ist proportional zu der vorhandenen Anzahl von Molekülen. Aus dem mRNA Molekül entsteht das Genprodukt Pr. Im unteren Teil der Abbildung ist der interessante Fall einer Rückkopplung gezeigt. Das Genprodukt wirkt positiv auf die eigene Transkription. In diesem Fall ist die Geschwindigkeit für den Übergang vom geschlossenen zum offenen Komplex zusätzlich proportional zum Genprodukt. Für beide Varianten sind die Simulationsergebnisse in Abbildung 3.5

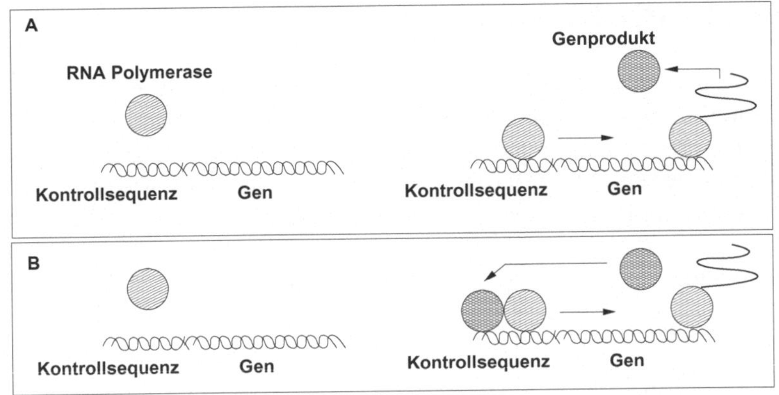

Abbildung 3.4: **A** Durch Anbinden der RNA Polymerase wird die Genexpression induziert. **B** Autokatalytische Schleife. Das Genprodukt ist ein Transkriptionsfaktor, der die eigene Synthese beschleunigt.

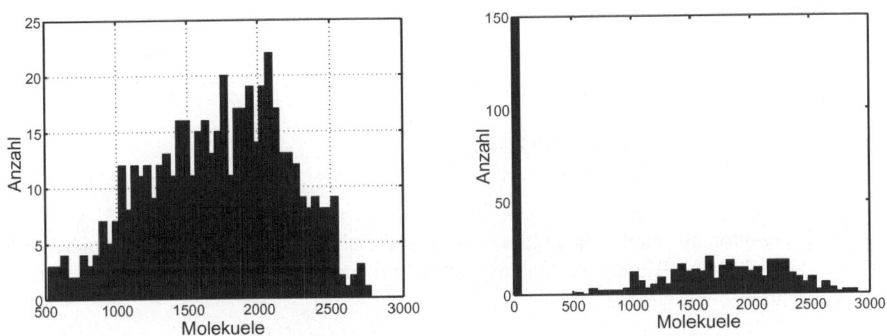

Abbildung 3.5: Links: Histogramm der Simulationsstudie des ungeregelten Systems (500 Simulationen). Rechts: Histogramm des autokatalytisch geregelten Systems (500 Simulationen).

gezeigt. Für die beiden Histogramme wurden jeweils 500 Simulationen ausgewertet. Im Falle ohne Rückkopplung ergibt sich wie erwartet eine Normalverteilung.

Im Falle der autokatalytischen Regulation sieht man, dass sich zwei Populationen ausbilden. Bei der einen Teilpopulation kommt es gar nicht zur Genexpression (ca. 1/3 aller Simulationen). In einem realen Experiment würde man also eine heterogene Population sehen, wo bei nur ein Teil der Zellen das Protein produziert. Die im Kapitel Biologie beschriebene Induktion ist ein typischer Vertreter dieses Regulationsschemas. Beim Laktose-Operon wurde das berechnete Verhalten auch experimentell beobachtet[3].

---

[3]Multistability in the lactose utilization network of *Escherichia coli*. E. M. Ozbudak et al., Nature 427, 2004, pp. 737

3.3 Deterministische Modellierung

Bei der deterministischen Modellierung werden Bilanzgleichungen der extensiven Zustandsvariablen aufgestellt. Eine Bilanzgleichung gibt die Änderung einer Zustandsgröße in Abhängigkeit von Stoff- und Energieströmen an und ist damit die grundlegende Gleichungsstruktur. Die Herleitung der Gleichungen erfolgt am Beispiel eines Rührkesselreaktors, wie er in Abbildung 3.6 zu sehen ist. Der Bioreaktor ist durch den Strom von Sauerstoff q_G und durch die Zu- und Abflüsse

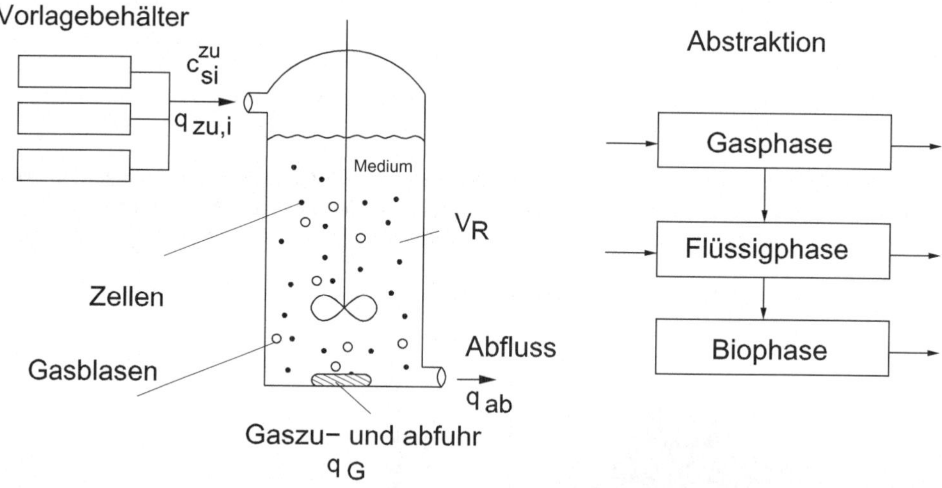

Abbildung 3.6: Bioreaktor mit mehreren Zuläufen $q_{zu,i}$ und Zulaufkonzentrationen c_{Si}^{zu} sowie Ablauf q_{ab}. Im Zulauf befindet sich keine Biomasse. Abstrakt betrachtet, kann der Reaktor als System mit drei interagierenden Phasen dargestellt werden.

$q_{zu,i}$, q_{ab} der Substrate S_i gekennzeichnet, wobei in jedem Zulauf die Konzentration c_{Si}^{zu} vorliegt. Weiterhin wird von einem gut durchmischten homogenen System (Dichte ρ) ausgegangen. Das Volumen des Reaktors sei V_R. Der Reaktor wird wie in der Abbildung gezeigt durch die Interaktion von drei Phasen beschrieben. Dabei erfolgt der Übergang von der Gasphase in die Flüssigphase und dann in die Biophase. Die Zellen könne also nicht direkt den Sauerstoff aus den Gasblasen aufnehmen.

Für die Ableitung der Gleichungen soll von einem strukturierten aber nicht segregierten Ansatz ausgegangen werden. Die Biomasse wird daher durch eine einzelne gemittelte Zelle wie in Abbildung 3.7 gezeigt, beschrieben. Der Stoffwechsel ist durch ein kleines Netzwerk innerhalb der Zelle angedeutet, kann aber natürlich eine beliebig andere Struktur aufweisen.

Das Netzwerk beschreibt die Aufnahme der Substrate S_i und deren weiteren Stoffwechsel. Die Aufnahmeraten der Substrate werden mit r_{ai}^0 bezeichnet. In der Zelle wird zur Unterscheidung die Komponente mit M_i bezeichnet. Weitere intrazelluläre Raten sind mit r_{zi}^0 bezeichnet und beschreiben die Synthese des Stoffes P aus den Metaboliten M_i. Die Komponente P stellt den Hauptbestandteil der Zelle, z.B. Proteine, dar. Tabelle 3.1 stellt die Zustandsvariablen und Eingangsgrößen zusammen.

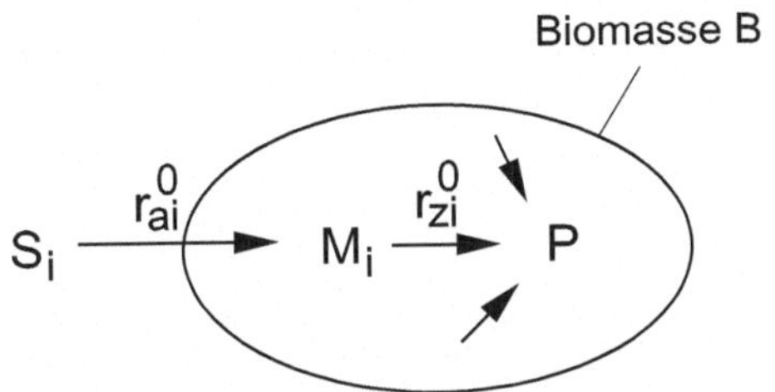

Abbildung 3.7: Zelluläres Netzwerk zur Beschreibung des Stoffwechsels.

Gasgeschw. im Reaktor	$[q_G] =$	$\dfrac{l}{h}$	Sauerstoffkonz. Gas	$[c_{O_2}] =$	mol/l
Stoffübergangszahl	$[k_L] =$	$\dfrac{l}{m^2\,h}$	Phasengrenzfläche	$[A] =$	m^2
Zulauf Substrat i	$[q_{zu,i}] =$	$\dfrac{l}{h}$	Substratkonzentration	$[c_S] =$	g/l
Ablauf	$[q_{ab}] =$	$\dfrac{l}{h}$	Masse Metabolit M	$[m_M] =$	mol
Masse Flüssigkeit	$[m_R] =$	g	Metabolitkonzentration	$[c_M] =$	$\dfrac{mol}{gTM}$
Reaktorvolumen	$[V_R] =$	l	Masse Metabolit P	$[m_p] =$	mol
Biomasse	$[m_B] =$	gTM	Metabolitkonzentration	$[c_p] =$	$\dfrac{mol}{gTM}$
Biomassekonzentration	$[c_B] =$	g/l	Raten	$[r_{ai}^0] =$	$\dfrac{mol}{h}$
Substrat	$[m_S] =$	g		$[r_{ti}^0] =$	$\dfrac{mol}{h}$

Tabelle 3.1: Zusammenstellung der verwendeten Größen und der verwendeten Einheiten für das Reaktorsystem.

Eine Bilanzgleichung

$$\dot{X} = J + Q$$

beschreibt die zeitliche Änderung einer extensiven Zustandsgröße X in Abhängigkeit von Stoff- und Energieströmen. Dabei unterscheidet man Ströme J über die Bilanzgrenze und Ströme Q, die sich durch Produktion/Verbrauch innerhalb der Systemgrenzen ergeben (Quellen). Im Folgenden werden die Gleichungen für alle relevanten Massen/Molenzahlen (extensive Zustandsgrößen) abgeleitet.

Sauerstoff in der Gasphase

$$\dot{n}_{O_2} \;=\; q_G\left(c_{O_2}^{zu} - c_{O_2}\right) - k_L A \left(c_{FO2}^{*} - c_{FO_2}\right).$$
(3.25)

Hier ist der Stoffübergang Gas/Flüssig proportional zur Differenz der Konzentrationen in der Flüssigkeit und der Phasengrenzfläche c_{FO2}^{*}. Es kommt das Gesetz von Henry zum Tragen, welches die Konzentration des Gases an der Phasengrenze Gas/Flüssig über den Partialdruck im Gas bestimmt: $c_{FO_2}^{*} = p_{O_2}/H$, wobei H der Henry-Koeffizient ist. Ersetzt man nun noch den Partialdruck durch die Volumenfraktion v_{O2} und Gesamtdruck $p_{O_2} = p\,v_{O2}$ und stellt die Gleichung nach der Volumenfraktion um, so ergibt sich:

$$\dot{v}_{O_2} \;=\; \frac{q_G}{V_G}\left(v_{O_2}^{zu} - v_{O_2}\right) - k_L\,\frac{A}{V_G}\left(\frac{p \cdot v_{O_2}}{H} - c_{FO_2}\right) \cdot V_N.$$
(3.26)

Eine gut bestimmbare Größe ist die auf die Flüssigkeit bezogene Stoffübergangszahl $k_L a = k_L A / V_F$. Damit erhält man:

$$\dot{v}_{O_2} \;=\; \frac{q_G}{V_G}\left(v_{O_2}^{zu} - v_{O_2}\right) - k_L a\,\frac{V_F}{V_G}\left(\frac{p \cdot v_{O_2}}{H} - c_{FO_2}\right) \cdot V_N.$$
(3.27)

Die Volumenfraktion ist über eine Abgasanlage gut messbar. Da das Volumen V_G kaum bestimmbar ist, wird es in manchen Publikationen durch den spezifischen Gasgehalt $\varepsilon_G = V_G/V_G + V_R$ ersetzt.

Reaktor/Reaktionsvolumen

$$\dot{m}_R \;=\; \sum q_{zu,i} \cdot \rho - q_{ab} \cdot \rho$$

$$\longrightarrow \quad \dot{V}_R \;=\; \sum q_{zu,i} - q_{ab}.$$
(3.28)

Die Summe geht über alle Komponenten, die in den Reaktor zugefüttert werden. Es wird angenommen, dass die Dichte ρ konstant ist.

Sauerstoff in der Flüssigphase
Der Sauerstoff wird mit der gleichen Rate wie oben in die Flüssigphase eingetragen und durch die Organismen mit der Rate $r_{O_2}^0$ verbraucht. Beachtet werden muss, dass auch über den Zulauf Sauerstoff eingetragen wird:

$$\dot{n}_{FO_2} \;=\; k_L A\left(c_{FO_2}^{*} - c_{FO_2}\right) - r_{O_2}^0 + q_{zu}\,c_{FO}^{zu} - q_{ab}\,c_{FO_2}.$$
(3.29)

Führt man die gleichen Größen wie oben ein und stellt auf die Konzentration um, so ergibt sich:

$$\dot{c}_{FO_2} \;=\; k_L a\left(\frac{p \cdot v_{O_2}}{H} - c_{FO_2}\right) - \frac{r_{O_2}^0}{V_R} + q_{zu}\left(c_{FO_2}^{zu} - c_{FO_2}\right).$$
(3.30)

Geht man von stationären Verhältnissen bezüglich des Transportes des Sauerstoffs aus, so stehen die Terme für die Übergänge Gas/Flüssig und Flüssig/Biophase im Gleichgewicht. Wird kein Sauerstoff durch Zulauf/Ablauf ein- /ausgetragen ($q_{zu} = q_{ab} = 0$), so kann die Sauerstoffaufnahmerate, auch als OTR bezeichnet (in $mol/l\,h$) berechnet werden:

$$OTR = \frac{r^0_{O_2}}{V_R} = \frac{q_G\,(v^{zu}_{O_2} - v_{O_2})}{V_R\,V_N} = k_L a\,\left(\frac{p\cdot v_{O_2}}{H} - c_{FO_2}\right). \qquad (3.31)$$

Substrat in der Flüssigphase

$$\dot{m}_{Si} = q_{zu,i}\cdot c^{zu}_{Si} - q_{ab}\cdot c_s - r^0_{ai}\,mg_i\,, \qquad mg_i \equiv \text{Molekulargewicht} \qquad (3.32)$$

Das Molekulargewicht wird verwendet, da die Raten r^0 auf Mol bezogen sind, die Masse auf der linken Seite oft aber in Gramm angegeben wird. Zum Umrechnen der linken Seite auf die Substratkonzentration muss die Ableitung umgeformt werden:

$$\dot{m}_{Si} = (V_R \dot{\cdot} c_{Si}) = V_R\cdot\dot{c}_{Si} + \dot{V}_R\cdot c_{Si} \qquad (3.33)$$

Setzt man die Terme der rechten Gleichung ein, erhält man:

$$V_R\cdot\dot{c}_{Si} + \dot{V}_R\cdot c_{Si} = q_{zu,i}\cdot c^{zu}_{Si} - q_{ab}\cdot c_{Si} - r^0_{ai}\cdot mg_i$$

$$\dot{c}_{Si} = \frac{1}{V_R}\cdot\left[q_{zu,i}\cdot c^{zu}_{Si} - q_{ab}\cdot c_{Si} - r^0_{ai}\cdot mg_i - \left(\sum q_{zu,i} - q_{ab}\right)\cdot c_{Si}\right]$$

$$\longrightarrow \quad \dot{c}_{Si} = \frac{q_{zu,i}}{V_R}\cdot c^{zu}_{Si} - \frac{\sum q_{zu,i}}{V_R}\cdot c_s - \frac{r^0_{ai}\cdot mg_i}{V_R}. \qquad (3.34)$$

Für ein einziges Substrat im Zulauf vereinfacht sich der Ausdruck zu:

$$\dot{c}_S = \frac{q_{zu}}{V_R}\cdot(c^{zu}_S - c_S) - \frac{r^0_a\cdot mg}{V_R}. \qquad (3.35)$$

Biomasse

$$\dot{m}_B = \mu\cdot m_B - q_{ab}\cdot c_B\,, \qquad (3.36)$$

wobei μ die noch näher zu beschreibende spezifische Wachstumsrate ist. Analog oben erhält man:

$$\dot{m}_B = (V_R\dot{\cdot}c_B) = V_R\cdot\dot{c}_B + \dot{V}_R\cdot c_B$$

$$\dot{c}_B = \frac{1}{V_R}\left[\mu\cdot m_B - q_{ab}\cdot c_B - \left(\sum q_{zu,i} - q_{ab}\right)\cdot c_B\right]$$

$$\longrightarrow \quad \dot{c}_B = \mu\cdot c_B - \frac{\sum q_{zu,i}}{V_R}\cdot c_B \qquad (3.37)$$

Intrazelluläre Komponenten

Bei intrazellulären Komponenten ist zu beachten, dass der Massenstrom an Komponente, der den Reaktor verlässt, proportional zum Strom der abfließenden Biomasse ist. Damit ergeben sich die Massenbilanzen für die Komponenten wie folgt:

$$\dot{m}_{Mi} = r_{ai}^0 - r_{zi}^0 - \underbrace{q_{ab} \cdot c_B}_{Biomasse} \cdot c_{Mi} \tag{3.38}$$

$$\dot{m}_P = \sum r_{zi}^0 - q_{ab} \cdot c_B \cdot c_P \tag{3.39}$$

Analog oben erhält man, wenn auf Biomasse bezogene intrazelluläre Konzentrationen c_P und c_{Mi} verwendet werden:

$$\dot{m}_P = (m_B \cdot c_P) = m_B \cdot \dot{c}_P + \dot{m}_x \cdot c_P$$

$$\dot{c}_P = \frac{1}{m_B} \cdot \left[\sum r_{zi}^0 - q_{ab} \cdot c_B \cdot c_P - (\mu \cdot m_B - q_{ab} \cdot c_B) \cdot c_P \right]$$

$$\longrightarrow \quad \dot{c}_P = \frac{\sum r_{zi}^0}{m_B} - \mu \cdot c_P \tag{3.40}$$

$$\text{analog} \quad \dot{c}_{Mi} = \frac{r_{ai}^0 - r_{zi}^0}{m_B} - \mu \cdot c_{Mi} . \tag{3.41}$$

Aus den beiden letzten Gleichungen wird ein wichtiger Zusammenhang deutlich. Die spezifische Wachstumsrate tritt in jeder Gleichung für intrazelluläre Komponenten als Verdünnungsterm auf. Das bedeutet, dass sich die Komponente durch das Wachstum der Zellen ausdünnt, wenn keine neue Synthese stattfindet. Mit jeder Zellteilung wird auf die Tochterzelle die halbe Anzahl von Molekülen übertragen. Damit müssen zum Beispiel Proteine nicht extra abgebaut werden, was für die Zelle einen geringeren Energieaufwand bedeutet.

3.3.1 Zusammenhang spezifische Wachstumsrate μ und Raten r_{ai}^0

In den obigen Gleichungen ist das Wachstum der Biomasse bisher nur über die nicht näher charakterisierte spezifische Wachstumsrate μ beschrieben worden. Da die spezifische Wachstumsrate aber die Änderung der Biomasse beschreibt, gibt es einen Zusammenhang zwischen den Aufnahmeraten r_a und der spezifischen Wachstumsrate . Zur Herleitung wird zunächst die Zusammensetzung der Biomasse betrachtet, wobei davon ausgegangen wird, dass alle Komponenten wie in der Abbildung oben gezeigt, die gesamte Biomasse ausmachen:

$$m_B = \sum m_{Mi} \cdot mg_i + m_P \cdot mg_P . \tag{3.42}$$

Bildet man die Ableitungen und setzt die Terme von oben ein, erhält man:

$$\dot{m}_B = \sum \dot{m}_{Mi} \cdot mg_i + \dot{m}_{Pp} \cdot mg_P$$

$$= \sum \left(r_{ai}^0 - r_{zi}^0 \right) \cdot mg_i - q_{ab} \cdot c_B \sum c_{Mi} \cdot mg_i +$$

$$\sum r_{zi}^0 \cdot mg_p - q_{ab} \cdot c_B \cdot c_P \cdot mg_P . \tag{3.43}$$

Für das oben betrachtete Reaktionsnetzwerk wird eine einfache Stöchiometrie angenommen. Daher sind die Molekulargewichte der betrachteten Metabolite als gleich anzusetzen: $mg_i = mg_P$. Damit erhält man weiter:

$$\dot{m}_B = \sum r_{ai}^0 \cdot mg_i - q_{ab} \cdot c_B \cdot \underbrace{\left(\sum c_{Mi} + c_P \right) \cdot mg_P}_{1}$$

$$\longrightarrow \quad \dot{m}_B = \sum r_{ai}^0 \cdot mg_i - q_{ab} \cdot c_B . \tag{3.44}$$

Die geschweifte Klammer gilt, da Konzentrationen multipliziert mit dem Molekulargewicht gerade einzelne Massenbrüche darstellen, die sich zu 1 aufsummieren. Ein Vergleich mit oben ergibt dann:

$$\mu = \frac{\sum r_{ai}^0 \, m_{gi}}{m_B} \equiv \text{Summe aller spezifischen Aufnahmeraten} \tag{3.45}$$

Aus der Gleichung wird ersichtlich, dass alle Aufnahme- und Produktionsraten zur Änderung der Biomasse beitragen. Die letzte Gleichung legt nahe, die Raten auf die Biomasse zu beziehen. Man erhält dann für die Raten:

$$r_{ai} = \frac{r_{ai}^0}{m_B}, \quad r_{zi} = \frac{r_{zi}^0}{m_B} \quad \text{und damit für die Wachstumsrate}$$

$$\mu = \sum r_{ai} \cdot mg_i . \tag{3.46}$$

Die Gleichungen für die intrazellulären Größe P und das Substrat S (nur ein Zulauf) vereinfachen sich dann zu:

$$\dot{c}_P = \sum r_{zi} - \mu \cdot c_P \tag{3.47}$$

$$\dot{c}_S = \frac{q_{zu}}{V_R}(c_S^{zu} - c_S) - \frac{r_a \cdot m_B \cdot mg}{V_R} = \frac{q_{zu}}{V_R}(c_S^{zu} - c_S) - r_a \cdot mg \; c_B . \tag{3.48}$$

In der Regel werden aber nicht alle Aufnahmesysteme im Detail modelliert. Dies würde zu einem hohen Aufwand führen, der sich auch messtechnisch kaum umsetzen läst. Es bietet sich daher folgender sinnvolle Ansatz an:

$$\mu = Y \cdot r_a \cdot mg \tag{3.49}$$

wobei Y ein Ausbeutekoeffizient mit der Einheit gTM/g ist. Ein typischer Wert den man bspw. für das Bakterium *E. coli* bei Wachstum auf Glucose findet ist $Y_{Glc} = 0.5 \frac{gTM}{g}$.

3.3.2 Intrazelluläre Reaktionsnetzwerke

Im Allgemeinen kann eine biochemische Reaktion, die innerhalb einer Zelle stattfindet mit stöchiometrischen Koeffizienten γ_j und Rate r angeben werden:

$$|\gamma_A| \cdot A + |\gamma_B| \cdot B \xrightarrow{r} |\gamma_C| \cdot C + |\gamma_D| \cdot D . \tag{3.50}$$

Hier wird ausgedrückt, dass γ_A Mol des Stoffes A mit γ_B Mol des Stoffes B reagiert und als Produkte γ_C Mol des Stoffes C sowie γ_D Mol des Stoffes D dabei entstehen. Es ist zu beachten, dass bei der angegebenen Reaktionsgleichung die stöchiometrischen Koeffizienten stets mit Betrag angegeben werden. Da für eine Formalisierung allerdings deutlich gemacht werden muss, welche Stoffe verbraucht und welche gebildet werden, spielt das Vorzeichen eine Rolle. Vereinbarungsgemäß sind die Koeffizienten auf der linken Seite negativ, die auf der rechten Seite positiv. Bei einer großen Anzahl von Reaktionen bietet sich eine Schreibweise mit Matrizen und Vektoren an:

$$\underbrace{\begin{bmatrix} \gamma_A & \gamma_B & \gamma_C & \gamma_D \end{bmatrix}}_{N^T \equiv \text{Transponierte stöchiometrische Matrix}} \cdot \underbrace{\begin{bmatrix} A \\ B \\ C \\ D \end{bmatrix}}_{\underline{K} \equiv \text{Vektor Komponenten}} = 0 \qquad (3.51)$$

Bei der stöchiometrischen Matrix N entspricht also die Anzahl der Zeilen n der Anzahl der Komponenten und die Anzahl q der Spalten der Anzahl der Reaktionen; die stöchiometrische Matrix hat demnach die Dimension $n \times q$. Sie wird auch bei der Aufstellung der Bilanzgleichungen verwendet. Mit dem Ratenvektor $\underline{r}$ erhält man für das Differentialgleichungssystem zur Beschreibung der Dynamik der intrazellulären Konzentrationen $\underline{c}$ folgenden Zusammenhang:

$$\dot{\underline{c}} = N \cdot \underline{r} - \mu \underline{c}. \qquad (3.52)$$

wobei die Prozesse, die über die Raten r_j beschrieben werden, enzymkatalysierte Reaktionen, Polymerisationsprozesse (z.B. Transkription/ Translation) oder Signaltransduktionsprozesse umfassen. Man erhält ein System der Ordnung n, was der Anzahl der beteiligten Komponenten entspricht. Bei Reaktionspfaden mit hohen Raten wird der Verdünnungsterm oft vernachlässigt und obige Gleichung vereinfacht sich entsprechend zu:

$$\dot{\underline{c}} = N \cdot \underline{r}. \qquad (3.53)$$

Ein Sonderfall liegt dann vor, wenn ein Fließgleichgewicht betrachtet wird. In diesem Fall ergeben sich keine zeitlichen Änderungen der Zustandsgrößen mehr; das bedeutet anschaulich, dass sich alle Reaktionen, die den Metaboliten bilden und die ihn verbrauchen die Waage halten. Dann vereinfacht sich die Gleichung nochmal:

$$\underline{0} = N \cdot \underline{r}. \qquad (3.54)$$

Dies Gleichung spielt nachher bei der Analyse der Netzwerke eine wichtige Rolle. Die stöchiometrische Matrix N lässt sich auch als Graph darstellen, wobei die Metabolite die Knotenpunkte und die Reaktionen die Kanten darstellen. Setzt man in Gleichung (3.52) direkt kinetische Ausdrücke in die Raten $\underline{r}(\underline{c})$ ein, so ergibt sich ein nichtlineares Differentialgleichungssystem der Form:

$$\dot{\underline{c}} = \underline{f}(\underline{c}). \qquad (3.55)$$

3.4 Qualitative Modellierung und Analyse

3.4.1 Graphentheoretische Grundlagen

Bei der qualitativen Modellierung steht die Interaktion der Komponenten im Vordergrund ohne allerdings diese Interaktion im Detail zu beschreiben. Daher ist es ausreichend nur die Interaktion, bspw. A beeinflusst B deutlich zu machen. Diese Wechselwirkungen lassen sich am besten durch Graphen[4] veranschaulichen. Unter einem Graphen G wird eine disjunkte Menge von Knoten V (im Englischen für <u>v</u>ertex) und Kanten E (im Englischen für <u>e</u>dge) verstanden. Eine Kante wird durch die Angabe der Knoten, die sie verbindet gekennzeichnet. Im Beispiel in Abbildung 3.8 sind 4 Knoten und 6 Kanten gezeigt. Die Knotenmenge und die Kantenmenge, die den Graphen G ausmachen sind demnach:

$$
\begin{aligned}
V &= \{1,2,3,4\} \\
E &= \{\{1,2\}\{1,3\}\{2,3\}\{1,4\}\{2,4\}\{3,4\}\} \, .
\end{aligned}
\tag{3.56}
$$

Der in **A** gezeigte Graph is vollständig, da alle Knoten untereinander verbunden sind. Gerichtete Graphe sind durch Pfeile gekennzeichnet (**B**). Aus den Mengen der Knoten und Kanten lassen

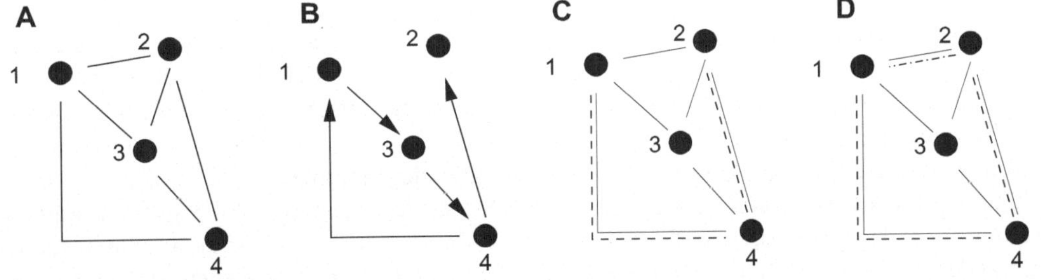

Abbildung 3.8: **A** Ungerichteter Graph mit 4 Knoten und 6 Kanten. **B** Gerichteter Graph. Die Richtung der Interaktion wird durch ein Pfeil gekennzeichnet. **C** Weg von Knoten 1 zu Knoten 2 über Knoten 4. **D** Durch die zweite Verbindung von Knoten 1 zu Knoten 2 wird der Weg zum Kreis erweitert.

sich auch Teilmengen bilden, die dann nur bestimmte Teile des Graphen abbilden. Damit lassen sich Vereinigung, Schnittmenge und Differenz zweier Graphen anschaulich darstellen.

Alle Nachbarn einer Ecke, d.h. alle Knoten, die mit einer Ecke verbunden sind, bilden auch eine Teilmenge der Eckenmenge. Die Anzahl der Verbindungen eines Knoten – man spricht auch von Konnektivität – bezeichnet man als Grad $d(v)$, wenn v eine Element aus V ist. Teilt man diese Zahl durch die Anzahl (oder die Ordnung) der Knoten, so erhält man den Durchschnittsgrad. Für die spätere Analyse spielen auch die Begriffe "Weg" und "Kreis" eine Rolle. Formal kann ein Weg (in der Abbildung oben **C**) von Knoten 1 zum Knoten 2 über Knoten 4 wie folgt angeschrieben werden:

$$
V = \{1,2,3,4\} \, , \quad E = \{\{1,4\}\{4,2\}\}
\tag{3.57}
$$

---

[4]R. Diestel. Graphentheorie. Springer Verlag 2010

Aus der Definition eines Weges lässt sich einfach ein Kreis (in der Abbildung oben **D**) beschreiben. Dazu ist eine weitere Kante $\{2,1\}$ aufzunehmen, wie in der Abbildung veranschaulicht. Die Länge des Weges ermittelt man durch Zählen der entsprechenden Kanten. Die Länge des kürzesten Weges in einem Graph wird als Taillenweite bezeichnet, die Länge des längsten Weges als Umfang. Als Abstand zweier Knoten wird die Länge des kürzesten Weges bezeichnet.

Neben der oben vorgestellten Darstellung durch Mengen lassen sich Graphen noch auf andere Art und Weise darstellen. Bei der Adjazenzmatrix werden die Knoten gegen die Knoten aufgetragen und ein Eintrag 1 gewählt, wenn die entsprechenden Knoten miteinander verbunden sind. In der Hauptdiagonalen stehen Nullen, es sei denn, eine Kante verbindet einen Knoten mit sich selbst. Bei der Inzidenzmatrix werden in den Zeilen die Knoten aufgetragen und in den Spalten die Kanten. Bei einem ungerichteten Graphen bekommen der Startknoten und der Endknoten einen Eintrag 1. Für das obige Beispiel in Abbildung 3.8 (**A**)erhält man also folgende Adjazenzmatrix A (eine 4×4 Matrix) und Inzidenzmatrix I (eine 4×6 Matrix):

$$A = \begin{pmatrix} 0 & 1 & 1 & 1 \\ 1 & 0 & 1 & 1 \\ 1 & 1 & 0 & 1 \\ 1 & 1 & 1 & 0 \end{pmatrix}, \quad I = \begin{pmatrix} 1 & 1 & 1 & 0 & 0 & 0 \\ 1 & 0 & 0 & 1 & 1 & 0 \\ 0 & 1 & 0 & 1 & 0 & 1 \\ 0 & 0 & 1 & 0 & 1 & 1 \end{pmatrix}. \tag{3.58}$$

Stoffwechselnetzwerke oder Signalnetzwerke lassen sich mit den vorgestellten Methoden abbilden wie in Abbildung 3.9 gezeigt. Allerdings können hier Schwierigkeiten auftreten wie in **B** zu sehen ist. Beim Laktose-Abbau wirken Enzyme auf enzymatische Reaktionen ein. Diese sind durch eine Kante dargestellt, was sich nicht abbilden lässt.

Eine besondere Darstellung stellt daher der bipartite oder tripartite Graph[5] dar (siehe in in der Abbildung unten). Die Interaktionen (enzymatische Stoffumwandlung und Signalübertragung) werden auch als Knoten dargestellt. Die drei disjunkten Knotenmengen sind nun durch Kanten verbunden, wobei eine Kante aber niemals zwischen den Knoten der gleichen Menge auftreten kann. Ein tripartiter Graph kann daher zur Darstellung von Stoffwechselvorgängen, die mit einer Signalweiterleitung verbunden sind, Verwendung finden.

3.4.2 Interaktionsgraphen

Die qualitative Modellierung von biochemischen Netzwerken basiert nun auf der Analyse der aufgestellten Graphen. Je nachdem welche Interaktionen mit dem Graphen abgebildet werden, haben Knoten und Kanten unterschiedliche Bedeutung. Folgende Netzwerke sind aus systembiologischer Sicht interessant:

Stoffwechselnetzwerk: beschreibt die enzymatische Umsetzung von Metaboliten durch Enzyme.

Protein-Protein Interaktion: beschreibt die Verarbeitung und Weitergabe von Information in Signalübertragungsnetzwerken.

---

[5]Gene, Graphen, Organismen. Körner und Schöbel (Hrsg.), Shaker Verlag, 2010

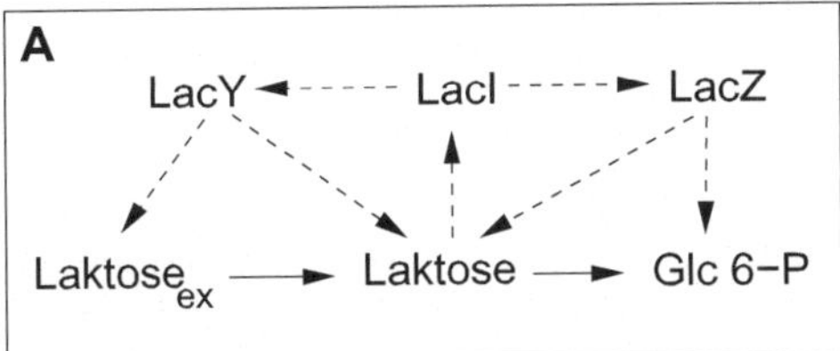

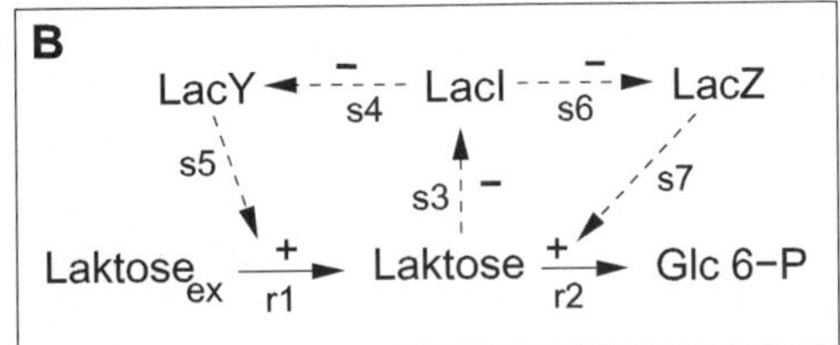

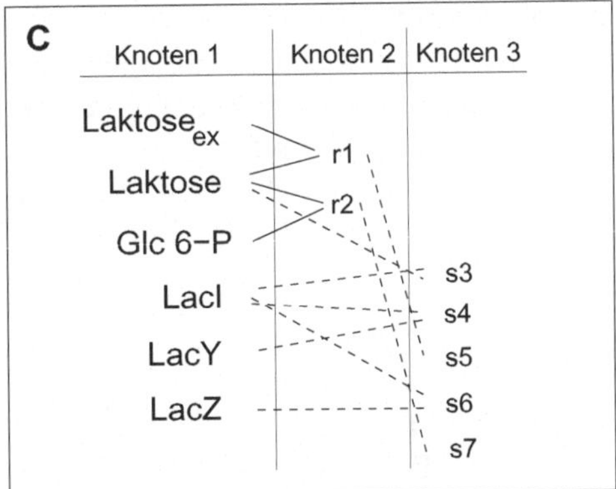

Abbildung 3.9: **A** Darstellung des Laktose-Stoffwechselweges als gerichteter Graph. Die Kanten zeigen an, welche Komponenten aufeinander einwirken. **B** Darstellung des Stoffwechselweges wobei das Netzwerk detaillierter dargestellt ist. **C** Tripartiter Graph. Knoten einer Knotenmenge sind nicht miteinander verbunden.

Transkriptionsnetzwerk: beschreibt die Interaktion von Transkriptionsfaktoren mit ihren DNA-Bindestellen.

Bei der Betrachtung des Stoffwechselnetzwerkes stellen Knoten die Metabolite dar und Kanten die biochemische Reaktion oder Stoffumwandlung. Je nachdem, ob Informationen über die Reversibilität der Reaktionen vorliegen, können auch gerichtete Graphen eingesetzt werden. Ist die Reaktion irreversibel, so bekommt sie einen Pfeil, der die Richtung anzeigt. Mit Hilfe des Graphen lassen sich dann die Verbindungshäufigkeiten der Metabolite ermitteln. Für andere Anwendungen können den Kanten dann Zahlenwerte zugewiesen werden, die etwas über die Rate, mit der der Metabolit umgesetzt wird, aussagen.

Bei Signalnetzwerken oder Transkriptionsnetzwerken[6] besteht ein wesentlicher Unterschied darin, dass die Kanten in den Graphen nicht Flüsse oder Reaktionsraten darstellen, sondern nun eine Interaktion zwischen zwei Komponenten, die eine Beeinflussung der einen Komponenten durch Aktivierung oder Inhibierung der anderen Komponente beschreiben. Man spricht hier von einem Interaktionsgraphen. Da für große Netzwerke kaum detaillierte kinetische Informationen vorhanden sind, werden diese Interaktionen mit positivem oder negativem Vorzeichen $(+, -)$ versehen und damit gewichtet. Bei Interaktionsgraphen repräsentieren die Knoten dann Komponenten wie bspw. Rezeptoren, Liganden, Effektoren, Gene oder Transkriptionsfaktoren.

---

[6]A methodology for the structural and functional analysis of signaling and regulatory networks. S. Klamt et al., BMC Bioinformatics 7:56, 2006.

Beispiel 3
Einfacher Interaktionsgraph.

Ein einfaches Schema zeigt Abbildung 3.10. Hier liegt ein gerichteter Graph vor und die Inzidenzmatrix I wird in einer erweiterten Form dargestellt: Sie erhält einen Eintrag -1, wenn eine Komponente "verbraucht" wird – entspricht dem Startpunkt der Kante – und einen Eintrag 1, wenn eine Komponente "gebildet" wird – entspricht dem Pfeil der Kanten. Der Interaktionsgraph ist aber oft nicht ausreichend zur vollständigen Beschreibung aller Interaktionen. Ist bekannt, dass zwei Komponenten wie in Abbildung 3.10 rechts gezeigt, notwendig sind, um Komponente B zu aktivieren, so muss ein Hypergraph verwendet werden. Dieser hat zwei Startpunkte und nur einen Pfeil. Die Interaktion ist hier durch ein logisches UND beschrieben: A UND (NICHT C) werden zur Aktivierung von B benötigt. Eine wichtige Eigenschaft der Inzidenzmatrix erhält

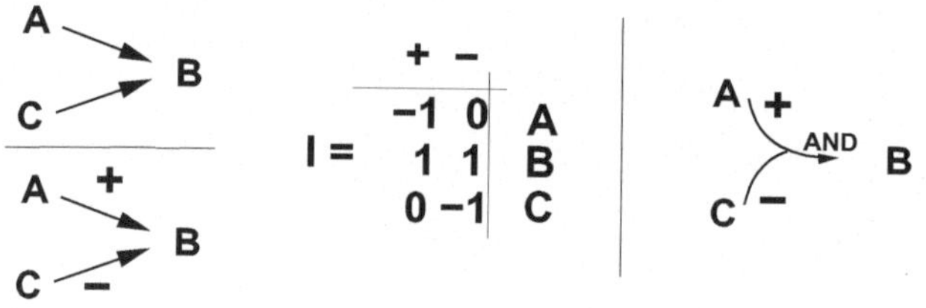

Abbildung 3.10: Beispiel für einen Interaktionsgraphen und zugehörige Matrix I. Rechts: Logischer Interaktionshypergraph.

man aus der Berechnung des Nullraumes. Ein Nullraumvektor $\underline{c}$ erfüllt die Bedingung:

$$I\,\underline{c} = \underline{0}. \tag{3.59}$$

Der Vektor $\underline{c}$ stellt eine Erhaltungsrelation dar und repräsentiert damit einen speziellen Weg durch das Netzwerk. Die Berechnung des Nullraumes dient dazu Rückkopplungsschleifen und damit Kreise innerhalb des Graphen zu ermitteln.

3.5 Modellierung auf der Einzelzellebene – die Populationsbilanz

Bisher war die Betrachtung auf eine Population ausgerichtet, wobei dann jede einzelne Zelle als eine "durchschnittliche" Zelle aufgefasst wurde. Dabei lag der Fokus auf der zeitlichen Veränderung von Komponenten innerhalb einer Zelle. Nun gibt es weitere Eigenschaften, die von Interesse sein können. Bspw. ändert sich die Größen- oder Altersverteilung ebenfalls mit der Zeit. Modelle, die diese Eigenschaften abbilden können, bezeichnet man als statistische Modelle, da sie die zeitliche Veränderung einer Verteilung beschreiben. Der Begriff der Populationsbilanz, der oft in der Literatur verwendet wird, wirkt hier leider irreführend, da bisher auch Populationen betrachtet wurden, jetzt aber die einzelne Zelle im Fokus steht.

Bei den Modellgleichungen wird der Eigenschaftsraum betrachtet und gefragt, wie sich die Eigenschaft in einem kleinen Bereich verändert. Werden nun Größen- oder Altersverteilungen betrachtet, so spielt der Prozess der Zellteilung eine wichtige Rolle, da Zellen durch die Teilung aus einem Bereich der Eigenschaftskoordinate herausfallen und in einen anderen Bereich hineinfallen wie in Abbildung 3.11 angedeutet. Für diese Übergänge sind dann entsprechende Funktionen anzuschreiben. Bei einer diskreten Verteilung ermittelt man die Gesamtzahl der Zellen über

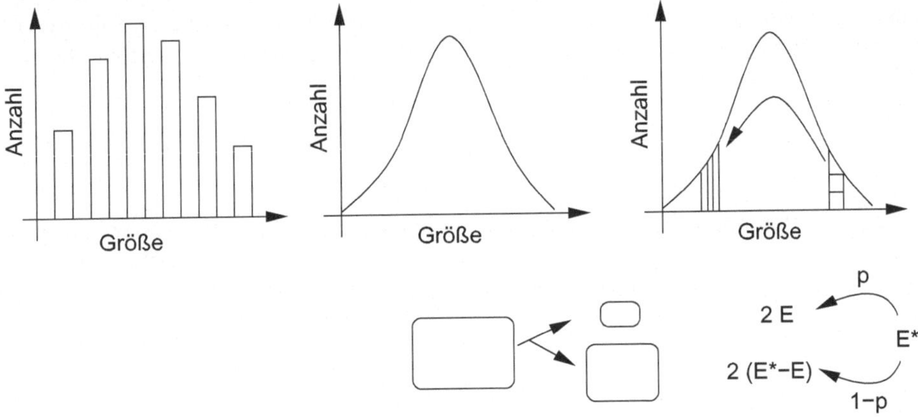

Abbildung 3.11: Links: Größenverteilung in diskreter Form. Mitte: Kontinuierliche Verteilungsfunktion. Rechts: Zellen, die eine bestimmte Größe erreicht haben, werden mit großer Wahrscheinlichkeit in zwei kleinere Zellen geteilt.

eine einfache Aufsummierung der entsprechenden Größen. Bei der Modellierung geht man nun aber von einer kontinuierlichen Verteilung aus und bildet das Integral, um die Gesamtzahl aller Zellen N zu erhalten:

$$N = \int_{VE} f(E,t)\,dE\,, \tag{3.60}$$

wobei die Funktion $f(E,t)$ die Anzahl-Dichte-Funktion und die Größe E die interessierende Eigenschaft darstellt; das Integral geht über den Gesamtbereich des Eigenschaftsraumes VE. Somit hat die Funktion f als Einheit die Dimension [#Zellen/Eigenschaft].

Im Folgenden soll der Darstellung von Nielsen et al.[7] gefolgt werden, die eine Gleichung für den Spezialfall des kontinuierlich betriebenen Reaktors mit der Durchflussrate D angeben. Die Gleichung beschreibt die zeitliche Veränderung der Anzahl-Dichte-Funktion f – in diesem Fall wird nur eine Eigenschaftskoordinate betrachtet – und lautet:

$$\frac{\partial f}{\partial t} + \frac{\partial}{\partial E}(r(E,t)\,f(E,t)) = h(E,t) - Df(E,t)\,. \tag{3.61}$$

Hierbei beschreibt die Funktion r die zeitliche Veränderung von f durch zelluläre Prozesse wie bspw. Wachstum und h gibt den Eintrag, der sich durch die Zellteilung ergibt, an. Die Funktion r

[7]Nielsen, Villadsen & Liden. Bioreaction Engineering Principles (Kapitel 8). Kluwer Academic/Plenum Publisher, 2003

hat damit die Dimension [Eigenschaft/Zeit], während h die Dimension [#Zellen/Eigenschaft/Zeit] besitzt. Die Funktion h soll die Zellteilungsprozesse beschreiben und wird gewöhnlich in zwei Anteile aufgespalten (h^+ und h^-). Der erste Anteil beschreibt die Zellen, die durch die Teilung in das entsprechende Segment fallen und der zweite Anteil, diejenigen Zellen, die aus dem Segment herausfallen. Für den ersten Teil wird eine Aufteilungsfunktion $p(E, E^*, t)$ (partitioning function) benötigt, die die Wahrscheinlichkeit angibt, dass sich Zellen mit der Eigenschaft E^* in die beiden Bereiche E und $E^* - E$ aufteilen. Dann wird noch eine Zeitkonstante $b(E, t)$ definiert, die die Teilungsfrequenz (breakage frequency) angibt. Um alle Zellen, die nachher die Eigenschaft E haben zu ermitteln, muss über den gesamten Eigenschaftsraum aufsummiert werden und - da zwei Tochterzellen entstehen - mit 2 multipliziert werden:

$$h(E,t) = h^+ - h^- = 2 \int_{VE} b(E^*,t)\, p(E,E^*,t)\, f(E^*,t) dE^* - b(E,t)\, f(E,t). \qquad (3.62)$$

Diese Integro-Differentialgleichung stellt die Grundgleichung für Modelle auf der Einzelzellebene dar. Betrachtet wird nun als Eigenschaft die Zellmasse m. Für die Funktionen $b(m)$ und $p(m, m^*)$ werden folgende Vorschläge gemacht, die die Größen-/Massenverteilung der Bäckerhefe (*S. cerevisiae*) beschreiben[8]:

$$b(m) = \begin{cases} 0 & \text{für} \quad m \leq m_t \\ \gamma\, e^{-\delta\,(m-m_d)^2} & \text{für} \quad m_t < m < m_d \\ \gamma & \text{für} \quad m \geq m_d \end{cases} \qquad (3.63)$$

wobei m_t die Masse darstellt, die mindestens erreicht werden muss, um eine Zellteilung zu ermöglichen und m_d die maximale Masse darstellt. Der Parameter γ gibt dann die eigentliche Zeitkonstante an und mit δ lässt sich der Verlauf der e-Funktion verändern. Abbildung 3.12 zeigt den Verlauf von b für die angegebenen Parameterwerte.

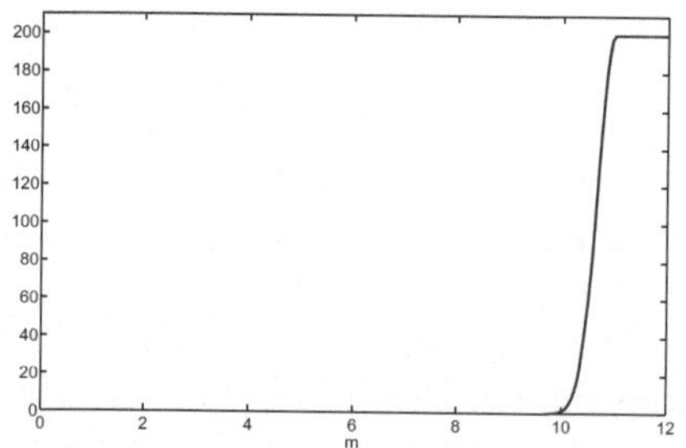 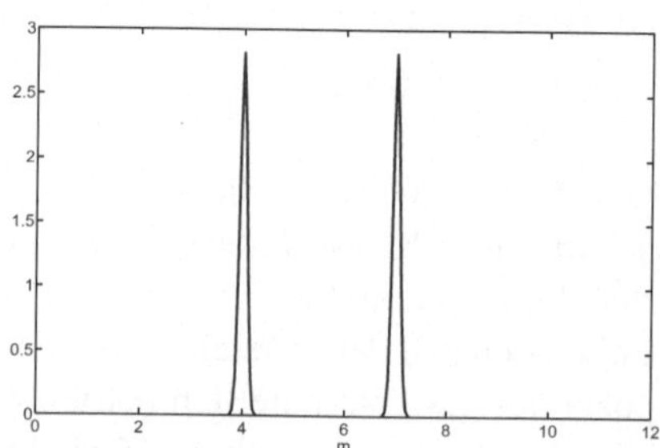

Abbildung 3.12: Links: Verlauf der Funktion $b(m)$ mit den Parametern $m_t = 7$, $m_d = 11$, $\gamma = 200$, $\delta = 5$. Rechts: Verlauf der Funktion $p(m, m^*)$ für festes $m^* = 11$ mit den weiteren Parametern $\lambda = 2.82$, $\beta = 100$.

Die Funktion $p(m, m^*)$ muss sicherstellen, dass bei der Zellteilung Tochterzellen und Mutterzellen gebildet werden, die eine unterschiedliche Größe aufweisen. Dies wird mit folgender

[8]Model predictive control of continuous yeast bioreactors using cell population balance models. G.-Y. Zhu et al., Chem. Eng. Science 55:6155-6167, 2000

Funktion realisiert:

$$p(m,m^*) = \begin{cases} \lambda\, e^{-\beta(m-m_t)^2} + \lambda\, e^{-\beta(m-m^*+m_t)^2} & \text{für} \quad m^* > m \text{ und } m^* > m_t \\ 0 & \text{für} \quad m^* \leq m \text{ oder } m^* \leq m_t \end{cases}, \qquad (3.64)$$

wobei hier m^* die Masse der sich teilenden Mutterzelle ist. Abbildung 3.12 rechts zeigt den Verlauf von p für die angegebenen Parameterwerte. Die linke Abbildung zeigt, dass ab einem Schwellenwert m_t die Wahrscheinlichkeit steigt, dass eine Zellteilung stattfindet; ist der Wert m_d überschritten, so bleibt der Wert von b konstant. Die rechte Abbildung gibt die Aufteilungsfunktion an. Wird eine Zelle geteilt, wird sie in eine große Mutterzelle und in eine kleinere Tochterzelle geteilt. Dies wird durch die beiden Peaks im Verlauf deutlich. Ist die Zellmasse kleiner als m^* wird keine Zellteilung stattfinden. Da die Aufteilung auf jeden Fall stattfindet, gilt für die Funktion p:

$$\int\limits_{VE} p(m,m^*)\,dm = 1\,. \qquad (3.65)$$

3.6 Datengetriebene Modellierung

Bei der bisherigen Vorgehensweise war vorausgesetzt, dass eine Verbindung zwischen zwei Komponenten besteht (oder nicht besteht). Diese Verbindung kann dann je nach Kenntnisstand sehr genau und quantitativ beschrieben werden. Im einfachsten Falle reichte allerdings ein Pfeil aus, um deutlich zu machen, dass eine Verbindung besteht. In vielen Fällen ist nun nicht bekannt, ob es zwischen zwei Komponenten eine Verbindung gibt oder nicht. Die Aufgabe der datengetriebenen Modellierung ist es nun, Verfahren bereitzustellen, die es erlauben, die Verbindungen, die in der Zelle vorliegen, zu ermitteln. Diese Vorgehensweise ist mit dem Top-down Ansatz verbunden, der experimentelle Daten auf verschiedenen Ebene integriet und daraus eine Netzwerkstruktur ableitet. Die Ansätze sind in folgender Abbildung 3.13 nocheinmal gegenübergestellt.

Folgende Methoden werden in der Literatur vorgeschlagen, um Informationen über Netzwerke zu rekonstruieren (man spricht hier auch von "Reverse Engineneering"):

- In einem ersten Schritt wird in der Regel der Datenraum reduziert. Liegen Genexpressionsdaten vor, ist die Datenmenge schon sehr groß ($\gg$ 4000 Einträge für das Bakterium *Escherichia coli*) und man versucht, Komponenten mit ähnlichem (dynamischen) Verhalten zu gruppieren. Liegen keine Daten aus Zeitreihen vor, sondern Daten, die bei unterschiedlichen Anregungen, Nährstofflimitierungen, Stresssituationen oder sonstigen unterschiedlichen Umgebungsbedingungen gewonnen wurden, so kann über eine Clusteranalyse ermittelt werden, welche Komponenten ein ähnliches Verhalten aufweisen und damit gruppiert werden können. Liegen Zeitreihen vor, kann aus einem ähnlichen Zeitverlauf nicht unbedingt auf eine enge Verwandtschaft geschlossen werden. Hier kommt in der Regel eine Korrelationsanalyse in Betracht.

- Liegt nun ein reduzierter Datenraum vor, besteht die Aufgabe darin, zu ermitteln, ob es eine Interaktion zwischen zwei Komponenten gibt. Im einfachsten Fall geht ein Algorithmus

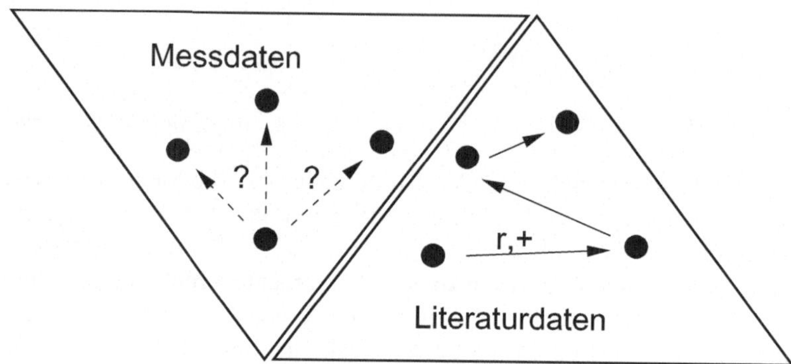

Abbildung 3.13: Der datengetriebene Ansatz (links) versucht zu ermitteln, ob es eine Verbindugn zwischen den Komponenten des Netzwerkes gibt. Beim alternativen Ansatz (rechts) liegen in der Regel Daten aus der Literatur zu Grunde, die zu einer ersten Struktur eines Modells führen.

davon aus, dass es zwischen allen Komponenten eine Verbindung gibt und ermittelt dann ob sich die Daten auch beschreiben lassen, wenn eine Verbindung weggelassen wird; geht man umgekehrt davon aus, da zunächst keine Verbindungen zwischen zwei Elementen da sind, so ermittelt man durch Hinzufügen von Kanten, ob eine Verbindung essentiell ist.

3.7 Thermodynamik

Die bisherigen Überlegungen haben keine thermodynamischen Aspekte berücksichtigt. Diese spielen aber bei vielen Prozessen eine wichtige Rolle, da durch biochemische Reaktionen eine Energieumwandlung stattfindet. Der Energiehaushalt der Zelle unterliegt wie alle Systeme den Hauptsätzen der Thermodynamik, die zunächst kurz besprochen werden sollen. Dann werden reaktionstechnische Aspekte behandelt.

3.7.1 Grundlagen

In den Hauptsätzen der Thermodynamik werden grundlegende Eigenschaften definiert[9]:

1. Hauptsatz: Bei jeder physikalischen oder chemischen Veränderung (Reaktion, etc.) bleibt der Gesamtenergiegehalt "im Universum" konstant. Energie wird also nur zwischen verschiedenen Formen umgewandelt.

2. Hauptsatz: Bei allen natürlichen Prozessen nimmt die Entropie (Maß für Unordnung, Wärme) "im Universum" zu.

Der erste Hauptsatz findet seine Anwendung bei der Erstellung von Bilanzgleichungen. Diese wurden oben besprochen und berücksichtigen, dass die Masse des Systems "Zelle" sich nur

---

[9]Die Darstellung folgt hauptsächlich dem Buch "Prinzipien der Biochemie" von Lehninger, Nelson und Cox, Spektrum Verlag.

durch Massenströme über die Zellmembran oder Zellwand verändern kann, nicht aber durch interne Produktion. Für die Metabolite im Stoffwechsel kann daher für die Gleichgewichtslage angenommen werden, dass die Knotenregel gilt: Die Summe aller Reaktionen, die die Komponente bilden und verbrauchen ist Null (hier wird der Verdünnungsterm durch Wachstum als Verbrauchsterm gezählt).

Der zweite Hauptsatz besagt, dass verschiedene Energieformen nicht beliebig ineinander umgewandelt werden können. Dies spielt in der Zelle hauptsächlich bei Stoffumwandlungen in Zyklen (Stoffkreisläufen) eine Rolle, bei denen die Knotenregel (1. Hauptsatz) erfüllt ist, aber bei denen der 2. Hauptsatz verletzt sein kann, wie unten gezeigt wird.

Grundlage für die im Folgenden abgeleiteten Gleichungen ist die Stoffmenge n. Sie wird in *mol* angegeben und entspricht $1 \text{ mol} \equiv 6.023 \cdot 10^{23}$ Teilchen. Für die Konzentration eines Stoffes wird die übliche Definition verwendet (zu beachten ist, dass im vorherigen Kapitel für die intrazellulären Konzentrationen das Verhältnis aus Stoffmenge und Biomasse betrachtet wurde):

$$c = \frac{n}{V} = \frac{m}{mg\,V} = \frac{\rho}{mg} \tag{3.66}$$

mit dem Molekulargewicht mg mit Einheit $\frac{g}{mol}$ und der Dichte ρ. Die Konzentration entspricht also einer Dichte, gewichtet mit dem Molekulargewicht.

Zustandsgrößen beschreiben über Bilanzgleichungen das dynamische Verhalten des Systems. Neben den bereits verwendeten Zustandsgrößen im vorherigen Kapitel, kommen noch weitere hinzu. Beispiele sind

Druck	p	wird durch mechanische Arbeit verändert
Temperatur	T	wird durch Energiezufuhr verändert
Volumen	V	wird durch Zuflüsse verändert,
		bei Gasen durch mechanische Arbeit
Stoffmenge	n	wird durch Reaktionen verändert

Bisher waren die Zustandsgrößen in den Differentialgleichungen gekoppelt. Allerdings gibt es noch eine Reihe von weiteren Beziehungen, die die Zustandsgrößen über sogenannte Zustandsfunktionen koppeln. Zu beachten ist, dass diese Zustandsfunktionen nur im thermodynamischen Gleichgewicht gelten. Die bekannteste Zustandsgleichung ist die Gleichung für ideale Gase. Sie koppelt vier Zustandsgrößen. Es gilt der Zusammenhang:

$$\frac{p\,V}{T} = R\,n\,mg = \mathbb{R}\,n \tag{3.67}$$

mit der spezifischen Gaskonstante R und der universellen Gaskonstante $\mathbb{R}$. Unter den Normbedingungen ($T = 273{,}15$ K, $p = 101{,}33$ kPa $= 1$ bar, $V = 22{,}4$ l) besitzt sie den Wert $8{,}314 \frac{J}{mol\,K}$.

Für den den Fall $n = const$ gelten dann folgende Zusammenhänge:

Isobare	Isochore	Isotherme
$p = const.$	$V = const.$	$T = const.$
$\dfrac{V_1}{V_2} = \dfrac{T_1}{T_2}$	$\dfrac{p_1}{p_2} = \dfrac{T_1}{T_2}$	$\dfrac{p_1}{p_2} = \dfrac{V_2}{V_1}$

Die Bilanzgleichungen, die bisher betrachtet wurden, haben nur die Stoffströme, nicht aber die Energieströme betrachtet. Um diese zu beschreiben wird die Fundamentalgleichung der Thermodynamik herangezogen. Diese beschreibt im Gleichgewicht den Zustand der inneren Energie U in Abhängigkeit aller anderen extensiven Größen und charakterisiert das betrachtete System damit vollständig. Aus diesem Grund wird die innere Energie Potential genannt:

$$U = U(S, V, n_k) \tag{3.68}$$

wobei S die Entropie des Systems beschreibt. Aus der inneren Energie U lassen sich durch eine Transformation weitere thermodynamische Potentiale ableiten. Die wichtigsten sind die Enthalpie H und die Gibbs-Energie G.

Die Enthalpie H beschreibt bspw. den Wärme-Energieinhalt des Systems. Es gilt:

$$H = U + pV. \tag{3.69}$$

Die Enthalpie beschreibt den Gesamtbetrag an verfügbarer Wärmeenergie. Die Gibbs-Energie G stellt ebenfalls ein Potential dar und beschreibt den Betrag an Energie, der Arbeit verrichten kann und ist eine Funktion von Temperatur, Druck und der Zusammensetzung des Systems. Die Gleichung lautet:

$$G(T, p, n_k) = H - TS = U + pV - TS \tag{3.70}$$

Da in einer Zelle in vielen Fällen davon ausgegangen wird, dass Temperatur und Druck konstant sind, vereinfachen sich die Zusammenhänge entsprechend (siehe unten).

Der erste Hauptsatz beschreibt die Veränderung der inneren Energie. Dies kann durch Wärmeintrag δQ oder mechanische Arbeit δW geschehen und es ergibt sich:

$$dU = \delta Q + \delta W = TdS - pdV, \tag{3.71}$$

wobei für den zweiten Teil der Gleichung die Verbindung zur Entropie S hergestellt ist und mechanische Arbeit durch die Veränderung des Volumens V beschrieben wird.

Aus Gleichung (3.70) ermittelt man durch totales differenzieren und einsetzen von Gleichung (3.71) in die Gibbssche Fundamentalgleichung :

$$dG = -SdT + Vdp + \sum_k \mu_k dn_k, \tag{3.72}$$

mit dem chemischen Potential μ_i der Komponente i. Bei konstanten Temperaturen und Drücken vereinfacht sich die Gleichung zu:

$$dG = \sum_k \mu_k dn_k. \tag{3.73}$$

Solange eine Reaktion also noch abläuft, ändert sich die Gibbs-Energie. Im Gleichgewicht hat die Gibbs-Energie demnach ein Extremum erreicht (im geschlossenen System), wenn sich die Temperatur und der Druck nicht ändern. Man kann nun zeigen, dass dieses Extremum ein Minimum darstellt. Dem chemischen Potential μ_i kommt hier eine besondere Bedeutung zu, da es angibt, in welcher Richtung eine Reaktion tatsächlich abläuft. Die Definition des chemischen Potential μ_i ergibt sich aus obigen Gleichungen:

$$\mu_i = \left(\frac{\partial G}{\partial n_i}\right)_{T,p,n_j} = \left(\frac{\partial U}{\partial n_i}\right)_{S,V,n_j}, i \neq j; \tag{3.74}$$

beschreibt also die Änderung von G/U durch eine Änderung der Stoffmenge. Mit Hilfe des chemischen Potentials lassen sich viele andere molare Zustandsgrößen angeben. Folgender Ansatz wird für das chemische Potential in Abhängigkeit von der Konzentration eines Stoffes gemacht:

$$\mu = \mu^0 + \mathbb{R}T \ln\{c\}, \tag{3.75}$$

wobei μ^0 einen Referenzwert und c eine Konzentration bezogen auf den Referenzwert $c_{ref} = 1\,mol$ darstellen. Damit ist die Konzentration c in obiger Gleichung dimensionslos.

Bei biochemischen Prozessen spielt nun die Änderung der Gibbs-Energie eine wichtige Rolle. Um aber die Änderung unabhängig von der Größe des Systems zu machen, wird sie auf die Umsatzvariable (oder Reaktionslaufzahl, Reaktionsstand) λ bezogen. Für eine Reaktion allgemeiner Art

$$|\gamma_A|\,A + |\gamma_B|\,B \;\overset{r}{\rightleftharpoons}\; |\gamma_C|\,C + |\gamma_D|\,D \tag{3.76}$$

ist die Reaktionslaufzahl wie folgt definiert:

$$d\lambda = \frac{dn_C}{\gamma_C} = \frac{dn_D}{\gamma_D} = \frac{dn_A}{\gamma_A} = \frac{dn_B}{\gamma_B}. \tag{3.77}$$

Die Ableitung der Reaktionslaufzahl nach der Zeit $d\lambda/dt$ stellt die Reaktionsgeschwindigkeit r dar. Mit der Reaktionslaufzahl lässt sich Gleichung (3.73) wie folgt umschreiben:

$$dG = \sum_k \mu_k\,\gamma_k\,d\lambda. \tag{3.78}$$

Bildet man nun den Quotienten $dG/d\lambda$ und definiert diesen als Änderung der Gibbs-Energie, so erhält man[10]:

$$\Delta G = \left(\frac{\partial G}{\partial \lambda}\right)_{T,p} = \sum_k \gamma_k\,\mu_k. \tag{3.79}$$

Für Betrachtungen von stationären Flussverteilungen wird es nachher wichtig sein, zu beachten, dass die Vorzeichen der Flüsse zu keinem Widerspruch in Gleichung (3.79) führen darf. Das bedeutet, dass $-\Delta G$ und der stationäre Fluss das gleiche Vorzeichen haben müssen: $-\Delta G \cdot r_{stat} > 0$. Gleichung (3.79) kann für alle Reaktionen mit Hilfe der stöchiometrischen Matrix N angeschrieben werden und man erhält:

$$\underline{\Delta G}^T = \underline{\mu}^T\,N. \tag{3.80}$$

---

[10]Eigentlich sollte für eine auf die Menge bezogenen Größe wie die molare Gibbs-Energie ein kleiner Buchstabe verwendet werden, um eine deutliche Abgrenzung zur Potentialgröße zu bekommen. Gleiches gilt für Änderungen dieser Größen. Allerdings haben sich die Großbuchstaben in der Literatur durchgesetzt und werden auch hier verwendet. Zu beachten ist also, dass die Einheit $[G]$ J, die von $[\Delta G]$ J/mol ist.

mit dem Vektor aller chemischen Potentiale $\underline{\mu}$. Die Problematik soll an einem Beispiel veranschaulicht werden. In Abbildung 3.14 sind zwei Flussverteilungen gezeigt, die jeweils eine Gleichgewichtslage repräsentieren. Der Eingangsfluss nach A und die beiden Ausgangsflüsse von B bzw. C sind jeweils gleich. Es unterscheiden sich nur die innere Verteilung der Flüsse. Um

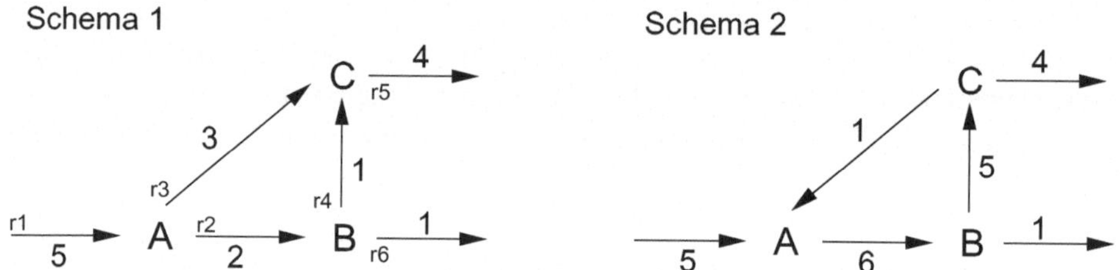

Abbildung 3.14: Reaktionsnetzwerk mit drei Komponenten und 6 Reaktionen: Zwei Schemata mit gleichen Ein- und Ausgangsflüssen aber unterschiedlicher interner Flussverteilung. Schema 2 ist nicht gültig, obwohl die Summe aller Zu- und Abflüsse aus einem Knoten sich zu Null summieren.

Schema 2 zu realisieren müssen folgende Bedingungen gelten, damit die Flüsse die entsprechende Richtung aufweisen:

$$\begin{aligned}
\text{Fluss von A nach B:} & \quad \mu_A > \mu_B \\
\text{Fluss von B nach C:} & \quad \mu_B > \mu_C \\
\text{Fluss von C nach A:} & \quad \mu_C > \mu_A \, .
\end{aligned} \tag{3.81}$$

Die letzte Gleichung stellt eine Widerspruch gegenüber den ersten beiden dar. Die Flussverteilung in Schema 2 ist nicht gültig. Für Schema 1 ermittelt man dagegen:

$$\begin{aligned}
\text{Fluss von A nach B:} & \quad \mu_A > \mu_B \\
\text{Fluss von B nach C:} & \quad \mu_B > \mu_C \\
\text{Fluss von A nach C:} & \quad \mu_A > \mu_C \, ,
\end{aligned} \tag{3.82}$$

was auf keinen Widerspruch führt. Entscheidend ist also, dass durch Zyklen, die in den Netzwerken vorkommen (ohne Betrachtung von Aufnahme- und Ausscheidungsraten) keine Flüsse größer Null vorkommen dürfen. Obige Bedingungen können auch wie folgt überprüft werden[11]. Wenn der Vektor $\underline{v}$ die Vorzeichen eines Zyklus im Netzwerk und der Vektor $\underline{vr}$ die Vorzeichen der Flussverteilung enthält, dann muss gelten:

$$\left| \underline{v}^T \underline{vr} \right| < \underline{v}^T \underline{v} \, . \tag{3.83}$$

Man spricht hier von der Orthogonalität der beiden Vorzeichenvektoren. Diese Bedingung kann auch so interpretiert werden: Die beiden Vorzeichenvektoren werden als orthogonal bezeichnet, wenn mindestens ein Vorzeichen, aber nicht alle, unterschiedlich ist.

Beispiel 4
Netzwerk mit drei Reaktionen und einem Zyklus.

---

[11] Thermordynamic constraints for biochemical networks. D. A. Beard et al.. J. Theor. Biol., 228, 2004, 327–333

Das obige Netzwerk besitzt einen Zyklus mit den Reaktionen $r2, -r3, r4$ (die stöchiometrische Matrix ist mit den Pfeilen nach Schema 1 erstellt). Mit den entsprechenden Vektoren für Schema 1:

$$\underline{v} = \begin{pmatrix} 1 \\ -1 \\ 1 \end{pmatrix}, \quad \underline{vr} = sign \begin{pmatrix} 2 \\ 3 \\ 1 \end{pmatrix} = \begin{pmatrix} 1 \\ 1 \\ 1 \end{pmatrix} \qquad (3.84)$$

ist obige Bedingung erfüllt. Es gilt nämlich:

$$|\underline{v}^T \underline{vr}| = 1 < \underline{v}^T \underline{v} = 3. \qquad (3.85)$$

Die Flussverteilung aus Schema 2:

$$\underline{vr} = sign \begin{pmatrix} 6 \\ -1 \\ 5 \end{pmatrix} = \begin{pmatrix} 1 \\ -1 \\ 1 \end{pmatrix} \qquad (3.86)$$

erfüllt die Bedingung jedoch nicht. Basierend auf der Gleichung oben für das chemische Potential kann man nun eine Gleichung für die Gibbs-Energie angeben, wenn eine (bio)chemische Reaktion betrachtet wird:

$$\Delta G = \Delta G^{0'} + \mathbb{R} T \sum_k \ln\{c_k^{\gamma_k}\}, \qquad (3.87)$$

wobei $\Delta G^{0'}$ die Reaktionsenergie unter Standardbedingungen meint (die Standardbedingungen ΔG^0 sind für biochemische Verhältnisse ungünstig gewählt. Daher wird in der Regel eine andere Standardbedingung festgelegt, pH=7, und die Variable dann mit $\Delta G^{0'}$ bezeichnet). Die stöchiometrischen Koeffizienten γ_k haben das gleiche Vorzeichen wie in der stöchiometrischen Matrix. Der geschweifte Ausdruck meint die Konzentration bezogen auf eine Bezugsgröße. Da für die Edukte und Produkte von der gleichen Bezugsgröße ausgegangen wird, kürzt diese sich allerdings heraus. Die Veränderung von G drückt quantitativ aus, wie weit das System vom chemischen Gleichgewicht entfernt ist. Für (bio)chemische Reaktionen gilt:

$\Delta G < 0$ exergonisch, spontane Reaktion (der Endzustand hat weniger Gibbs-Energie als der Anfangszustand)

$\Delta G > 0$ endergonisch, die Reaktion läuft nicht spontan ab

Für alle Lebewesen muss Energie über die Nahrungsaufnahme gewonnen werden. Die energieliefernden Reaktionen werden dann mit energieverbrauchenden Reaktionen gekoppelt. Im Reaktionsgleichgewicht mit den Konzentrationen c_{kG} ändert sich ΔG nicht mehr. Die Gleichgewichtskonstante K_G[12] der Reaktion erhält man dann durch:

$$0 = \Delta G^{0'} + \mathbb{R} T \sum_k \ln\{c_{kG}^{\gamma_k}\} \quad \rightarrow \quad \Delta G^{0'} = -\mathbb{R} T \, ln K_G = -\mathbb{R} T \, ln \frac{1}{K_D}. \qquad (3.88)$$

---

[12]Die Gleichgewichtskonstante K_G ist hier als Assoziationskonstante angegeben $K_G = \frac{k^+}{k^-}$. In der Systembiologie wird aber üblicherweise der Kehrwert verwendet, da auch die Michalis-Menten-Konstante von der Form her eine Dissoziationskonstante K_D ist.

Um eine energetische Betrachtung eines Stoffwechselweges oder größeren Netzwerkes durchführen zu können wird eine neue Größe die sogenannte Affinität A_j eingeführt, die dem negativen Wert der Gibbs-Energie der Reaktion j entspricht. Die Affinität des gesamten betrachteten Netzwerkes berechnet sich dann mit den Reaktionsgeschwindigkeiten r_j zu:

$$A = \sum_j r_j A_j.$$
(3.89)

Aus der Nichtgleichgewichts-Thermodynamik ist weiterhin eine wichtige Beziehung bekannt, die die Stoffströme (oder Reaktionsgeschwindigkeiten) in Beziehung zu den treibenden Kräften (oder Affinitäten) setzt. Es gilt, dass sich ein Stoffstrom aus einer Linearkombination aller treibenden Kräften ansetzen lässt. Damit ist:

$$r_i = \sum_j L_{ij} A_j$$
(3.90)

mit den phänomenologischen Koeffizienten L_{ij}.

Transport gegen elektrische Felder

Bisher wurde der Fall betrachtet, dass nur Auslenkungen aus dem Gleichgewicht einer Reaktion zu einem Stoffstrom geführt haben. In zellulären System beobachtet man jedoch auch Stoffflüsse, die durch elektrische Spannungen, bspw. an einer Membran, hervorgerufen werden. Daher muss auch dieser Einfluss berücksichtigt werden. Für Reaktionen, die durch ein elektrisches Feld beeinflusst werden, gilt der Zusammenhang:

$$\Delta G = (-)z\, \mathbb{F}\, \Delta\Psi$$
(3.91)

mit z der Ladung des Ions, $\mathbb{F}$ der Faradaykonstante $96,48\frac{kJ}{Vmol}$ und $\Delta\Psi$, dem elektrischen Transmembranpotential. Dieses hat einen positiven Wert und stellt die Spannung von der Außenseite zur Innenseite dar: die Außenseite ist positiv gegenüber der Innenseite geladen. Das Vorzeichen hängt nun von der Richtung des Transportes ab. Aus der Gleichung folgt, dass ohne eine Konzentrationsdifferenz oder Kopplung an einen anderen Prozess kein Transport gegen das Feld erfolgen kann (da ΔG positiv). Der Protonengradient an Zellmembranen spielt eine wichtige Rolle bei der Energieversorgung der Zellen. Um den Gradienten aufrecht zu erhalten, werden bei vielen Prozessen Protonen gegen den Gradienten nach außen gepumpt.

Abbildung 3.15 zeigt den elektrochemischen Gradienten. Die "Kraft", die sich durch den Gradienten ergibt, wird als protonenmotorische Kraft (proton-motive force) bezeichnet. Folgende Beziehungen werden verwendet, um zu berechnen, welche Energie dafür – aus einer Kopplung mit einem anderen Prozess – aufgewendet werden muss, um Moleküle gegen die Kraft zu transportieren. Aus den Gleichungen von oben ergibt sich mit den beiden Konzentration für innen und außen $c_{H_a^+}$, $c_{H_i^+}$ für ΔG_M (M steht für Membran):

$$\Delta G_M = \mathbb{R}T \ln\frac{c_{H_a^+}}{c_{H_i^+}} + \mathbb{F}\,\Delta\Psi.$$
(3.92)

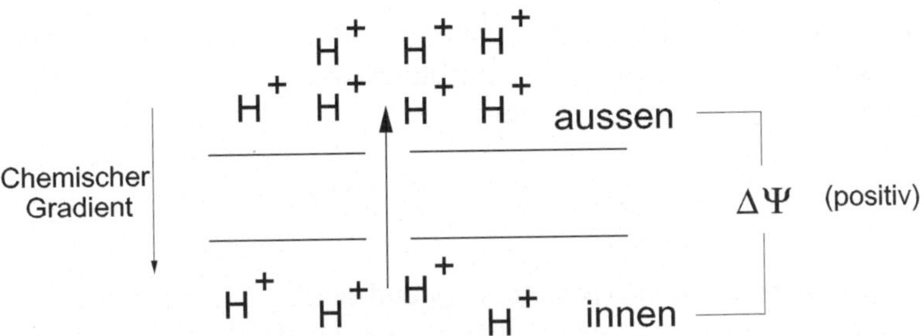

Abbildung 3.15: Werden Protonen gegen das elektrochemische Potential gepumpt, so muss die Energie aus einer Kopplung mit einem anderen Prozessen bereitgestellt werden.

Berücksichtigt man nun die Defintion des pH-Wertes,

$$pH = -\log c_{H^+} \tag{3.93}$$

welcher ja die Konzentration von Protonen beschreibt, so lässt sich mit dem Zusammenhang zwischen natürlichem Logarithmus und 10er Logarithmus folgende Beziehung herstellen:

$$\Delta G_M = -2.303\,\mathbb{R}\,T\,\Delta pH + \mathbb{F}\,\Delta\Psi, \tag{3.94}$$

wobei sich der Wert für $\Delta pH = pH_a - pH_i$ aus der Differenz zwischen außen und innen ergibt und damit einen negativen Wert besitzt.

Redoxreaktionen

Eine besondere Klasse stellen Reaktionen dar, bei denen Elektronen übertragen werden. Diese Reaktionen werden Redoxreaktionen genannt und können verallgemeinert so formuliert werden:

$$\text{Elektronenakzeptor} + e^- \rightleftharpoons \text{Elektronendonor}$$

Stark reduzierte Verbindungen dienen dabei als Elektronenquelle. Analog zu oben dient in diesem Falle die Elektronenaffinität als Maß für die Richtung, in der die Reaktion abläuft. Die Übertragung der Elektronen geschieht auf vier verschiedenen Wegen:

- Direkte Übertragung der Elektronen

- Übertragung in Form von Wasserstoff: in einer Reaktion der Form

$$XH_2 \rightleftharpoons X + 2H^+ + 2e^- \tag{3.95}$$

werden durch den Wasserstoff auch Elektronen abgegeben.

- Übertragung in Form eines Hydrid-Ions

- Direkte Reaktion mit Sauerstoff

Das Standardreduktionspotential $E^{0'}$ einer Reaktion wird unter den gleichen Bedingungen wie oben ermittelt und dient zur Berechnung des Redukionspotentials bei anderen Konzentrationen. Es gilt der Zusammenhang (Nernst-Gleichung):

$$E = E^{0'} + \frac{\mathbb{R}T}{n_E \mathbb{F}} \ln \frac{c_{EA}}{c_{ED}} \qquad (3.96)$$

mit der Konzentration des Elektronenakzeptors c_{EA} und der Konzentration des Elektronendonors c_{ED}, sowie der Anzahl der übertragenen Elektronen n_E. Die Gibbs-Energie G ergibt sich dann zu:

$$\Delta G = -n_E \, \mathbb{F} \, \Delta E \,. \qquad (3.97)$$

Der Wert für ΔE ergibt sich dabei aus der Differenz der Werte von zwei Teilreaktionen (in der Regel kann die betrachtete Reaktion in zwei Teile aufgespalten werden, für die die Standardwerte bekannt sind, ein Beispiel wird unten gegeben).

3.7.2 Prinzipien der Bioenergetik

Die Sonneneinstrahlung stellt für viele Lebewesen die grundlegende Lebensenergie bereit. Bei der Strahlung unterscheidet man die Infrarotstrahlung $\equiv$ "Heizung", das sichtbares Licht $\equiv$ "Energie der Photosynthese" und die Ultraviolettstrahlung. Organismen besitzen eine große Vielfalt diese Energie umzusetzen. Mittels des sichtbaren Lichtes findet Photosynthese statt:

$$CO_2 + H_2O \quad \rightarrow \quad \text{Biomasse} + \text{org. Verb. (Kohlenhydrate)} + O_2 \qquad (3.98)$$

Die Umwandlung der Sonnenenergie in der Nahrungskette verringert die verfügbare Energiemenge. Man kann auch sagen, dass sich die Energie in jedem Umwandlungsschritt "verdichtet" (höhere Leistungsfähigkeit, höhere Qualität). Unterschiedliche Organismentypen sorgen für Stoffkreisläufe. Besonders wichtig sind der Kohlenstoff-, Stickstoff-, und der Phosphorkreislauf.

Organismen, die das Licht nicht als Energiequelle nutzen können, verwenden wiederum die gebildeten Kohlenhydrate und den Sauerstoff, um Biomasse aufzubauen:

$$C_6H_{12}O_6 + O_2 \rightarrow \text{Biomasse} + H_2O + CO_2 \qquad (3.99)$$

Allerdings erfolgt die gezeigte Reaktion nicht in einem Schritt, da eine zu große Energiemenge freigesetzt würde. Es gibt daher eine Kette von abbauenden Reaktionsschritten, den Katabolismus, der eine schrittweise Energieübertragung erlaubt. Die aufbauenden Reaktionsschritte, der Anabolismus bilden dann Monomere und Makromolekülen wie Proteine, DNA, RNA und Speicherstoffe. Daher findet eine Kopplung von Energie verbrauchenden Reaktionsschritten mit Energie liefernden Schritten statt.

An einigen Beispielen soll die Ermittlung der Gibbs-Energie vorgestellt werden. Betrachtet wird wieder eine Reaktionsgleichung der Art:

$$|\gamma_A| \, A + |\gamma_B| \, B \quad \overset{r}{\rightleftharpoons} \quad |\gamma_C| \, C + |\gamma_D| \, D \qquad (3.100)$$

Nach Gleichung (3.87) kann man die Gibbs-Energie aus den Konzentrationen und den stöchiometrischen Koeffizienten ermitteln.

$$\Delta G = \Delta G^{0'} + \mathbb{R}T \ln \frac{c_C^{|\gamma_C|} c_D^{|\gamma_D|}}{c_A^{|\gamma_A|} c_B^{|\gamma_B|}} \tag{3.101}$$

mit $\Delta G^{0'}$, der Gibbs-Energie unter Standardbedingungen (pH=7, T=298 K).

Beispiel 5
Übertragung einer Phosphatgruppe auf Glukose.

Die Reaktion lautet

$$Glc + ATP \rightleftharpoons Glc6P + ADP \tag{3.102}$$

Man kann nun die Reaktion in zwei Teile aufspalten und für jeden Teil die Energie berechnen.
  1. Teilreaktion

$$Glc\,(+P_i) \rightarrow Glc6P\,(+H_2O), \quad \Delta G^{0'} = 13,8\,\frac{kJ}{mol} \tag{3.103}$$

  2. Teilreaktion

$$ATP\,(+H_2O) \rightarrow ADP\,(+P_i), \quad \Delta G^{0'} = -30,5\,\frac{kJ}{mol} \tag{3.104}$$

Die Summe ergibt $\Delta G^0 = -16,7\,\frac{kJ}{mol}$, die Reaktion läuft also unter ATP Verbrauch bei Standardbedingungen spontan (exergonisch) ab. Geht man nun von physiologischen Konzentrationen der beteiligten Reaktionspartner aus (folgende Werte können angenommen werden: ATP = 7,9 mM, ADP = 1 mM, Glc = Glc6P = 0,4 mM), so ergibt sich:

$$\Delta G = \Delta G^{0'} + \mathbb{R}T \ln \frac{c_{ADP}\, c_{Glc6P}}{c_{ATP}\, c_{Glc}} = -16,7\,\frac{kJ}{mol} - 5,13\,\frac{kJ}{mol} = -21,83\,\frac{kJ}{mol} \tag{3.105}$$

Unter physiologischen Bedingungen ergibt sich also ein im Betrag höherer Wert.

Beispiel 6
Übertragung von Elektronen (Redox-Systeme).

Betrachtet wird die Reaktion

$$Fumarat + FADH_2 \rightleftharpoons Succinat + FAD \tag{3.106}$$

Auch hier kann die Reaktion wieder in zwei Teilreaktionen aufgespalten werden:
  1. Teilreaktion

$$Fumarat + 2H^+ + 2e^- \rightarrow Succinat, \quad E^{0'} = +0,031\,V \tag{3.107}$$

  2. Teilreaktion

$$FAD + 2H^+ + 2e^- \rightarrow FADH_2, \quad E^{0'} = -0,219\,V \tag{3.108}$$

Aus der Differenz $E^{0'} = 0,25\,V$ ergibt sich $\Delta G^{0'} = -48,3\,\frac{kJ}{mol}$. Das bedeutet, dass die Reaktion unter Standardbedingungen von Fumarat zu Succinat läuft.

Beispiel 7
Die Reaktion der NADH-Dehydrogenase an der Zellmembran.

Die NADH-Dehydrogenase überträgt Protonen von NADH auf Ubiquinon. Gleichzeitig wird wie in Abbildung 3.16 zu sehen, Wasserstoff gegen den Konzentrationsgradienten nach außen gepumpt[13].

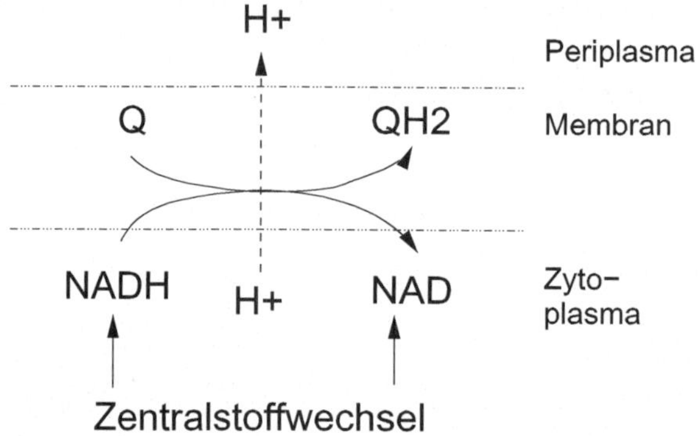

Abbildung 3.16: Die NAD-Dehydrogenase-Reaktion transferiert Protonen von NADH auf Ubiquinon Q. Gleichzeitig werden Protonen aus der Zelle herausgepumpt.

Das NADH kommt aus dem zentralen Stoffwechsel, bspw. aus Reaktionen der Glykolyse und des TCA. Die Reaktionsgleichung lautet:

$$NADH + Q + 5H_z^+ \rightleftharpoons NAD + QH_2 + 4H_P^+ \tag{3.109}$$

wobei zwei Elektronen übertragen werden und 4 Protonen nach außen gepumpt werden Für die Standardwerte der Reduktionspotentiale für die beiden Teilreaktionen ermittelt man:

$$E^{0'}_{Q/QH2} = 70\,mV \quad \text{und} \quad E^{0'}_{NAD/NADH} = -320\,mV.$$

Für die zwei Teilreaktionen erhält man:

$$E_{Q/QH2} \quad = \quad E^{0'}_{Q/QH2} + \frac{RT}{2\mathbb{F}} \ln \frac{Q}{QH_2} \tag{3.110}$$

$$E_{NAD/NADH} \quad = \quad E^{0'}_{NAD/NADH} + \frac{RT}{2\mathbb{F}} \ln \frac{NAD}{NADH} \tag{3.111}$$

Die zweite Teilreaktion läuft in die andere Richtung ab:

$$\Delta E \quad = \quad E^{0'}_{Q/QH2} - E^{0'}_{NAD/NADH} + \frac{RT}{2F} \left(\ln \frac{Q}{QH_2} - \ln \frac{NAD}{NADH} \right)$$

$$= \quad \Delta E^{0'} + \frac{RT}{2\mathbb{F}} \ln \frac{Q\,NADH}{QH_2\,NAD}. \tag{3.112}$$

---

[13]Modeling the electron transport chain of purple non-sulfur bacteria. S. Klamt et al., Mol. Sys. Biol., 4:156, 2008

Die freie Reaktionsenergie ergibt sich damit zu:

$$\Delta G \;=\; -2F\Delta E + 4\Delta G_M. \tag{3.113}$$

Das Vorzeichen der Gesamtreaktion ergibt sich hier also aus beiden Anteilen. Bei genügend großem Redoxpotential werden die Protonen gegen den Gradienten nach außen gepumpt.

3.7.3 Thermokinetische Modellierung

Wie bereits angesprochen, muss die Flussrichtung einer Reaktion mit dem Vorzeichenvektor der chemischen Potentiale zusammenpassen, um keine Widersprüche zu erzeugen. Dies ist besonders dann von Bedeutung, wenn Schleifen in den biochemischen Netzwerken betrachtet werden. Um von vorneherein einen korrekten Ansatz aus thermodynamischer Sicht zu verwenden, wurde die "Thermokinetische Modellierung"[14] vorgeschlagen, die hier kurz zusammengefasst werden soll.

Die Idee ist, dass man die kinetischen Parameter, also die Geschwindigkeitskonstanten k_i einer Reaktion durch thermodynamische Größen ersetzt. Betrachtet wird hier ein einfaches Netzwerk, der Form:

$$|\gamma_A|\, A \overset{r}{\rightleftharpoons} |\gamma_B|\, B \tag{3.114}$$

Für beide Komponenten lässt sich das chemische Potential wie folgt anschreiben, wenn dies auf eine Pufferkonzentration P bezogen wird:

$$\mu_A \;=\; \mu_A^{0'} + \mathbb{R}T \ln \frac{A}{P}$$

$$\mu_B \;=\; \mu_B^{0'} + \mathbb{R}T \ln \frac{B}{P} \tag{3.115}$$

Die Werte unter Standardbedingungen lassen sich aus den Konzentrationen im Gleichgewicht der Reaktion A_G und B_G ermitteln. Definiert man nun neue Größen a, b mit

$$a = \frac{A}{A_G}, \quad b = \frac{B}{B_G} \tag{3.116}$$

so kann man die chemischen Potentiale auch schreiben als:

$$\mu_A = \mathbb{R}T \ln a$$
$$\mu_B = \mathbb{R}T \ln b. \tag{3.117}$$

Der Ansatz besteht nun darin, eine thermodynamische Kraft F so zu definieren, dass sie in die gleiche Richtung weist wie die negative Gibbs-Energie: $-\Delta G$. Die negative Gibbs-Energie ist ein Maß für die Stärke und Richtung der Reaktion. Ist sie größer Null, so läuft die Reaktion von links nach rechts ab und der Fluss r ist ebenfalls positiv. Die Affinität ist wie folgt definiert:

$$A = -\Delta G = |\gamma_A|\,\mu_A - |\gamma_B|\,\mu_B \tag{3.118}$$

---

[14]Thermodynamically feasible kinetic models of reaction networks. M. Ederer und E.D. Gilles, Biophys. J., 92:1846-1857, 2007

Es bietet sich nun folgender Ansatz für F an:

$$F = e^{\frac{|\gamma_A|\mu_A}{RT}} - e^{\frac{|\gamma_B|\mu_B}{RT}} = a^{|\gamma_A|} - b^{|\gamma_B|}; \tag{3.119}$$

damit lässt sich die Kraft ausdrücken als Funktion von a und b und damit von der Gleichgewichtslage. Analog einem elektrischen Schaltkreis sind Kräfte und Ströme über Widerstände R gekoppelt. Daher kann der Strom r der Reaktion - mit gleichem Vorzeichen wie die Kraft - dann wie folgt angegeben werden:

$$r = \frac{F}{R} \tag{3.120}$$

Vergleicht man mit einem konventionellen Ansatz für die Reaktionsrate mit Parameter k und Gleichgewichtskonstante K

$$r = k\left(A^{|\gamma_A|} - KB^{|\gamma_B|}\right), \tag{3.121}$$

so ergibt der Vergleich:

$$R = \frac{1}{kA_G^{|\gamma_A|}}. \tag{3.122}$$

Hat das neue System 3 Freiheitsgrade (A_G, B_G und R) so hat das konventionelle System nur zwei (k und K). Allerdings sind die beiden Gleichgewichtskonzentrationen über die Gleichgewichtskonstante gekoppelt. Das konventionelle System in der Form

$$\dot{A} = -k(A - KB)$$

$$\dot{B} = k(A - KB) \tag{3.123}$$

lautet dann in der Formulierung des Thermokinetischen Ansatzes wie folgt:

$$\dot{a} = \frac{b - a}{K B_G R}$$

$$\dot{b} = \frac{a - b}{B_G R} \tag{3.124}$$

3.7.4 Enthalpiebilanz für das Reaktorsystem

Für einen Reaktor, der mit einem Zulauf betrieben wird, kann mit Hilfe des ersten Hauptsatzes die Bilanzgleichung für die Änderung der inneren Energie beschrieben und aus dieser Gleichung dann eine Differentialgleichung für die Temperatur abgeleitet werden. Durch den Wärmestrom J_Q und die Volumenarbeit erhält man für die innere Energie:

$$\frac{dU}{dt} = J_Q - p\,\frac{dV}{dt} \tag{3.125}$$

Mit der Gleichung für die Enthalpie H (3.69), die nach U umgestellt und abgeleitet werden kann, ergeben sich folgende Zusammenhänge:

$$H = U + pV \quad \rightarrow \quad U = H - pV \tag{3.126}$$

Bildet man das vollständige Differential und berücksichtigt, dass konstante Druckverhältnisse herrschen, so erhält man:

$$\frac{dU}{dt} = \frac{dH}{dt} - p\frac{dV}{dt} - \frac{dp}{dt}V \quad \rightarrow \quad \frac{dH}{dt} = J_Q. \tag{3.127}$$

Für die Enthalpie sind also alle Wärmeströme J_Q zu berücksichtigen. Man verwendet folgenden Ansatz, der die Enthalpie mit der Temperatur T in Verbindung bringt:

$$H = m\,c_p\,T = \rho\,V\,c_p\,T. \tag{3.128}$$

Verbal kann dann obige Gleichung wir folgt ausgedrückt werden:

Temperaturänderung =	Änderung durch +	Änderung durch
pro Zeit	Zu- und Abflüsse	Wärmeübertragung
	Änderung durch +	Änderung durch
	Reaktionswärme	mechan. Eintrag

Setzt man die entsprechenden Terme ein, so ergibt sich:

$$\rho\,c_p\,V\,\frac{dT}{dt} = \rho\,c_p\,q_{zu}\,(T_{zu} - T) + k_w A\,(T_K - T) + (-\Delta h_R)\,r_0\,V + \Delta H_{\text{Rühr.}} \tag{3.129}$$

mit folgenden Größen: $c_p \equiv$ spez. Wärmekapazität, $[c_p] = \dfrac{kJ}{kgK}$, $T_{zu} \equiv$ Temperatur des Zulaufs, $T_K \equiv$ Kühltemperatur/Heiztemperatur, $\Delta h_R \equiv$ Reaktionsenthalpie und Wärmeeintrag durch Rührleistung $\Delta H_{\text{Rühr.}}$.

4 Modellkalibrierung und Versuchsplanung

Die Modellkalibierung versucht experimentelle Daten und Ergebnisse aus Simulationsrechnung-
en zur Deckung zu bringen. In der Regel läßt sich diese Aufgabe über eine Optimierung lösen
wobei man die Struktur des Modells nicht verändert, sondern nur die kinetischen Parameter variiert. Sind die Systeme stark nichtlinear in Bezug auf die Parameter, so müssen numerische Verfahren angewendet werden. In den folgenden Abschnitten soll nicht so sehr die Optimierung im
Vordergrund stehen, als vielmehr die Qualität der Schätzung und die Güte der ermittelten Parameter. In der Systembiologie liegen die Messdaten in der Regel nur mit großen Unsicherheiten
vor. Aus diesem Grund ist das Wissen um die Unsicherheiten der Parameter, die damit geschätzt
werden, um so wichtiger.

4.1 Regression

Unter Regression versteht man die Ermittlung von Parametern eines mathematischen Modells mit
einer Größe Y, wenn Messdaten Y_M vorliegen. Zunächst sollen zwei Ansätze, die Least-Square
Methode (LS) und der Maximum-Likelihood Ansatz (ML) vorgestellt werden.

4.1.1 Least-Square-Methode & Maximum-Likelihood-Ansatz

Bei der Least-Square-Methode (LS) summiert man die quadratischen Differenzen zwischen Modell und Experiment über alle Zeitpunkte N auf. Um die Differenzen zu gewichten, wird durch
den Messfehler σ dividiert. Das bedeutet, dass Messpunkte mit großem Fehler nicht so stark
berücksichtigt werden, wie Messpunkte mit kleinem Fehler. Es ergibt sich folgendes Optimierungsproblem, wenn die Messpunkte mit Y_M und die Simulation mit Y bezeichnet werden:

$$\min_{\underline{p}} \Phi = \sum_{k=1}^{N} \frac{\left(Y_{Mk} - Y_k\left(\underline{p}\right)\right)^2}{\sigma_k^2}, \tag{4.1}$$

wobei im Modell eine Anzahl von Parametern p_j verwendet werden.

Der Maximum-Likelihood-Ansatz verfolgt eine andere Vorgehensweise. Er geht der Frage
nach, mit welcher Wahrscheinlichkeit ein Parameter einen Satz von Messdaten beschreibt. Gesucht ist dann der Parametersatz, der die höchste Wahrscheinlichkeit bietet. Dies ist in Abbil-
dung 4.1 links gezeigt. In der Abbildung ist $P\left(Y_M|p_j\right)$ die bedingte Wahrscheinlichkeit der
Messung Y_M unter der Voraussetzung p_j in Abhängigkeit des Parameters p_j aufgetragen. Der
Parameter wird demnach auch als eine Zufallsgröße aufgefasst. Da die einzelnen Messpunkte
Y_{Mk} nicht unabhängig voneinander betrachtet werden können, wird stattdessen besser die Größe
$P\left(\varepsilon = Y_M - Y|p_j\right)$ verwendet. Die Abweichungen zwischen Modell und Experiment ε sollten
rein zufälliger Natur und im Mittel Null sein. Sie stellen damit eine normalverteilte Größe dar.

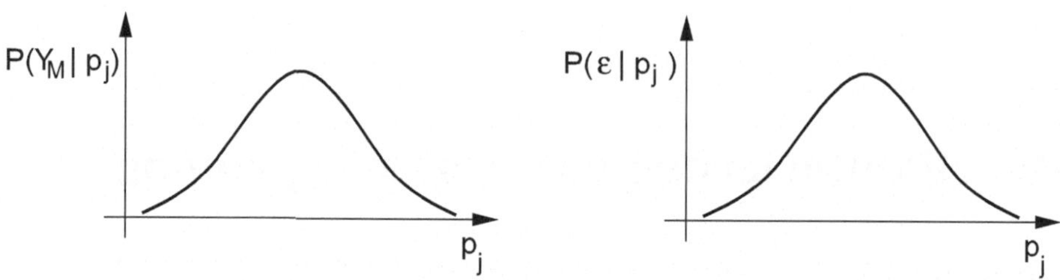

Abbildung 4.1: Wahrscheinlichkeitsdichten für Y_M und ε in Abhängigkeit von p_j.

Gesucht ist nun der Parameter p_j, der die Wahrscheinlichkeit P maximal macht. Da alle Werte von ε paarweise unabhängig angenommen werden, ergibt sich für die Wahrscheinlichkeit $P(\varepsilon|p_j)$ das Produkt (alle Elementarereignisse müssen eintreffen):

$$P(\varepsilon|p_j) \;=\; P(\varepsilon_1|p_j) \cdot P(\varepsilon_2|p_j) \cdot \ldots P(\varepsilon_N|p_j). \tag{4.2}$$

Die Größe ε_k sei normalverteilt, dann gilt:

$$P(\varepsilon_k|p_j) \;=\; \frac{1}{\sqrt{2\pi}\sigma_k} \cdot e^{-\frac{1}{2}\cdot\frac{\varepsilon_k^2}{\sigma_k^2}}. \tag{4.3}$$

Setzt man oben ein und bildet das Produkt, so erhält man die Likelihood-Funktion L:

$$L \;=\; P(\varepsilon|p_j) = \prod^{N} \frac{1}{\sqrt{2\pi}\sigma_k} \cdot e^{-\frac{1}{2}\cdot\frac{e_k^2}{\sigma_k^2}}, \tag{4.4}$$

die zu maximieren ist. Statt der Funktion L kann alternativ auch $\ln L$ betrachtet werden, was sich leichter rechnen lässt. Nimmt man für alle Zeitpunkte gleiche Messunsicherheiten σ an, ergibt sich:

$$\ln L \;=\; \ln \frac{1}{\sigma}^{N} + \ln \frac{1}{\sqrt{2\pi}}^{N} - \frac{1}{2}\sum^{N} \frac{e_k^2}{\sigma^2}. \tag{4.5}$$

Diese Beziehung ist gleichbedeutend mit der LS Methode, da beim Ableiten die ersten beiden Summanden verschwinden und man annimmt, dass die Messunsicherheit σ bekannt ist. Die Maximum-Likelihood-Methode stellt einen allgemeinen Ansatz dar, der auch für andere Verteilungen angewendet werden kann.

4.1.2 Lineare Modelle

Zelluläre Netzwerke zeichnen sich durch starke Nichtlinearitäten aus. Allerdings beruhen viele Methoden der Parameteranalyse auf linearen Ansätzen. Aus diesem Grund sollen hier zunächst die wichtigsten Beziehungen zusammengestellt werden.

Betrachtet werden soll ein Modell mit einer Ausgangsgröße, bei der die Parameter p_j in linearer Form erscheinen. Werden die Parameter als Spaltenvektor $\underline{p}$ geschrieben, so ergibt sich mit dem Vektor $\underline{x}$ die Darstellung:

$$Y = \underline{x}^T \cdot \underline{p} \tag{4.6}$$

wobei der Zeilenvektor beliebige Funktionen der unabhängigen Variable x enthalten kann, wie folgendes Beispiel zeigt.

Beispiel 8
Polynom zweiter Ordnung.

Es gilt folgender Ansatz:

$$Y = p_1 \cdot x^2 + p_2 \cdot x + p_3$$

$$= \begin{bmatrix} x^2 & x & 1 \end{bmatrix} \cdot \begin{bmatrix} p_1 \\ p_2 \\ p_3 \end{bmatrix} \tag{4.7}$$

Das Modell ist linear in den Parametern p_j, aber nichtlinear in der Regressorvariable x. Für die Methoden, die vorgestellt werden, ist es zweckmäßig, die Gleichungen als Vektoren und Matrizen umzuschreiben, um damit die Messdaten mit Anzahl N einzubringen. Der Spaltenvektor der Messdaten lautet dann:

$$\underline{Y}_M = \begin{pmatrix} Y_{M1} \\ Y_{M1} \\ \dots \\ Y_{MN} \end{pmatrix} . \tag{4.8}$$

Den Zeilenvektor $\underline{x}$ kann man für alle Messdaten wie folgt als Matrix X mit N Zeilen und n_p Spalten schreiben:

$$X = \begin{bmatrix} x_1^2 & x_1 & 1 \\ x_2^2 & x_2 & 1 \\ \dots & \dots & \dots \\ x_N^2 & x_N & 1 \end{bmatrix} ; \tag{4.9}$$

Die Zielfunktion lässt sich mit einem LS Ansatz wie folgt schreiben:

$$\Phi = \sum^N \frac{\left(Y_{Mk} - Y_k\right)^2}{\sigma_k^2} = (\underline{Y}_M - X\underline{p})^T \, \Sigma^{-1} \, (\underline{Y}_M - X\underline{p}) \tag{4.10}$$

wobei Σ eine Matrix mit Varianzen σ_k^2 des Messfehlers in der Hauptdiagonalen ist. Leitet man nach den Parametern ab und löst auf, ergibt sich als Lösung des Optimierungsproblems für den gesuchten Parametervektor:

$$\hat{\underline{p}} = A^{-1} \, \underline{b}, \tag{4.11}$$

mit der Matrix A und Vektor $\underline{b}$:

$$A = X^T\, \Sigma^{-1}\, X, \qquad \underline{b} = X^T\, \Sigma^{-1}\, \underline{Y}_M \tag{4.12}$$

Matrix A ist eine $n_P \times n_p$-Matrix, Vektor $\underline{b}$ hat n_p Zeilen.

4.1.3 Güte des Modells und der Parameter

Um Ergebnisse abzusichern, werden statistische Tests durchgeführt. Dies gilt für das Modell als auch für die Parameter, die Verwendung finden. Zunächst soll auf die Güte des Modells eingegangen werden, dann auf die Güte der Parameter.

Das oben definierte Funktional Φ zum Vergleich zwischen Modellrechnung und Messdaten wird als Zufallsgröße aufgefasst:

$$\Phi = \sum_{k=1}^{N} \left(\frac{\varepsilon_k}{\sigma_k}\right)^2 = \underline{\varepsilon}^T\, \Sigma^{-1}\, \underline{\varepsilon} \tag{4.13}$$

wobei ε_k die Abweichung zwischen Modellrechnung und Simulation ist (Residuen). Die Zufallsgröße Φ sollte daher einer χ^2 - Verteilung mit $df = N - n_p$ Freiheitsgraden gehorchen (siehe Anhang). Üblicherweise wird der Bereich für χ^2 mit einem 95 % Vertrauensintervall berechnet. Wenn Φ zu große Werte liefert als die Verteilungsfunktion erlaubt, dann ist (i) das Modell nicht korrekt und muss modifiziert werden oder (ii) sind die Messfehler zu gering angesetzt worden. Da angenommen wird, dass die Abweichungen ε_k normalverteilt sind, sollte im Mittel jeder Summand den Beitrag 1 zur obigen Summe leisten. Als Faustformel ergibt sich demnach für Φ:

$$\Phi \approx N. \tag{4.14}$$

Aus bekannten Tabellen (oder entsprechende Software) können die Zahlenwerte konkret ermittelt werden. Sollen mit $N = 20$ Messpunkten die Parameter einer Geraden ($n_p = 2$) ermittelt werden, so erhält man für Φ folgende Minimal- und Maximalwerte: $8,23$ und $31,53$.

Die Residuen ε_k können mit folgender Vorgehensweise auf ihre Korrelation untersucht werden. Dazu berechnet man zunächst die Kovarianzen zwischen einem Wert $\varepsilon_k(t_i)$ und einem um l Zeitschritte verschobenen Wert $\varepsilon_k(t_{i-l})$. Liegt eine Korrelation vor, deutet das auf Modellunsicherheiten oder Messunsicherheiten hin. Die Kovarianz in Abhängigkeit von l wird dann wie folgt ermittelt (man geht davon, dass der Mittelwert der Residuen gleich Null ist):

$$Cov_\varepsilon(l) = \frac{1}{N} \sum_{i=1+l}^{N} \varepsilon_k(t_i)\, \varepsilon_k(t_{i-l}). \tag{4.15}$$

Die Kovarianz wird nun auf die Streuung von ε_k bezogen (kann als $Cov_\varepsilon(0)$ dargestellt werden) und aufsummiert. Damit hat man ein Maß, welches man wiederum wie oben gegen eine χ^2 - Verteilung mit l Freiheitsgraden prüfen kann:

$$R(l) = \frac{\sum\limits_{l} Cov_\varepsilon(l)^2}{Cov_\varepsilon(0)^2}. \tag{4.16}$$

Die Güte der Parameter, d.h. ihr Vertrauensbereich kann mit Hilfe der Matrix A ermittelt werden. Für den Erwartungswert ermittelt man:

$$E\left[\hat{\underline{p}}\right] = E\left[\left(X^T \Sigma^{-1} X\right)^{-1} \cdot X^T \Sigma^{-1} \underline{Y}_M\right]$$

$$= E\left[\left(X^T \Sigma^{-1} X\right)^{-1} \cdot X^T \Sigma^{-1} \left(X \underline{p}\right)\right] = \hat{\underline{p}}, \tag{4.17}$$

es handelt sich also um eine erwartungstreue Schätzung. Für die Varianz gilt dann:

$$Var\left[\hat{\underline{p}}\right] = Var\left[\left(X^T \Sigma^{-1} X\right)^{-1} \cdot X^T \Sigma^{-1} \underline{Y}_M\right]. \tag{4.18}$$

Mit der Rechenregel für Varianzen (siehe Anhang) erhält man:

$$Var\left[\hat{\underline{p}}\right] = \left(X^T \Sigma^{-1} X\right)^{-1} \cdot X^T \Sigma^{-1} Var\left[\underline{Y}_M\right] \cdot \left(\left(X^T \Sigma^{-1} X\right)^{-1} \cdot X^T \Sigma^{-1}\right)^T \tag{4.19}$$

Setzt man die Messunsicherheit σ ein, ergibt sich:

$$Var\left[\hat{\underline{p}}\right] = \left(X^T \Sigma^{-1} X\right)^{-1} \cdot X^T \cdot \left(\Sigma^{-1} X \left(\left(X^T \Sigma^{-1} X\right)^{-1}\right)^T\right)$$

$$= \left(X^T \Sigma^{-1} X\right)^{-1} = A^{-1}. \tag{4.20}$$

Die Inverse der Matrix A ist also die Varianz-Kovarianz-Matrix der Parameterunsicherheiten und man erhält für jeden einzelnen Parameter die Varianzen bzw. die Kovarianzen zwischen den Parametern:

$$\sigma_{p_j} = \sqrt{(A^{-1})_{jj}}, \qquad cov_{p_{lm}} = (A^{-1})_{lm} \qquad l \neq m. \tag{4.21}$$

Geometrische Darstellung

Das Ergebnis lässt sich auch noch auf eine andere Art und Weise veranschaulichen. Dazu wird das Verhalten des Systems in der Nähe des optimierten Parametervektors durch kleine Auslenkungen Δp_j der Parameter betrachtet. Durch eine Taylorapproximation (siehe Anhang) lässt sich diese Auslenkung berechnen:

$$\Delta Y = \frac{\partial Y}{\partial p_1} \cdot \Delta p_1 + \ldots + \frac{\partial Y}{\partial p_n} \cdot \Delta p_{n_p}. \tag{4.22}$$

Da lineare Modelle betrachtet werden, ergibt sich mit dem Vektor der Regressorvariablen $\underline{x}$ die Veränderung Y' der Modellrechnung:

$$Y' = Y + \Delta Y = Y + \underline{x}\,\Delta\underline{p} \tag{4.23}$$

Setzt man in die Zielfunktion ein, die nun auch verändert wird, $\Delta\Phi$ und verwendet man wieder die Matrix-Schreibweise von oben, so erhält man:

$$\Phi + \Delta\Phi = \left(\underline{Y}_M - (\underline{Y} + X\Delta\underline{p})\right)^T \Sigma^{-1} \left(\underline{Y}_M - (\underline{Y} + X\Delta\underline{p})\right) \tag{4.24}$$

mit $\underline{Y}_M \approx \underline{Y}$ (man nimmt an, dass der Messwert sehr gut wiedergegeben wird) ergibt sich:

$$\Delta\Phi \;=\; \left(X\Delta\underline{p}\right)^T \Sigma^{-1} \left(X\Delta\underline{p}\right) \;=\; \Delta\underline{p}^T X^T \Sigma^{-1} X \Delta\underline{p} \;=\; \Delta\underline{p}^T A \, \Delta\underline{p}. \qquad (4.25)$$

In dieser Darstellung taucht wieder die Kovarianz-Matrix A der Parameter auf. Um obige Gleichung besser zu verstehen, führt man eine Koordinatentransformation durch. Man zerlegt also A in $A = T\,\Lambda\,T^{-1}$, wobei Λ eine Diagonalmatrix mit den Eigenwerten von A ist. Setzt man ein, so stellt die Gleichung:

$$\Delta\Phi \;=\; \Delta p^T\,T\,\Lambda\,T^{-1}\,\Delta p \;=\; \Delta p^{*T}\,\Lambda\,\Delta p^* \qquad (4.26)$$

für den Fall von zwei Parametern eine Ellipse dar und es stellt sich die Frage, welche Werte für $\Delta\Phi$ einzusetzen sind. Die Ellipse stellt diejenige Fläche dar, für die Parameterauslenkungen Δp_1, Δp_2 erlaubt sein sollen, um größere Werte der Zielfunktion zu tolerieren. Hält man einen Parameter fest (Freiheitsgrad $= 1$), so ermittelt man für einen Vertrauensbereich, der einer Standardabweichung entspricht (Vertrauensbereich von 68.275%), den Wert $\Delta\Phi = 1$ (da Φ eine χ^2 verteilte Größe ist, gilt das auch für $\Delta\Phi$). Die Lage und Form der Ellipse lässt folgende Schlussfolgerungen zu:

- λ_i groß $\rightarrow$ kleine Hauptachse $\rightarrow$ kleine Parameterunsicherheit
  λ_i klein $\rightarrow$ große Hauptachse $\rightarrow$ große Parameterunsicherheit

- Läuft die Ellipse von links unten nach rechts oben, besitzen beide Parameter Sensitivitäten mit einem unterschiedlichen Vorzeichen.

- Ist die Ellipse sehr flach, sind die Parameter korreliert. Ergibt sich ein nahezu perfekter Kreis, sind die Parameter unkorreliert.

Eine starke Korrelation der Parameter ist das größte Problem der Parameterschätzung. Es bedeutet, dass die Parameter nicht unabhängig voneinander ermittelt werden können.

Abbildung 4.2 illustriert verschiedene Fälle, die sich ergeben können. In **A** haben beide Sensitivitäten das gleiche Vorzeichen: Um nach einer Auslenkung in Richtung Parameter Δp_2 wieder auf die Kurve zurückzukommen (die Kurve stellt eine Höhenlinie mit gleichem Wert der Zielfunktion dar), muss sich in negativer Δp_1 Richtung bewegt werden. Bei **B** ist es gerade anders herum. Fall **C** zeigt zwei korrelierte Parameter. Ist ein Parameter festgelegt, so ist für den zweiten Parameter kaum Spielraum. Fall **D** suggeriert nur eine kleine Unsicherheit von Parameter p_2. Wird Parameter p_2 festgelegt, kann über Parameter p_1 kaum eine Aussage getroffen werden. Wird Parameter p_1 festgelegt, hat man keine Wahl mehr für Parameter p_2, da die Fläche der Ellipse sehr klein ist.

Die Standardabweichung der Parameter kann durch eine Projektion auf die Achsen ermittelt werden. Da der Freiheitsgrad $= 1$ gewählt wurde, liefert die Projektion der Tangenten und die Ellipse die σ_{pj} Werte der Parameter. Damit läßt sich dann der Vertrauensbereich angeben:

$$p_1 - 1.96\,\sigma_{p1} \;\;<\;\; \overline{p}_1 < p_1 + 1.96\,\sigma_{p1} \;\;\;\;\equiv\;\; 95\% \text{ Konfidenzintervall} \qquad (4.27)$$

Der Wert 1.96 ergibt sich aus einer Normalverteilung, wenn man den Bereich abdecken will, der 95% der Daten entspricht. Folgende Überlegung kann helfen, den Parameter mit dem größten

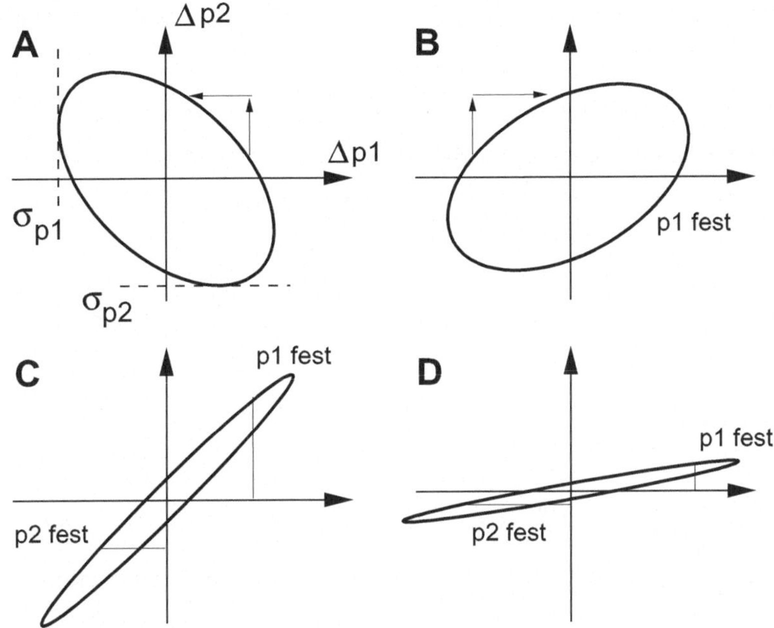

Abbildung 4.2: **A** Beide Paramter haben das gleiche Vorzeichen bzgl. der Sensitivität. **B** Die Paramter haben unterschiedliche Vorzeichen bzgl. der Sensitivität. **C** Beide Parameter sind korreliert. Wird Parameter p_1 festgelegt, ergeben sich weniger Möglichkeiten für Parameter p_2. D.h. Parameter p_2 hat weniger Freiheiten innerhalb der vorgegebenen Fläche. **D** "Worst Case". Parameter p_1 hat große Unsicherheit und ist mit Parameter p_2 korreliert.

Einfluss auf die Zielfunktion zu ermitteln: Man sucht eine Parameterkombination, die zu einer maximalen Änderung von $\Delta\Phi$ führt. Es gilt:

$$\max\Delta\Phi \;=\; \Delta\underline{p}^T A \,\Delta\underline{p} \quad \text{mit der Nebenbedingung:} \quad \Delta\underline{p}^T \Delta\underline{p} = 1\,.$$

Die Nebenbedingung schränkt die möglichen Parameterkombinationen ein, allerdings lässt sich das Problem analytisch schön lösen. Die Rechnung führt auf das Optimierungsproblem (die Nebenbedingung wird in die Zielfunktion integriert):

$$\max \; \Delta\underline{p}^T A \,\Delta\underline{p} - \lambda \cdot \left(\Delta\underline{p}^T \Delta\underline{p} - 1\right), \tag{4.28}$$

welches sich wie folgt lösen lässt:

$$\frac{d\Delta\Phi}{d\Delta\underline{p}} \;=\; 2A\,\Delta\underline{p} - 2\lambda\,\Delta\underline{p} = 0$$

$$\rightarrow \qquad A\,\Delta\underline{p} = \lambda\,\Delta\underline{p} \tag{4.29}$$

Es ergibt sich ein Eigenwert-Problem, bei dem der Eigenvektor zum maximalen Eigenwert die Richtung der optimalen Auslenkung $\Delta\underline{p}$ angibt.

Wenn die Varianz der Messung nicht bekannt ist, gilt folgende Überlegung. Die Auslenkung $\Delta\Phi$ ist:

$$\Delta\Phi = \Delta\underline{p}^T X^T X \Delta\underline{p} = \Delta\underline{p}^T A^* \Delta\underline{p}. \tag{4.30}$$

Der geschätzte Wert für die Messunsicherheit ergibt sich mit der Zielfunktion Φ zu:

$$\hat{\sigma}^2 = \frac{\Phi}{N-n_p}, \tag{4.31}$$

mit der Anzahl der Parameter n_p und der Anzahl der Messpunkte N, die für die Ermittlung der Varianz herangezogen wurden. Erweitert man damit obige Gleichung für $\Delta\Phi$, so ergibt sich:

$$\Delta\underline{p}^T A^* \Delta\underline{p} = \Delta\Phi \frac{\hat{\sigma}^2}{\Phi/(N-n_p)}$$

$$\rightarrow \quad \Delta\underline{p}^T \frac{A^*}{\hat{\sigma}^2} \Delta\underline{p} = \frac{\Delta\Phi/1}{\Phi/(N-n_p)} \tag{4.32}$$

Auf der rechten Seite steht der Quotient aus zwei χ^2-Verteilungen, denn es gilt:

$$\Delta\Phi \sim \chi_1^2 \tag{4.33}$$

$$\Phi \sim \chi_{N-n_p}^2. \tag{4.34}$$

Das Verhältnis zweier χ^2-Verteilungen ist eine F-Verteilung:

$$\Delta\underline{p}^T \frac{A^*}{\hat{\sigma}^2} \Delta\underline{p} = F_{1,N-n_p} \tag{4.35}$$

wobei nun zwei Freiheitsgrade anzugeben sind. Da der Messfehler nicht sicher ist, liefert die F-Verteilung größere Ellipsen. Abbildung 4.3 zeigt Beispiele hierzu.

Eine wichtige Beziehung erlaubt die Berechnung der Unsicherheit der Messgröße $\underline{Y}_M$, wenn eine Prädiktion der Form

$$\hat{\underline{Y}}_{M0} = X_0\,\hat{\underline{p}} \tag{4.36}$$

mit neuen Werten X_0 gemacht werden soll. Will man die Varianz der Schätzung $\hat{\underline{Y}}_{M0}$ hier angeben, so ist zunächst die Größe

$$\Psi = \underline{Y}_{M0} - \hat{\underline{Y}}_{M0} \tag{4.37}$$

zu betrachten. Für die Varianz von Ψ erhält man:

$$Var[\Psi] = Var[\underline{Y}_{M0}] + Var[\hat{\underline{Y}}_{M0}], \tag{4.38}$$

da die beiden Größen, statistisch betrachtet, unkorreliert sind. Berechnet man beide Anteile, erhält man:

$$Var[\Psi] = \Sigma + Var[X_0\,\hat{\underline{p}}] - 2\,Cov\left[\underline{Y}_{M0}, X_0\,\hat{\underline{p}}\right]. \tag{4.39}$$

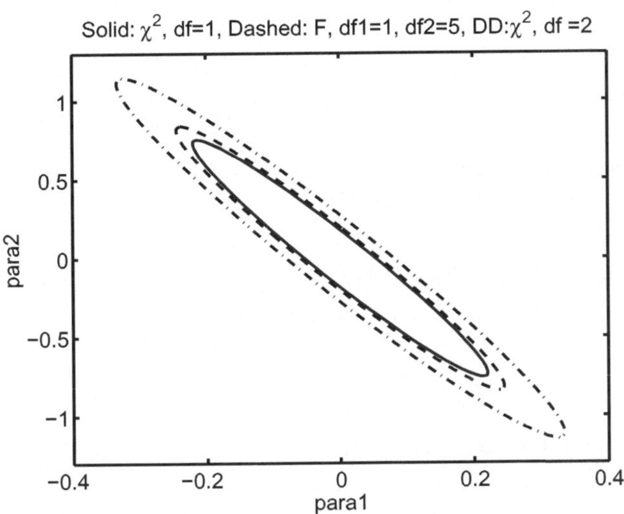

Abbildung 4.3: Durchgezogen: χ^2 mit einem Freiheitsgrad. Gestrichelt: F-Verteilung mit einem und fünf Freiheitsgraden. Strichpunktiert: χ^2 mit zwei Freiheitsgraden.

Da keine Kovarianz zwischen beiden Größen besteht, vereinfacht sich die Gleichung:

$$Var[\Psi] \quad = \Sigma + X_0^T \, Var[\hat{p}] \, X_0$$

$$= \Sigma + X_0^T \left(X^T \Sigma^{-1} X\right)^{-1} X_0 \tag{4.40}$$

Damit kann man den Vertrauensbereich für die Prädiktion angeben:

$$\hat{\underline{Y}}_{M0} - 1.96 \sqrt{\Sigma + X_0^T \left(X^T \Sigma^{-1} X\right)^{-1} X_0} < \underline{Y}_{M0}$$

$$< \hat{\underline{Y}}_{M0} + 1.96 \sqrt{\Sigma + X_0^T \left(X^T \Sigma^{-1} X\right)^{-1} X_0} \tag{4.41}$$

4.1.4 Nichtlineare Modelle

Für Modelle, die nichtlinear in den Parametern sind, ist keine allgemeine Theorie zur Bestimmung der Parameterunsicherheiten vorhanden. Zwei Ansätze werden zur Zeit verfolgt, um trotzdem Aussagen machen zu können.

4.1.4.1 Linearisierung

Zum einen wird eine Approximation der nichtlinearen Gleichungen durch eine Linearisierung um einen festen Arbeitspunkt Y^* vorgenommen. Man erhält dann für die Modellgleichung wie oben:

$$Y \;=\; Y^* + \frac{\partial Y}{\partial p_1}\,\Delta p_1 + \frac{\partial Y}{\partial p_2}\,\Delta p_2\,.$$
(4.42)

In diesem Fall sind die Ableitungen

$$\frac{\partial Y}{\partial p_j}\Big|_{\underline{p}}$$
(4.43)

abhängig vom gewählten Parametervektor (Arbeitspunkt) $\underline{p}$. Ansonsten geht man wie im linearen Fall vor und man erhält mit der Matrix der Ableitungen $W^T = \frac{\partial Y}{\partial \underline{p}}$:

$$\Delta\Phi \;=\; \Delta\underline{p}^T\,W^T\,\Sigma^{-1}\,W\,\Delta\underline{p} \;=\; \Delta\underline{p}^T\,F\,\Delta\underline{p}\,.$$
(4.44)

Im nichtlinearen Fall wird der Ausdruck $F = W^T\,\Sigma^{-1}\,W$ als Fisher-Informations-Matrix (FIM) bezeichnet. Allerdings gilt hier:

$$\sigma_{p_j} \;\geq\; \sqrt{\left(F^{-1}\right)_{jj}}\,,$$
(4.45)

d.h. es kann nur eine untere Grenze für die Parameterkonfidenzintervalle angegeben werden; die wahren aber unbekannten Unsicherheiten sind auf jeden Fall größer.

4.1.4.2 Bootstrapping

Eine Alternative stellt das Bootstrap-Verfahren dar[1]. Dies ist ein statistisches Verfahren, um Parameterunsicherheiten zu bestimmen. Die Idee besteht darin, basierend auf dem Satz von Messdaten $\mathbf{D}$ nicht nur eine einzige Schätzung der Parameter $\hat{p}$ durchzuführen, sondern die Messdaten im Bereich ihrer Messgenauigkeit zu verändern und damit eine Reihe neuer Datensätze $\mathbf{D}_1^*$, $\mathbf{D}_2^*$, etc. zu generieren. Für jeden Datensatz erhält man dann einen anderen Satz an geschätzten Parametern $\hat{p}_1^*$, $\hat{p}_2^*$, etc. Die Ermittlung der Parameterunsicherheiten besteht dann in der Auswertung eines parametrischen Histogrammes. Dabei werden die Daten sortiert und dann nach ihrer Häufigkeit aufgetragen. Ein Konfidenzintervall von 95% lässt sich dann direkt aus dem Histogramm ablesen.

Beispiel 9
Vergleich zwischen Approximation mittels Fisher-Informations-Matrix und Bootstrapping.

Folgende nichtlineare Funktion im Parameter b wird betrachtet:

$$Y \;=\; \frac{x}{b+x}$$

Abbildung 4.4 zeigt beispielhaft die Histogramme, wenn der Bereich von x ($0 \leq x \leq 50$) 1000 (links) oder 25 (rechts) Messdaten enthält. Für eine große Anzahl von Messpunkten wird fast eine Normalverteilung erreicht, während bei einer kleinen Anzahl von Messpunkten eine deutliche

---

[1] Exploiting the bootstrap method for quantifying parameter confidence intervals in dynamical systems. M. Joshi et al., Metab. Eng. 8, 2006, 447-455.

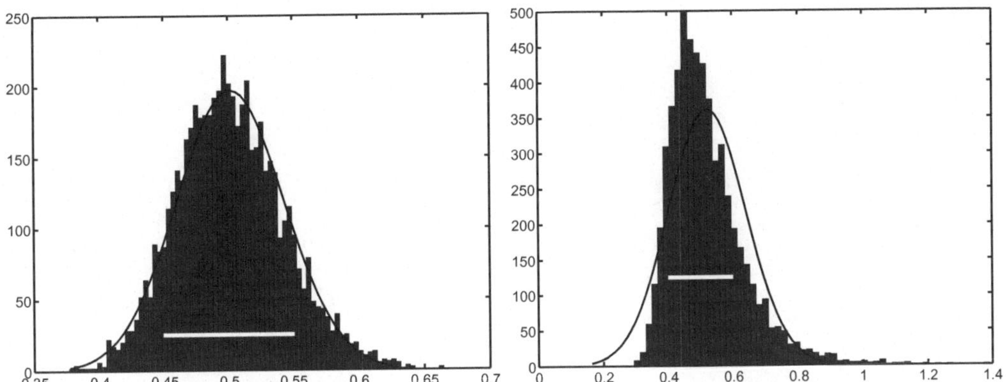

Abbildung 4.4: Histogramm für 6000 Bootstrap-Durchläufe. Für 1000 Messpunkte erhält man fast eine Normalverteilung (links) während bei 25 Messpunkten eine Verzerrung zu sehen ist (rechts). Der weiße Balken gibt das 95%-Vertrauensintervall an, wenn mit der Fisher-Informations-Matrix gerechnet wird.

Verzerrung im Histogramm zu sehen ist. Allerdings ist der Mittelwert beider Verteilungen fast identisch. Bei der Ermittlung der Vertrauensbereiche von Parameter b ergeben sich Unterschiede zur FIM (weißer Balken). Die Auswertung des Histogramms liefert in den beiden gezeigten Fällen größere Werte.

Der Unterschied zwischen linearen und nichtlinearen Modellen soll noch auf geometrische Weise veranschaulicht werden. Angenommen wird, dass zwei Messpunkte Y_{M1} und Y_{M2} vorliegen. Abbildung 4.5 links zeigt die Messpunkte und ein lineares und ein nichtlineares Modell, welches durch die Messpunkte gelegt wird. Die Daten lassen sich nun auch anders auftragen: Betrachtet wird der Raum Y_M der Messpunkte (hier zweidimensional). Nun werden die zugehörigen x-Werte festgehalten und in den Modellgleichungen der Parameter, hier b, variiert. Die Kurven $Y(b)$ werden als Lösungslokus bezeichnet und liegen in der Nähe des Messpunktes. Eine senkrechte Projektion des Messpunktes auf das Modell Y liefert den besten Parameter $\hat{b}$. Beim nichtlinearen Fall (rechts) sieht man deutlich, dass die Werte von $Y(b)$ des Modells nicht äquidistant auf der Kurve verteilt sind, daher kann der Bereich der Unsicherheiten des Parameters nur schlecht angegeben werden. Im linearen Fall (unten) sind die Werte von $Y(b)$ äquidistant und man kann die Unsicherheit des Parameters direkt ablesen. Im linearen Fall kann man aus dem Bild heraus konstruieren, wie groß die Parameterunsicherheit ist: Der geschätzte Wert $\hat{b}$ muss um einen Betrag Δb vergrößert werden, damit ein Kreis gezeichnet werden kann, der den unsicheren Messpunkt (σ) enthält:

$$(\hat{b} + \Delta b)\,\underline{x} = b\underline{x} + \underline{\sigma}. \tag{4.46}$$

Geht man davon aus, dass die Schätzung ganz gut ist $\hat{b} \approx b$, so erhält man: $\Delta b\,\underline{x} = \underline{\sigma}$, was formal der bekannten, oben ermittelten Beziehung für die Parameterunsicherheit Δb entspricht.

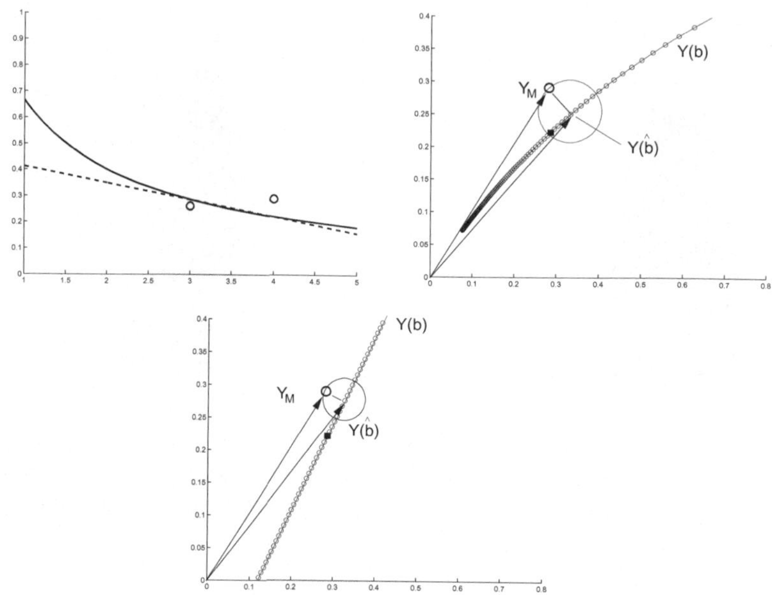

Abbildung 4.5: Geometrische Darstellung der Regression. Linke Abbildung: Eine Kurve wird an zwei Messpunkte angepasst. Rechts: Darstellung im Y_{M1},Y_{M2}-Diagramm. Gezeigt ist der Lösungslokus für ein nichtlineares Modell. Unten: Darstellung im Y_{M1},Y_{M2}-Diagramm. Gezeigt ist der Lösungslokus für ein lineares Modell. Der Kreis gibt jeweils einen Bereich an, der der Unsicherheit der Parameter entspricht. Diese Unsicherheit muss wenigstens so groß sein, dass sie alle Messwerte im Rahmen der Messgenauigkeit erfasst. Y_M liegt also gerade an der Grenze.

4.1.5 Versuchsplanung

Bei der Versuchsplanung werden Eingangsfunktionen und Messzeitpunkte so optimiert, dass sich die Parameterunsicherheiten verkleinern. Im Allgemeinen wird eine Zielfunktion verwendet, die die Parameterunsicherheiten indirekt beinhaltet, also bspw. die Matrix A oder die FIM F. Man unterscheidet folgende Kriterien:

- A-Optimalität: $\max spur(A) = \max\left(\lambda_1 + \lambda_2\right)$

- D-Optimalität: $\max \det(A) = \max\left(\lambda_1 \cdot \lambda_2\right)$

- E-Optimalität: $\max \lambda_{min}, \quad$ oder $\quad \min \dfrac{\lambda_{min}}{\lambda_{max}}$

Beim letzten Kriterium wird versucht, die größte Unsicherheit so klein wie möglich zu machen. Dieses Kriterium wird oft eingesetzt.

Beispiel 10

Polynom zweiter Ordnung (Fortsetzung). Gesucht ist der Bereich von x, indem die Messungen durchgeführt werden müssen, um eine vorgegebene Standardabweichung (5% vom geschätzten Wert) zu bekommen. Die Anzahl der Messpunkte ist auf 5 beschränkt.

Das Modell lautet:

$$Y \;=\; p_1\,x^2 + p_2\,x + 1 \;=\; \begin{bmatrix} x^2 & x & 1 \end{bmatrix} \cdot \begin{bmatrix} p_1 \\ p_2 \\ p_3 \end{bmatrix} \tag{4.47}$$

Daraus läßt sich die Matrix A berechnen.

$$A \;=\; \frac{1}{\sigma^2} \sum^{N} \begin{bmatrix} x^2 \\ x \\ 1 \end{bmatrix} \begin{bmatrix} x^2 & x & 1 \end{bmatrix} \;=\; \frac{1}{\sigma^2} \sum^{N} \begin{bmatrix} x^4 & x^3 & x^2 \\ x^3 & x^2 & x \\ x^2 & x & 1 \end{bmatrix} \tag{4.48}$$

Für das Beispiel wird das System simuliert. Abbildung 4.6 zeigt links die A-Matrix für Messpunkte $x \le 4$ und $x \le 45$. Die A-Matrix ist im zweiten Fall deutlich kleiner. Rechts der Verlauf der Standardabweichung. Werden die Messpunkte auf den Bereich $x \le 45$ verteilt, wird die relative Standardabweichung von 5% erreicht.

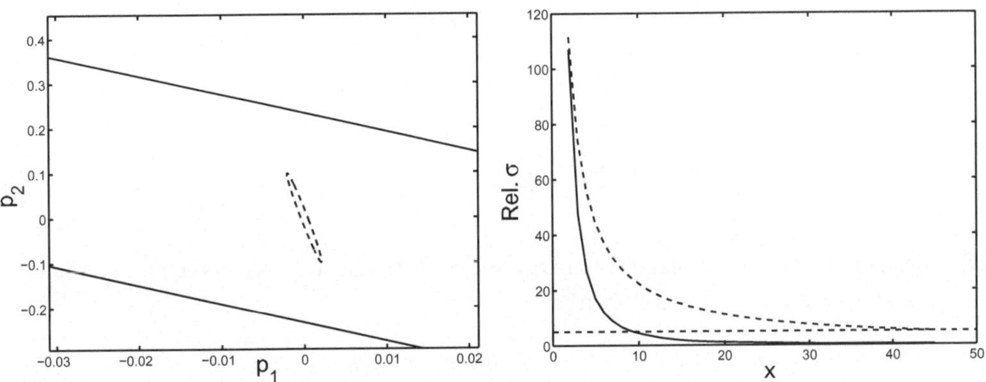

Abbildung 4.6: Links: Ellipse für den Bereich bis $x = 4$ (durchgezogen) und für den Bereich $x = 45$ (gestrichelt). Rechts: Verlauf der relativen Standardabweichung der beiden Parameter p_1 und p_2.

Liegen wie oben gezeigt Verteilungsfunktionen vor, die eine Aussage über die Vertrauensbereiche der Parameter machen, können die obigen Kriterien entsprechend erweitert werden[2]:

- ED-Optimalität: $max\, E[det(A)]$

- EID-Optimalität: $min\, E\left[\dfrac{1}{det(A)}\right]$

- ELD-Optimalität: $max\, E[\ln det(A)]$

wobei der Erwartungswert $E[\;]$ berechnet wird.

---

[2]Identification of Parametric Models from Experimental Data. E. Walter und L. Pronzato. Springer Verlag, 1997

4.2 Dynamische Systeme

Die Vorgehensweise bei dynamischen Systemen erfolgt analog zu oben. Im allgemeinen Fall sind Ableitungen zu berechnen, die allerdings zeitabhängig sind. Da die Systeme in der Regel aber nichtlinear in den Parametern sind, gibt die FIM immer nur eine untere Schranke an. Folgendes einfache System kann noch analytisch behandelt werden.

Beispiel 11
Differentialgleichung 1.ter Ordnung mit einem Parameter. Der Messfehler sei σ.

Es gilt:

$$\dot{x} \;=\; b - x \quad \text{mit} \quad x(0) = 0 \tag{4.49}$$

Hier gibt es zwei Lösungsmöglichkeiten, da die Dgl. explizit gelöst werden kann.

I. Die Lösung der Differentialgleichung lautet:

$$x(t) \;=\; b \cdot \left(1 - e^{-t}\right) \tag{4.50}$$

Hier ist die Lösung eine lineare Funktion in b. Daher gilt:

$$A \;=\; \sum^{t_k} \frac{\left(1 - e^{-t}\right)^2}{\sigma^2} \quad \rightarrow \quad \sigma_b = \sqrt{\frac{1}{A}} \tag{4.51}$$

II. Alternativ kann aus der gegebenen Dgl. die Sensitivität $w = \frac{\partial x}{\partial b}$ berechnet werden. Man erhält (siehe Kapitel Sensitivitäten[3]):

$$\left(\frac{\dot{\partial x}}{\partial b}\right) = \dot{w} \;=\; \frac{\partial(b-x)}{\partial x} + \frac{\partial(b-x)}{\partial b} = 1 - w \tag{4.52}$$

Hier kann auch w explizit berechnet werden:

$$w \;=\; \left(1 - e^{-t}\right) \tag{4.53}$$

und man erhält für A wie oben:

$$A \;=\; \frac{1}{\sigma^2} \sum^{t_k} w^2 = \sum^{t_k} \frac{\left(1 - e^{-t}\right)^2}{\sigma^2} \tag{4.54}$$

Für die Versuchsplanung kann ebenfalls auf die obigen Kriterien zurückgegriffen werden.

Beispiel 12
Versuchsplanung Differentialgleichung 1. Ordnung.

---

[3]Hier wird ausnahmsweise auf ein späteres Kapitel hingewiesen.

Für das dynamische System

$$\dot{y} = -ay \quad \text{mit} \quad y(0) = b \tag{4.55}$$

sollen optimale Messzeitpunkte t_1 und t_2 ($t_2 > t_1$) ermittelt werden, um die beiden Parameter a, b mit größtmöglicher Genauigkeit zu bestimmen. Es soll das D-Kriterium zur Anwendung kommen. Die Lösung des Systems lautet:

$$y = b e^{-at}. \tag{4.56}$$

Zur Berechnung der FIM werden Ableitungen benötigt. Man erhält:

$$\frac{\partial y}{\partial a} = -t b e^{-at}$$

$$\frac{\partial y}{\partial b} = e^{-at}. \tag{4.57}$$

Die FIM ergibt sich zu:

$$F = \frac{1}{\sigma^2} \sum_{t_1}^{t_2} t e^{-2at} \begin{bmatrix} t^2 b^2 & -t b \\ -t b & 1 \end{bmatrix}. \tag{4.58}$$

Man setzt die beiden Zeitpunkte ein und berechnet die Determinante der Matrix. Es ergibt sich nach einiger Rechnung:

$$det(FIM) = \frac{1}{\sigma^4} b^2 (t_2 - t_1)^2 e^{-2a(t_1+t_2)}. \tag{4.59}$$

Simuliert man das System erhält man das Maximum für $t_1 = 0$ und $t_2 = \frac{1}{a}$.

Beispiel 13
Versuchsplanung Differentialgleichung 1. Ordnung (Fortsetzung).

Ist nun eine Verteilung der Parameter aus einem Histogramm bekannt, so können die erweiterten Kriterien zur Anwendung kommen. Für das EID-Kriterium berechnet man den Ausdruck $\frac{1}{det F}$. Man erhält:

$$\frac{1}{det F} = \frac{\sigma^4}{b^2 (t_2 - t_1)^2} e^{2a(t_1+t_2)}. \tag{4.60}$$

Das Kriterium minimiert dann den Erwartungswert, der über das Integral mit der vorgegebenen Verteilung π_a ermittelt wird:

$$\min \frac{\sigma^4}{b^2 (t_2 - t_1)^2} \int e^{2a(t_1+t_2)} \pi_a \, da \tag{4.61}$$

4.2.1 Identifizierbarkeit dynamischer Systeme

Eine oft nicht beachtete Fragestellung ist, ob sich Parameter eines Modells eindeutig aus den zur Verfügung stehenden Messungen ermittelt werden können. Formal wird das Problem wie folgt formuliert:

<u>Definition:</u> Ein Modell ist identifizierbar, wenn gilt

$$\text{Modell}\left(\underline{p}_1\right) \;=\; \text{Modell}\left(\underline{p}_2\right)$$

$$\Rightarrow \qquad \underline{p}_1 \;=\; \underline{p}_2$$

Das bedeutet, dass wenn zwei Modelle das gleiche Verhalten zeigen, dass dann auch die Parameter der beiden Modelle gleich sein müssen. Folgende zwei Beispiele zeigen Modelle, die nicht identifizierbar sind.

Beispiel 14

Netzwerk mit zwei Komponenten. Es kann nur X_1 gemessen werden.

Das Netzwerk ist wie folgt gegeben:

$$\xrightarrow{u}\; X_1 \;\begin{smallmatrix} \xrightarrow{r_1} \\ \xleftarrow{} \\ r_3 \end{smallmatrix}\; X_2 \xrightarrow{r_4} \qquad\qquad \text{mit } \uparrow r_2 \tag{4.62}$$

Man ermittelt folgendes System von Differentialgleichungen erster Ordnung, wenn für die Reaktionen die erste Ordnung angenommen wird:

$$\dot{X}_1 \;=\; -\left(k_1 + k_2\right) X_1 + k_3 X_2 + u$$

$$\dot{X}_2 \;=\; k_2 X_1 - \left(k_3 + k_4\right) X_2 . \tag{4.63}$$

Da es sich um lineare Differentialgleichungen handelt, kann auch in Matrixform geschrieben werden:

$$\begin{pmatrix} \dot{X}_1 \\ \dot{X}_2 \end{pmatrix} \;=\; \begin{bmatrix} -a_{11} & a_{12} \\ a_{21} & -a_{22} \end{bmatrix} \begin{pmatrix} X_1 \\ X_2 \end{pmatrix} + \begin{pmatrix} 1 \\ 0 \end{pmatrix} u \tag{4.64}$$

mit den entsprechenden Koeffizienten in der Systemmatrix:

$$a_{11} = -\left(k_1 + k_2\right); \qquad a_{12} = k_3$$

$$a_{21} = k_2; \qquad a_{22} = -\left(k_3 + k_4\right). \tag{4.65}$$

Da nur X_1 gemessen werden kann, ist das System in eine Differentialgleichung zweiter Ordnung für X_1 umzuschreiben. Nach Ableiten der Differentialgleichung für X_1 nach der Zeit ergibt sich:

$$\ddot{X}_1 \;=\; -a_{11}\dot{X}_1 + a_{12}\dot{X}_2 + u$$

$$=\; -a_{11}\dot{X}_1 + a_{12}\left(a_{21} X_1 - a_{22} X_2\right) + \dot{u} .$$

Die Größe X_2 erhält man durch Umstellen der ersten Dgl. von oben:

$$X_2 \;=\; \dot{X}_1 + a_{11} X_1 - u .$$

Setzt man ein und fasst zusammen, so erhält man:

$$\ddot{X}_1 \;=\; -a_{11}\,\dot{X}_1 + a_{12}\left(a_{21}\,X_1 - \frac{a_{22}}{a_{12}}\left(\dot{X}_1 + a_{11}\,X_1 - U\right)\right) + \dot{u}$$

$$\rightarrow \quad \ddot{X}_1 + \left(a_{11}+a_{22}\right)\dot{X}_1 + \left(-a_{12}\,a_{21}+a_{22}\,a_{11}\right)X_1 \;=\; \dot{u}+a_{22}\,u. \tag{4.66}$$

Die Parameter lassen sich zusammenfassen und es ergibt sich:

$$\ddot{X}_1 + p_1\,\dot{X}_1 + p_2\,X_1 \;=\; \dot{u} + p_3\,u. \tag{4.67}$$

Durch lineare Systemidentifikation lassen sich mit der Messung von X_1 also 3 Parameter schätzten. Es ist aber keine eindeutige Rücktransformation auf die vier k_i Parameter von oben möglich. Das System ist damit nicht identifizierbar.

Beispiel 15
Netzwerk mit zwei Komponenten. Es kann nur X_2 gemessen werden.

Die Netzwerkstruktur sieht wie folgt aus:

$$\xrightarrow{u} X_1 \quad \underset{r_3}{\overset{r_1}{\underset{\leftarrow}{\rightarrow}}} \quad X_2 \tag{4.68}$$

Folgendes System von Differentialgleichungen erster Ordnung ergibt sich:

$$\dot{X}_1 \;=\; -\left(k_1 + k_2\right)X_1 + k_3\,X_2 + u$$

$$\dot{X}_2 \;=\; k_1\,X_1 - k_3\,X_2 \tag{4.69}$$

Die Untersuchung soll diesmal im Laplace Bereich erfolgen (siehe Anhang). Für die erste Dgl. ermittelt man:

$$s\,X_1 \;=\; -\left(k_1+k_2\right)X_1 + k_3\,X_2 + U$$

$$\longrightarrow \quad \left(s+k_1+k_2\right)X_1 \;=\; k_3\,X_2 + U$$

$$\longrightarrow \quad X_1 \;=\; \frac{k_3\,X_2 + U}{s+k_1+k_2}. \tag{4.70}$$

Für die zweite Dgl. ergibt sich:

$$\left(s+k_3\right)X_2 \;=\; k_1\,X_1 = k_1\cdot\frac{k_3\,X_2 + U}{s+k_1+k_2}$$

$$\longrightarrow \quad \left(\left(s+k_1+k_2\right)\cdot\left(s+k_3\right)-k_1\,k_3\right)\cdot X_2 \;=\; k_1\,U. \tag{4.71}$$

Damit kann die Übertragungsfunktion wie folgt angegeben werden:

$$\frac{X_2}{U} \;=\; \frac{k_1}{s^2 + s\cdot\left(k_1+k_2+k_3\right)+k_2\,k_3}. \tag{4.72}$$

Das Modell ist nicht identifizierbar, da zwei Sätze an Parametern gefunden werden können, die zum gleichen Übertragungsverhalten führen:

$$\text{Modell 1} \ (\hat{k}_1, \hat{k}_2, \hat{k}_3) \qquad\qquad\qquad \hat{k}_1 = k_1^*$$

$$\text{Modell 2} \ (k_1^*, k_2^*, k_3^*) \qquad\qquad\qquad \hat{k}_2 + \hat{k}_3 = k_2^* + k_3^*$$

$$\hat{k}_2 \cdot \hat{k}_3 = k_2^* \, k_3^*$$

Die Modelle $M_1\,(1,2,3)$ und $M_2\,(1,3,2)$ mit unterschiedlichen Parameterwerten führen zum gleichen Ergebnis. Besonders muss die Situation beachtet werden, wenn geschlossene Kreise vorliegen. Dann lassen sich Parameter u.U. ebenfalls nicht identifizieren, wie folgendes einfaches Beispiel zeigt.

Beispiel 16
Geschlossener Kreis.

Betrachtet man ein Modell mit

$$\dot{x} = -ax + bu \tag{4.73}$$

und vergleicht es mit einem System mit geschlossenem Kreis, wobei eine Rückführung mit

$$u = K\,(w - x) \tag{4.74}$$

verwendet wird, so lautet die Gleichung des modifizierten Modells:

$$\dot{x}^* = -(a + bK)x^* + bKw = -a^* x^* + b^* w. \tag{4.75}$$

Beide Modelle besitzen hinsichtlich der Parameter die gleiche Struktur und sind daher nicht zu unterscheiden.

4.2.2 Parameterschätzung bei linearen dynamischen Modellen

Die Parameterschätzung bei linearen Modellen wird ausführlich in der Literatur behandelt. Dabei wird eine lineare Differentialgleichung der Form:

$$f(y, \dot{y}, \ddot{y}, \cdots) = g(u, \dot{u}, \ddot{u}, \cdots) \tag{4.76}$$

als lineare Differenzengleichung dargestellt:

$$y\,(t_k) + a_1\,y\,(t_{k-1}) + \ldots + a_n\,y\,(t_{k-n}) \ = \ b_1\,u\,(t_{k-1}) + \ldots + b_m\,u\,(t_{k-m}) \tag{4.77}$$

und es ergibt sich mit dem Shift-Operator z $(z^{-1}\,Y\,(t_k) = y\,(t_{k-1}))$:

$$A\,(z)\,Y \ = \ B\,(z)\,U \tag{4.78}$$

mit den Polynomen:

$$A\,(z) \ = \ 1 + a_1\,z^{-1} + \ldots + a_n\,z^{-n}$$

$$B\,(z) \ = \ b_1\,z + \ldots + b_m\,z^{-m}. \tag{4.79}$$

Diese Darstellung ist für eine Analyse der Stabilität interessant. Die Parameter $a_1, \ldots a_n, b_1, \ldots b_m$ des Modells können mittels linearer Regression ermittelt werden:

$$
\begin{aligned}
y(t) &= -a_1\, y(t_{k-1}) - \ldots - a_n\, y(t_{k-n}) + b_1 \cdot u(t_{k-1}) + \ldots + b_m\, u(t_{k-m}) \\
&= [-a_1 \ -a_2 \ldots -a_n \ b_1 \ldots b_m] \\
&\qquad \left[-y(t_{k-1}) \ -y(t_{k-2}) \ldots -y(t_{k-n}) \ u(t_{k-1}) \ldots u(t_{k-m}) \right]^T .
\end{aligned}
\tag{4.80}
$$

Modelle diesen Typs werden mit ARX bezeichnet, welches für auto-regressiv mit extra (oder exogenem) Eingang steht.

Teil II

Modellierung zellulärer Prozesse

Im zweiten Teil werden die grundlegenden Prozesse, die in einer Zelle ablaufen besprochen und dazugehörende Modelle abgeleitet. Das umfasst die enzymatische Umwandlung von Substraten in Produkte, die Weiterleitung und Verarbeitung von Signalen und die Synthese von neuen Proteinen. Für die Prozesse werden sehr detaillierte Modelle abgeleitet, die je nach Bedarf dann vereinfacht werden können.

5 Grundlagen der Reaktionstechnik

Die Grundlagen zur Reaktionstechnik sollen hier nur knapp behandelt werden. Die für zelluläre Netzwerke bekannten Reaktionssysteme sind in der Regel durch Reaktionsgleichungen der Form:

$$|\gamma_A|\, A + |\gamma_B|\, B \quad \overset{r}{\rightleftharpoons} \quad |\gamma_C|\, C + |\gamma_D|\, D \tag{5.1}$$

gegeben. Die Reaktionstechnik beschäftigt sich nun mit der Frage, mit welcher Geschwindigkeit r die Stoffumsetzung erfolgt. Die Reaktionsgeschwindigkeit wird in $mol/l \cdot Zeit$ oder wenn intrazelluläre Netzwerke betrachtet werden in $mol/gTM \cdot Zeit$ angegeben. Sie ist von folgenden Faktoren abhängig:

- Temperatur, pH-Wert (bei enzymatischer Stoffumwandlung)

- Konzentration der beteiligten Reaktionspartner

- Konzentration der Enzyme

Geht man von einer großen Anzahl von Molekülen aus, die miteinander reagieren, so ist die Reaktionsgeschwindigkeit direkt proportional zu den Konzentrationen der beteiligten Stoffe. Betrachtet man die Reaktion:

$$A + B \quad \overset{r}{\rightarrow} \quad C \tag{5.2}$$

so kann die Rate r wie folgt angegeben werden:

$$\text{da} \quad r \sim c_A \quad \text{und} \quad r \sim c_B \quad \longrightarrow \quad r = k^+\, c_A\, c_B \tag{5.3}$$

mit dem Reaktionsgeschwindigkeitsparameter k^+. Für die Reaktion

$$C \quad \overset{r}{\rightarrow} \quad A + B \tag{5.4}$$

ergibt sich:

$$r = k^-\, c_C. \tag{5.5}$$

Für die zusammengesetzte reversible Reaktion aus den beiden obigen Teilreaktionen ergibt sich dann:

$$r = k^+\, c_A\, c_B - k^-\, c_C. \tag{5.6}$$

wobei mit $+$ und $-$ die Richtung der Reaktion deutlich gemacht wird. Analog zu obiger Vorgehensweise ergibt sich für

$$2A \quad \overset{r}{\rightleftharpoons} \quad B \tag{5.7}$$

dann die Rate:

$$r = k^+ c_A^2 - k^- c_B;$$

(5.8)

oder allgemein ausgedrückt, wenn mehrere Stoffe als Substrate dienen (Index i) und mehrere Stoffe als Produkte gebildet werden (Index j):

$$r = k^+ \prod_i c_i^{|\gamma_i|} - k^- \prod_j c_j^{|\gamma_j|}.$$

(5.9)

Im Gleichgewicht sind die Vorwärts- und Rückwärtsgeschwindigkeit gleich groß und die Gleichgewichtskonstante K ergibt sich zu:

$$K = \frac{k^-}{k^+} = \frac{\prod_i c_i^{|\gamma_i|}}{\prod_j c_j^{|\gamma_j|}}.$$

(5.10)

Die Gleichgewichtskonstante ist hier als Dissoziationskonstante definiert, was sich für biochemische Systeme als sehr zweckmäßig erweist.

6 Enzymatische Stoffumwandlung

6.1 Grundlagen der Enzymkinetik

Enzyme sind spezielle Proteine mit katalytischen Eigenschaften. Dabei ist die räumliche Anordnung der Aminosäuren von großer Bedeutung. Enzyme sind in der Regel aus mehreren Domänen aufgebaut. Man unterscheidet zwischen katalytischen und allosterischen Zentren, (Zentren, die eine Affinität für Stoffe besitzen, die regulatorisch wirken und nicht umgesetzt werden). An diese allosterischen Zentren können Effektoren binden: Inhibitoren und Aktivatoren. Sie beeinflussen nur die Reaktionsgeschwindigkeit der Enzyme, nicht aber die Gleichgewichtslage der Reaktion. Diese wird nur durch die Konzentration der umgesetzten Substrate bestimmt. Enzyme besitzen eine hohe Spezifität gegenüber Substraten, daher wird für fast jede Umsetzung in der Zelle ein eigenes Enzym gebraucht. Die Reaktionsgeschwindigkeit ist weiterhin abhängig von Temperatur, pH, Metallionen und der Salzkonzentration in der Zelle.

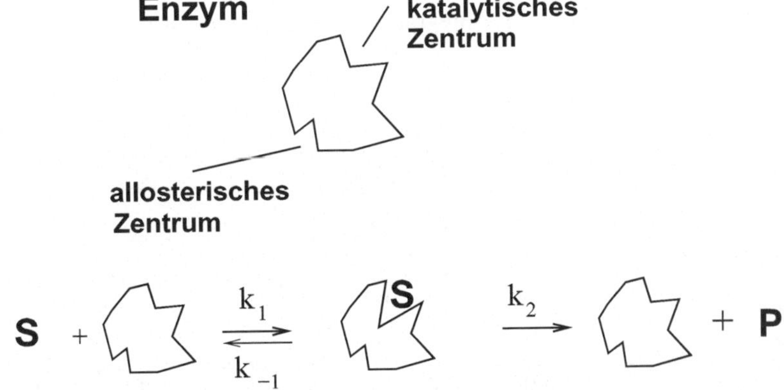

Abbildung 6.1: Einfache Vorstellung über die Umsetzung von Substraten in Produkte mit Hilfe eines Enzyms.

Für die Umsetzung eines Substrates ist in der Regel eine hohe Anzahl von Einzelschritten notwendig. Eine einfache mechanistische Vorstellung zeigt Abbildung 6.1. In formaler Weise kann man folgenden Reaktionsmechanismus für die Umsetzung anschreiben:

$$S + E \underset{k_{-1}}{\overset{k_1}{\rightleftharpoons}} ES \overset{k_2}{\longrightarrow} E + P, \tag{6.1}$$

wobei E und ES das freie und das mit Substrat belegte Enzym sind. Die Reaktionsgeschwindigkeitskonstanten besitzen folgende Einheiten: $[k_1]\,\frac{l}{gh}$, $[k_{-1}]\,\frac{1}{h}$, $[k_2]\,\frac{1}{h}$. Gesucht wird ein Ausdruck für die Rate r, mit der das Substrat verbraucht und zum Produkt umgesetzt wird[1]:

$$\frac{dS}{dt} = -r \quad \text{und} \quad \frac{dP}{dt} = r. \tag{6.2}$$

Wie nachher gezeigt, ist obige Gleichung nur ein Idealfall, der nicht berücksichtigt, dass das Enzym Substratmoleküle bindet: für kleine Zeiten Substrat wird verbraucht, aber noch kein Produkt gebildet. Schreibt man nun alle Differentialgleichungen für alle Komponenten des Systems an,

$$\frac{dS}{dt} = -k_1 E \cdot S + k_{-1} ES$$

$$\frac{dE}{dt} = -k_1 E \cdot S + (k_{-1} + k_2) ES$$

$$\frac{dES}{dt} = k_1 E \cdot S - (k_{-1} + k_2) ES$$

$$\frac{dP}{dt} = k_2 ES, \tag{6.3}$$

ergibt sich ein nichtlineares System von Differentialgleichungen, für das ein geschlossener Ausdruck für r nur über eine aufwändige Integration erfolgen kann. Aus diesem Grund werden

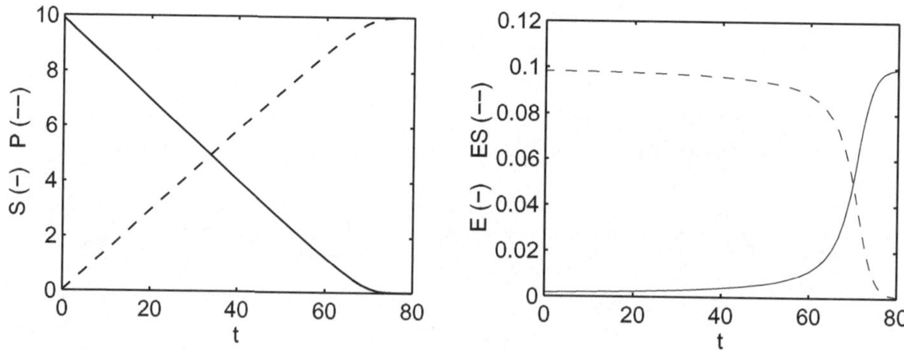

Abbildung 6.2: Simulation des kompletten Differentialgleichungssystems (6.3) mit der Anfangsbedingung $S_0 = 10 \gg E_0 = 0.1$. Durch die hohe Affinität des Substrates geht das freie Enzym sofort in den Komplex über und die Konzentrationen von E und ES bleiben über eine große Zeitspanne konstant. Es gilt $E(t = 0) = E_0$; die Anfangsdynamik ist allerdings im Bild nicht zu erkennen.

vereinfachende Annahmen getroffen, die es erlauben, geschlossene Ausdrücke abzuleiten. Betrachtet man bspw. den zeitlichen Verlauf der Lösung des Differentialgleichungssystems in Abbildung 6.2, so sieht man, dass für eine große Zeitspanne die Konzentrationen von E und ES

---

[1] Konzentrationen für Komponenten werden ab jetzt vereinfacht mit dem Formelbuchstaben der Komponenten bezeichnet ($c_S \rightarrow S$, $c_P \rightarrow P$)

konstant sind und sich nur zu Beginn und am Ende des Simulationsexperiments zeitlich verändern. Dies legt folgende Vereinfachung nahe: E und ES verhalten sich quasistationär (Fließgleichgewicht). Da sich die Gesamtenzymmenge E_0 nicht verändert, können die Betrachtungen auf ES fokussiert werden. Es ergibt sich:

$$\frac{dES}{dt} = k_1 E \cdot S - (k_{-1} + k_2) ES \stackrel{!}{=} 0. \tag{6.4}$$

Damit kann nach ES umgestellt werden:

$$ES = \frac{k_1 E \cdot S}{k_{-1} + k_2} \tag{6.5}$$

Obige Gleichung kann nun in die Erhaltungsgleichung für die Gesamtenzymmenge E_0 eingesetzt werden:

$$E_0 = E + ES. \tag{6.6}$$

Mit $K_M = \dfrac{k_{-1} + k_2}{k_1}$ erhält man:

$$E_0 = E \left(1 + \frac{S}{K_M} \right) \quad \longrightarrow \quad E = \frac{E0}{1 + \dfrac{S}{K_M}}. \tag{6.7}$$

Für die Produktbildung ergibt sich dann mit den Ausdrücken von oben:

$$\frac{dP}{dt} = k_2 ES = \frac{k_2 S}{K_M} \cdot \frac{E0}{1 + \dfrac{S}{K_M}} = r_{max} \frac{S}{K_M + S} \tag{6.8}$$

mit $r_{max} = k_2 E0$. Diese Kinetik wird als Michaelis-Menten-Kinetik bezeichnet. Zeichnet man den Graphen $r(S)$ so ergibt sich die in Abbildung 6.3 gezeigte Kurve.

Betrachtet man Abbildung 6.4, in der das System (6.3) mit $S_0 \approx E_0$ simuliert wurde, dann sieht man, dass die oben gemachte Annahme nicht immer angewendet werden darf. Der Verlauf des Substrates zeigt, dass, sehr schnell, gleich zu Beginn des Simulationsexperimentes, ein Teil des Substrates im Enzym gebunden wird, ohne dass zunächst in gleichem Maße Produkt gebildet wird. Das Substrat wird also im Enzym festgehalten. Dies legt eine zweite Möglichkeit der Modellvereinfachung nahe. Es kann angenommen werden, dass die Reaktion der Substratanbindung sich fast im Gleichgewicht befindet.

Die Gleichgewichtsreaktion, die betrachtet wird ist: $S + E \rightleftharpoons ES$. Im Gleichgewicht gilt, dass die Reaktionsgeschwindigkeit $r_1 = 0$ ist. Die Auswertung der Gleichung führt auf eine Beziehung für ES:

$$k_1 \cdot S \cdot E = k_{-1} \cdot ES$$

$$\longrightarrow \quad ES = \frac{k_1}{k_{-1}} \cdot S \cdot E \tag{6.9}$$

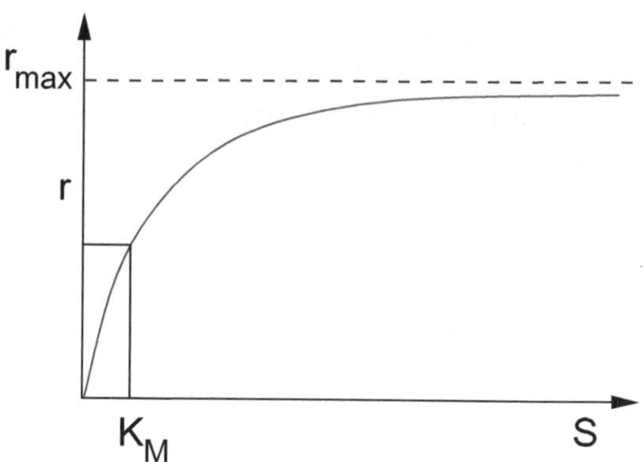

Abbildung 6.3: Graph der Michaelis-Menten-Kinetik $r(S)$. Der Wert von K_M kann man auf der x-Achse ablesen. Es gilt: $r(S = K_M) = \frac{r_{max}}{2}$.

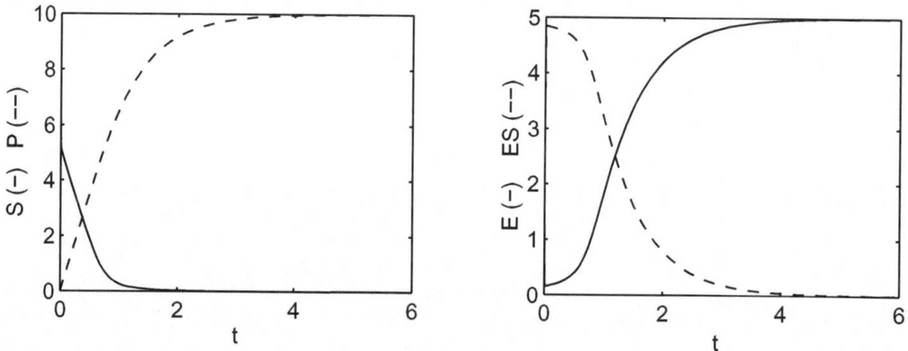

Abbildung 6.4: Simulation des kompletten Differentialgleichungssystems (6.3) mit den Anfangsbedingungen $S_0 = 10 \approx E_0 = 5$. Im ersten Zeitschritt wird ein Teil des Substrates im Enzym gebunden. Dann ist die Sättigung des Enzyms erreicht.

Analog oben, setzt man in die Gleichung für r ein:

$$\frac{dP}{dt} \; = \; k_2 \cdot ES = k_2 \cdot \underbrace{\frac{k_1}{k_{-1}}}_{1/K_D} \cdot S \cdot E \,, \qquad K_D \; \equiv \; \text{Gleichgewichtskonstante} \qquad (6.10)$$

Die Auswertung der Erhaltungsgleichung für das Enzym und die Gleichung für die Produktbildung führen auf:

$$E_0 \;=\; E + ES \;=\; E\left(1 + \frac{S}{K_D}\right) \tag{6.11}$$

$$\rightarrow \quad E \;=\; \frac{E_0}{1 + \dfrac{S}{K_D}}\,; \tag{6.12}$$

damit ergibt sich für die Produktbildung:

$$\frac{dP}{dt} = r = k_2 \cdot E_0 \cdot \frac{S}{S + K_D} = r_{max}\,\frac{S}{S + K_D} \tag{6.13}$$

mit $r_{max} = k_2\,E_0$. Beide Methoden der Modellvereinfachung führen auf die gleiche Struktur der Gleichung. Der Unterschied besteht in der Definition des Halbsättigungsparameters. Ein Vergleich liefert:

$$K_M \;=\; \frac{k_{-1} + k_2}{k_1} \quad \overset{k_2 \ll k_{-1}}{\rightarrow} \quad K_s \;=\; \frac{k_{-1}}{k_1}\,. \tag{6.14}$$

Das bedeutet, dass der Reaktionsschritt der Produktbildung sehr langsam ist, im Vergleich zum Abbau des ES-Komplexes. Ohne Kenntnis der individuellen kinetischen Parameter k lässt sich aus der Kinetik $r(S)$ daher nicht ermitteln, welche vereinfachende Annahme Gültigkeit besitzt.

6.2 Modelle für allosterische Enzyme

Das vorgestellte Grundmodell soll nun auf Enzyme erweitert werden, die mehrere Bindestellen für das Substrat besitzen. Der Begriff Allosterie meint sowohl die Beobachtung, dass neben dem katalytischen Zentrum weitere Zentren für Effektoren existieren, als auch die Tatsache, dass die Bindungsstärke abhängig von der Anzahl der bereits gebundenen Substratmoleküle ist. Hier wird zunächst der zweite Fall betrachtet.

Dabei wird für ein erstes Modell davon ausgegangen, dass sich das Enzym in einem aktiven Zustand E (Substrate können anbinden) und in einem inaktiven Zustand E' befinden kann (Substrate können nicht anbinden). Besitzt das Enzym zwei Substrat-Bindestellen und liegt es in den beiden Konformationen E und E' vor, so ergibt sich folgendes Reaktionsschema:

$$
\begin{array}{ccccccc}
E & + & S & \underset{k_{-1}}{\overset{k_1}{\rightleftharpoons}} & \begin{matrix} ES \\ SE \end{matrix} & + \; S \; \underset{k_{-1}}{\overset{k_1}{\rightleftharpoons}} & ESS \\[2mm]
k_{-1} \uparrow\downarrow k_l & & & & \downarrow k_2 & & \downarrow k_2 \\[2mm]
E' & & & & E + P & & \begin{matrix} ES \\ SE \end{matrix} + P
\end{array}
\tag{6.15}
$$

wobei mit ES und SE zwei unterschiedliche Molekülsorten betrachtet werden: Bei ES bindet das Substrat an die erste Substratbindestelle, bei SE an die zweite. Nimmt man ein schnelles Gleichgewicht für die reversiblen Reaktionen an, wertet die Erhaltungsgleichung aus und berechnet die Produktbildung, so erhält man im einzelnen:

Auswertung der Gleichgewichtsbeziehung:

$$ES = \frac{E \cdot S}{K_D}, \qquad ESS = \frac{ES \cdot S}{K_D} = \frac{E \cdot S^2}{K_D^2}, \qquad SE = \frac{E \cdot S}{K_D}, \qquad E' = \frac{E}{K_L} \qquad (6.16)$$

Erhaltungsgleichung:

$$\begin{aligned} E_0 &= \cdot\; E + ES + SE + ESS + E' = E\left(1 + 2\frac{S}{K_D} + \frac{S^2}{K_D^2}\right) + \frac{E}{K_L} \\ &= E\left(\left(1 + \frac{S}{K_D}\right)^2 + \frac{1}{K_L}\right) \end{aligned} \qquad (6.17)$$

Produktbildung:

$$\begin{aligned} r &= k_2 \cdot ES + k_2 \cdot SE + 2\,k_2 \cdot ESS = 2\,k_2 \cdot \frac{E \cdot S}{K_D} + 2\,k_2 \cdot \frac{E \cdot S^2}{K_D^2} \\ &= 2\,k_2 \cdot \left(\frac{S}{K_D} + \frac{S^2}{K_D^2}\right) \cdot E = \frac{2 \cdot k_2 \cdot E_0 \cdot \dfrac{S}{K_D}\left(1 + \dfrac{S}{K_D}\right)}{\left(1 + \dfrac{S}{K_D}\right)^2 + \dfrac{1}{K_L}} \,. \end{aligned} \qquad (6.18)$$

Im Vergleich zu obigem Modell der einfachen Michaelis-Menten-Kinetik sieht man den Einfluss der Konstanten K_L, die die Kinetik auch in ihrem Verlauf im r,S-Diagramm stark verändert. Abbildung 6.5 links zeigt einen sigmoiden Verlauf für verschiedene Werte von K_L im Vergleich zu einem hyperbolen Verlauf oben. Zum weiteren Vergleich soll ein Modell mit Kooperativität

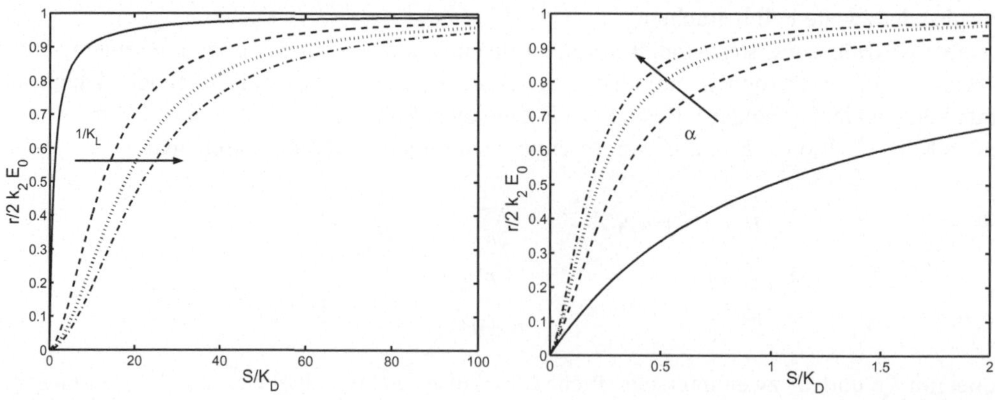

Abbildung 6.5: Simulationsstudien. Links: Modell mit zwei Bindestellen und aktiver/inaktiver Konformation. Rechts: Modell mit zwei Bindestellen und positiver Kooperativität.

betrachtet werden. Darunter versteht man ein verbessertes Anbinden von Substratmolekülen an das Enzym, wenn bereits ein oder mehrere Substratmoleküle angebunden haben. Folgender Mechanismus soll betrachtet werden, wobei mit dem ES-Komplex bereits beide Varianten von oben abgedeckt sind, was durch die modifizierten Parameter deutlich wird (der Faktor 2 bei den Pfeilen berücksichtigt, dass zwei Substrate binden können, bzw. frei werden):

$$E + S \quad \overset{2k_1}{\underset{k_{-1}}{\rightleftarrows}} \quad ES \quad \overset{\alpha k_1}{\underset{2k_{-1}}{\rightleftarrows}} \quad ESS \quad \overset{k_2}{\rightarrow} \quad E + 2P$$
$$\downarrow k_2$$
$$E + P \tag{6.19}$$

mit $\alpha > 1$ (positive Kooperativität). Der Faktor α kommt bei der Anbindung des zweiten Substratmoleküls an das Enzym zum Tragen. Hat bereits ein Molekül angebunden, wird die Anbindung weitere Moleküle erleichtert. Die Reaktionsgeschwindigkeit vergrößert sich demnach um den Faktor α. Wendet man wieder die Bedingungen für schnelles Gleichgewicht an, so ergeben die einzelnen Schritte:

Auswertung der Gleichgewichtsbeziehung:

$$ES = \frac{2 \cdot E \cdot S}{K_D}, \qquad ESS = \frac{\alpha \cdot ES \cdot S}{2K_D} = \frac{\alpha \cdot E \cdot S^2}{K_D^2} \tag{6.20}$$

Erhaltungsgleichung:

$$E_0 \;=\; E + ES + ESS = E \left(1 + \frac{2S}{K_D} + \frac{\alpha S^2}{K_D^2} \right) \tag{6.21}$$

Produktbildung:

$$r \;=\; k_2 \cdot ES + 2\,k_2 \cdot ESS = 2\,k_2 \cdot E \left(\frac{S}{K_D} + \frac{\alpha S^2}{K_D^2} \right)$$

$$= \frac{2\,k_2 \cdot E_0 \cdot \dfrac{S}{KD} \left(1 + \dfrac{\alpha S}{KD} \right)}{1 + \dfrac{2S}{K_D} + \dfrac{\alpha S^2}{K_D^2}} \,. \tag{6.22}$$

Abbildung 6.5 rechts zeigt den Verlauf für verschiedene Werte von α. Auch hier ergibt sich ein sigmoider Verlauf.

Besitzen Enzyme mehr als zwei Bindestellen für ein Substrat, ergibt sich schnell eine große Anzahl von Zwischenkomplexen, so dass Methoden aus der Kombinatorik angewendet werden müssen. Beispielsweise wird im Reaktionsmechanismus der Gleichung (6.19) durch die Wahl der Reaktionsgeschwindigkeitsparameter vorweg genommen, dass in ES eigentlich zwei Zwischenkomplexe abgebildet werden. Das schlägt sich dann in Gleichung (6.21) nieder, wenn der Faktor 2 vor einem Summanden auftaucht. Besitzt das Enzym drei Bindestellen, so umfasst der

Komplex ES drei Varianten, der Komplex ESS ebenfalls drei Varianten und der Komplex $ESSS$ kommt einmal vor. Damit lässt sich die Gesamtenzymmenge E_0 über eine binomische Reihe folgendermaßen anschreiben:

$$
\begin{aligned}
E_0 &= E \cdot \left(1 + 3\,\frac{S}{K_D} + 3\,(\frac{S}{K_D})^2 + (\frac{S}{K_D})^3 \right) = E \cdot \left(1 + \frac{S}{K_D} \right)^3 \\
&= E \cdot \sum_{k=0}^{3} \binom{3}{k} \left(\frac{S}{K_D} \right)^k
\end{aligned} \tag{6.23}
$$

wobei der Binomialkoeffizient wie folgt definiert ist:

$$
\binom{n}{k} = \frac{n!}{k!\,(n-k)!}\,, \qquad n \geq k \geq 0. \tag{6.24}
$$

Anschaulich bedeutet Gleichung (6.23), dass sich die Anzahl der Summanden nach der Anzahl der Bindestellen richtet. Der Binomialkoeffizient gibt dann die Anzahl der kombinatorischen Möglichkeiten an, wie sich das oder die Substratmoleküle auf die Zentren verteilen können. Verallgemeinert man auf n Bindestellen, so ergeben sich folgende zu berücksichtigende Konformationen:

- Anzahl mit jeweils einem gebundenen Molekül $\binom{n}{1} = n$

- Anzahl mit jeweils zwei gebundenen Molekülen $\binom{n}{2}$

- Anzahl mit jeweils n gebundenen Molekülen $\binom{n}{n} = 1$

Nimmt man ein schnelles Gleichgewicht für alle Teilreaktionen an, so ergibt sich für den $k$ten Zwischenkomplex, wenn keine Kooperativität auftritt:

$$
ES^k = \frac{E \cdot S^k}{K_D^k}\,. \tag{6.25}
$$

Die Erhaltungsgleichung ergibt sich durch Aufsummieren der Varianten der Zwischenkomplexe und lautet:

$$
E_0 = E \left(1 + \sum_{k=1}^{n} \binom{n}{k} \frac{S^k}{K_D^k} \right) = E \left(\sum_{k=0}^{n} \binom{n}{k} \frac{S^k}{K_D^k} \right) = E \left(1 + \frac{S}{K_D} \right)^k. \tag{6.26}
$$

6.3 Einfluss von Effektoren

Effektoren beeinflussen die Geschwindigkeit der Reaktion, ohne umgesetzt zu werden. Aktivatoren erhöhen die Reaktionsgeschwindigkeit, während Inhibitoren die Reaktionsgeschwindigkeit hemmen. Folgende zwei Schemata (Abbildung 6.6) sollen untersucht werden: bei der "kompetitiven Hemmung" konkurriert der Hemmstoff mit dem Substrat um das Enzym. Bei der "essentiellen Aktivierung" kann die Stoffumsetzung nur erfolgen, wenn der Aktivator auch vorhanden ist.

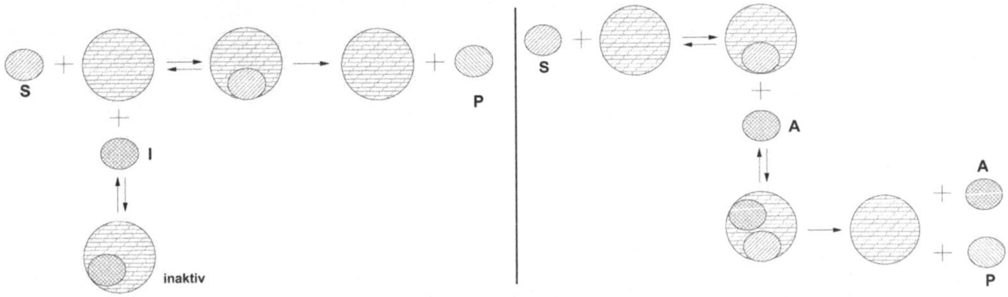

Abbildung 6.6: Links: Kompetitive Inhibierung. Der Inhibitor steht mit dem Substrat in Konkurrenz um das Enzym. Rechts: Essentielle Aktivierung. Um das Substratmolekül umzusetzen, muss ein Aktivator angebunden haben.

6.3.1 Kompetitive Hemmung

Aus obigem Schema läst sich folgender Reaktionsmechanismus ableiten:

$$E \quad + \quad S \quad \underset{k_{-1}}{\overset{k_1}{\rightleftharpoons}} \quad ES \quad \overset{k_2}{\rightarrow} \quad E + P$$
$$+$$
$$I$$
$$k_i \downarrow\uparrow k_{-i}$$
$$EI$$

$$(6.27)$$

Nimmt man wieder ein schnelles Gleichgewicht der beiden reversiblen Reaktionen an, so erhält man mit der Enzymerhaltungsgleichung für die gesuchte Rate r folgende Beziehungen:

Auswertung der Gleichgewichtsbeziehung:

$$k_1 \cdot E \cdot S \;=\; k_{-1} \cdot ES \quad \rightarrow \quad ES = \frac{k_1}{k_{-1}} \cdot E \cdot S = \frac{E \cdot S}{K_s}$$

$$k_i \cdot E \cdot I \;=\; k_{-i} \cdot EI \quad \rightarrow \quad EI = \frac{k_i}{k_{-i}} \cdot E \cdot I = \frac{E \cdot I}{K_I} \qquad (6.28)$$

Erhaltungsgleichung:

$$E_0 = E + ES + EI$$

$$= E \cdot \left(1 + \frac{S}{K_s} + \frac{I}{K_I}\right) \quad \rightarrow \quad E = \frac{E_0}{1 + \frac{S}{K_s} + \frac{I}{K_I}} \tag{6.29}$$

Produktbildung:

$$r = k_2\, ES = \frac{k_2 \cdot \dfrac{S}{K_s} \cdot E_0}{1 + \dfrac{S}{K_s} + \dfrac{I}{K_I}}$$

$$= r_{max} \cdot \frac{S}{K_s + S + \dfrac{K_s}{K_I} \cdot I} = \frac{r_{max} \cdot S}{K_s\left(1 + \dfrac{I}{K_I}\right) + S}. \tag{6.30}$$

Vergleicht man nun den Graphen für die Standardkinetik mit der kompetitiven Hemmung, so sieht man nur einen Einfluss auf den Halbsättigungswert (Abbildung 6.7). Für hohe Substratwerte wird im Grenzfall wieder $r_{max} = k_2 \cdot E_0$ erreicht.

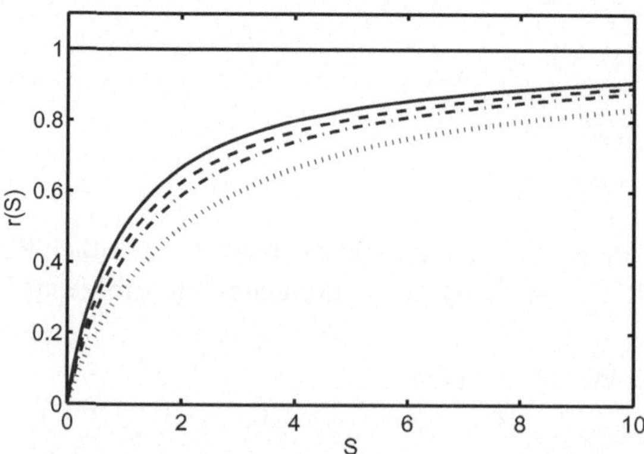

Abbildung 6.7: Einfluss eines Inhibitors I auf die Rate r. Die durchgezogene Kurve zeigt die Michaelis-Menten-Kinetik.

6.3.2 Essentielle Aktivierung

Beim Mechanismus der essentiellen Aktivierung geht man davon aus, dass ein Aktivator an den Enzym-Substrat-Komplex anbinden muss, bevor eine Produktbildung erfolgen kann.

$$E+S \;\; \underset{k_{-1}}{\overset{k_1}{\rightleftarrows}} \;\; ES$$
$$ES+A \;\; \underset{k_{-a}}{\overset{k_a}{\rightleftarrows}} \;\; ESA \;\; \overset{k_2}{\rightarrow} \;\; E+A+P \tag{6.31}$$

Nimmt man ein schnelles Gleichgewicht der beiden reversiblen Reaktionen an, so erhält man

$$ES \;=\; \frac{E \cdot S}{K_s}, \qquad ESA = \frac{ES \cdot A}{K_A} = \frac{S \cdot E \cdot A}{K_A \cdot K_s} \tag{6.32}$$

und mit der Enzymerhaltungsgleichung

$$E_0 \;=\; E+ES+ESA = E\left(1+\frac{S}{K_S}+\frac{S \cdot A}{K_S \cdot K_A}\right)$$
$$\longrightarrow \quad E \;=\; \frac{E_0}{1+\frac{S}{K_s}\cdot\left(1+\frac{A}{K_A}\right)} \tag{6.33}$$

ergibt sich für die gesuchte Rate r folgende Beziehungen mit $r_{max}=k_2\,E_0$:

$$\frac{dP}{dt} \;=\; k_2\,EAS = \frac{k_2 \cdot \frac{S \cdot A}{K_s \cdot K_A}\cdot E_0}{1+\frac{S}{K_s}\cdot\left(1+\frac{A}{K_A}\right)} = r_{max}\cdot\frac{S\cdot\frac{A}{K_A}}{K_s+S\cdot\left(1+\frac{A}{K_A}\right)}$$

$$=\; \frac{\frac{r_{max}\cdot A}{K_A}\cdot S}{\left(1+\frac{A}{K_A}\right)\cdot\left[\frac{K_s}{1+\frac{A}{K_A}}+S\right]} = \frac{r'_{max}\cdot S}{K'_S+S}. \tag{6.34}$$

Gleichung (6.34) ergibt sich durch geschicktes Ausklammern der Terme. Aus der Darstellung kann man im Vergleich zur Standardkinetik wiederum eine maximale Rate und einen Halbsättigungswert ermitteln:

$$r'_{max} \;=\; \frac{r_{max}\cdot\frac{A}{K_A}}{1+\frac{A}{K_A}} = \frac{r_{max}\cdot A}{K_A+A}$$

$$K'_s \;=\; \frac{K_s}{1+\frac{A}{K_A}} = \frac{K_s\cdot K_A}{K_A+A}. \tag{6.35}$$

Für $A \gg K_A$ geht r'_{max} gegen den Wert r_{max} der Standardkinetik; während $K'_s < K_s$ gilt (Abbildung 6.8). Die Aktivierung macht sich also nur durch einen niedrigeren Halbsättigungswert bemerkbar. Die maximale Rate ist niedriger, da durch den zusätzlichen Enzym-Substrat-Aktivator-Komplex Substatmoleküle gebunden werden.

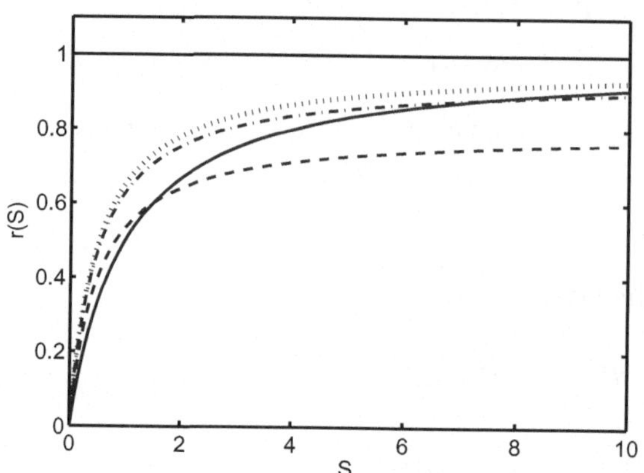

Abbildung 6.8: Einfluss eines Aktivators auf die Rate r: Sowohl der Halbsättigungswert, als auch die maximale Rate werden beeinflusst. Die durchgezogene Kurve zeigt die Michaelis-Menten-kinetik.

6.4 Die Hill-Gleichung

Zur Ableitung der Hill-Gleichung geht man von einem semi-empirischen Reaktionsansatz für Enzyme mit vielen Bindungsstellen aus. Die Gleichung wird oft für empirische Studien verwendet, wenn ein genauer Mechanismus nicht bekannt ist:

$$E + nS \;\; \underset{k_{-1}}{\overset{k_1}{\rightleftarrows}} \;\; ES^n \; \overset{k_2}{\rightarrow} \;\; E + nP \tag{6.36}$$

Analog der Vorgehensweise oben erhält man:

$$ES^n \;\; = \;\; \frac{E \cdot S^n}{K}$$

$$\longrightarrow \;\; r \;\; = \;\; n \cdot k_2 \, E_0 \cdot \frac{S^n}{K + S^n} = r_{max} \frac{S^n}{K_H^n + S^n} \, . \tag{6.37}$$

Der Parameter K_H wird eingeführt, um die Gleichung besser analysieren zu können. Liegen experimentelle Ergebnisse vor, so kann der Hill-Koeffizient n aus folgender Umstellung abgeschätzt werden:

$$r \cdot (K_H^n + c_S^n) = r_{max} \cdot c_S^n$$

$$\longrightarrow \quad \cdot K_H^n = (r_{max} - r) \cdot c_S^n$$

$$\longrightarrow \quad \frac{r}{r_{max} - r} = \left(\frac{S}{K_H}\right)^n$$

$$\longrightarrow \quad \log \frac{r}{r_{max} - r} = n \cdot (\log S - \log K_H) \tag{6.38}$$

Abbildung 6.9 zeigt den Verlauf der Kinetik und die Auswertung der Bestimmung des Hill-Koeffizienten, wenn Daten entsprechend der Formel aufgetragen werden.

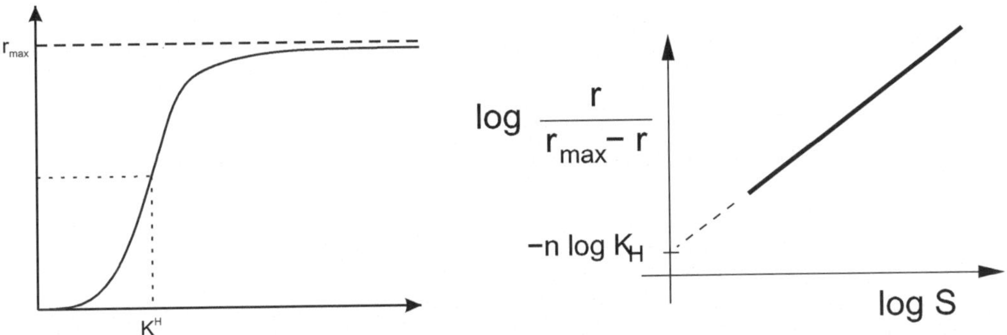

Abbildung 6.9: Links: Verlauf der Hillgleichung über S. Rechts: Ermittlung des Hill-Koeffizienten n aus der Geradengleichung.

6.5 Mehrsubstrat-Kinetiken

Viele Enzyme brauchen Kofaktoren oder setzen zwei Substrate um (oft Übertragung bestimmter funktioneller Molekülgruppen, z.B. Phosphatgruppen). Hierzu sind in der Literatur eine Vielzahl von möglichen Mechanismen beschrieben. Abbildung 6.10 stellt drei Varianten vor:

Die Ableitung der Geschwindigkeitsbeziehungen ist hier aufwändig, da in der Regel vom Fließgleichgewicht der einzelnen Komplexe ausgegangen wird und es sich ein kompliziertes Gleichungssystem ergibt. Hier wird auf die entsprechende Literatur verwiesen[2]. Doppelsubstrat-Mechanismen können auch komplexerer Natur sein, wie folgendes Beispiel zeigt.

Beispiel 17
Doppelsubstratkinetik mit n Zentren, wobei für die Produktbildung jeweils ein Molekül von Substrat 1 und Substrat 2 im gleichen Zentrum gebunden sein müssen.

Abbildung 6.11 gibt eine Auswahl möglicher Zwischenkomplexe an, die jeweils ein Substratmolekül jeder Sorte gebunden haben, wenn zwei Zentren vorliegen. Für die Ableitung einer

---

[2]H. Bisswanger. Theorie und Methoden der Enzymkinetik. Wiley-VCH, 1994.

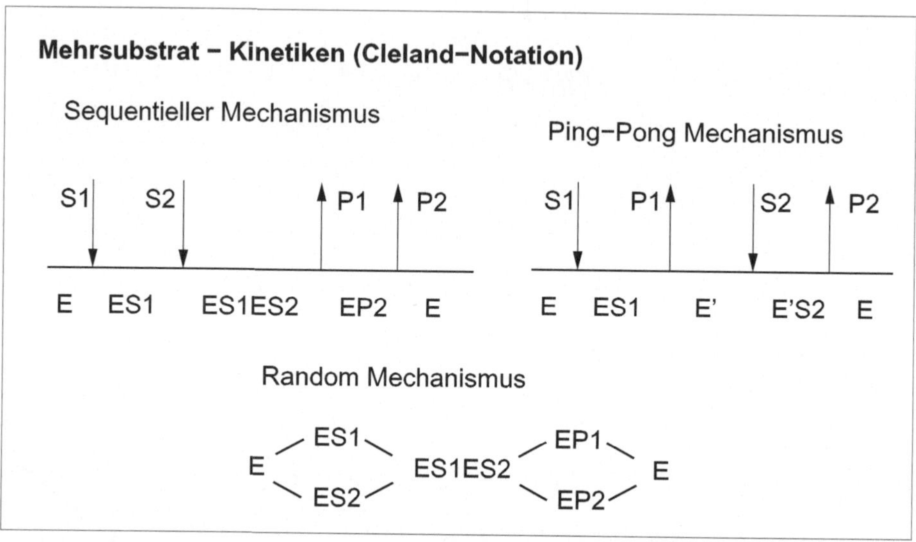

Abbildung 6.10: Drei Varianten für Doppelsubstratkinetiken.

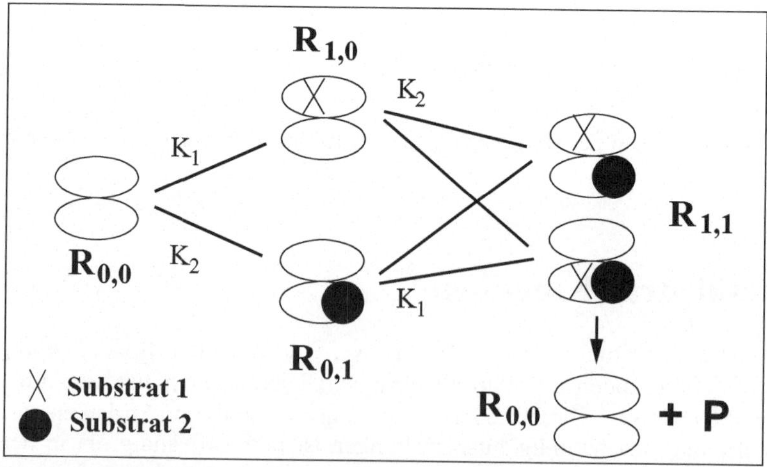

Abbildung 6.11: Zwischenkomplexe mit jeweils einem Substratmolekül bei $n = 2$ Zentren. Die Indizes der Größe $R_{j,i}$ geben an erster Stelle die Anzahl von gebundenen Substrat 1Molekülen und an zweiter Stelle die Anzahl von gebundenen Substrat 2Molekülen an. Von den gezeigten Komplexen trägt allerdings nur einer zur Produktbildung bei.

allgemeinen Gleichung zur Bestimmung der Produktbildungsrate r sind alle Komplexe $R_{j,i}^{(p)}$ aufzusummieren, wobei p deutlich macht, dass von den n Zentren p mit jeweils einem Substratmolekül 1 und einem Substratmolekül 2 belegt sind. Es gilt:

$$r = k \sum_{j=1}^{n} \sum_{i=1}^{n} \sum_{p=1}^{i} p\, R_{j,i}^{(p)}, \tag{6.39}$$

Gleichung (6.39) kann wie gewöhnlich mit einem Ausdruck für E_0 erweitert werden und man erhält:

$$r = k\, E_0\, \frac{\displaystyle\sum_{j=1}^{n} \sum_{i=1}^{n} \sum_{p=1}^{i} p\, R_{j,i}^{(p)}}{\displaystyle\sum_{j=0}^{n} \sum_{i=0}^{n} R_{j,i}}. \tag{6.40}$$

Für den Zähler ergibt sich mit den Überlegungen von oben folgender Ausdruck:

$$R_{j,i}^{(p)} = \binom{n}{j} \binom{j}{p} \binom{n-j}{i-p} s_1^j\, s_2^i, \tag{6.41}$$

mit $s_1 = \frac{S1}{K_1}$, $s_2 = \frac{S2}{K_2}$, wobei die einzelnen Binomialkoeffizienten folgende Bedeutung haben:

$\binom{n}{j}$ Verteilung von j Molekülen von Substrat 1 auf n Plätze

$\binom{j}{p}$ Verteilung von p Molekülen von Substrat 2 auf j Plätze, die mit Substrat 1 belegt sind

$\binom{n-j}{i-p}$ Verteilung der verbleibenden $i - p$ Moleküle von Substrat 2 auf die verbleibenden $n - j$ freien Plätze, die nicht mit Substrat 1 belegt sind.

Der erste Binomialkoeffizient ist unabhängig von p. Man formt wie folgt um:

$$\sum_{j=1}^{n} \sum_{i=1}^{n} \sum_{p=1}^{i} p \binom{n}{j} \binom{j}{p} \binom{n-j}{i-p} s_1^j\, s_2^i$$

$$= \sum_{j=1}^{n} \sum_{i=1}^{n} \binom{n}{j} \left[\sum_{p=1}^{i} p \binom{j}{p} \binom{n-j}{i-p} \right] s_1^j\, s_2^i. \tag{6.42}$$

Für den Ausdruck in der Klammer gilt:

$$\sum_{p=1}^{i} p \binom{j}{p} \binom{n-j}{i-p} = \sum_{p=1}^{i} \frac{j}{j} \, p \, \frac{j!}{(j-p)! \, p!} \binom{n-j}{i-p} =$$

$$j \sum_{p=1}^{i} \frac{(j-1)!}{(j-p)! \, (p-1)!} \binom{n-j}{i-p} = j \sum_{p=1}^{i} \binom{j-1}{p-1} \binom{n-j}{i-p} =$$

$$j \left[\binom{j-1}{0} \binom{n-j}{i-1} + \cdots + \binom{j-1}{i-1} \binom{n-j}{0} \right] =$$

$$j \binom{n-1}{i-1} = j \, \frac{(n-1)!}{(n-i)! \, (i-1)!} \quad . \tag{6.43}$$

Die letzte Zeile ergibt sich durch Anwendung des Summationstheorems Gleichung (A.1) im Anhang. Setzt man Gleichung (6.43) ein, erhält man:

$$\sum_{j=1}^{n} \sum_{i=1}^{n} \binom{n}{j} \left[\sum_{p=1}^{i} p \binom{j}{p} \binom{n-j}{i-p} \right] s_1^j \, s_2^i =$$

$$\sum_{j=1}^{n} \sum_{i=1}^{n} \frac{n!}{(n-j)! \, j!} \, j \, \frac{(n-1)!}{(n-i)! \, (i-1)!} \, s_1^j \, s_2^i . \tag{6.44}$$

Da j ausgedrückt werden kann als $j = \dfrac{j!}{(j-1)!}$ und $n! = n \, (n-1)!$ ergibt sich für die letzte Gleichung:

$$\sum_{j=1}^{n} \sum_{i=1}^{n} \frac{n \, (n-1)!}{(n-j)! \, (j-1)!} \, \frac{(n-1)!}{(n-i)! \, (i-1)!} \, s_1^j \, s_2^i . \tag{6.45}$$

Um die Summen auflösen zu können, müssen die Grenzen geändert werden: Die Summen müssen bei $j = 0$ und $i = 0$ starten. Es ergibt sich:

$$\sum_{j=0}^{n-1} \sum_{i=0}^{n-1} n \, \frac{(n-1)!}{(n-j-1)! \, j!} \, \frac{(n-1)!}{(n-i-1)! \, i!} \, s_1^{j+1} \, s_2^{i+1}$$

$$= \quad n \, s_1 \, s_2 \sum_{j=0}^{n-1} \sum_{i=0}^{n-1} \binom{n-1}{j} \binom{n-1}{i} s_1^j \, s_2^i$$

$$= \quad n \, s_1 \, s_2 \, (1+s1)^{n-1} \, (1+s2)^{n-1} . \tag{6.46}$$

Der Nenner lässt sich einfacher berechnen zu:

$$R_{j,i} = \binom{n}{j} \binom{n}{i} R_{0,0} \, s_1^j \, s_2^i \quad \Rightarrow \quad \sum_{j=0}^{n} \sum_{i=0}^{n} R_{j,i} = (1+s1)^n \, (1+s2)^n . \tag{6.47}$$

Damit erhält man für die gesuchte Kinetik:

$$r = k \sum_{j=1}^{n} \sum_{i=1}^{n} R_{j,i}^{(p)} = r_{max} \frac{n\, s_1\, s_2\, (1+s_1)^{n-1}\, (1+s_2)^{n-1}}{(1+s_1)^n\, (1+s_2)^n} = \frac{n\, r_{max}\, s_1\, s_2}{(1+s_1)\,(1+s_2)} \qquad (6.48)$$

Die Gleichung entspricht in der Form dem Fall des Random-Mechanismus, wenn noch die Anzahl der Zentren dazu multipliziert wird.

6.6 Die Wegscheider-Bedingung

Bei den einzelnen Teilreaktionen ergeben sich für das schnelle Gleichgewicht jeweils eine Gleichgewichtskonstante K. Bei komplizierteren Mechanismen sind diese nicht unabhängig, was sich durch die Wegscheider-Bedingung ausdrücken lässt. Betrachtet man den Fall des in Abbildung 6.12 gezeigten Mechanismus, so ergeben sich aus den vier Reaktionen auch entsprechend die vier Gleichgewichtskonstanten K_i.

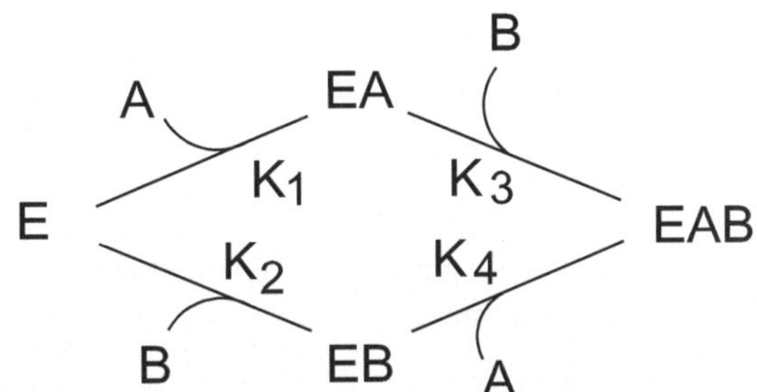

Abbildung 6.12: Zur Illustration der Wegscheider-Bedingung.

Für die Berechnung der Gleichgewichte der Zwischenkomplexe EA und EB gelten folgende Beziehungen:

$$EA = \frac{E \cdot A}{K_1}, \quad EB = \frac{E \cdot B}{K_2} \qquad (6.49)$$

Nun kann der Zwischenkomplex EAB auf zwei Wegen gebildet werden: entweder über EA durch anbinden von B oder über EB durch Anbinden von A. Man erhält für die beiden Wege die entsprechenden Gleichgewichtsbeziehungen:

$$EAB = \frac{E \cdot A \cdot B}{K_1 \cdot K_3}, \quad EAB = \frac{E \cdot A \cdot B}{K_2 \cdot K_4}. \qquad (6.50)$$

Beide Ausdrücke müssen aber gleich sein und es ergibt sich folgende Zwangsbedingung $K_1 K_3 = K_2 K_4$, d.h. dass durch die Kenntnis von drei Parametern ist der Vierte festgelegt. Zum gleichen Ergebnis kommt auch durch Anwendung der Beziehungen, die im Kapitel über Thermodynamik vorgestellt wurden.

6.7 Alternative kinetische Ansätze

Die vorgestellten kinetischen Ansätze haben den Nachteil, dass sie zu Gesamtsystemen führen, die eine recht komplizierte mathematische Struktur aufweisen und daher schlecht handhabbar sind. Im Folgenden sollen Klassen von alternativen Darstellungen von Reaktionskinetiken betrachtet werden, wobei folgende Punkte für eine Analyse interessant sind:[3]

- Rate ist proportional zur Enzymmenge

- Bei hohen Substratkonzentrationen muss ein Sättigungsverhalten erkennbar sein

- Anzahl der kinetischen Parameter soll minimal sein

- Analytische Lösungen bspw. zur Berechnung der Ruhelagen für große Systeme sollen einfach sein

In der oben zitierten Arbeit werden verschiedene Vorschläge zusammengestellt und diskutiert, wobei die Kinetiken nicht alle die aufgezählten Kriterien erfüllen.

Linearisierung um stationären Wert der Rate

Liegt eine Michaelis-Menten-Kinetik in der Form:

$$r = \frac{k E_0 S}{K + S} \tag{6.51}$$

vor, so wird die Funktion als Taylorreihe approximiert (siehe Anhang). Bricht man die Taylorreihe nach dem ersten Glied ab, so erhält man:

$$r = r^R + \left.\frac{dr}{dE_0}\right|_R (E_0 - E_0^R) + \left.\frac{dr}{dS}\right|_R (S - S^R), \tag{6.52}$$

wobei R bedeutet, dass man den entsprechenden Arbeitspunkt, was eine Ruhelage des Systems sein kann, einsetzt. Berechnet man die Ableitungen und setzt die Ruhelage ein, so ergibt sich:

$$\left.\frac{dr}{dE_0}\right|_R = \frac{k S^R}{K + S^R}$$

$$\left.\frac{dr}{dS}\right|_R = \frac{k E_0^R K}{(K + S^R)^2}. \tag{6.53}$$

Setzt man oben ein und stellt um, so erhält man:

$$\frac{r}{r^R} - 1 = \frac{E_0}{E_0^R} - 1 + \frac{K}{K + S^R}\left(\frac{S}{S^R} - 1\right). \tag{6.54}$$

Der Term vor der Klammer auf der linken Seite stellt die normierte Ableitung der Rate nach dem Substrat dar und wird mit den Formelbuchstaben w oder ε abgekürzt. Für einen kleinen

---

[3] Approximative kinetic formats used in metabolic network modeling. J.J. Heijnen. Biotech. & Bioeng., 91, 2005, 534–545

Wertebreich von Enzym und Substrat wird dann noch die Vereinfachung $y - 1 \approx \ln y$ verwendet und man erhält:

$$\frac{r}{r^R} - 1 = \ln \frac{E_0}{E_0^R} + \frac{K}{K + S^R} \ln \frac{S}{S^R} = \ln \frac{E_0}{E_0^R} + \varepsilon^R \ln \frac{S}{S^R} . \tag{6.55}$$

Kinetiken mit entsprechender Ordnung

Nimmt man an, dass die Rate proportional zur Konzentration mit Exponent n ist erhält man:

$$r = k E_0 S^n \tag{6.56}$$

mit n der Ordnungszahl/Stöchiometrie der Reaktion. Durch Umstellen und Beziehen auf Arbeitspunkt (r^R) ergibt sich:

$$\frac{r}{r^R} = \frac{E_0}{E_0^R} \left(\frac{S}{S^R} \right)^{\varepsilon^R} , \tag{6.57}$$

wobei die skalierte Ableitung $\varepsilon = \varepsilon^R$ gerade der Ordnungszahl n entspricht. Nimmt man noch den Logarithmus, so ergibt sich:

$$\ln \frac{r}{r^R} = \ln \frac{E_0}{E_0^R} + \varepsilon^R \ln \frac{S}{S^R} . \tag{6.58}$$

Kinetik basierend auf thermodynamischen Überlegungen

Bei den Überlegungen zur Thermodynamik wurde das chemische Potenzial μ einer Komponente vorgestellt. In Anlehnung an die Berechnung von μ wird hier von folgender Form ausgegangen:

$$r = k E_0 \left(b + a \ln S \right) \tag{6.59}$$

Es ergibt sich durch Bezug auf r^R und Umstellen:

$$\frac{r}{r^R} = \frac{E_0}{E_0^R} \left(1 + \varepsilon^R \ln \frac{S}{S^R} \right) \tag{6.60}$$

mit der Definition für ε^R:

$$\varepsilon^R = \frac{dr}{dS} \frac{S}{r} \bigg|_R . \tag{6.61}$$

Der kinetische Ansatz wird auch als Lin-Log-Ansatz bezeichnet und in der Literatur oft eingesetzt, da er die obigen Kriterien am besten erfüllt. Folgende Grafik 6.13 zeigt Ergebnisse von Rechnungen mit verschiedenen kinetischen Ansätzen von oben. Gezeigt sind die Verläufe der Michaelis-Menten-Kinetik, der linearisierten Form davon, der Kinetik mit entsprechender Ordnung und die Lin-Log-Kinetik.

Linearisierung und Logarithmierung um stationären Wert der Rate

Die kinetische Gleichung der Reaktionsgeschwindigkeit r wird logarithmiert und dann um einen ausgewählten Wert S_0 linearisiert. Man erhält:

$$
\begin{aligned}
r &= r(S, p_j) \\[2mm]
\log r &= \log r(S, p_j) \\[2mm]
&= \log r_0 + \left.\frac{d\log r}{d\log S}\right|_{\log S = \log S^R} \left(\log S - \log S^R\right) \\[2mm]
&= \log a + b \log S \\[2mm]
\rightarrow \quad r &= a \cdot S^b
\end{aligned}
\tag{6.62}
$$

wobei sich die beiden Koeffizienten a und b wie folgt berechnen:

$$
b = \left.\frac{d\log r}{d\log S}\right|_{\log S = \log S^R} = \left.\frac{dr}{dS} \cdot \frac{S}{r}\right|_{S = S^R}
\tag{6.63}
$$

$$
\log a = \log\left(r(S^R, p_j)\right) - \frac{d\log r}{d\log S}\log S^R \rightarrow a = r_0 \cdot \left(S^R\right)^{-b}
\tag{6.64}
$$

Hierbei kann b als Maß für die Reaktionsordnung interpretiert werden und a als Maß für die Geschwindigkeitskonstante. Die Gleichung, die man erhält entspricht von der Struktur her also einer Kinetik mit entsprechender Ordnung.

Beispiel 18
Michaelis-Menten-Kinetik

Betrachtet wird wieder die Gleichung in der Form

$$
r = r_{max} \cdot \frac{S}{K + S}
$$

und die entsprechenden Koeffizienten ergeben sich zu:

$$
b = \left.\frac{dr}{dS} \frac{S}{r}\right|_{S = S^R} = \left.\frac{r_{max} \cdot K \cdot S}{(K + S)^2} \cdot \frac{K + S}{r_{max} \cdot S}\right|_{S = S^R} = \frac{K}{K + S_0}
\tag{6.65}
$$

$$
a = \frac{r_{max} \cdot S^R}{K + S^R} \cdot S^{-\frac{K}{K + S^R}}
\tag{6.66}
$$

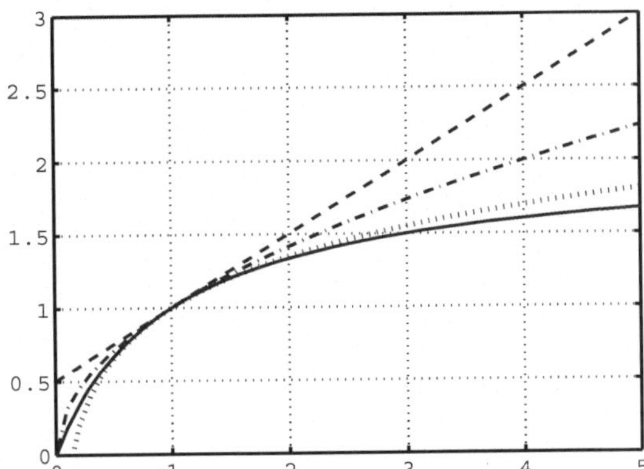

Abbildung 6.13: Michaelis-Menten-Kinetik (durchgezogen), der linearisierten Form davon (gestrichelt), Kinetik mit entsprechender Ordnung (strich-punktiert) und die Lin-Log-Kinetik (Doppelpunkt).

7 Polymerisationsprozesse

Polymerisationsprozesse spielen eine wichtige Rolle bei zellulären Prozessen. Die Synthese fast aller Makromoleküle findet durch die Aneinanderreihung von Monomeren statt. Dabei sind spezielle Enzyme /Makromoleküle aktiv, die die Verknüpfungen herstellen. Besonders wichtig sind die Prozesse der DNA Replikation, der mRNA Synthese (Transkription) und der Proteinsynthese (Translation). Zu den biologischen Grundlagen sei auf das Kapitel "Biologische Grundlagen" verwiesen. Zunächst soll eine makroskopische Betrachtung vorgenommen werden, um ein grundlegendes Verständnis zu erhalten. In den folgenden Unterkapiteln wird dann ein detaillierter Reaktionsmechanismus der Kopplung von Transkription und Translation vorgestellt, der es auch erlaubt, die Anzahl der aktiven RNA-Polymerase Moleküle bzw. Ribosomen abzuschätzen.

7.1 Makroskopische Betrachtung

Folgende Abbildung 7.1 soll am Beispiel der Transkription verdeutlichen, welche Teilprozesse ablaufen und welche Größen relevant sind. Einzelne Phasen sind (i) Initiation: Anbinden der RNA-Polymerase an den Promotor und Bildung eines Komplexes, der sich auf dem Informationsstrang entlang bewegen kann. (ii) Elongation : Ablesen der auf dem Strang gespeicherten Information und Verknüpfen der Monomere zu einem Polymermolekül. (iii) Termination: Stop des Prozesses nach Erreichen einer Stoppsequenz. Aktivatoren und Inhibitoren können an allen Stellen der Prozesse beschleunigen bzw. verzögern.

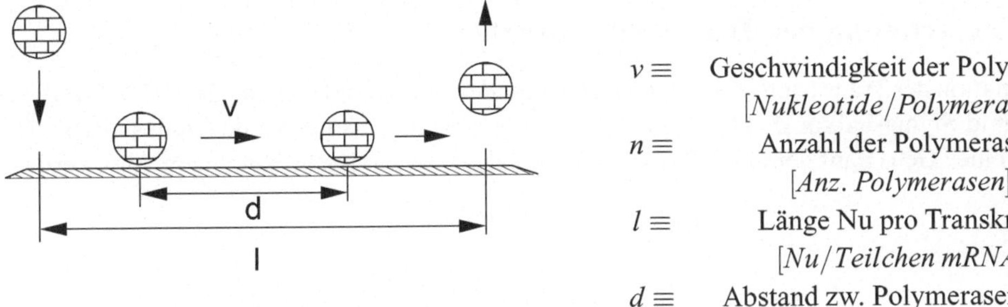

Abbildung 7.1: Schematische Darstellung der Teilprozesse bei der Transkription.

Gesucht wird die Rate r mit der 1 Teilchen mRNA synthetisiert wird. Aus dem Verhältnis $\frac{l}{n} = d$ kann der Abstand zwischen zwei RNA-Polymerase Molekülen ermittelt werden. Die gesuchte Rate r ist proportional zu v und n, aber umgekehrt proportional zur Länge l des Templates. Damit erhält man $r = \frac{v \cdot n}{l} = \frac{v}{d}$. Das Verhältnis aus der Geschwindigkeit und dem Abstand wird auch als Frequenz f bezeichnet. Die gesuchte Rate kann also aus der Anbindefrequenz der RNA-Polymerase ermittelt werden, wenn ein ungestörter Prozess betrachtet wird. Wie später gezeigt wird, kann diese Frequenz aus einem Reaktionsmechanismus abgeleitet werden, der nur die Interaktion der RNA-Polymerase mit der Promoterbindestelle beschreibt. Hat man die Frequenz so ermittelt, kann die Anzahl der aktiven RNA-Polymerasemoleküle mit $n = \dfrac{l}{d} = \dfrac{l \cdot r}{v}$ abgeschätzt werden.

7.2 Mikroskopische Betrachtung

Im Folgenden soll ein sehr detaillierter Reaktionsmechanismus analysiert werden, der sowohl Transkription als auch Translation beschreibt[1]. Da beide Prozesse gekoppelt sind, ist es fast unmöglich jeden einzelnen Reaktionsschritt anzugeben. Abbildung 7.1 zeigt nicht nur die einzelnen Teilprozesse, sondern stellt auch eine quasistationäre Momentaufnahme dar, da sich - unter idealisierten Bedingungen - nach Durchlaufen des ersten RNA-Polymerasemoleküls eine gleichbleibende Situation einstellt und sich damit eine konstante Syntheserate ergibt. Ziel ist es, eine solche Rate abzuleiten. Formal betrachtet liegt folgende Stöchiometrie zu Grunde:

$$\text{Transkription:} \qquad |l|\ Nu \ \xrightarrow{r_{Tr}}\ mRNA \tag{7.1}$$

$$\text{Translation:} \qquad |m|\ Am \ \xrightarrow{r_{Tl}}\ Protein, \tag{7.2}$$

wobei bei den Betrachtungen die Abhängigkeiten von den Monomeren (Nukleotide Nu und Aminosäuren Am) nicht berücksichtigt werden. Es wird davon ausgegangen, dass in der Zelle genügend Nukleotide und Aminosäuren vorliegen und die Prozesse dadurch nicht limitiert werden.

7.2.1 Berechnung der Transkriptionsrate

Die Initiation der Transkription erfolgt durch Anbinden des Komplexes aus freier RNA-Polymerase P' und Sigma-Faktor σ. Der Sigma-Faktor erkennt die entsprechende Bindestelle D^i (Promotor) eines Gens i auf der DNA. Folgender einfacher Mechanismus kann betrachtet werden:

$$P' + \sigma \ \rightleftharpoons\ P$$

$$P + D^i \ \overset{K_{Tr}}{\rightleftharpoons}\ PD^i$$

$$PD^i \ \xrightarrow{k_{ct_r}}\ Y + D^i + \sigma \tag{7.3}$$

Der erste Schritt beschreibt die Bildung des Komplexes aus RNA-Polymerase und Sigma-Faktor σ; der zweite Schritt die Anbindung dieses Komplexes an den Promotor (Komplex PD^i). Im

---

[1]Comment on mathematical models which describe transcription and calculate the relationship between mRNA and protein expression ratio. A. Kremling, Biotech. Bioeng. 96, 2007, 815-819

dritten Reaktionsschritt geht der Komplex PD^i in einen sich auf der DNA bewegenden Komplex Y über. Dabei wird der Promotor wieder frei und eine neue Initiation kann erfolgen. Der Sigma-Faktor steht ebenfalls wieder zur Verfügung. Abbildung 7.2 veranschaulicht nochmal die Prozesse.

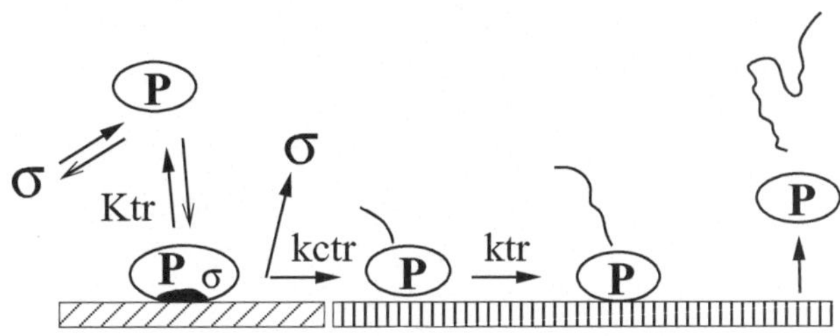

Abbildung 7.2: Detaillierter Mechanismus der Transkription.

Bei der Elongation bewegt sich der Komplex Y auf der DNA entlang und baut Nukleotide ein. Der Index von Y_i gibt die Anzahl der eingebauten Nukleotide an.

$$Y + Nu \xrightarrow{ktr} Y_1$$

$$Y_1 + Nu \xrightarrow{ktr} Y_2$$

$$\cdots \tag{7.4}$$

Der Prozess setzt sich fort, bis die DNA vollständig abgelesen ist und ein Molekül RNA ensteht (Termination).

$$Y_{e-1} + Nu \xrightarrow{ktr} P + RNA, \tag{7.5}$$

dabei wird die RNA-Polymerase wieder frei. Die mRNA ist ein relativ instabiles Molekül, welches einem Zerfall unterliegt:

$$RNA \xrightarrow{kz} \text{Zerfall}. \tag{7.6}$$

Zur Auflösung der Kinetik wird angenommen, dass die reversiblen Bindungsreaktionen sehr schnell im Vergleich zu den eigentlichen Polymerisationsschritten ablaufen. Daher wird für die Interaktion ein schnelles Gleichgewicht angenommen. Weiterhin kann davon ausgegangen werden, dass genügend RNA-Polymerase Moleküle und Sigma-Faktoren in der Zelle sind und diese nicht limitieren: $P_0 \gg D_0 \rightarrow P_0 \approx P$. Folgende Beziehung ergibt sich für das Gleichgewicht:

$$PD^i = \frac{P \cdot D^i}{K_{Tr}}. \tag{7.7}$$

Setzt man in die Gleichung für die insgesamt zur Verfügung stehenden Bindestellen D_0^i ein, erhält man:

$$D_0^i \;=\; D_i + PD^i \;=\; D_i + \frac{P \cdot D^i}{K_{Tr}} \tag{7.8}$$

$$\rightarrow \quad D^i \;=\; \frac{D_o^i}{1 + \dfrac{P}{K_{Tr}}} \tag{7.9}$$

$$\rightarrow \quad PD^i \;=\; \frac{P}{K_{Tr}} \cdot \frac{D_0^i}{1 + \dfrac{P}{K_{Tr}}} \;=\; \frac{P}{K_{Tr} + P} \cdot D_0^i \tag{7.10}$$

Die Bildungs- und Abbauraten der Y_i Komplexe sind sehr ähnlich. Daher kann angenommen werden, dass diese sich im Fließgleichgewicht befinden:

$$Y \;=\; \frac{k_{ctr}}{k_{tr}} \cdot PD^i \tag{7.11}$$

$$Y_i \;=\; Y_{i-1} \;=\; Y . \tag{7.12}$$

Für die Bildungsrate der mRNA erhält man schließlich:

$$r_{Tr} \;=\; k_{tr} \cdot Y_{l-1} \;=\; k_{tr} \cdot Y \;=\; k_{ctr} \cdot PD^i \;=\; k_{ctr} \cdot \frac{P}{K_{Tr} + P} \cdot D_0^i . \tag{7.13}$$

Damit steht eine Gleichung für die Bildungsrate der mRNA zur Verfügung. Sie stellt die Frequenz dar, mit der die Polymerase an den Promotor anbindet. Die Frequenz hängt im Wesentlichen von der Promotor-Clearance k_{ctr} und der Affinität K_{Tr} ab. Zur Verifikation der oben gemachten Analysen wird die Summe aller aktiven Polymerasemoleküle ermittelt. Diese "verteilen" sich auf die einzelnen Y_i Komplexe:

$$P_{aktiv} \;=\; Y + Y_1 + \dots Y_{l-1} \;=\; l \cdot Y \;=\; \frac{l}{k_{tr}} \cdot k_{ctr} \cdot PD^i . \tag{7.14}$$

Es ergibt sich eine analoge Gleichung wie oben ($n = \dfrac{l}{v} \cdot r$).

7.2.2 Berechnung der Translationsrate

Bei der Berechnung der Translationsrate kann analog vorgegangen werden. Die einzelnen Teilprozesse laufen gleich ab, nur, dass statt der Polymerase nun Ribosomen R aktiv sind, die sich an die Komplexe Y_i anbinden können. Zu beachten ist, dass ein Protein sich nur bilden kann, wenn die komplette mRNA vorliegt. Die Beladung der tRNA mit Aminosäuren wird nicht mitmodelliert, kann aber einfach ergänzt werden. Im Reaktionsschema sind $tRNA^*$ die beladenen tRNAs und $tRNA$ die unbeladenen tRNAs. Es gelten folgende Reaktionsgleichungen für die Bindung der Ribosomen an die Komplexe Y_i:

$$R + Y'^i \overset{K_{Tl}}{\rightleftharpoons} RY^i$$

$$RY^i \overset{k_{ctl}}{\rightarrow} X^i + Y'^i$$

$$X^i + tRNA^* \rightarrow tRNA + X_1^i$$

$$\ldots$$

$$X_{s-1}^i + tRNA^* \rightarrow tRNA + X_s^i, \tag{7.15}$$

wobei die Kette die Länge $s = \frac{i}{3}$ besitzt, da drei Nukleotide eine Aminosäure kodieren (siehe biologische Grundlagen) und die Kette nur so lange sein kann, wie bereits DNA Information abgelesen wurde. Der erste Schritt beschreibt die Anbindung des freien Ribosoms an das freie sich bewegende RNA-Polymerasemolekül. An diesem Komplex kann nun die Anbindung der einzelnen Aminosäuren erfolgen.

Ribosomen binden auch an die fertige mRNA und können diese vollständig ablesen. Hier wird die freie RNA Bindestelle mit RNA' bezeichnet, die mit Ribosom belegte RNA mit $rRNA$.

$$r + RNA' \overset{K_{Tl}}{\rightleftharpoons} rRNA$$

$$rRNA \overset{k_{ctl}}{\rightarrow} X + RNA'$$

$$X + tRNA^* \overset{k_{tl}}{\rightarrow} tRNA + X_1$$

$$\ldots$$

$$X_{m-1} + tRNA^* \overset{k_{tl}}{\rightarrow} R + Pr \tag{7.16}$$

Erst wenn die letzte Aminosäure an die fertige mRNA angebunden hat, ist das Protein Pr fertig. Dabei wird das Ribosom wieder frei. Wertet man die Gleichungen wie oben aus, ergeben sich folgende Gleichungen:

$$RY^i = \frac{R}{K_{Tl} + R} \cdot Y^i, \quad rRNA = \frac{R}{K_{Tl} + R} \cdot RNA$$

$$X^i = \frac{k_{ctl}}{k_{tl}} \cdot RY^i, \quad X = \frac{k_{ctl}}{k_{tl}} \cdot rRNA \tag{7.17}$$

Man erhält für die Syntheserate r_{Tl}:

$$r_{Tl} = k_{tl} \cdot X = k_{ctl} \cdot \frac{R}{K_{Tl} + R} \cdot RNA \tag{7.18}$$

Auch hier ergibt sich die Rate als eine Frequenz, die im Wesentlichen von den Parametern k_{ctl} und K_{Tl} abhängt. Die Summe der aktiven Ribosomen erfolgt über die Betrachtung aller Stränge, auf denen die Ribosomen sitzen:

- auf der fertigen mRNA

$$R_{aktiv} = m \cdot X$$

$$= m \cdot \frac{k_{ctl}}{k_{tl}} \cdot rRNA \tag{7.19}$$

- auf den Y_i

$$R^i_{aktiv} = s \cdot X^i = i \cdot \underbrace{\frac{m}{l}}_{\frac{1}{3}} \cdot \frac{k_{ctl}}{k_{tl}} \cdot c_{RY^i}$$

$$\sum R^i_{aktiv} = \frac{m}{l} \cdot \frac{k_{ctl}}{k_{tl}} \cdot \sum^i i \cdot c_{RY^i}$$

$$= \frac{m}{2}(l-1) \cdot \frac{k_{ctl}}{k_{tl}} \cdot \frac{c_R}{K_{Tl}+c_R} \cdot c_Y \tag{7.20}$$

Die Anzahl der Ribosomen, die sich auf den sich bildenden mRNA Molekülen befinden, können einen Großteil der gesamten aktiven Ribosomen ausmachen.

7.2.3 Zusammenstellung der Gleichungen

Die wichtigsten Gleichungen für die vorgestellten Prozesse werden nochmal zusammengestellt. Für die Dynamik der mRNA Synthese gilt:

$$\dot{RNA} = k_{ctr} \cdot \frac{P}{K_{Tr}+P} \cdot D_0^i - (k_z + \mu) \cdot RNA$$

$$= k_{ctr} \cdot \psi_{tr} \cdot D_0^i - (k_z + \mu) \cdot RNA \tag{7.21}$$

wobei hier die Transkriptionseffizienz ψ_{tr} eingeführt wird, die anschaulich gesagt, den Anteil der mit RNA-Polymerase belegten Promotoren angibt:

$$\psi_{tr} = \frac{P}{K_{Tr}+P}. \tag{7.22}$$

Für die Dynamik der Protein Synthese gilt:

$$\dot{Pr} = k_{ctl} \cdot \frac{R}{K_{Tl}+R} \cdot RNA - (k_{ab}+\mu)P_{rot}$$

$$= k_{ctl} \cdot \psi_{tl} \cdot RNA - (k_{ab}+\mu)P_{rot} \tag{7.23}$$

mit der Translationseffizienz ψ_{tl}, die analog oben definiert ist:

$$\psi_{tl} = \frac{R}{K_{Tl}+R} \tag{7.24}$$

als Anteil der mit Ribosomen belegten Bindestellen. Da die RNA in der Regel eine schnellere Dynamik als die Proteinsynthese aufweist, kann man für die mRNA Quasistationarität annehmen und erhält eine Differentialgleichung für die Proteinsynthese:

$$RNA \ = \ \frac{k_{ctr} \cdot \dfrac{P}{K_{Tr}+P} \cdot D_o^i}{k_z + \mu} \tag{7.25}$$

$$\dot{Pr} \ = \ \frac{k_{ctl} \cdot k_{ctr} \cdot \dfrac{P}{K_{Tr}+P} \cdot \dfrac{R}{K_{Tl}+R} \cdot D_0^i}{k_z + \mu} - (k_{ab} + \mu)\, Pr$$

$$\ = \ k' \cdot \eta_{ex}(P,R) \cdot D_0^i \ - \ (k_{ab} + \mu)\, Pr \tag{7.26}$$

mit der Expressionseffizienz η_{ex}.

7.3 Einfluss von Regulatorproteinen (Transkriptionsfaktoren, Repressoren)

Das bisher vorgestellte Modell kann als Grundmodell aufgefasst werden, welches zur Beschreibung von Regelkreisstrukturen entsprechend erweitert werden kann. Für die Zelle ist es ökonomisch, die Anbindung der RNA-Polymerase zu kontrollieren, da dadurch der unnötige Verbrauch von Ressourcen vermieden wird. Im Folgenden sollen Modelle vorgestellt werden, die eine Erweiterung des Reaktionsschemas (7.3) darstellen. Zwei Schemata, für die es in der Zelle viele Beispiele gibt, sind Induktion und Repression (siehe biologische Grundlagen).

Die Vorgehensweise zur Ableitung der Gleichungen kann wie folgt zusammengefasst werden und entspricht im Wesentlichen der Vorgehensweise bei der Ableitung von Reaktionsgeschwindigkeiten bei enzymatischen Reaktionen.

- Aufstellen des Reaktionsnetzwerkes:
    - in der Regel reversible Reaktionen
    - Berücksichtigung der Anzahl der Zentren/Bindestellen
    - Berücksichtigung kooperativer Effekte
- Annahme, dass diese Reaktionen sehr viel schneller ablaufen, als Prozess der Elongation:
    - Reversible Reaktionen sind im Gleichgewicht
    - Aufstellen der Erhaltungsgleichungen für alle Komponenten. Ausnahmen: Komponenten sind im Überschuss vorhanden
    - Lösen des algebraischen Systems
- mRNA Syntheserate wird proportional zum Anteil der Promotoren, die mit RNA-Polymerasen belegt sind, angesetzt.

7.3.1 Modell der Induktion

Bei der Induktion werden Proteine für Stoffwechselwege synthetisiert, wenn Bedarf besteht, bspw. werden Abbauwege für spezielle Kohlenhydrate nur gebildet, wenn das Substrat auch im Medium vorliegt. Zur Beschreibung der Induktion soll zunächst folgender Mechanismus betrachtet werden:

$$P + D^g \; \overset{K_1}{\rightleftharpoons} \; PD^g$$

$$P + D \; \overset{K_1}{\rightleftharpoons} \; PD$$

$$R + D \; \overset{K_R}{\rightleftharpoons} \; RD$$

$$R + I \; \overset{K_I}{\rightleftharpoons} \; RI \tag{7.27}$$

wobei zwei Gruppen von Genen betrachtet werden: Gruppe D^g stellt diejenigen Gene dar, die nicht vom Repressor R beeinflusst werden; Gruppe D stellt diejenigen dar, an die der Repressor anbinden kann. Der Induktor I kann den Repressor deaktivieren. Der Komplex RI ist nicht mehr in der Lage an die Bindestelle anzubinden. Es ergeben sich folgende Erhaltungsgleichungen:

$$P_0 \;=\; P + PD^g + PD$$

$$D_0^g \;=\; D^g + PD^g$$

$$D_0 \;=\; D + PD + RD$$

$$R_0 \;=\; R + RD + RI$$

$$I_0 \;=\; I + RI. \tag{7.28}$$

Die Transkriptionseffizienz ergibt sich zu: $\psi_{tr} = \dfrac{PD}{D_0}$. Nimmt man an, dass RNA-Polymerase und Induktor im Überschuss vorliegen $P \approx P_0, I \approx I_0$, so vereinfacht sich das System zu:

$$D_0 \;=\; D + \frac{P_0 \cdot D}{K_1} + \frac{R \cdot D}{K_R} = D \cdot \left(1 + \frac{P_0}{K_1} + \frac{R}{K_R} \right)$$

$$R_0 \;=\; R + \frac{R \cdot D}{K_R} + \frac{R \cdot I_0}{K_I} = R \cdot \left(1 + \frac{D}{K_R} + \frac{I_0}{K_I} \right)$$

$$\longrightarrow \quad R_0 \;=\; R \cdot \left(1 + \frac{D_0}{K_R \left(1 + \frac{P_0}{K_1} + \frac{R}{K_R} \right)} + \frac{I_0}{K_I} \right). \tag{7.29}$$

Die Umformung der letzten Gleichung führt auf eine quadratische Gleichung für R.

7.3.2 Modell der Repression

Bei der Repression wirkt das Endprodukt E via Feedback auf die Synthese der Enzyme des Stoffwechselweges. Analog oben kann folgender Mechanismus angeschrieben werden:

$$P + D^g \; \rightleftharpoons \; PD^g$$

$$P + D \; \rightleftharpoons \; PD$$

$$R + E \; \rightleftharpoons \; RE$$

$$RE + D \; \rightleftharpoons \; RED \tag{7.30}$$

Hier kann der Repressor R nicht an die DNA Bindestellen binden, sondern muss erst durch die Komponente E aktiviert werden. Der ternäre Komplex RED blockiert dann das Ablesen der DNA. Die Transkriptionseffizienz ergibt sich hier zu $\psi_{tr} = \dfrac{PD}{D_0}$.

7.3.3 Erweiterte Modellvorstellungen der Induktion

Betrachtet man den Einfluss des Induktors auf die Syntheserate, ergibt sich ein hyperboler Verlauf. Allerdings wird für manche Systeme ein sigmoider Zusammenhang beobachtet. Im Folgenden sollen daher Modellvarianten untersucht werden, die diese Beobachtungen wiedergeben.

Eine erste Modellvorstellung geht davon aus, dass der Regulator R mehrere Bindestellen (n) für den Induktor I besitzt. Wie oben soll angenommen werden, dass einige Promotoren schon durch die RNA-Polymerase belegt sind. Dies lässt sich auch vereinfacht darstellen als eine Gleichgewichtsreaktion zwischen den zwei Zuständen D und D' des Promotors. Damit ergeben sich drei Reaktionsgleichungen:

$$D \; \overset{K}{\rightleftharpoons} \; D'$$

$$R + D \; \overset{K_R}{\rightleftharpoons} \; RD$$

$$R + n\,I \; \overset{K_I}{\rightleftharpoons} \; RI^n \tag{7.31}$$

und damit auch wieder drei Gleichgewichtsbedingungen:

$$D' = \frac{D}{K}, \qquad RD = \frac{R \cdot D}{K_R}, \qquad RI^n = \frac{R \cdot I^n}{K_I} = R \cdot \left(\frac{I}{K_I'}\right)^n . \tag{7.32}$$

Damit lassen sich zwei algebraische Gleichungen aufstellen:

$$D_0 \;=\; D \cdot \left(1 + \frac{1}{K} + \frac{R}{K_R}\right)$$

$$R_0 \;=\; R \cdot \left(1 + \frac{D}{K_R} + \left(\frac{I}{K_i'}\right)^n\right) . \tag{7.33}$$

Das Gleichungssystem kann nun numerisch gelöst werden und man erhält den in Abbildung 7.3 gezeigten Einfluss des Induktors für unterschiedliche Wert von n.

Die zweite Modellvariante geht von einem sukzessiven Anbinden der Moleküle aus, wobei noch zugelassen wird, dass nur das vollständig mit Induktor belegte Repressorprotein RI_4 nicht mehr an die Bindestelle anbinden kann, während die Komplexe RI_1, RI_2, RI_3 mit schwächer werdender Affinität (Parameter $\beta < 1$) noch anbinden könnnen. Die linke Seite des Reaktionssystems beschreibt die Anbindung des Induktors (kooperative Anbindung mit Parameter $\alpha > 1$) an den Repressor, die rechte Seite die Interaktion mit der Bindestelle:

$$D \quad \overset{K}{\rightleftharpoons} \quad D'$$

$$R+I \quad \overset{K_I}{\rightleftharpoons} \quad RI_1$$

$$R\cdot I_1+I \quad \overset{\alpha,K_I}{\rightleftharpoons} \quad RI_2$$

$$R\cdot I_2+I \quad \overset{\alpha^2,K_I}{\rightleftharpoons} \quad RI_3$$

$$R\cdot I_3+I \quad \overset{\alpha^3,K_I}{\rightleftharpoons} \quad RI_4$$

$$R+D \quad \overset{K_R}{\rightleftharpoons} \quad RD_0$$

$$RI_1+D \quad \overset{\beta,K_R}{\rightleftharpoons} \quad RD_1$$

$$RI_2+D \quad \overset{\beta^2,K_R}{\rightleftharpoons} \quad RD_2$$

$$RI_3+D \quad \overset{\beta^3,K_R}{\rightleftharpoons} \quad RD_3$$

Es ergeben sich folgende Gleichungen für die Bindestelle und das Regulatorprotein:

$$D_0 \;=\; D+D'+\sum RD_i$$

$$R_0 \;=\; R+\sum_{i=0}^{3} RD_i + \sum_{j=1}^{4} RI_j. \tag{7.34}$$

Hier muss wieder die Kombinatorik beachtet werden. Man erhält folgende Zusammenhänge:

$$4\cdot k_i\cdot R\cdot I \;=\; k_{-i}\cdot RI_1 \quad \longrightarrow \quad RI_1 = \frac{4\cdot R\cdot I}{K_I}$$

$$\alpha\cdot 3\cdot k_i\cdot RI_1\cdot I \;=\; 2k_{-i}\cdot RI_2 \quad \longrightarrow \quad RI_2 = \frac{3\alpha}{2}\frac{I}{K_I}\cdot RI_1 \;=\; \frac{6\alpha\cdot I^2\cdot R}{K_I^2}$$

$$RI_3 \;=\; 4\alpha^3\cdot I^3\cdot \frac{R}{K_I^3}$$

$$RI_4 \;=\; \alpha^6\cdot I^4\cdot \frac{R}{K_I^4} \tag{7.35}$$

Im Sonderfall $\alpha = 1$, $\beta = 0$ ergibt sich folgende Gleichung für R_0:

$$R_0 \;=\; R+\frac{4R\cdot I}{K_I}+\frac{6R\cdot I^2}{K_I^2}+\frac{4R\cdot I^3}{K_I^3}+\frac{R\cdot I^4}{K_I^4}+RD_0$$

$$\;=\; R\cdot\left(1+\frac{I}{K_I}\right)^4 + RD_0 ,$$

wobei wieder eine Binomialreihe auftritt. Abbildung 7.3 zeigt den Einfluss von Parameter α

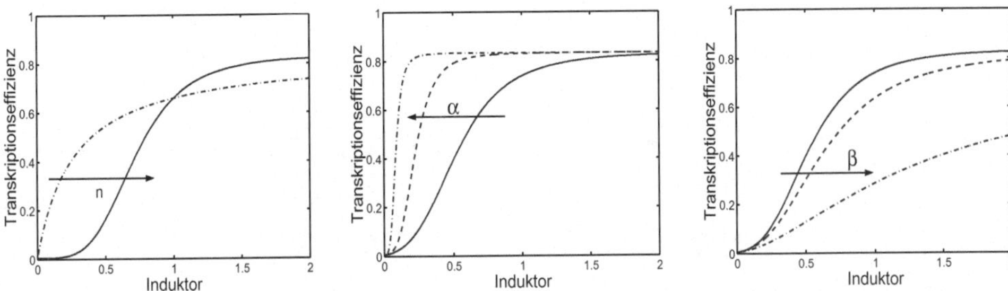

Abbildung 7.3: Links: Transkriptionseffizienz berechnet mit der ersten Modellvariante nach Gleichung (7.33). Mitte und rechts: Transkriptionseffizienz berechnet mit der zweiten Modellvariante nach Gleichung (7.34).

und β auf die Transkriptionseffizienz. Die Simulation wurde für alle Abbildungen im gleichen Bereich durchgeführt. Im mittleren Bild wird der Sättigungswert am ehesten erreicht.

7.4 Interaktion mehrerer Regulatoren

Bei Bakterien ist bekannt, dass nicht nur ein Regulatorprotein bei der Transkription regulierend wirkt; oft sind zwei oder mehrere Proteine beteiligt, die unter verschiedensten Bedingungen aktiv sein können. Sind zwei Regulatoren bei der Transkription beteiligt, so können diese separate oder überlappende Bindestellen besitzen. Daneben spielt noch die Anzahl der Moleküle und die Gesamtheit aller Bindeplätze eine Rolle bei der Modellierung. Zunächst sollen zwei einfache Verschaltungen betrachtet werden, anschließend eine hierarchische Verschaltung.

7.4.1 UND- und ODER-Verschaltung

In Abbildung 7.4 sind Fälle gezeigt, bei denen sich einmal die Bindestellen nicht überlappen (links) und überlappen (rechts). Im Falle der Überlappung bedeutet das, dass jeweils nur ein Regulator anbinden kann - beide Regulatoren konkurrieren also um die Bindestelle. Im anderen Fall sind die Bindeplätze soweit von einander getrennt, dass sich die beiden Proteine nicht stören und zur gleichen Zeit anbinden können. Für die linke Schaltung sieht das entsprechende Gleichungssystem für die Reaktionen wie folgt aus:

$$X + D \quad \overset{K_X}{\rightleftharpoons} \quad XD$$

$$Y + D \quad \overset{K_Y}{\rightleftharpoons} \quad YD. \tag{7.36}$$

Da die Bindestellen unabhängig sind, besteht auch die Möglichkeit, dass beide Regulatoren an der DNA gebunden sind und folgende Reaktion ist noch zu ergänzen:

$$X + YD \quad \overset{K_X}{\rightleftharpoons} \quad XYD \tag{7.37}$$

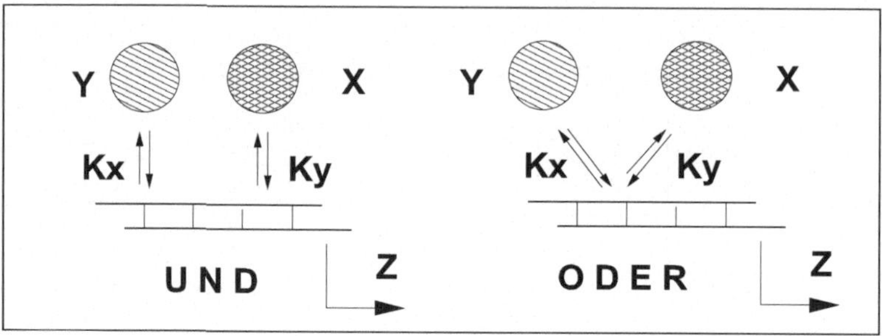

Abbildung 7.4: Links: UND-Schaltung: Beide Transkriptionsfaktoren können gleichzeitig anbinden. Rechts: ODER-Schaltung. Die Bindestellen überlappen sich.

wobei XYD den ternären Komplex aus den beiden Proteinen und der Bindestelle darstellt. Für die folgende Berechnung wird davon ausgegangen, dass für die Proteinsynthese auch beide Regulatoren angebunden haben müssen. Damit ergibt sich die Transkriptionseffizienz zu:

$$\psi = \frac{XYD}{D_0} \tag{7.38}$$

Die einzelnen Terme lassen sich wie gewöhnlich aus der Annahme berechnen, dass sich ein schnelles Gleichgewicht einstellt. Setzt man alle Terme ein, so ergibt sich:

$$\psi = \frac{\frac{X}{K_X} \frac{Y}{K_Y}}{1 + \frac{X}{K_X} + \frac{Y}{K_Y} + \frac{X}{K_X} \frac{Y}{K_Y}} \cdot \tag{7.39}$$

Dieser Ausdruck lässt sich umschreiben und er ergibt sich:

$$\psi = \frac{\frac{X}{K_X}}{1 + \frac{X}{K_X}} \frac{\frac{Y}{K_Y}}{1 + \frac{Y}{K_Y}} = \psi'_x \, \psi'_Y , \tag{7.40}$$

man erhält also das Produkt der beiden Einzelaktivitäten, unter der Annahme, der andere Regulator wäre nicht da (daher werden die Transkriptionseffizienzen mit einem Strich versehen). Man spricht von einer UND-Verschaltung.

Für die rechte Schaltung sieht das Gleichungssystem wie folgt aus:

$$X + \quad D \quad \overset{K_X}{\rightleftharpoons} \quad XD$$

$$Y + \quad D \quad \overset{K_Y}{\rightleftharpoons} \quad YD . \tag{7.41}$$

Hier sind nur zwei Reaktionen zu berücksichtigen, da die Bindestellen jetzt nur mit einem Regulator belegt werden können. Analog der Vorgehensweise oben erhält man für die Transkriptionseffizienz:

$$\psi = \frac{XD + YD}{D_0} , \tag{7.42}$$

wobei hier davon ausgegangen wird, dass eine Genexpression stattfindet, wenn wenigstens ein Protein angebunden hat. Setzt man die Terme wieder ein, erhält man:

$$\psi = \frac{\frac{X}{K_X}}{1 + \frac{X}{K_X} + \frac{Y}{K_Y}} + \frac{\frac{Y}{K_Y}}{1 + \frac{X}{K_X} + \frac{Y}{K_Y}} = \psi_x + \psi_Y, \qquad (7.43)$$

also die Summe der beiden einzelnen Aktivitäten. Zu beachten ist, dass bei den einzelnen Aktivitäten im Nenner der gemischte Term von oben nicht auftritt. Für jeden einzelnen Regulator stellt der andere demnach einen Inhibitor dar. Diese Verschaltung wird als ODER-Verschaltung bezeichnet.

7.4.2 Hierarchische Verschaltung

Oft beobachtet man ein hierarchisches Regulationsprinzip, d. h. bestimmte Regulatoren sind sehr spezifisch für eine kleine Gruppe von Genen (aktiv/inaktiv bei spezifischem Reiz), während globale Regulatoren eine hohe Anzahl von Genen beeinflussen (allgemeines Hungersignal; Stress-Signal welches die Wirkung des spezifischen Regulators verstärkt). Diese Hierarchien können für die mathematische Modellierung ausgenutzt werden, da gezeigt wurde, dass sich Netzwerke vereinfachen lassen, ohne dass der Fehler zwischen Ausgangsmodell und reduziertem Modell zu groß wird.

In der Literatur sind nur wenige Verfahren zur Beschreibung der Zellantwort in einem Multigen-System beschrieben worden. Eines dieser Verfahren[2] ist in einer Reihe von Veröffentlichungen zur Anwendung gekommen und soll hier kurz diskutiert werden. Für die Berechnung der Transkriptionseffizienz wird folgender Ansatz gemacht: Sie ist proportional zu der Belegung der Bindestellen $\psi_1 = \frac{c_{PD}}{c_{D0}}$ mit RNA-Polymerase. Der Einfluss eines Proteins, welches das Ablesen verhindert (Belegungsrate ψ_2) ergibt sich durch den Faktor $1 - \psi_2$ (Anteil der freien Plätze). Der Einfluss eines Aktivators mit der Belegungsrate ψ_3 und dem Aktivierungsfaktor α geht mit $(1 + \alpha\,\psi_3)$ in die Rechnung ein. Die Syntheserate ist damit proportional zu

$$r_{syn} \sim \psi_1\,(1 - \psi_2)\,(1 + \alpha\,\psi_3). \qquad (7.44)$$

Bei dieser Vorgehensweise werden die Anteile an belegten Plätzen ψ_i berechnet, in dem die einzelnen Bindungsstellen als unabhängig voneinander betrachtet werden und es zu keinerlei Wechselwirkungen kommt; entscheidend ist nur der mit Protein belegte Anteil einer bestimmten Bindungsstelle. Multipliziert man aber die ersten beiden Faktoren in obiger Gleichung aus, so erhält man unter anderem den Summanden $\psi_1\,\psi_2$; das bedeutet, dass die Berechnung die gleichzeitige Anbindung beider Proteine an ihre Bindungsstellen zulässt. Im Falle des *lac* Operons trifft aber gerade dieser Fall nicht zu, da eine ODER Schaltung vorliegt. Die beiden Bindungsstellen überlappen und können nur von der RNA-Polymerase oder vom Regulatorprotein *LacI* besetzt werden.

Zur Vorstellung einer zweiten Methode[3], die auf einem hierarchischen Ansatz aufbaut, soll ein einfaches Beispiel betrachtet werden, welches die Interaktion zweier Transkriptionsfaktoren

---

[2]Genetically structured models for *lac* promotor-operator function in the *Escherichia coli* chromosome and in multicopy plasmids: *lac* operator function. S. B. Lee and J. E. Bailey. Biotech. & Bioeng. 26, 1984, 1372-1382.

[3]The organization of metabolic reaction networks: II. Signal processing in hierarchical structured functional units. A. Kremling & E. D.Gilles, Metab. Eng. 3, 2001, 138-150

beschreibt (Abbildung 7.5). Abbildung 7.6 zeigt oben zunächst die Umsetzung des Gesamtmodells in ein Blockschema, welches dann im unteren Teil des Bildes in zwei Ebenen strukturiert wird.

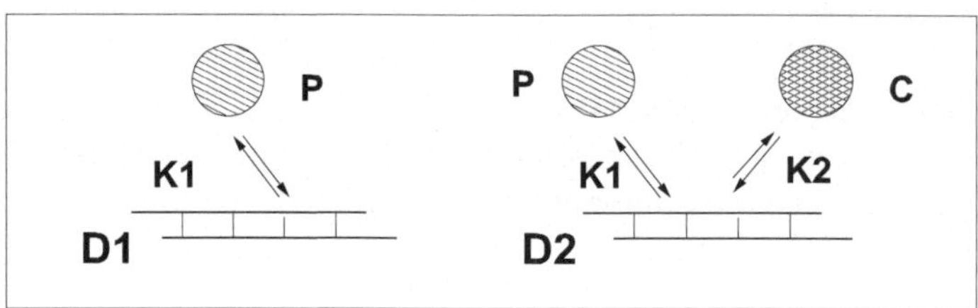

Abbildung 7.5: Schematische Darstellung der Interaktion zweier Proteine mit den DNA-Bindestellen. Protein P steht mit beiden Bindestellen in Wechselwirkung; Protein C nur mit Bindestelle 2.

Gesamtmodell

Die Proteine P und C stehen mit der spezifischen Kontrollsequenz D_2 in Wechselwirkung. Die

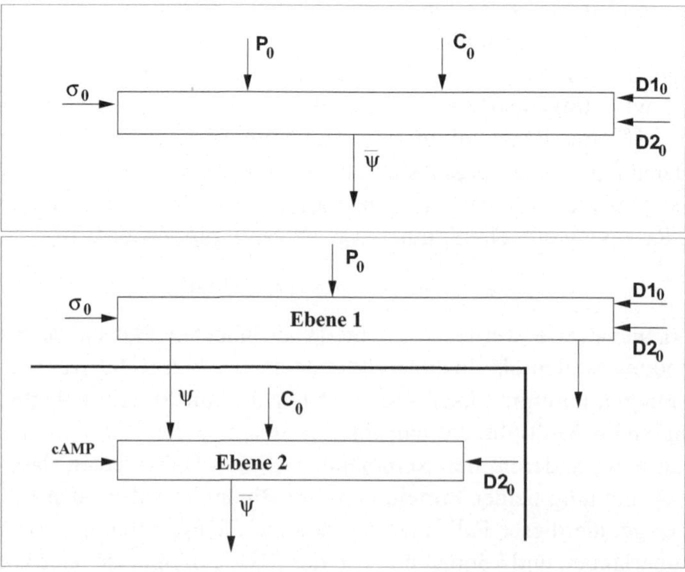

Abbildung 7.6: Beispielsystem mit zwei Bindestellen und zwei Regulatorproteinen. Oben: Blockschaltbild des Gesamtmodells. Unten: Für eine vereinfachte Berechnung wird jedem Regulator eine eigene Ebene zugeordnet. Die beiden Ebene sind hierarchisch aufgebaut und nur in einer Richtung miteinander verbunden.

Strukturgene von D_2 kodieren ein Enzym, dessen Synthese modelliert werden soll. Neben der Kontrollsequenz D_2 steht Protein P noch mit weiteren Bindestellen D_1 in Wechselwirkung. Die

RNA-Polymerase P^* ist nur in der mit dem σ-Faktor aktivierten Form P aktiv.

$$P^* + \sigma \overset{K_b}{\rightleftharpoons} P. \tag{7.45}$$

Protein C wird durch den Metaboliten $cAMP$ aktiviert und kann nur in dieser aktiven Form an die DNA binden. Mit dem Wechselwirkungsparameter α gelten folgende Reaktionsgleichungen für die Kontrollsequenz D_2

$$P + D_2 \overset{K_{11}}{\rightleftharpoons} PD_2$$

$$C^* + cAMP \overset{K_{b2}}{\rightleftharpoons} C$$

$$C + D_2 \overset{K_2}{\rightleftharpoons} CD_2$$

$$C + PD_2 \overset{\alpha,K_2}{\rightleftharpoons} CPD_2, \tag{7.46}$$

wobei C und P positiv miteinander wechselwirken ($\alpha > 1$). Die Größen PD_2 und CPD_2 beschreiben den Initiationskomplex, wenn P alleine und wenn P und C gemeinsam an die Kontrollsequenz gebunden haben. Die Wechselwirkung der Kontrollsequenz D_1 mit P läßt sich durch die Reaktionsgleichung

$$P + D_1 \overset{K_1}{\rightleftharpoons} PD_1 \tag{7.47}$$

beschreiben, wobei von einer gemittelten Affinität K_1 der RNA-Polymerase zu allen Promotoren D_1 ausgegangen wird. Die Affinität K_{11} der Polymerase zu D_2 ist in der Regel schwächer, da über Protein C eine Aktivierung erfolgt.

Abbildung 7.7 zeigt das Verhalten des Gesamtsystems, wenn die Menge an P_0 bzw. C_0 variiert wird. Die Polymerase beeinflusst beide Promotoren. Mit zunehmender Menge an P_0 wird auch die Transkriptionseffizienz gesteigert. Protein C hat nur Einfluss auf die zweite Bindestelle (durchgezogen); allerdings werden durch die Interaktion auch Moleküle von P benötigt, die für die erste Bindestelle nicht mehr zur Verfügung stehen. Allerdings ist die Änderung im Plot kaum zu sehen. Diese Beobachtung wird für die Modellreduktion ausgenutzt.

Reduziertes Modell

Die Dekomposition von Reaktionsnetzwerk (7.45)–(7.47) in zwei Ebenen erfolgt, indem Protein P die oberste und Protein C die zweite Ebene darstellen. Auf der obersten Ebene werden die

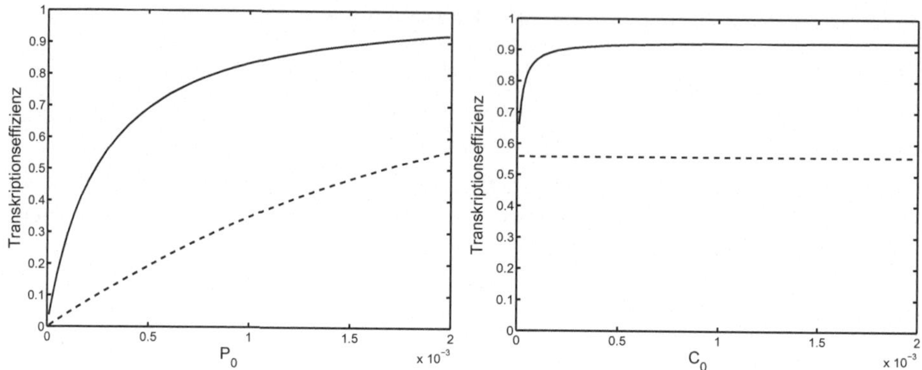

Abbildung 7.7: Links: Einfluss von P auf beide Bindestellen bei festem C (D2 durchgezogen, D1 gestrichelt). Rechts: Einfluss von C auf beide Bindestellen bei festem P (D2 durchgezogen, D1 gestrichelt).

Wechselwirkungen von P mit den Bindungsstellen 1 und 2 sowie dem σ-Faktor berücksichtigt.

$$P^* + \sigma \overset{K_b}{\rightleftharpoons} P$$

$$P + D_1 \overset{K_1}{\rightleftharpoons} PD_1$$

$$P + D_2 \overset{K_{11}}{\rightleftharpoons} PD_2. \tag{7.48}$$

In der zweiten Ebene ist zunächst die Aktivierung durch $cAMP$ und die Anbindung an die freie DNA-Bindungsstelle zu berücksichtigen. Die Belegung der Bindestelle 2 mit RNA-Polymerase wird in der Ebene 1 beschrieben und der Belegungsgrad $\phi = PD1/D_{10}$ als Eingang in die zweite Ebene verwendet. Damit kann diese Reaktion in der zweiten Ebene einfach durch eine Reaktion der Form

$$D_2 \overset{K}{\rightleftharpoons} D_2' \tag{7.49}$$

beschrieben werden, wobei dann D_2' die mit Polymerase belegte Konformation bezeichnet. Für Ebene 2 ergibt sich damit das Reaktionsschema zu

$$C^* + cAMP \overset{K_{b2}}{\rightleftharpoons} C$$

$$C + D_2 \overset{K_2}{\rightleftharpoons} CD_2$$

$$C + D_2' \overset{\alpha K_2}{\rightleftharpoons} CD_2'. \tag{7.50}$$

Hier stellt CD_2' den ternären Komplex aus P, C und Bindestelle 2 dar. Die Simulation des reduzierten Modells in zwei Stufen führt zu den gleichen Ergebnissen wie oben in der Abbil-

dung gezeigt. Ein Unterschied ist kaum auszumachen. Durch die vorgestellte Methode steht ein
Verfahren zur Verfügung, welches es erlaubt, auch große Netzwerke zu modellieren. Durch die
Vereinfachungen reduziert sich der Aufwand zur numerischen Lösung der algebraischen Gleichungen erheblich.

7.5 Replikation

Die DNA liegt in Bakterien als ein ringförmiges, doppelsträngiges Molekül vor, welches aus
den vier Desoxyribonukleotiden dATP, dTTP, dGTP und dCTP aufgebaut wird. Jeweils zwei
gegenüberliegende Stränge sind über Wasserstoffbrücken miteinander verbunden, wobei aber nur
die Basenpaarkombinationen Adenin-Thymin und Guanin-Cytosin erlaubt sind. Das Genom von
Escherichia coli besteht aus ca. 4.720.000 Basenpaaren. Die Reihenfolge der Basenpaarkombinationen stellt die genetische Information dar. Eine bestimmte Anzahl von Basenpaaren (Gen)
repräsentiert dabei den Bauplan für ein Protein. Die Gene liegen nicht alle direkt hintereinander, sondern sind durch nichtkodierende Bereiche (z. B. Promotor, Operator) getrennt, auf denen
weitere Informationen gespeichert sind (Abbildung 7.8).

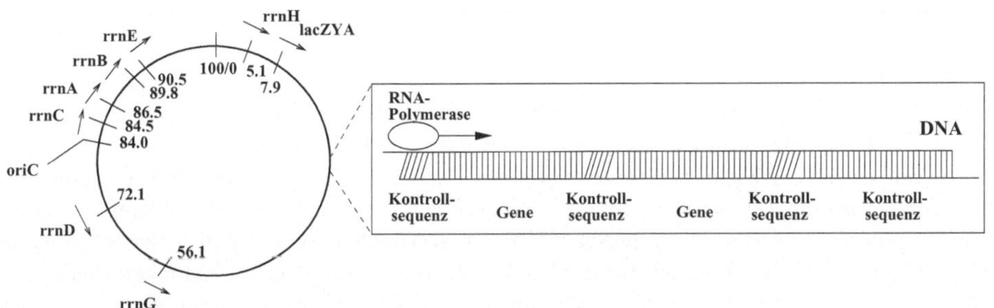

Abbildung 7.8: Genkarte von *E. coli*. Der Startpunkt der DNA Verdopplung (Origin, *oriC*) befindet sich bei
Position 84. Die Strukturgene sind durch die Bereiche der Kontrollsequenzen voneinander getrennt, wobei
jedem Strukturgen zumindest eine Kontrollsequenz vorsteht. In Ausnahmefällen finden sich Kontrollsequenzen auch mitten im Strukturgen.

Der Zeitraum der Replikation setzt sich aus der DNA-Synthesephase (Zeit C) und der Zeit
nach der Synthese bis zur Zellteilung (Zeit D) zusammen. Die genetische Information muss vollständig in doppelter Anzahl vorliegen, bevor sie auf die Tochterzellen verteilt werden kann. Man
stellt bei Experimenten Verdopplungszeiten von nur 20 Minuten fest und muss davon ausgehen,
dass der Prozess der Replikation schon wieder beginnt, bevor die laufende Replikationsrunde
vollständig abgeschlossen ist, da die minimale Zeit D etwa bei 20 Minuten liegt. Das bedeutet,
dass sich die C und D Phasen überlagern (Abbildung 7.9). Der Prozess der Replikation beginnt
immer an einer festen Stelle, dem Origin, und wird über das Protein DNA-Polymerase katalysiert.
Das DNA-Molekül wird in 100 Minuten eingeteilt. Der Startpunkt für ein Gen kann genau quantifiziert werden. Ausgehend vom Origin wird der neue Strang von zwei Seiten aus repliziert. Die
Zellteilung kann erfolgen, wenn die DNA komplett in zweifacher Ausfertigung vorliegt. Wie in
Abbildung 7.9 zu sehen ist, liegen Gene in der Nähe des Origins bei hohen Wachstumsraten in

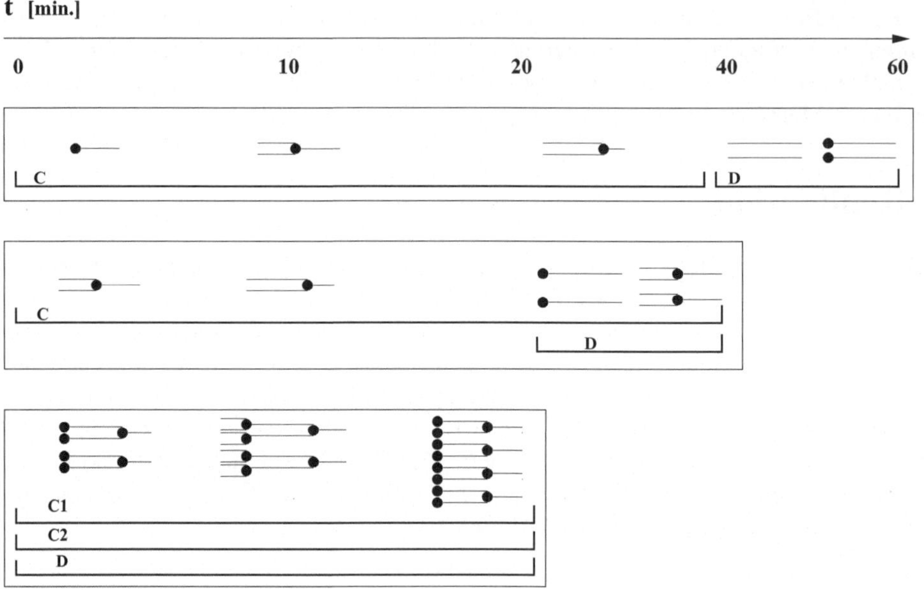

Abbildung 7.9: Darstellung der Anzahl von DNA Molekülen bei verschiedenen Verdopplungszeiten τ. Zeile 1 zeigt den zeitlichen Verlauf des Replikationsprozesses für die Verdopplungszeit $\tau = 60$ Minuten. Zeilen 2 und 3 für $\tau = 40$ Minuten und $\tau = 20$ Minuten. Der schwarze Punkt markiert die Bewegung der DNA-Polymerase auf der DNA. Nach der Verdopplung des DNA-Moleküls braucht die Zelle mindestens 20 Minuten (Zeit D), bis die Teilung abgeschlossen ist. Dies ist die kleinstmögliche Verdopplungszeit τ. Die Zeit C zur Replikation der DNA liegt zwischen 40 und 70 Minuten. Wie in Zeile 2 zu sehen ist, hat die Zelle zum Zeitpunkt $t = 0$ bereits einen Teil der DNA repliziert und fängt nach 20 Minuten wieder mit einer neuen Replikationsrunde an. Die Zeiten C und D überlappen sich. Bei einer Verdopplungszeit von nur 20 Minuten braucht die Zelle zwei Generationen, um die DNA einmal abzulesen (Zeiten $C1$ und $C2$). Teile der DNA in der Nähe des Origins liegen hier bis zur achtfachen Anzahl vor (nach Cooper, a.a.O.).

vielfacher Ausfertigung vor. Die *rrn* Gene, die die ribosomale RNA kodieren und in der Nähe des Origins kodiert sind, liegen bei einer Wachstumsrate von $\mu = 2.08\,1/h$ in fast 8-facher Menge vor. Folgende Beziehung wird von Cooper[4] angegeben, um die Anzahl von DNA-Kopien n_{DNA} bei einer Wachstumsrate μ in Abhängigkeit der Zeiten C und D zu ermitteln

$$n_{DNA} = \frac{1}{C\mu}\left(2^{\frac{(C+D)\mu}{ln2}} - 2^{\frac{D\mu}{ln2}}\right). \tag{7.51}$$

Berücksichtigt man die Position x eines bestimmten Genes auf der DNA, so erhält man ebenfalls nach Cooper folgende Beziehung zur Ermittlung der Anzahl von Templates n_x eines bestimmten Genes:

$$n_x = 2^{\frac{(D+C(1-x))\mu}{ln2}} \qquad 0 \leq x \leq 1, \tag{7.52}$$

---

[4]Bacterial growth and division. S. Cooper, Academic Press, 1991

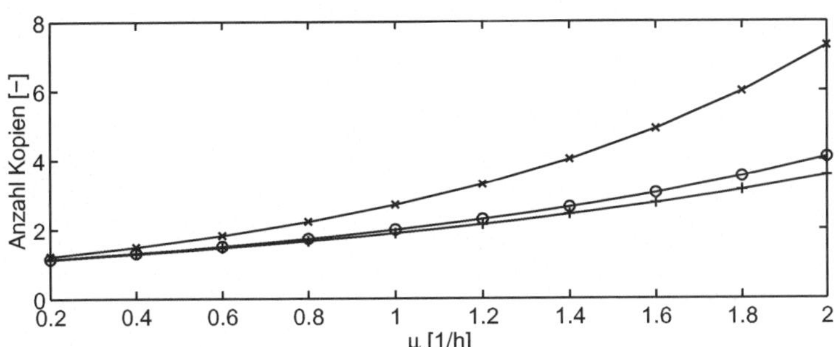

Abbildung 7.10: Verlauf der Kopienanzahl für DNA (o), Gen *rrnC* (x) auf der Position 84.5 und Gen *lac* (+) auf Position 7.9 in Abhängigkeit von der Wachstumsrate μ. Gene in der Nähe des Origins (Position 84) liegen in einer höheren Kopienanzahl vor.

wobei $x = 0$ die Originstelle und $x = 1$ die Terminusstelle bedeutet. Die Zahlenwerte auf der Genkarte müssen entsprechend umgerechnet werden. Abbildung 7.10 zeigt den Verlauf der durchschnittlichen Kopienanzahl der DNA sowie zweier Gene. Das Gen *rrnC* liegt in der Nähe des Origins; Gen *lac* etwas weiter entfernt (Abbildung 7.8). Bei der Modellierung wird analog zur Vorgehensweise oben vorgegangen. Man kann davon ausgehen, dass die DNA-Polymerase DP mit dem Origin O in Wechselwirkung steht (Komplexe DPO, Z), und es nach folgendem Schema zur Synthese der DNA und damit der neuen Gene D^i kommt:

$$DP + O \quad \overset{K_D}{\rightleftharpoons} \quad DPO$$

$$DPO \quad \overset{k_{c_r}}{\longrightarrow} \quad Z + O$$

$$Z + p\,dNU \quad \overset{k_r}{\longrightarrow} \quad D^1 + D^2 + \cdots + DP. \tag{7.53}$$

K_D ist die Affinität der DNA-Polymerase zum Origin; k_{cr} und k_r sind Geschwindigkeitskonstanten. Für die Synthese der DNA lässt sich die Reaktionsgeschwindigkeit r_{Re} analog oben wie folgt angeben:

$$r_{Re} = k_r\,c_Z. \tag{7.54}$$

Die Rate k_r lässt sich aus der Zeit C für die DNA-Synthese (siehe oben) abschätzen. Diese hängt allerdings von der Wachstumsrate μ ab.

8 Transportprozesse

Zellen müssen Nährstoffe und andere wichtige Stoffe über die Zellmembran transportieren. Diese besteht aus einer Lipiddoppelschicht und beinhaltet Proteine mit Sensor- und/oder Transportfunktion. Bei Bakterienzellen wird die Zellmembran noch von der Zellwand umschlossen. Kleine Moleküle können leicht durch die Membran in die Zelle gelangen; bei größeren Moleküle geht das nicht ohne Weiteres. Man unterscheidet folgende Transportmechanismen:

- Freie Diffusion

- Erleichterte Diffusion

- Aktiver Transport

- Gruppentranslokation

Bei den beiden erstgenannten Prozessen wirkt der Konzentrationsgradient zwischen innen und außen als treibende Kraft; beim aktiven Transport muß Energie aufgewendet werden (in Form von negativen ΔG Werten), um die Komponente in die Zelle zu bringen. Bei der Gruppentranslokation wird eine Molekülgruppe auf das hereinkommende Substrat übertragen, welches dann bspw. phosphoryliert wird.

Grundlage der Berechnung ist das erste Ficksche Gesetz, nachdem der Stoffstrom proportional zum negativen Gradienten (Änderung der Konzentration c bezogen auf die Änderung der Weglänge x) ist:

$$r' \sim -\frac{dc}{dx}.\tag{8.1}$$

Integriert man die Gleichung für konstante Diffusionskoeffizienten, berechnet sich die Rate, mit der ein Stoff transportiert wird, wie folgt:

$$r' = P\left(c_a - c_i\right),\tag{8.2}$$

wobei P der Permeabilitätskoeffizient (Funktion des Diffusionskoeffizienten und der Dicke der Membran), c_a die Konzentration außerhalb der Zelle und c_i die Konzentration innerhalb der Zelle ist. Hier ist zu beachten, dass die Rate in der Regel bezogen auf die Fläche der Zellmembran angegeben wird: $[r']\ mol/m^2\,h$. Der Permeabilitätskoeffizient hat demnach die Einheit m/h, was einer Geschwindigkeit entspricht. Um nun zu Einheiten zu kommen, die eine Verrechnung mit den anderen Prozessen erlaubt, wird die Rate r' mit der spezifischen Fläche der Zellmembran ($\equiv$ Oberfläche der Zelle) A_Z multipliziert und man erhält:

$$r = P A_Z \left(c_a - c_i\right).\tag{8.3}$$

Die spezifische Fläche der Zelle kann über folgende Formel mit dem Wassergehalt w, dem Durchmesser d und der Dichte ρ abgeschätzt werden:

$$A_Z = \frac{6}{d\,(1-w)\rho}. \tag{8.4}$$

Wie im Kapitel Signaltransduktion ausführlich beschrieben, wird über eine Massenbilanz eine partielle Differentialgleichung abgeleitet, die die räumliche und zeitliche Veränderung der Konzentrationen der Komponenten beschreibt, wenn diffusive Prozesse berücksichtigt werden müssen. Bei aktiven Transportprozessen werden in der Regel erweiterte kinetische Modellansätze aus der Enzymkinetik verwendet. Hier nimmt das Enzym verschiedene Konformationen an der Außenseite oder an der Innenseite an und es findet dann eine Komplexbildung statt (siehe Abbildung 8.1).

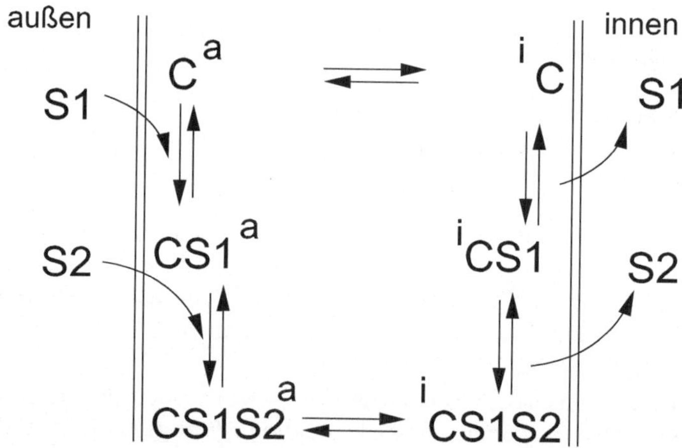

Abbildung 8.1: Reaktionsschema, bei welchem ein Carrier (C) zwei Substrate $S1$ und $S2$ in die Zelle hinein transportiert. Die Reihenfolge der Anbindung ist festgelegt.

9 Signaltransduktionssysteme und genetisch regulierte Netzwerke

Zelluläre Systeme reagieren schnell auf veränderte Umweltbedingungen. Dies äußert sich in der Zu- oder Abschaltung von Stoffwechselwegen oder in einer chemotaktischen Bewegung der Zellen. Die Information muss also von der Zellmembran ins Innere der Zelle gebracht werden, um das Ablesen der DNA-Information zu starten oder zu stoppen. Dies wird durch Signaltransduktionssysteme realisiert. Sie stellen die Verbindung zwischen Stimulus und Genexpression dar.

Signaltransduktionssysteme zeichnen sich durch ein interessantes dynamisches Verhalten aus. So beobachtet man Systeme, die ein Schalterverhalten zeigen, als Verstärker wirken, ein adaptives Verhalten zeigen oder oszillieren. Dieses Verhalten wird benötigt, um bestimmte Funktionen im Stoffwechsel zu realisieren. Signalwege sind oft mit Prozessen der Genexpression gekoppelt, wobei ein Protein, welches durch einen Regulator beeinflusst wird, wiederum auf andere Gene einen Einfluss ausübt. In der Regel wird der Prozess der Genexpression hier nicht modelliert, sondern in den Abbildungen werden nur die entsprechenden Proteine dargestellt. Um deutlich zu machen, dass eine genetische Regulation vorliegt, werden kleine und schräg geschriebene Buchstaben für das Gen verwendet und große Buchstaben für das Protein/Regulator. Im Folgenden sollen zunächst einfache Schaltungen untersucht werden und im Anschluss dann größere Systeme, die typisch für bakterielle Systeme sind.

9.1 Einfache Modelle der Signaltransduktion

Zunächst werden einfache Verschaltungen betrachtet, die der Literatur[1] entnommen sind. Sie stellen eine schöne Übersicht dar und geben grundlegende Mechanismen wieder, die sich auch in größeren Netzwerken wiederfinden.

Aktivierungsmodell

Folgendes Schema soll betrachtet werden (Abbildung 9.1). Ein Reiz S beschleunigt die Bildung der Komponente R^P aus der Komponente R. R^P stellt den aktiven Ausgang dar. Die Komponente wird wieder zu R abgebaut, wobei kein weiteres Signal zum Tragen kommt.

---

[1] Sniffers, buzzers, toggles and blinkers: dynamics of regulatory and signaling pathways in the cell. J. J. Tyson et al., Current Opinion in Cell Biology, 15, 2003, 221–231

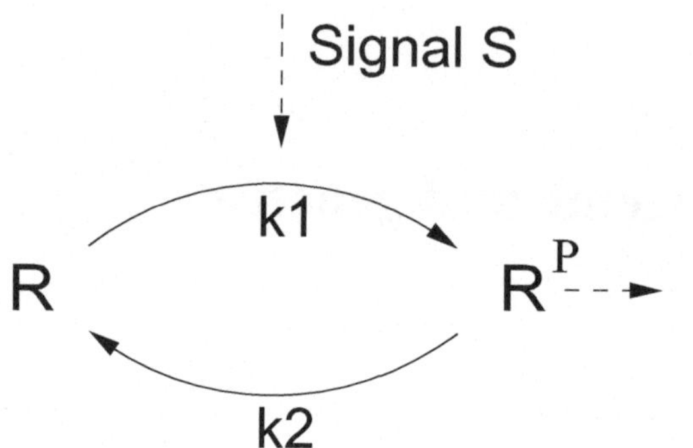

Folgende Gleichungen ergeben sich für die beiden Komponenten:

$$\dot{R}^P = k_1 \cdot S \cdot R - k_2 \cdot R^P$$
$$\dot{R} = -k_1 \cdot S \cdot R + k_2 \cdot R^P \qquad (9.1)$$

Abbildung 9.1: Einfaches Signalschema.

Da die Erhaltungsgleichung $R^P + R = R_0$ gilt, muss nur eine Gleichung betrachtet werden. Mit

$$\dot{R}^P = k_1 \cdot S \cdot (R_0 - R^P) - k_2 \cdot R^P \qquad (9.2)$$

erhält man folgende stationäre Signal-Antwort-Kurve (Ruhelagen).

$$R^P_{ss} = \frac{S \cdot R_0}{S + \dfrac{k_2}{k_1}} = \frac{S \cdot R_0}{S + K_{12}}. \qquad (9.3)$$

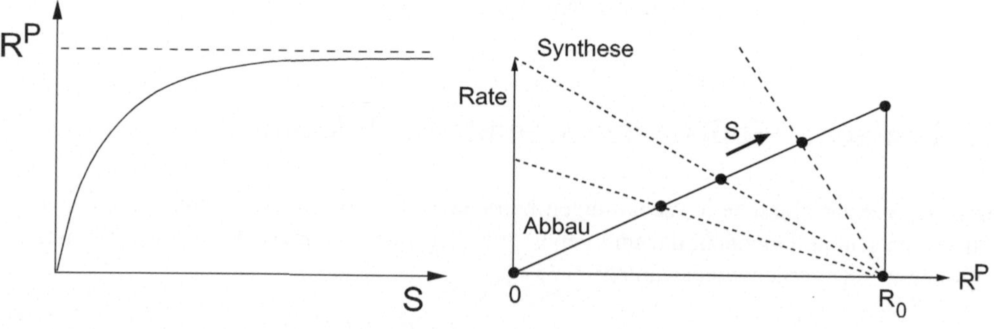

Abbildung 9.2: Links: Signal-Antwort-Kurve. Rechts: Graphische Konstruktion der Signal-Antwort-Kurve. Die durchgezogene Linie stellt die Abbaurate in Abhängigkeit von R_P dar. Sie hängt nicht vom Signal ab. Die gestrichelte Linie ist die vom Signal abhängige Syntheserate. Mit stärkerem Reiz wird der Anstieg größer.

Die Gleichung hat die selbe Form wie die aus der Enzymkinetik bekannte Michaelis-Menten Gleichung (Abbildung 9.2 links). Diese Kurve lässt sich anschaulich auch auf eine graphische Art konstruieren (Abbildung 9.2 rechts). Dazu trägt man Bildungs- und Abbauraten gegeneinander auf und ermittelt die Schnittpunkte. Die Schnittpunkte kennzeichnen die Gleichgewichtslage, daher können sie aus dem Diagramm abgetragen und in eine Signal-Antwort-Kurve übertragen werden.

Das Modell kann verfeinert betrachtet werden, wenn statt Reaktionen 1.ter Ordnung Ansätze aus der Enzymkinetik für die Bildungs- bzw. Abbaurate herangezogen werden. Man erhält dann, wenn man wieder die Erhaltungsbeziehung für R_0 einsetzt:

$$\dot{R}^P = \frac{k_1 \cdot S \cdot R}{K_1 + R} - \frac{k_2 \cdot R^P}{K_2 + R^P}$$

$$= \frac{k_1 \cdot S \cdot (R_0 - R^P)}{K_1 + R_0 - R^P} - \frac{k_2 \cdot R^P}{K_2 + R^P} \, . \tag{9.4}$$

Die graphische Methode in Abbildung 9.3 zeigt, dass sich ein sigmoider Verlauf der Signal-Antwort-Kurve ergibt. Die Berechnung der Ruhelagen ist hier aufwändiger. Die Gleichung oben kann umgeschrieben werden und lautet:

$$\frac{k_1 \cdot S \cdot (R_0 - R^P)}{K_1 + R_0 - R^P} = \frac{k_2 \cdot R^P}{K_2 + R^P} \, . \tag{9.5}$$

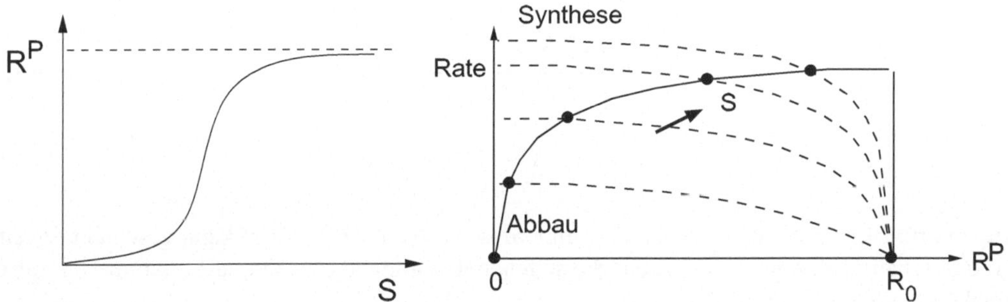

Abbildung 9.3: Schaltverhalten – "buzzer" (Hupe). Die durchgezogene Linie stellt die Abbaurate in Abhängigkeit von R_P dar. Sie hängt nicht vom Signal ab. Die gestrichelte Linie ist die vom Signal abhängige Syntheserate. Zu beachten ist, dass alle Kurven die gleiche Halbsättigungskonstante K_1 haben.

In allgemeinerer Form, wenn bspw. auch für die Rückreaktion noch eine Eingriffsmöglichkeit vorhanden sein soll, ergibt sich:

$$\frac{v_1(S) \cdot (R_0 - R^P)}{K_1 + R_0 - R^P} = \frac{v_2(S) \cdot R^P}{K_2 + R^P} \tag{9.6}$$

wobei nun v_1 und v_2 die maximalen Geschwindigkeiten darstellen. Die Gleichung kann wie folgt umgestellt werden:

$$v_1 \cdot (R_0 - R^P)(K_2 + R^P) = v_2 \cdot R^P (K_1 + R_0 - R^P) \tag{9.7}$$

$$\rightarrow \quad v_1 \cdot (1 - r^P)(K_2^* + r^P) = v_2 \cdot r^P (K_1^* + 1 - r^P) \, ; \tag{9.8}$$

die zweite Zeile erhält man durch Division mit $R_0 \neq 0$. Die Größen K^* geben die skalierten Michaelis-Menten-Konstanten wieder. Stellt man weiter um, erhält man eine quadratische Gleichung:

$$(v_2 - v_1)\, r_p^2 - \left(v_1(K_2^* - 1) + v_2(1 + K_1^*)\right) r_p + v_1 K_2^* = 0, \tag{9.9}$$

die sich mit folgenden Abkürzungen

$$p = \frac{v_1(K_2^* - 1) + v_2(1 + K_1^*)}{v_2 - v_1} \quad \text{und} \quad q = \frac{v_1 K_2^*}{v_2 - v_1} \tag{9.10}$$

umschreiben lässt. Man erhält als Lösung (die zweite Lösung mit Plus führt zu Werten > 1):

$$r_p = \frac{p}{2} - \frac{1}{2}\sqrt{p^2 - 4q}. \tag{9.11}$$

Setzt man wieder ein, ergibt sich:

$$r_p = \frac{P - \sqrt{P^2 - 4(v_2 - v_1)\, v_1 K_2^*}}{2\,(v_2 - v_1)} \quad \text{mit} \tag{9.12}$$

$$P = v_1\,(K_2^* - 1) + v_2\,(1 + K_1^*). \tag{9.13}$$

Diese Form ist ungünstig, da für $v_1 = v_2$ eine Singularität auftritt. Mann kann geschickt erweitern und erhält nach einigen Schritten die sogenannte Goldbeter-Koshland-Funktion, die mit G abgekürzt wird:

$$G := r_p = \frac{2 v_1 K_2^*}{P + \sqrt{P^2 - 4\,(v_2 - v_1)\, v_1 K_2^*}}. \tag{9.14}$$

Diese Funktion wird in vielen Fällen gebraucht, um das Verhalten der Systeme analytisch zu untersuchen. Unten werden Beispiele für ein Feedback-System und ein oszillierendes System gezeigt bei denen die Funktion dann eingesetzt wird.

Adaptives Verhalten

Abbildung 9.4 zeigt ein Signaltransduktionssystem, bei dem das Signal auf zwei Teilpfade wirkt. Die beiden Wege sind durch die Interaktion der Komponente X auf den Abbau von R miteinander gekoppelt.

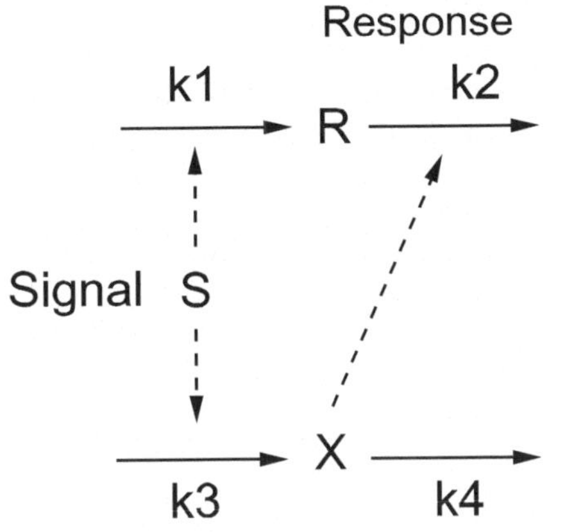

Abbildung 9.4: Schaltung, die zu adaptivem Verhalten führt (Sniffer).

Die entsprechenden Gleichungen lauten wie folgt:

$$\dot{R} = k_1 \cdot S - k_2 \cdot X \cdot R$$
$$\dot{X} = k_3 \cdot S - k_4 \cdot X \qquad (9.15)$$

Berechnet man wieder die Signal-Antwort-Kurve ergibt sich:

$$X_{ss} = \frac{k_3 \cdot S}{k_4}$$
$$R_{ss} = \frac{k_1 \cdot S}{k_2 \cdot X_{SS}} = \frac{k_1 \cdot k_4}{k_2 \cdot k_3} = const. \neq f(S). \qquad (9.16)$$

Der stationäre Wert von R ist unabhängig von der Anregung des Systems. Wird das System ausgelenkt, kehrt es nach einiger Zeit wieder zur Ausgangslage zurück (Abbildung 9.5). Dies wird als adaptives Verhalten bezeichnet.

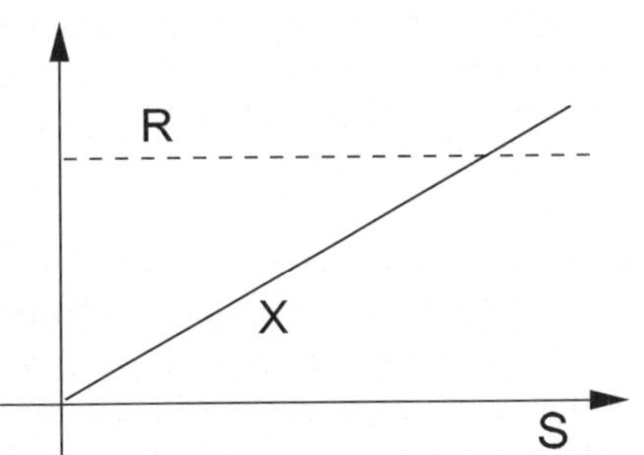

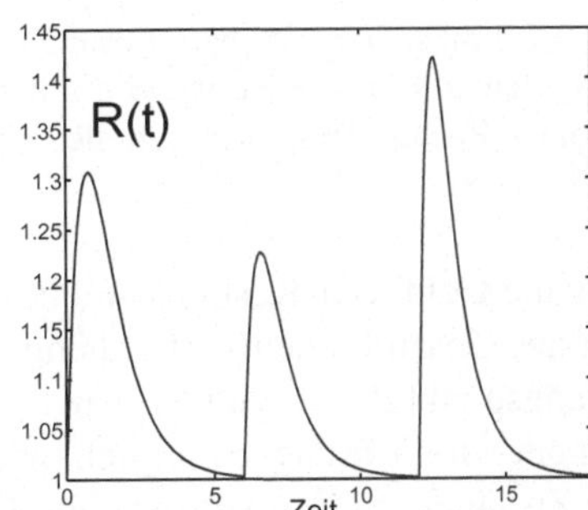

Abbildung 9.5: Adaptives Verhalten: Größe X ist abhängig von S, während R unabhängig ist. Wird S verändert, gibt es eine dynamische Systemantwort.

Feedback System

Ein weiterer Mechanismus beschreibt eine Rückkopplung der Größe E^P auf die Bildung von R. R wiederum stimuliert die Synthese von E^P. Der Ausgang ist die Größe R. Damit liegt eine positive Rückkopplung vor.

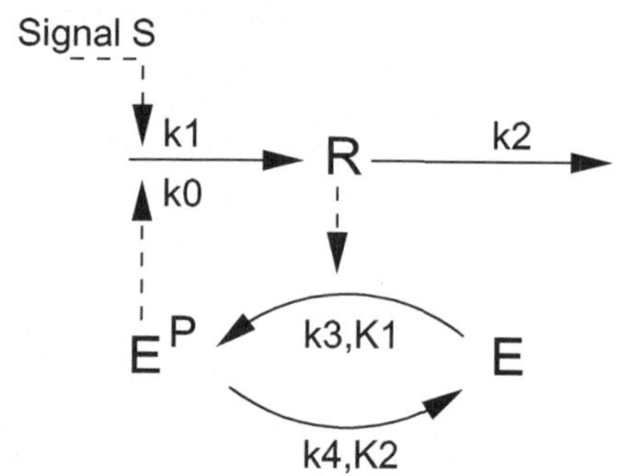

Abbildung 9.6: Feedback Mechanismus.

Die Gleichungen lauten wie folgt:

$$\dot{R} = k_0 E^P + k_1 S - k_2 R$$

$$\dot{E}^P = \frac{k_3 R E}{K_1 + E} - \frac{k_4 E^P}{K_2 + E^P}$$

$$= \frac{k_3 R (E_0 - E^P)}{K_1 + (E_0 - E^P)} -$$

$$\frac{k_4 E^P}{K_2 + E^P} \tag{9.17}$$

Die graphische Bestimmung der stationären Lösung zeigt Abbildung 9.7, wobei für die linke

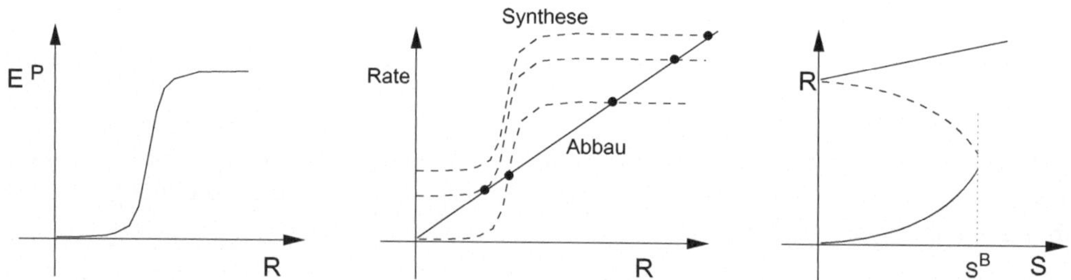

Abbildung 9.7: Links: Die stationäre Lösung von E^P in Abhängigkeit von R kann von oben übernommen werden (Abbildung 9.3). Die Kurve wird mit dem Eingang S überlagert und verschiebt sich im mittleren Bild nach oben. Rechts: Trägt man nun die Schnittpunkte auf, so erhält man je nach Wert von S ein, zwei oder drei Lösungen.

Abbildung die Goldbeter-Koshland-Funktion zur Berechnung eingesetzt wurde. Die Anzahl der Lösungen des Gesamtsystems ist abhängig vom Eingangssignal, welches nicht die Form, aber den Ausgangspunkt der sigmoiden Kurve verändert (S wirkt additiv auf die Synthese). Es sind eine, zwei oder drei Lösungen möglich, wie in der Abbildung zu sehen ist. Es gibt also mehrfach stationäre Zustände. Eine Analyse zeigt, dass bei drei Lösungen, die zweite Lösung instabil ist. Zwei Lösungen fallen an einem Punkt, dem Bifurkationspunkt zusammen. Wird bei diesem System das Signal zunächst über den Bifurkationspunkt hinaus erhöht und dann wieder reduziert, bleibt der Signalausgang auf einem hohen Wert stehen. Das bedeutet, dass ein Abschalten hier nicht möglich ist, das System ist unwiderruflich in einer neuen Gleichgewichtslage. In Abbildung 9.8 ist eine solche Simulation gezeigt. Solche Prozesse findet man bspw. bei der Zellteilung oder der Apoptose, dem programmierten Zelltod.

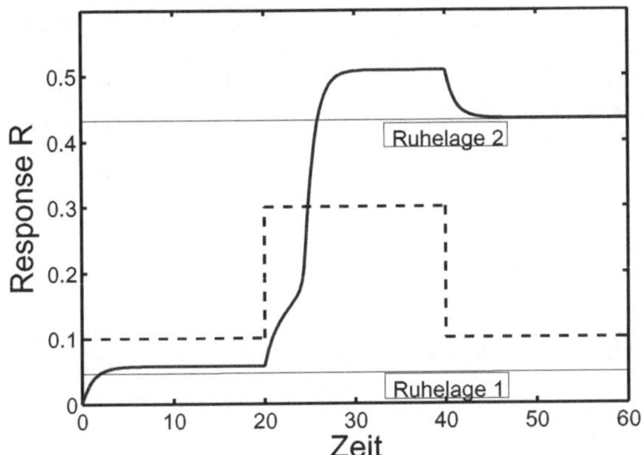

Abbildung 9.8: Simulation des Feedbacksystems. Zunächst wird eine Anfangsbedingung gewählt, bei der der untere stabile Lösungsast (Ruhelage 1) erreicht wird. Dann wird für kurze Zeit das Eingangssignal (hier skaliert) erhöht und dann wieder auf den Originalwert zurück gesetzt. Das System bleibt in der zweiten Ruhelage (Ruhelage 2).

Einfluss eines Effektors

Im letzten Beispiel soll nochmal auf den allerersten einfachen Mechanismus zurückgekommen werden, und der Einfluss eines Effektors, in diesem Fall eines Inhibitors, untersucht werden[2]. Der Inhibitor kann wie in Abbildung 9.9 gezeigt mit dem Signal S einen inaktiven Komplex bilden, der die Umwandlung von R in R^P nicht mehr unterstützt. Die Signal-Antwort-Kurve kann mit der Annahme, dass sich die reversible Reaktion im Gleichgewicht befindet, ermittelt werden:

---

[2]Tripping the switch fantastic: how a protein kinase cascade can convert graded inputs into switch-like outputs. J. E. Ferrell, TIBS 21, 1996, 460-466

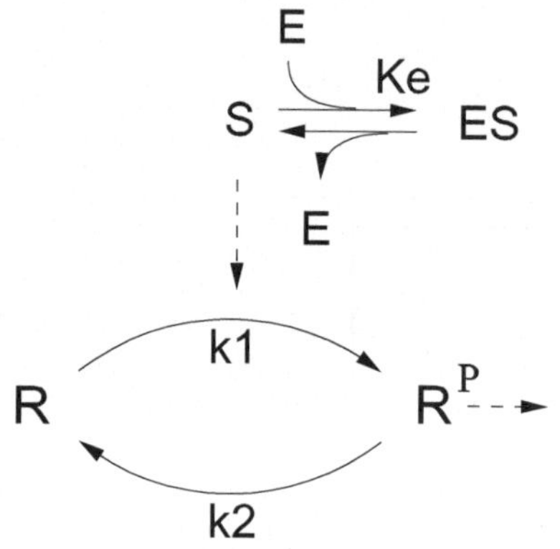

Abbildung 9.9: Effektor E bindet das Signal
und deaktiviert den Signaltransduktionsweg.

Folgende Gleichungen ergeben sich:

$$\dot{R}^P = k_1 \cdot S \cdot (R_0 - R^P) - k_2 \cdot R^P$$
$$S_0 = S + ES$$
$$E_0 = E + ES \qquad (9.18)$$

Wie oben erhält man für R^P:

$$R^P = \frac{S R_0}{S + K_{12}} . \qquad (9.19)$$

Die Auswertung der Gleichgewichtsannahme führt auf folgende Beziehungen:

$$S_0 = S + \frac{E \cdot S}{K_E}$$

$$E_0 = E + \frac{E \cdot S}{K_E} , \qquad (9.20)$$

wobei K_E die Gleichgewichtskonstante der Reaktion ist. Hierbei wird angenommen, dass S_0 und
E_0 in vergleichbaren Konzentrationsbereichen vorliegen. Aus beiden obigen Gleichungen sind
die unbekannten S und E zu ermitteln. Man erhält:

$$E = \frac{E_0 K_E}{K_E + S}$$

$$\rightarrow \quad S = S_0 - \frac{S}{K_E} \frac{E_0 K_E}{K_E + S} = S_0 - \frac{E_0 S}{K_E + S} .$$

Die letzte Gleichung führt auf eine quadratische Gleichung für S.

$$S^2 + S(K_E + E_0 - S_0) - S_0 K_E = 0 . \qquad (9.21)$$

Die Auflösung dieser quadratischen Gleichung kann für folgende Fälle vereinfacht werden: Für
$E_0 \approx 0$ und kleines K_E ergibt sich:

$$S \approx S_0 \qquad (9.22)$$

Dies ist eine Ursprungsgerade. Eingesetzt in Gleichung (9.19) erhält man eine Michaelis-Menten
Beziehung. Für größere E_0-Werte und kleines K_E ergibt die Abschätzung:

$$S \approx S_0 - E_0 \qquad (9.23)$$

und damit eine Kurve, die zwar > 0 ist, aber solange $S_0 < E_0$ gilt, sehr kleine Werte aufweist. Für große S_0 ergibt sich dann wieder eine Geradengleichung. Damit erhält man insgesamt eine Funktion, die sich mit einer Hill-Gleichung annähern lässt und es ergibt sich die in Abbildung 9.10 gezeigte Signal-Antwort-Kurve. Der Hill-Koeffizient für verschiedene Werte des Effektors ist ebenfalls gezeigt.

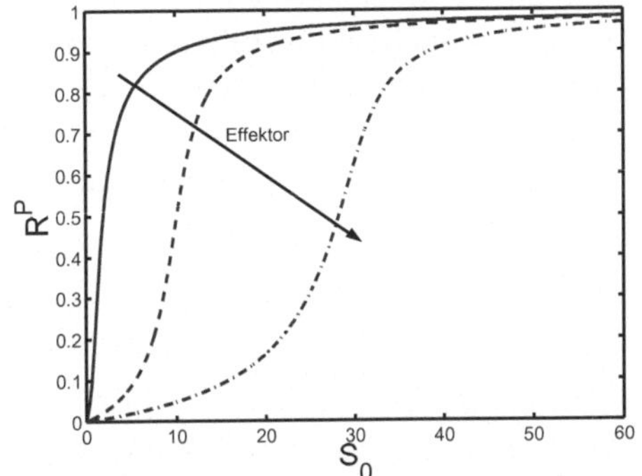

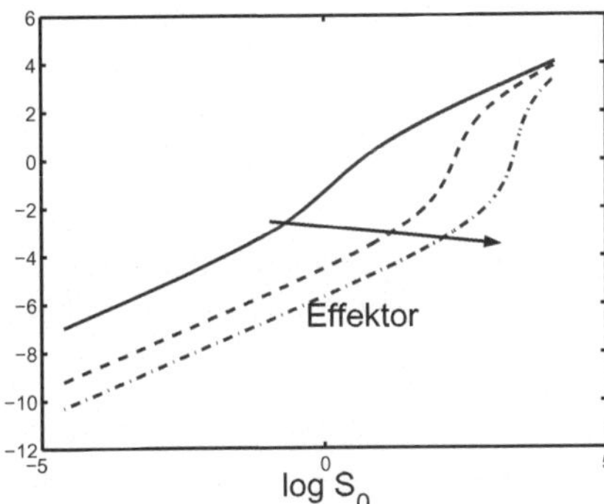

Abbildung 9.10: Einfluss des Effektors auf den Ausgang. Mit höheren Konzentrationen des Effektors verschiebt sich die Kurve vom hyperbolen Verlauf zum sigmoiden Verlauf. Das lässt sich einfach mit dem Hill-Koeffizienten veranschaulichen.

9.2 Oszillierende Systeme

Bei vielen biologischen Systemen werden Oszillationen beobachtet. Diese ergeben sich, wenn Rückkopplungsschleifen oder Aktivierungen (oder beide Typen) im Netzwerk vorhanden sind. Abbildung 9.11 zeigt ein Netzwerk, welches eine Erweiterung des Schemas in Abbildung 9.6 darstellt. Es kommt eine zusätzliche Komponente X ins Spiel, wobei R die Synthese von X stimuliert, während X den Abbau von R fördert. Für bestimmte Werte des Signals S kommt es zu Oszillationen im System.

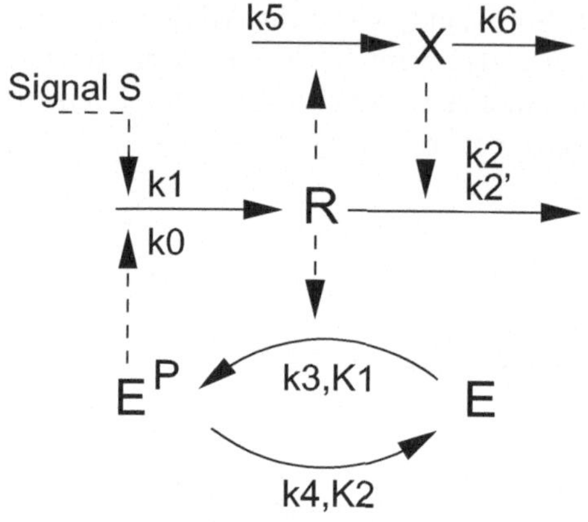

Abbildung 9.11: Signaltransduktionsschema welches für bestimmte Werte von S oszilliert.

Folgende Gleichungen ergeben sich für die beiden Komponenten R und X:

$$\dot{R} = k_0 E^P + k_1 S - k_2 R - k_2' R X$$

$$\dot{X} = k_5 R - k_6 X. \qquad (9.24)$$

Für die Komponente E^P wird angenommen, dass die Reaktion sehr schnell ist und die Komponente sich daher im Gleichgewicht befindet. Die Gleichung für E^P kann analog Gleichung (9.4) angenommen werden.

Studien zeigen, dass hier ein Grenzzyklus vorliegt (Abbildung 9.12 links). Im Bild rechts ist der Verlauf der stationären Ruhelage in Abhängigkeit des Signals gezeigt. Treten Schwingungen auf, sind maximale und minimale Werte durch das Symbol 'o' gekennzeichnet. Treten keine Oszillationen auf, sind die Ruhelagen durch eine durchgezogene Linie gekennzeichnet.

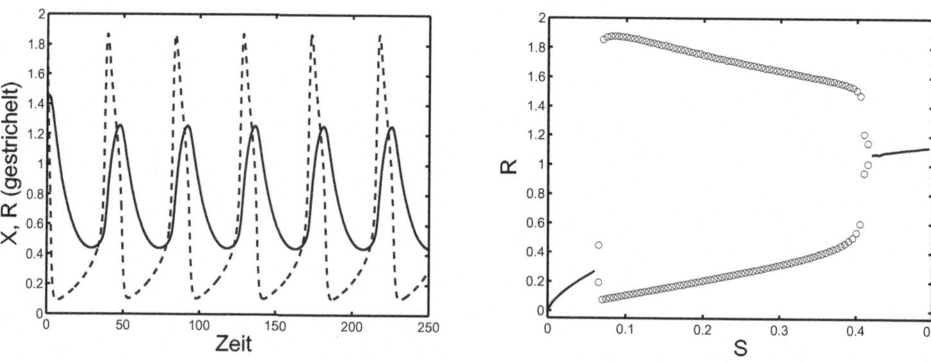

Abbildung 9.12: Links: Zeitverlauf von R und X. Rechts: Signal-Antwort-Kurve. Aufgetragen ist die stationäre Lösung für R in Abhängigkeit von S. Für Werte von S, bei denen das System oszilliert, sind die Maximal- und Minimalwerte der Schwingung mit Symbol gekennzeichnet.

Das System soll nun näher untersucht werden. Für die Berechnung von E^P kann wiederum die Goldbeter-Koshland-Funktion $G(R)$ eingesetzt werden. Zur Illustration werden zunächst die beiden Nullklinen des Systems gezeichnet und in der Form $R(X)$ dargestellt. Aus den beiden dynamischen Systemgleichungen ermittelt man:

$$\text{aus Gl. für } R: \quad X \;=\; \frac{k_0\,E^P(R) + k_1\,S - k_2\,R}{k_2'\,R} \qquad (9.25)$$

$$\text{aus Gl. für } X: \quad X \;=\; \frac{k_5\,R}{k_6}. \qquad (9.26)$$

Die erste Gleichung stellt eine Verformung der sigmoiden Kennlinie $E^P(R)$ dar, wobei zusätzlich als Parameter das Signal S wirkt; die zweite Gleichung stellt eine Gerade dar.

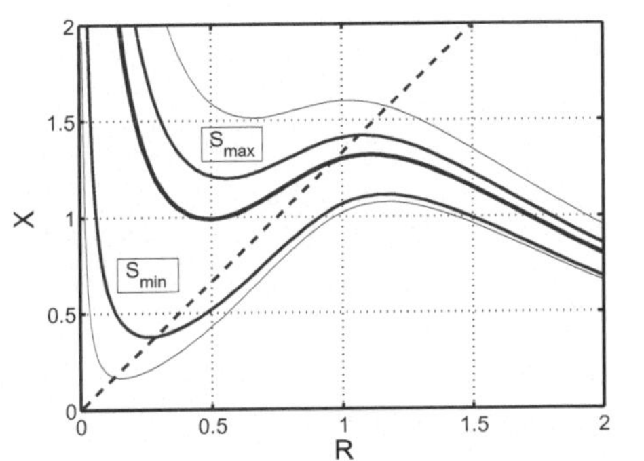

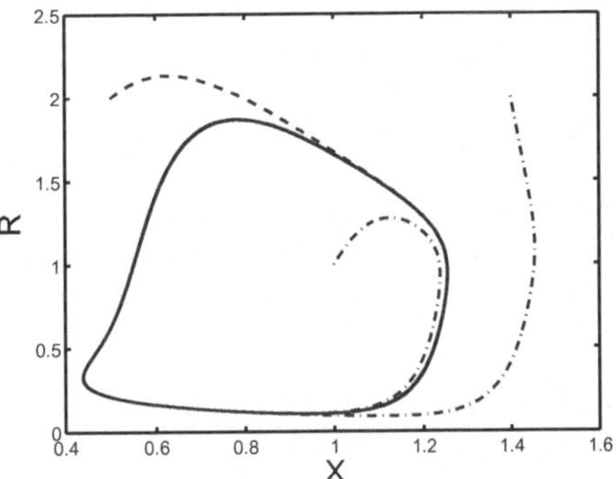

Abbildung 9.13: Links: Darstellung der Nullklinen für verschiedene Werte von S. Der Bereich von S, in dem das System oszilliert ist gekennzeichnet. Rechts: Grenzzyklus; simuliert für verschiedene Anfangsbedingungen.

Abbildung 9.13 zeigt die Nullklinen für verschiedene Werte von S. Es ergibt sich genau ein Schnittpunkt und damit nur eine Ruhelage. Im gekennzeichneten Bereich (S_{min}, S_{max}) oszilliert das System. Die vertikale Nullkline (1.te Gleichung oben) zeichnet sich durch zwei lokale Extrema aus. Liegt ein Extremum links der horizontalen Nullkline, das andere rechts davon, so kommt es zu Oszillationen. Für große Werte von S liegen bei Extrema links der zweiten Nullkline; für kleine Werte von S rechts davon.

9.3 Genetisch regulierte Netzwerke

9.3.1 Ein-/Ausgangsverhalten

In Kapitl 7 wurde bereits dargestellt, welche Gleichungen zur detaillierten mathematischen Beschreibung der Genexpression aufgestellt werden, wobei aus systemtheoretischer Sicht eine Steuerung betrachtet wurde. Die Thematik wird hier wieder aufgegriffen und es werden Rückkopplungseffekte analysiert. An einfachen Beispielen werden zunächst die Wechselwirkungen eines Induktors mit einem Regulator hinsichtlich der Ein-/Ausgangslogik und der Dynamik betrachtet[3]. Folgende Abbildung 9.14 zeigt verschiedene Verschaltungsvarianten (Induktor i, Regulator R, reguliertes Gen g, Genprodukt G).

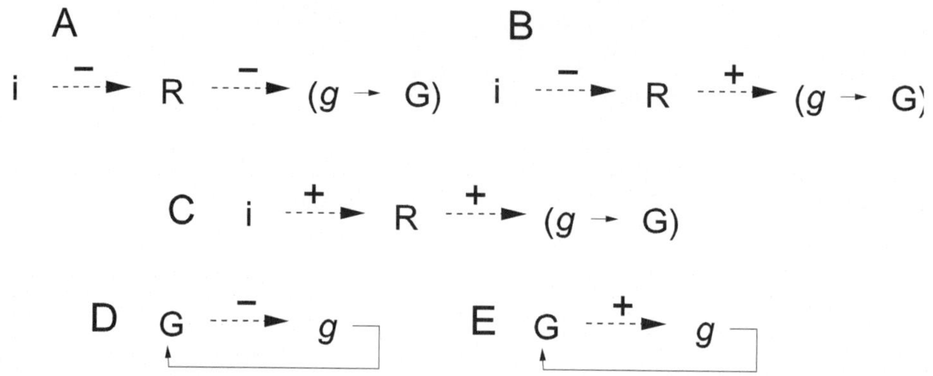

Abbildung 9.14: Schaltungsmuster der Genregulation: **A** Induktion. Der Induktor deaktiviert den Repressor. **B** Der Induktor deaktiviert den Aktivator. **C** Der Induktor aktiviert den Aktivator. **D** Negative Autokontrolle. **E** Positive Autokontrolle.

Tabelle 9.1 gibt die logischen Werte für die Fälle **A** bis **C** wieder, wenn Induktor und Regulator als Eingangsgrößen und das Genprodukt als Ausgangsgröße betrachtet wird.

Tabelle 9.1: Logik der Verschaltungen **A** bis **C**. Die ersten beiden Spalten repräsentieren die Eingangsgrößen Induktor i und Regulator R, die weiteren Spalten geben an, ob das Produkt gebildet wird ($+$) oder nicht ($-$).

i	R	Fall **A**	Fall **B**	Fall **C**
$-$	$-$	$+$	$-$	$-$
$+$	$-$	$-$	$+$	$-$
$-$	$+$	$+$	$-$	$-$
$+$	$+$	$+$	$-$	$+$

9.3.2 Negative und positive Autoregulation

Für die negative und positive Autoregulation soll im folgenden das dynamische Verhalten untersucht werden. Ein Grundmodell für die beiden Fälle sieht wie folgt aus:

$$\dot{G} = r_{syn} - r_{abb} = f(G) - k_{ab}\, G \tag{9.27}$$

---

[3]The engineering of gene regulatory networks. M. Kaern et al., Annu. Rev. Biomed. Eng. 5, 179-206, 2003. Network motifs: theory and exeprimental approaches. U. Alon. Nature Rev. Gen. 8, 450-460,2007

wobei die Funktion $f(G)$ die Autoregulation widerspiegelt:

$$\text{Keine Regulation} \quad f(G) \quad = \quad k_{syn} \tag{9.28}$$

$$\text{Negative Autoregulation} \quad f(G) \quad = \quad \frac{k_{syn1}}{1 + (G/K_A)^n} \tag{9.29}$$

$$\text{Positive Autoregulation} \quad f(G) \quad = \quad k_{syn2} \frac{(G/K_A)^n}{1 + (G/K_A)^n}. \tag{9.30}$$

Hierbei werden typischerweise Ansätze einer Hill-Kinetik verwendet, um die Interaktion mit der DNA zu beschreiben. Liegt keine Regulation vor, so ist ein hyperboler Verlauf zu beobachten.

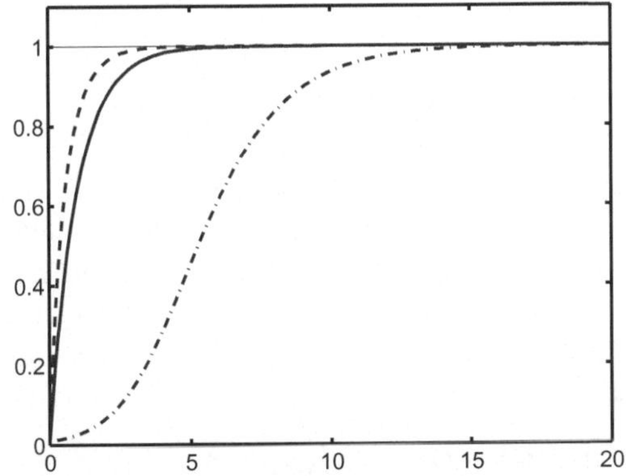

Abbildung 9.15: Zeitverläufe für die obigen Systeme. Durchgezogen: Keine Regulation. Gestrichelt: Negative Autoregulation. Strichpunkt: positive Autoregulation (Parameter $K_A = 1$, $n = 1$, $k_{syn} = 1$, $k_{syn1} = 2$, $k_{syn2} = 2$).

Die Parameter sind nun so gewählt, dass die Ruhelagen gleiche Werte aufweisen. Für die positive als auch für die negative Autoregulation sind starke Promotoren notwendig ($k_{syni} > k_{syn}$) damit gleiche Werte erreicht werden. Die negative Autoregulation zeigt dabei ein schnellere Antwort als die beiden anderen Systeme. Das liegt an der späteren Hemmung der Expression mit zunehmenden Werten von G. Um den Wert der Ruhelage zu erreichen, muss das System zu Beginn schnell exprimiert werden. Formal kann man die schnellere Zeitkonstante wie folgt berechnen: Linearisiert man das System, so erhält man den Eigenwert aus der Ableitung der Funktion f. Da diese eine monoton fallende Funktion ist, ist die Ableitung negativ und der resultierende Eigenwert ist betragsmäßig größer als k_{ab}. Der Parameter k_{ab} ist der Eigenwert des unregulierten Systems. Daher weist das negativ kontrollierte System eine schnellere Zeitkonstante auf. Bei der positiven Autoregulation dauert es lange, bis das System anspricht, da nur wenige Moleküle von G vorhanden sind. Das System beschleunigt sich dann selbst; man spricht von einem autokatalytischen Vorgang. Die positiv regulierten Systeme weisen noch eine andere interessante Eigenschaft auf. Betrachtet man das System in der Form (hier werden $n =$, $K_A = 1$ und $k_{ab} = 1$ gewählt):

$$\dot{G} \;=\; f(G) - G = k_{syn2}(S)\,\frac{G^2}{1 + G^2} - G, \tag{9.31}$$

wobei S ein Signaleingang darstellt, der die Geschwindigkeit der Synthese beeinflussen soll, so ergeben sich die Ruhelagen durch:

$$k_{syn2}(S)\,\frac{G^2}{1 + G^2} = G, \tag{9.32}$$

wobei gleich $G_1 = 0$ als Gleichgewichtslage ermittelt werden kann. Für die anderen beiden Ruhelagen ergibt sich aus:

$$k_{syn2}(S)\,G = 1 + G^2 \tag{9.33}$$

$$\longrightarrow \quad G_{2/3} = \frac{k_{syn2}(S)}{2} \pm \frac{1}{2}\sqrt{k_{syn2}(S)^2 - 4}. \tag{9.34}$$

Man sieht, dass diese Ruhelagen nur für die Bedingung: $k_{syn2}(S) > 2$ existieren. Im Fall $k_{syn2}(S) = 2$ verschwindet der Ausdruck unter der Wurzel, die Ruhelagen fallen zusammen und es ergibt sich nur der Wert $G_{2/3} = 1$ als Ruhelage. Für größere Werte von $k_{syn2}(S)$ ist jeweils ein Wert der Ruhelage größer als 1, der andere kleiner. Um die Stabilitätseigenschaften der Ruhelagen zu ermitteln, wird wie üblich eine Linearisierung durchgeführt (siehe Anhang). Die erste Ableitung der Funktion $f(G) - G$ berechnet sich zu:

$$\frac{d(f(G) - G)}{dG} = \frac{2\,k_{syn2}(S)\,G}{(1 + G^2)^2} - 1. \tag{9.35}$$

Für die Ruhelage $G = 0$ erhält man somit:

$$\left.\frac{d(f(G) - G)}{dG}\right|_{G=0} = -1; \tag{9.36}$$

diese Ruhelage ist somit stabil. Für die beiden anderen Ruhelagen stellt man die Gleichung geschickt um und nutzt die Tatsache, dass für die beiden anderen Ruhelagen Gleichung (9.33) gilt. Dann vereinfacht sich der Ausdruck zu:

$$\left.\frac{d(f(G) - G)}{dG}\right|_{G_{2/3}} = \frac{1 - G^2}{1 + G^2}. \tag{9.37}$$

Hier kann man ablesen, dass sich für Werte $G > 1$ eine stabile Ruhelage ergibt und für Werte $G < 1$ eine instabile. Die Ergebnisse sind in Abbildung 9.16 zusammengestellt. Gezeigt ist der Verlauf der Ruhelagen in Abhängigkeit von $k_{syn2}(S)$ und die entsprechenden Richtungen des Geschwindigkeitsfeldes. Im rechten Teil der Abbildung ist eine Simulationsstudie für $k_{syn2}(S) = 4$ gezeigt. Aus der rechten Abbildung ermittelt man, dass für Anfangswerte $G(0) > 0.268$ die Ruhelage 2 erreicht wird, für Werte $G(0) > 0.268$ wird die Ruhelage $G = 0$ erreicht.

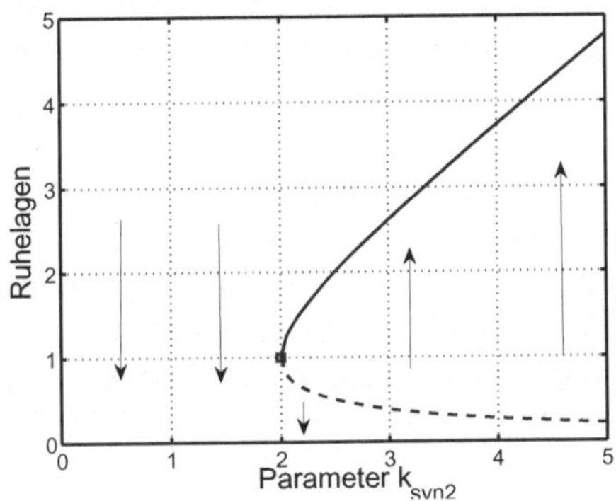 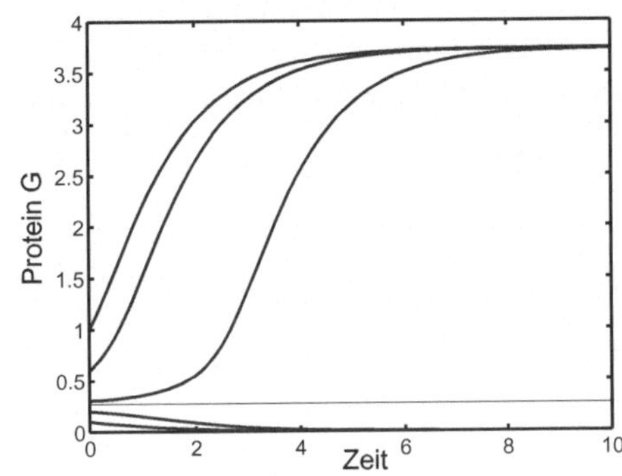

Abbildung 9.16: Links: Verlauf der Ruhelagen in Abhängigkeit von $k_{syn2}(S)$. Es ergibt sich eine superkritische Bifurkation bei $k_{syn2}(S) = 2$. Rechts: Simulationsstudie für $k_{syn2}(S) = 4$.

Es bleibt zu berechnen, was sich für den Bifurkationspunkt bei $k_{syn2}(S) = 2$ ergibt. Setzt man den Wert in die erste Ableitung ein, ergibt sich: $\left.\dfrac{d(f(G) - G)}{dG}\right|_{G=1} = 0$. Das bedeutet, dass hier zunächst keine Aussage getroffen werden kann. Daher ist die zweite Ableitung zu berechnen. Man erhält:

$$\left.\frac{d^2(f(G) - G)}{dG^2}\right|_{G=1} = \frac{2\,k_{syn2}(S) - 6\,k_{syn2}(S)\,G^2}{(1 + G^2)^3} = -1. \tag{9.38}$$

Das linearisierte System hat jetzt die Form:

$$\Delta\dot{G} = a_1\Delta G + a_2(\Delta G)^2, \tag{9.39}$$

wobei sich $a_1 = 0$ und $a_2 < 0$ ergeben hatten. Das System ist instabil, da der quadratische Term immer positive Werte liefert. Ist das System in der Nähe der Ruhelage, positiv ausgelenkt, läuft es wieder auf die Ruhelage zu, ist es aber negativ ausgelenkt, läuft es von der Ruhelage weg. Die positive Autoregulation findet sich in vielen Systemen, wenn es darum geht, einen Stoffwechselweg zu induzieren (die Gene werden nur abgelesen, wenn das entsprechende Substrat im Medium vorliegt). Ein typisches Beispiel ist wieder las *lac*-Operon, was schon vorgestellt wurde. Bei der Simulation eines stochastischen Systems mit positiver Rückkopplung wurde gezeigt, dass sich eine heterogene Population ausbildet (bei einem Teil der Population war das Gen gar nicht angeschaltet). Hier ist nun die entsprechende Beobachtung im deterministischen System gezeigt.

9.3.3 Umschalter – Toggle-Switch

Bisher wurden Schaltkreise analysiert, bei denen durch das Signal ein "Einschalten" ermöglicht wurde. Für biotechnolgische Fragestellungen ist es interessant nicht nur einen Stoffwechselweg einzuschalten, sondern gleichzeitig einen anderen auszuschalten. Man spricht hier von einem

Umschalter, wie die in Abbildung 9.17 gezeigte Verschaltung zweier Regulatorproteine verdeutlicht[4]. Dabei hemmen sich die beiden Regulatoren gegenseitig. Durch Signale kann dann das Umschalten in die eine Richtung realisiert werden.

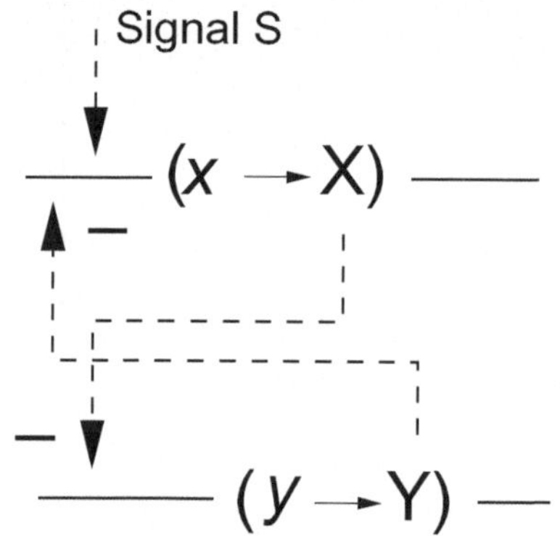

Abbildung 9.17: Umschalter. Die beiden Regulatoren hemmen die Synthese des jeweils anderen Proteins. Durch ein Signal S wird eine Richtung dann bevorzugt.

Für die Inhibierung wird eine einfache Variante der Michaelis-Menten-Kinetik angesetzt. Folgende Gleichungen ergeben sich nach einer Normierung auf die Abbauraten der beiden Proteine:

$$\dot{X} = \frac{S_1}{1+Y} - X$$

$$\dot{Y} = \frac{S_2}{1+X} - Y \qquad (9.40)$$

Für die Berechnung wird zunächst eine Vereinfachung durchgeführt. Da das System „symmetrisch" ist, wird der Fall $S_1 = S$ und $S_2 = 1$ betrachtet. Zur Berechnung der Ruhelagen werden die Gleichungen zu Null gesetzt. Man erhält folgende quadratische Gleichung:

$$Y^2 + SY - 1 = 0 \qquad (9.41)$$

Würde man den Signaleingriff S nur bei Y statt bei X zulassen, so ergibt sich entsprechend:

$$Y^2 + (2 - S)Y - S = 0 \qquad (9.42)$$

Die Lösung der ersten Gleichung (9.41) lautet:

$$Y^R = -\frac{S}{2} + \frac{1}{2}\sqrt{S^2 + 4} \qquad (9.43)$$

Die Ruhelage lässt sich in diesem Beispiel auch gut geometrisch ermitteln. Beide Nullklinen (Orte für die $\dot{X}$, $\dot{Y}$ Null sind) sind für $S = 1$ ineinander durch eine Spiegelung überführbar. Abbildung 9.18 zeigt die Zustandsebene mit den beiden Nullklinen. Der Schnittpunkt der Nullklinen ist die einzige Ruhelage des Systems. Aussagen zur Stabilität können ebenfalls anhand der Nullklinen erfolgen. Die vertikale Nullkline lässt sich einfach umstellen und es ergeben sich folgende

---

[4]Programmable cells: Interfacing natural and engineered gene networks. H. Kobayashi et al., PNAS 101, 8414-8419, 2004

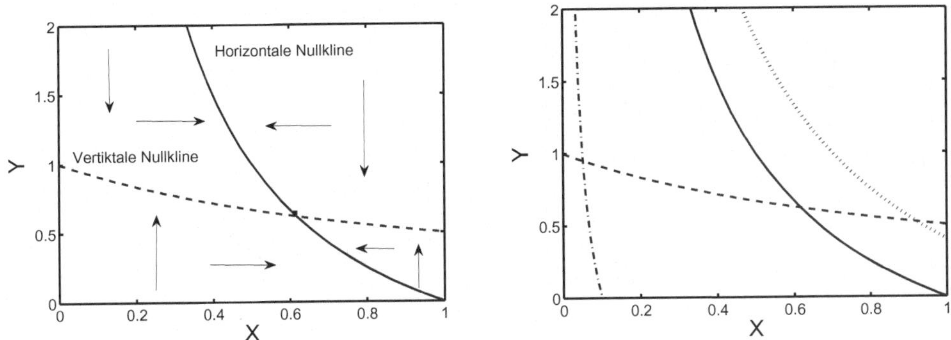

Abbildung 9.18: Links: Zustandsraum mit Nullklinen; Simulation für $S = 1$. Die Pfeile geben die Bewegungsrichtung an. Rechts: Gezeigt sind Werte für $S = 0.1, 1, 1.4$ der horizontalen Nullkline. Die Ruhelage wandert nach rechts. Die vertikale Nullkline (gestrichelt) hängt nicht von S ab.

Gleichungen und Bedingungen:

$$\text{Horizontale Nullkline:} \quad Y = \frac{S - X}{X}, \qquad \text{Vertikale Nullkline:} \quad Y = \frac{1}{1 + X}$$

$$\text{Größer werdende X-Werte:} \quad X < \frac{S}{1 + Y}, \quad \text{Größer werdende Y-Werte:} \quad Y < \frac{1}{1 + X}$$

$$\text{Kleiner werdende X-Werte:} \quad X > \frac{S}{1 + Y}, \quad \text{Kleiner werdende Y-Werte:} \quad Y > \frac{1}{1 + X}$$

Die Bedingungen sind durch Pfeile in der Abbildung eingetragen. Das System ist stabil. Durch eine Veränderung von S wird wie in der Abbildung zu sehen, nur der X-Wert stark beeinflusst. Soll ein vollständiges Umschalten erreicht werden, so muss die zweite Größe Y ebenfalls verändert werden. Dies ist in Abbildung 9.19 gezeigt. Dabei wurde abwechselnd das Signal auf ein bzw. aus gesetzt. Auf der rechten Seite ist der Verlauf in der Phasenebene gezeigt.

9.4 Komplexe Signaltransduktionssysteme

9.4.1 Zwei-Komponentensystem

Bakterielle Systeme besitzen ein einfach aufgebautes Signaltransduktionssystem: das Zwei-Komponentensystem (siehe biologische Grundlagen). Die Sensorkinase S wird durch ATP phosphoryliert, wobei die Kinase hier als Enzym fungiert, welches sich selbst phosphorylieren kann. In einem weiteren Reaktionsschritt wird dann die Phosphorylgruppe auf den Antwortregulator R übertragen. Der dritte Schritt sorgt dafür, dass das System über eine zweite Möglichkeit abgeschaltet werden kann (Dephosphorylierung). Hierbei wird wieder die Phosphatgruppe $\sim P$ frei. Der vierte Schritt beschreibt die Anbindung an die DNA-Bindestelle. Durch das Anbinden des Regulators R an die DNA wird die Geschwindigkeit des Ablesens der gespeicherten Information

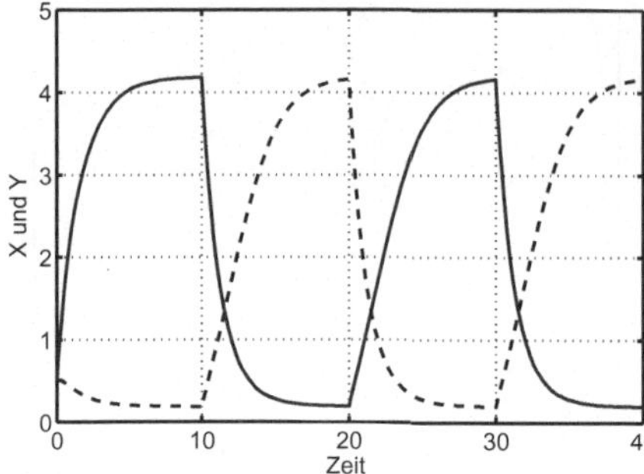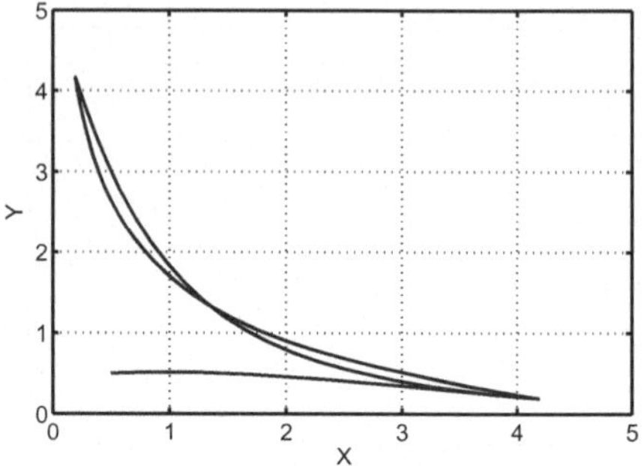

Abbildung 9.19: Links: Zeitverlauf des Umschaltens zwischen X und Y ($S_1 = 5$ oder 1 und $S_2 = 1$ oder 5. Rechts: Verlauf in der Phasenebene. Der Startwert ist $X = 0.5$, $Y = 0.5$.

beeinflusst. Folgendes Reaktionssystem kann demnach aufgestellt werden[5]:

$$S + ATP \quad \underset{k_{-1}}{\overset{k_1}{\rightleftharpoons}} \quad S^P + ADP$$

$$R + S^P \quad \underset{k_{-2}}{\overset{k_2}{\rightleftharpoons}} \quad R^P + S$$

$$R^P \quad \overset{r_3}{\rightarrow} \quad R + \sim P$$

$$R^P + DNA \quad \rightleftharpoons \quad RD^P \tag{9.44}$$

Im Modell kann bspw. $k_1 = k_1(S)$ als eine Funktion des Stimulus S betrachtet werden, wenn nicht genau bekannt ist, wie der Stimulus in das System eingreift. Interessante Modellvarianten ergeben sich aus der Betrachtung der Geschwindigkeit r_3. Ist eine Phosphatase Ph beteiligt, so ergibt sich $r_3 = k_3 \cdot R^P \cdot Ph$; allerdings ist auch bekannt, dass die Sensorkinase die Fähigkeit hat, eine Dephosphorylierung durchzuführen. Damit ergibt sich $r_3 = k_3 \cdot R^P \cdot S$, was zu interessanten Eigenschaften der Signal-Antwort-Kurve führt. Diese sind in Abbildung 9.20 gezeigt.

In aktuellen Publikationen[6] wird das Zwei-Komponentensystem einer strukturellen Analyse unterzogen und charakteristische Eigenschaften aufgedeckt. Dabei spielt der Einfluss der Gesamtmenge an Sensor und Regulator eine wichtige Rolle. Obwohl beide Modelle unterschiedlich formuliert sind, können sie auf die gleiche Struktur gebracht werden. Das zweite Reaktionssystem beinhaltet noch einen Zwischenkomplex aus Sensor und ATP und kann wie folgt formuliert wer-

---

[5] Analysis of two-component signal transduction by mathematical modeling using the KdpD/KdpE system of *Escherichia coli*. A. Kremling et al., BioSystems 78(1-3), 2004, 23-37

[6] Robust control in bacterial regulatory circuits. M. Goulian, Current Opinion in Microbiology 7, 2004, 198-202; Input-output robustness in simple bacterial signaling systems. G. Shinar et al., PNAS 104, 2007, 19931-19935

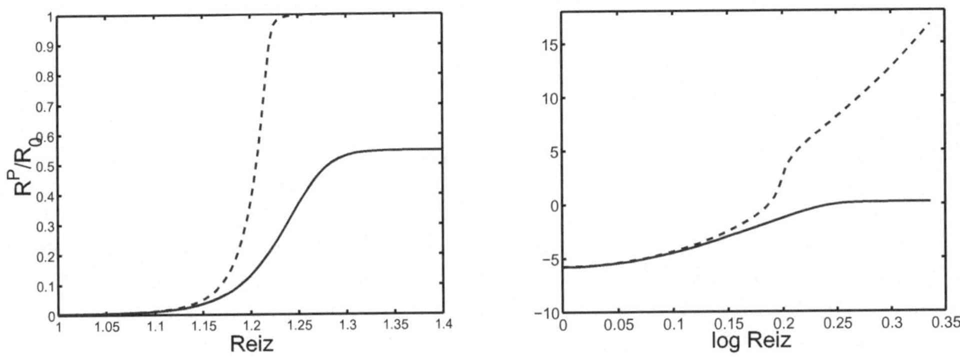

Abbildung 9.20: Signal-Antwort-Kurve des Zwei-Komponentensystem. Die gestrichelte Kurve ergibt sich mit der Modellvariante $r_3 = k_3 \cdot R^P \cdot S$ und zeigt einen ungewöhnlichen Verlauf. Dies spiegelt auch der Hill-Koeffizient rechts wieder.

den:

$$S + ATP \rightleftharpoons S{\cdot}ADP$$

$$S{\cdot}ATP \rightarrow S^p + ADP$$

$$S^p + R \rightleftharpoons R^p + S$$

$$R^p + S{\cdot}ATP \rightarrow R + S{\cdot}ATP + P. \tag{9.45}$$

Das System ist in Abbildung 9.21 gezeigt, wobei nun X^* eine bestimmte Form des Sensors repräsentieren soll. Ausgehend von der gezeigten Form sollen nun die entsprechenden Gleichungen verwendet werden, um das Ein-/Ausgangsverhalten zu ermitteln.

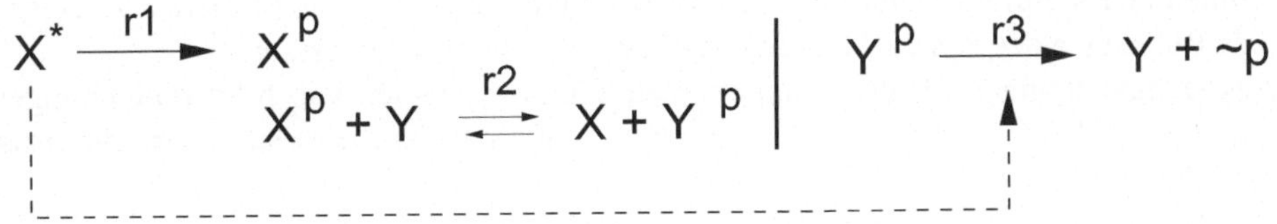

Abbildung 9.21: Allgemein Struktur eines Zwei-Komponentensystems. In der Darstellung wird auch eine Vorwärtschleife deutlich, die notwendig ist, damit sich ein robustes Verhalten bezüglich der Gesamtmenge an Sensor und Regulator einstellt.

Zunächst ergeben sich folgende zwei Differentialgleichungen für Y^p und X^p:

$$\dot{X}^p = r_1 - r_2$$

$$\dot{Y}^p = r_2 - r_3 \tag{9.46}$$

Im Gleichgewicht erhält man: $r_1 = r_2 = r_3$. Nutzt man diese Beziehung aus, um den Ausgang Y^p zu berechnen, so erhält man:

$$k_1(Reiz)X^* = k_3 X^* Y^p \tag{9.47}$$

$$\longrightarrow Y^p = \frac{k_1(Reiz)}{k_3} \neq f(Y_0, X_0). \tag{9.48}$$

Man erhält also das interessante Ergebnis, dass der Phosphorylierungsgrad des Regulatorproteins, welcher den Ausgang des Systems darstellt, unabhängig von der Gesamtmenge an Sensor und Regulator ist; eine Eigenschaft, die als Robustheit bezeichnet wird. Diese Robustheit konnte auch experimentell überprüft werden (siehe Literaturstelle oben).

9.4.2 Quorum-Sensing-System

Unter Quorum-Sensing versteht man die Fähigkeit vieler Bakterien ihre eigene Zelldichte zu messen. Dadurch wird erreicht, dass Stoffwechselwege oder andere Operons erst bei einer bestimmten Zelldichte aktiviert oder exprimiert werden. Diese Wege sind oftmals mit der Bildung von Biofilm oder Kompetenz (Fähigkeit zur Aufnahme von Fremd-DNA) verbunden. Diese Prozesse sind in der Regel für die einzelne Zelle uninteressant und werden daher nur gebildet, wenn die Population eine kritische Größe erreicht hat. Das Quorum-Sensing wird durch Signalmoleküle vermittelt, sogenannten Autoinduktoren, die intrazellulär gebildet werden und dann in das Medium ausgeschieden werden. Manchmal werden diese Moleküle dabei noch verändert. Die Zelle besitzt nun - wie oben beschrieben - Systeme, die die Konzentration von Stoffen im Medium erfassen können und dann eine Signalantwort auslösen. Diese Antwort besteht dann in der veränderten Transkription der Operons, die bei der Bildung von Biofilmen oder der Kompetenz beteiligt sind.

Abbildung 9.22 zeigt ein einfaches Schema des Quorum-Sensing. Ein Autoinduktor A wird in der Zelle gebildet und ins Medium abgegeben (Rate r_A). Über ein Sensorsystem wird die Konzentration erfasst und die eigene Synthese aktiviert (Rate r_S). Für die Modellbildung wird angenommen, dass ein kontinuierlicher Prozess gefahren und die Durchflussrate D eingestellt wird. Die Ruhelagen des Systems hängen demnach von der Durchflussrate ab.

Die Modellgleichungen für die Komponenten A und A_{ex} lauten wie folgt (Gleichungen für die Biomasse werden nicht explizit angeschrieben, sondern es wird eine stationäre Biomasse B_S vorausgesetzt):

$$\dot{A} = r_s - r_a = k_s \frac{A_{ex}}{A_{ex} + K} - k_a A$$

$$\dot{A}_{ex} = r_a B_S - D A_{ex} = k_a A B_S - D A_{ex}. \tag{9.49}$$

Für die Gleichungen sollen nun die Ruhelagen berechnet werden. Nullsetzen der Gleichungen und umstellen führt auf die beiden Ruhelagen:

$$\text{Ruhelage 1:} \quad (0,0) \qquad \text{Ruhelage 2:} \quad \left(\frac{k_s B_S - DK}{k_a B_S}, \frac{k_s B_S - DK}{D} \right). \tag{9.50}$$

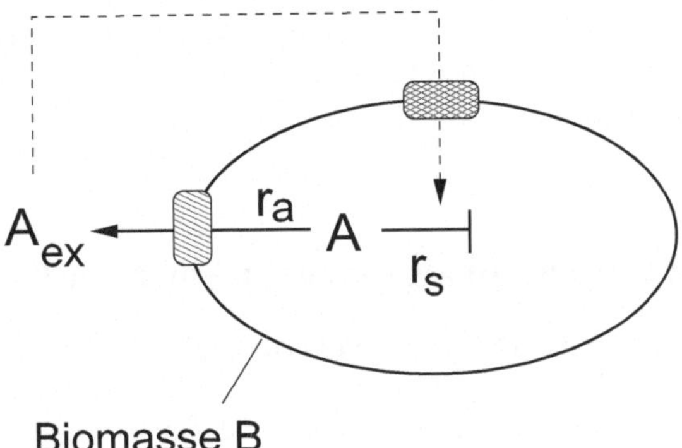

Abbildung 9.22: Schema des Quorum-Sensing-System. Der Autoinduktor A wird in Medium abgegeben. Die Synthese von A wird duch die Menge von A_{ex} positiv beeinflusst.

Man sieht, dass die zweite Ruhelage nur unter bestimmten Bedingungen erfüllt ist: Ist die Durchflussrate zu hoch, so existiert die Ruhelage nicht. Es muss gelten:

$$\frac{k_s B_S}{K} > D. \tag{9.51}$$

Für den Fall $D = \frac{k_s B_S}{K}$ fallen beide Ruhelagen zusammen. Diesen Punkt bezeichnet man als Bifurkationspunkt. Über eine Linearisierung kann die Stabilität des Systems untersucht werden. Die Jacobi-Matrix lautet wie folgt:

$$J \;=\; \begin{pmatrix} -k_a & \dfrac{k_s K}{(K+A_{ex})^2} \\[2mm] k_a B_S & -D \end{pmatrix}. \tag{9.52}$$

Das charakteristische Polynom lässt sich hier wie folgt anschreiben:

$$\lambda^2 + (k_a + D)\lambda + k_a D - \frac{k_s k_a K B_S}{(K+A_{ex})^2} \;=\; 0 \tag{9.53}$$

Die Stabilität soll nur durch die Vorzeichenregel überprüft werden, d.h. alle Vorzeichen müssen positiv sein. Es reicht daher aus, das Vorzeichen aus der Summe des dritten und vierten Terms anzusehen. Da die Gleichung nur von einer Komponenten abhängt, reicht es aus, die Werte für A_{ex} einzusetzen. Für die erste Ruhelage erhält man (betrachtet werden nur der dritte und vierte Summand):

$$\text{Ruhelage 1:} \quad A_{ex} = 0 \quad : \quad k_a D - \frac{k_s k_a B_S}{K} > 0 \quad \longrightarrow \quad D > \frac{k_s B_S}{K}$$

$$\text{Ruhelage 2:} \quad A_{ex} = \frac{k_s B_S - DK}{D} \quad : \quad k_a D - \frac{k_a K D^2}{k_s B_S} \quad \longrightarrow \quad D < \frac{k_s B_S}{K}. \tag{9.54}$$

Die zweite Ruhelage ist also stabil, wenn sie existiert. Existiert nur die erste Ruhelage, so ist diese auch stabil. Physiologisch betrachtet, funktioniert das System also nur, wenn die Durchflussrate nicht zu groß ist: für kleinere Werte von D akkumuliert der Signalstoff im Medium und das System bleibt angeschaltet.

9.4.3 Übertragung von Phosphatgruppen in einer Kaskade

Phosphatgruppen werden bei vielen Systemen in Form von Kaskaden übertragen. Beispiele sind vor allem aus dem Bereich der Eukaryoten bekannt: Die MAP (mitogen-activated protein) Kinase Kaskade ist ein Signalweg, der bei der Mitose und Zellteilung eine wichtige Rolle spielt und in vielen Zelltypen zu finden ist. Von der theoretischen Analyse wird der Weg gerne wegen seiner interessanten Varianten untersucht. Hier wird eine allgemeine aber einfache Kaskade vorgestellt[7]. Abbildung 9.23 zeigt das Schema der Signalübertragung. Der Ausgang des Systems ist die Kinase K_3^P, die die Transkription mehrerer Gene beeinflusst. Kinase K_3^P wird durch die Kinase Kinase K_2^P (MAP Kinase Kinase) in ihrer Aktivität beeinflusst, die wiederum durch K_1^P (MAP Kinase Kinase Kinase) verändert wird. Eingang ist der Reiz R, der die Synthese von K_1^P aktiviert, wobei das Signal über membranständige Rezeptoren in die Zelle gebracht wird. Folgende Differentialgleichungen ergeben sich für das System:

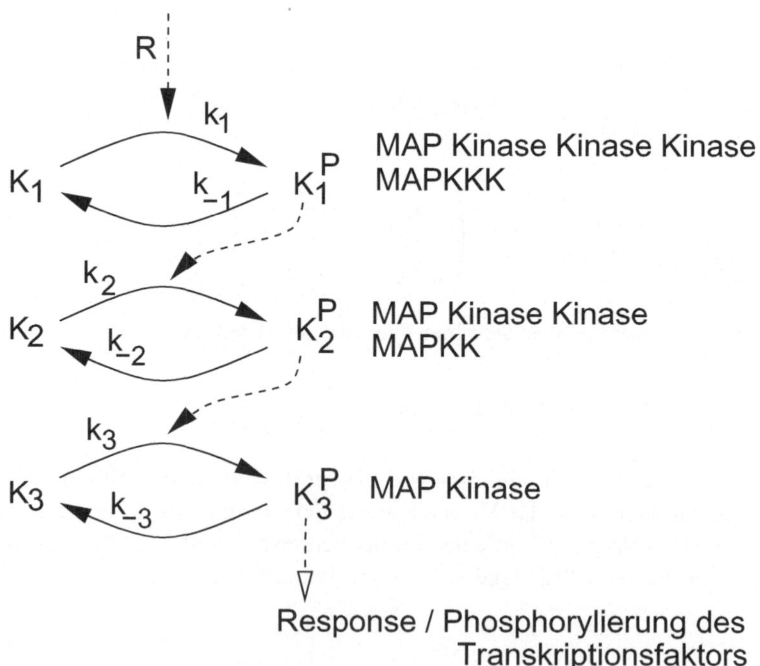

Abbildung 9.23: Schema der MAP Kinase Kaskade.

[7]Mathematical models of protein kinase signal transduction. R. Heinrich et al., Molecular Cell 9, 2002, 957-970

$$\frac{dK_1^P}{dt} \;=\; k_1 \cdot K_1 \cdot R - k_{-1} \cdot K_1^P \;=\; k_1 \cdot K_{10} \cdot R \cdot \left(1 - \frac{K_1^P}{K_{10}}\right) - k_{-1} \cdot K_1^P$$

$$\frac{dK_2^P}{dt} \;=\; k_2 \cdot K_1^P \cdot K_2 - k_{-2} \cdot K_2^P \;=\; k_2 \cdot K_{20} \cdot K_1^P \cdot \left(1 - \frac{K_2^P}{K_{20}}\right) - k_{-2} \cdot K_2^P$$

$$\frac{dK_3^P}{dt} \;=\; k_3 \cdot K_2^P \cdot K_3 - k_{-3} \cdot K_3^P \;=\; k_3 \cdot K_{30} \cdot K_2^P \cdot \left(1 - \frac{K_3^P}{K_{30}}\right) - k_{-3} \cdot K_3^P \qquad (9.55)$$

Die Berechnung der Ruhelagen kann hier sukzessive erfolgen, da keine Rückführungen betrachtet werden müssen. Man erhält:

1. Stufe

$$0 \;=\; k_1 \cdot K_{10} \cdot R \cdot \left(1 - \frac{K_1^P}{K_{10}}\right) - k_{-1} \cdot K_1^P$$

$$k_1 \cdot K_{10} \cdot R \;=\; K_1^P \cdot (k_1 \cdot R + k_{-1})$$

$$K_1^P \;=\; \frac{k_1 \cdot K_{10} \cdot R}{k_1 \cdot R + k_{-1}} \;=\; \frac{K_{10} \cdot R}{R + K_{D1}} \qquad \text{mit} \quad K_{D1} = \frac{k_{-1}}{k_1}$$

2. Stufe

$$k_2 \cdot K_{20} \cdot K_1^P \;=\; (k_2 \cdot K_1^P + k_{-2}) \cdot K_2^P$$

$$K_2^P \;=\; \frac{k_2 \cdot K_{20} \cdot K_1^P}{k_2 \cdot K_1^P + k_{-2}} \;=\; \frac{K_{20} \cdot K_1^P}{K_1^P + K_{D2}} \qquad \text{mit} \quad K_{D2} = \frac{k_{-2}}{k_2}$$

3. Stufe

$$K_3^P \;=\; \frac{K_{30} \cdot K_2^P}{K_2^P + K_{D3}} \qquad \text{mit} \quad K_{D3} = \frac{k_{-3}}{k_3}$$

Unter bestimmten Bedingungen ergibt sich eine Verstärkung des Signals und zwar wenn

$$K_3^P = \frac{K_{3o} \cdot K_2^P}{K_2^P + K_{D3}} \;>\; K_2^P$$

$$\longrightarrow \quad K_{30} \;>\; K_2^P + K_{D3}.$$

Setzt man iterativ in die obigen Gleichungen ein so erhält man für die gesamte Kaskade folgende Beziehung:

$$K_3^P \;=\; \frac{K_{30} \cdot R}{R \cdot \left(1 + \dfrac{K_{D3}}{K_{20}} + \dfrac{K_{D3} \cdot K_{D2}}{K_{10} \cdot K_{20}}\right) + \dfrac{K_{D3} \cdot K_{D2} \cdot K_{D1}}{K_{10} \cdot K_{20}}}. \qquad (9.56)$$

Die MAP-Kinase Kaskade ist in vielen Publikationen eingehend analysiert worden. Dabei spielt vor allem eine negative Rückführung der untersten Stufe auf die erste Stufe eine wichtige Rolle[8]. Sie sorgt dafür, dass das System auch oszillieren kann. Berücksichtigt man, dass jede Stufe in einfach oder zweifach phosphorylierter Form vorliegen kann, ergeben sich für die einzelnen Stufen hohe Hill-Koeffizienten und die Kaskade wirkt als Schalter.

9.4.4 Phosphotransferase-System

Das Bakterium *Escherichia coli* besitzt eine ganze Reihe von Transportsystemen, die es erlauben eine Vielzahl von Substraten aus dem Medium heraus aufzunehmen[9]. Unter einem Transportsystem versteht man die einzelnen Proteine zusammen mit ihrer Regulation, die in manchen Fällen durchaus komplex aufgebaut sein kann. Für die Klasse der Kohlenhydrate umfassen diese Transportsysteme ein membranständiges Protein, welches für die eigentliche Aufnahme verantwortlich ist sowie weitere Proteine, die bei manchen Substraten für eine Modifikation des Substrates, beispielsweise eine Phosphorylierung, sorgen. Die Transportsysteme sind in der Regel spezifisch und besitzen daher nur ein kleines Substratspektrum. Aus diesem Grund gibt es für fast alle Substrate ein eigenes individuelles System zur Aufnahme. Damit die Zelle nun nicht alle Systeme vorhalten muss, was ökonomisch betrachtet auch unsinnig wäre, werden diese Systeme erst bereit gestellt, wenn das betreffende Substrat im Medium vorliegt. Legt man in einer Batch-Kultur ein Substrat vor, so stellt sich in der exponentiellen Phase eine konstante Wachstumsrate μ ein. Die Wachstumsrate für verschiedene Kohlenhydrate variiert sehr stark, was bedeutet, dass die Zelle den einen Zucker besser verwerten kann als einen anderen. Aus molekularbiologischen Untersuchungen ist nun bekannt, dass für die Synthese der Transportsysteme ein Regulatorprotein maßgeblich verantwortlich ist und dafür sorgt, dass die entsprechenden Proteine exprimiert werden, wenn Bedarf besteht. Da dieser Regulator bei der Genexpression einer großen Anzahl von Genen beteiligt ist, spricht man von einem globalen Regulator.

Der globale Transkriptionsfaktor Crp ist bei der Initiation der Transkription bei einer Vielzahl von Genen des katabolen Stoffwechsels beteiligt. Die Aktivierung des Transkriptionsfaktors hängt vom Phosphorylierungsgrad der Komponente EIIA des Phosphotransferase-System (PTS) ab. Experimentelle Untersuchungen haben nun gezeigt, dass sich ein Zusammenhang zwischen der Wachstumsrate von *E. coli* und dem Phosphorylierungsgrad von EIIA ergibt. Der Zusammenhang kann in Form einer Kennlinie aufgetragen werden: bei hohen Wachstumsraten ist der Phosphorylierungsgrad niedrig, bei niedrigen Wachstumsraten ist er hoch. Die folgenden Ausführungen sollen den Zusammenhang mit einem mathematischen Modell beschreiben, wobei gezeigt wird, dass hier eine strukturelle Robustheit vorliegt: Veränderungen der Parameter oder der Modellstruktur haben nur einen geringen Einfluss auf das Systemverhalten. Im Folgenden soll der Zusammenhang zwischen der spezifischen Wachstumsrate μ und dem Ausgang des PTS deutlich gemacht werden. Dazu wird ein vereinfachtes Stoffwechselschema wie in Abbil-

---

[8]Modular analysis of signal transduction networks. J. Saez-Rodriguez et al., IEEE Control Systems Magazine 24, 2004, 35-52

[9]Die Literatur zu den Transportsystemen in *E. coli* ist sehr umfangreich. Zu empfehlen sind z.B. das Buch von F. Neidhardt, Physiology of the bacterial cell : a molecular approach, Sinauer Associates, 1990 oder folgendes Review: Phosphoenolpyruvate: carbohydrate phosphotransferase systems of bacteria. P. W. Postma et al., Microbiol. Rev. 57, 1993, 543-594

dung 9.24 betrachtet.

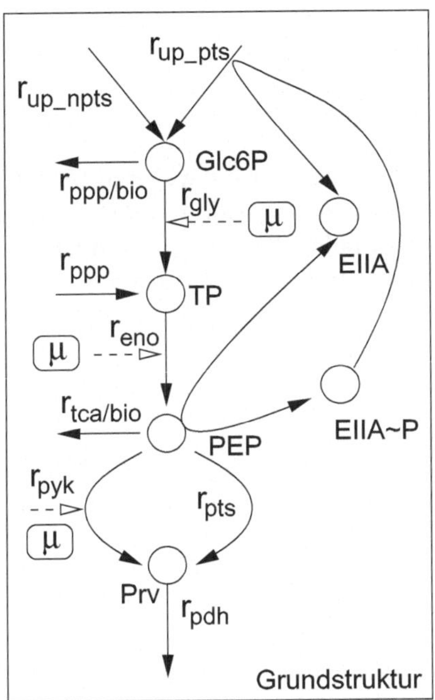

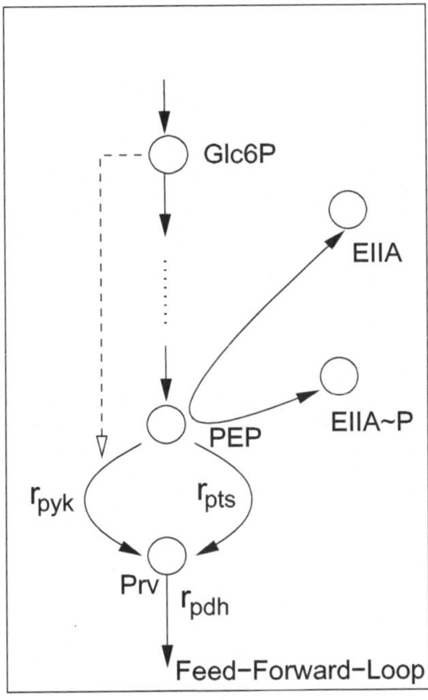

Abbildung 9.24: Grundstruktur des Modells. Die PTS Proteine werden nur durch die Komponente EIIA repräsentiert. Einige Reaktionen sind in der Glykolyse zusammengefasst, da der Abfluss in die Biosynthese nur marginal ist. Es werden nur Fälle betrachtet, bei denen die Substrate über Glukose-6-Phosphat in die Zelle gelangen. Allerdings hat diese Einschränkung keine Auswirkungen auf den allgemeinen Fall. Neben den Abflüssen in die Biosynthese wird hier noch ein wachstumsabhängiger Term eingeführt, der die Enzymmengen realistischer wiedergeben soll. Ein Feed-Forward-Loop (Vorwärtsschleife) aktiviert die Pyruvatkinase (in der Abbildung ist Glukose-6-Phosphat als Repräsentant eines Metaboliten im oberen Teil der Glykolyse als Aktivator gezeigt).

Im Fall dass das PTS nicht aktiv ist, wie bei Wachstum auf Laktose, Glyzerin oder Glc-6-Phosphat, muss die Rate der reversiblen PTS Reaktion r_{pts} gleich Null sein. Nimmt man eine einfache Reaktionsordnung an, ergibt sich:

$$r_{pts} \;=\; k_{pts}\,(PEP\,EIIA - K_{PTS}Prv\,EIIAP) \overset{!}{=} 0. \qquad (9.57)$$

Für das PTS wird nur eine Komponente, $EIIAP$ berücksichtigt:

$$EIIA \;=\; EIIA0 - EIIAP. \qquad (9.58)$$

Dadurch ergibt sich ein Zusammenhang zwischen dem PEP/Pyruvat Verhältnis und dem Phosphorylierungsgrad der Komponente EIIA:

$$EIIAP \;=\; EIIA_0 \,\frac{\frac{PEP}{Prv}}{K_{PTS} + \frac{PEP}{Prv}}. \qquad (9.59)$$

Im Falle eines aktiven PTS ist die Aufnahmerate des Zuckers $r_{up/pts}$ gleich der Rate durch das PTS und man erhält:

$$EIIAP \;=\; \frac{EIIA_0 \, \frac{PEP}{Prv} - \frac{r_{up/pts}}{k_{pts}}}{K_{PTS} + \frac{PEP}{Prv}} . \tag{9.60}$$

Beide Gleichungen zeigen einen ähnlichen Aufbau, der zentral für die weiteren Betrachtungen ist: Um für hohe Wachstumsraten den experimentell beobachteten niedrigen Phosphorylierungsgrad zu erhalten, muss das PEP/Pyruvat Verhältnis mit hoher Wachstumsrate kleiner werden (Abbildung 9.25). Fragt man sich nun, wie der Verlauf von PEP und Pyruvat über der Wachs-

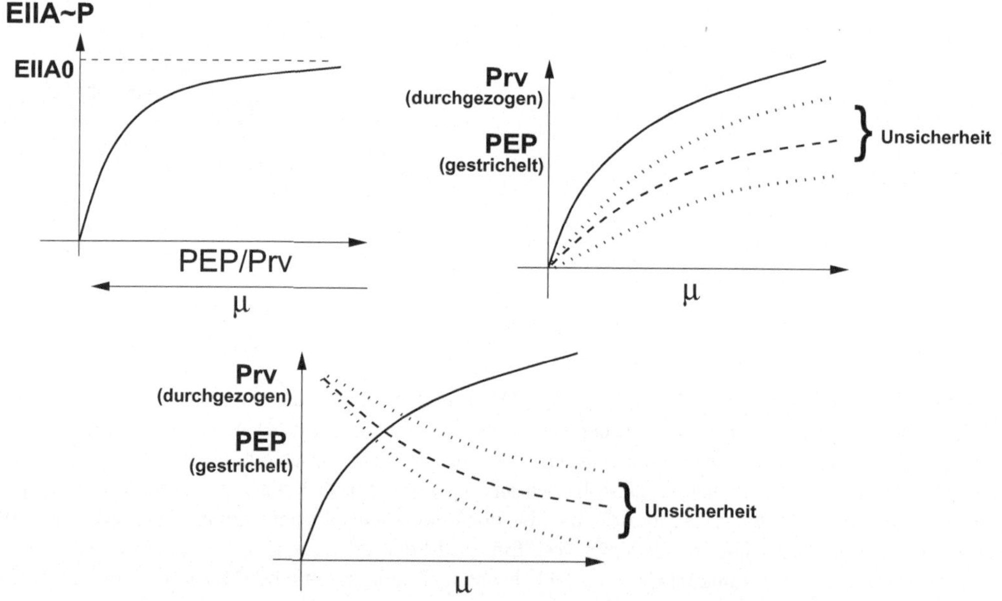

Abbildung 9.25: Oben links: Nach Gleichung (9.59) ergibt sich ein hohes PEP/Pyruvat Verhältnis für eine niedrige Wachstumsrate und damit ein hoher Phosphorylierungsgrad. Oben rechts: PEP und Pyruvat als Funktion der Wachstumsrate. Sensitive Struktur, da Unsicherheiten leicht zu starken Verschiebungen des Verhältnisses führen können. Unten: PEP und Pyruvat als Funktion der Wachstumsrate in einem gesteuerten Netzwerk. Robuste Struktur, da Unsicherheiten kaum zu Verschiebungen des Verhältnisses führen.

tumsrate aufgetragen, verlaufen muss, um das gewünschte Verhältnis zu realisieren, so ergeben sich die in Abbildung 9.25 gezeigten Möglichkeiten. Allerdings ist schnell klar, dass wenn beide Funktionen monoton steigende Abhängigkeiten von der Wachstumsrate zeigen, wie in der Abbildung oben rechts zu sehen, dies auf ein sensitives Verhalten hindeutet: Leichte Änderungen oder Störungen auf das System können dazu führen, dass das Verhältnis stark verändert wird, sich im Extremfall sogar umdrehen kann. Der in Abbildung 9.25 unten gezeigte Fall stellt dagegen einen robusten Verlauf dar: Veränderungen oder Störungen verändern das PEP/Pyruvat Verhältnis kaum.

Geht man der Frage nach, wie die robuste Struktur von der Zelle realisiert werden kann, so stellt die in Abbildung 9.24 gezeigte Feed-Forward Steuerung eine Möglichkeit dar. Eine hohe Wachstumsrate und damit verbunden ein hoher Fluss durch die Glykolyse erfordert auch einen hohen Fluss durch die Pyruvatkinase. Wenn nun allerdings die PEP Konzentration mit steigender Wachstumsrate kleiner werden soll muss dies kompensiert werden, da sonst die Rate nicht erhalten werden kann. Die Komponenten in der oberen Hälfte der Glykolyse können nun als Signal eingreifen und durch eine Aktivierung der Pyruvatkinase die hohe Rate bewerkstelligen, da die Konzentrationen mit steigender Wachstumsrate ebenfalls steigen. In der Tat ist schon lange aus Versuchen mit isolierter Pyruvatkinase bekannt, dass diese stark von Fruktose-1,6-Bisphosphat aktiviert wird (in Abbildung 9.24 ist Fruktose-1,6-Bisphosphat nicht explizit gezeigt sondern durch Glukose-6-Phosphat als Repräsentant ersetzt).

Ein einfaches stationäres Modell, welches den Feed-Forward-Loop beinhaltet, kann für den Fall angeschrieben werden, dass ein Nicht-PTS Zucker aufgenommen wird ($r_{up/pts} = 0$). Gegeben sind die Differentialgleichungen für die Metabolite Glukose-6-Phosphat, PEP und Pyruvat.

$$\text{Glc-6-P:} \quad \dot{G6P} = 0 = r_{up/npts} - r_{gly}$$

$$\text{PEP:} \quad \dot{PEP} = 0 = 2\,r_{gly} - r_{pyk} - r_{pts}$$

$$\text{Pyruvat:} \quad \dot{Prv} = 0 = r_{pyk} + r_{pts} - r_{pdh}. \tag{9.61}$$

mit den kinetischen Ausdrücken:

$$r_{gly} = k_{gly}\,G6P$$

$$r_{pyk} = k_{pyk}\,PEP\,f$$

$$r_{pdh} = k_{pdh}\,Prv. \tag{9.62}$$

und mit einer noch festzulegenden Funktion f, die die Aktivierung berücksichtigt. Wählt man $f = 1$, so erhält man durch Auflösen der Gleichungen:

$$PEP = \frac{2\,r_{up/npts}}{k_{pyk}}$$

$$Prv = \frac{2\,r_{up/npts}}{k_{pdh}}, \tag{9.63}$$

was zu einem konstanten und nicht von der Aufnahmerate abhängigen PEP/Pyruvat Verhältnis führt. Dies entspricht nicht den experimentellen Befunden (siehe unten). Nimmt man einen Ansatz mit Feed-Forward-Loop $f = G6p^2\,PEP$, so ergeben sich:

$$PEP = \frac{2\,k_{gly}^2}{k_{pyk}\,r_{up/npts}}$$

$$Prv = \frac{2\,r_{up/npts}}{k_{pdh}}, \tag{9.64}$$

und damit

$$\frac{PEP}{Prv} = \frac{k_{pdh}\, k_{gly}^2}{k_{pyk}\, r_{up/npts}^2}.$$

(9.65)

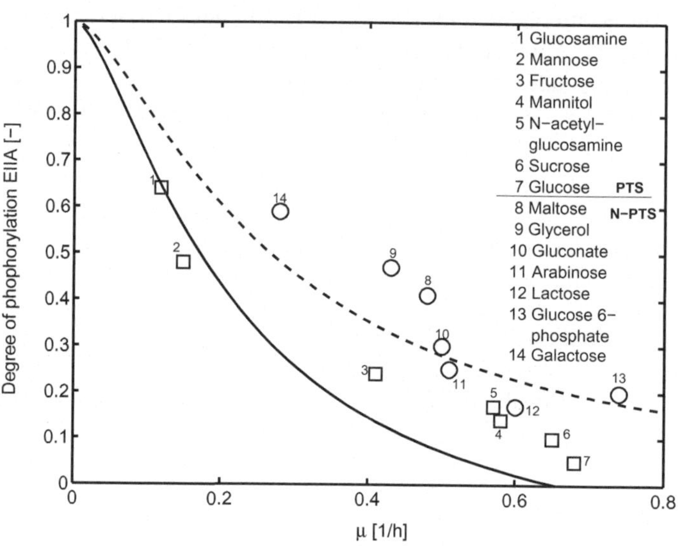

Abbildung 9.26: Vergleich experimenteller Daten mit den Simulationsrechnungen. PTS Zucker sind durchgezogen, Nicht-PTS Zucker gestrichelt gezeichnet (nach Kremling et al., siehe unten).

Setzt man die Ergebnisse in die Gleichung für *EIIAP* ein, so ergibt sich eine Abhängigkeit von der Aufnahmerate, die den Beobachtungen entspricht. Will man realistische Parameter für eine Simulation verwenden, so ist ein Vergleich mit experimentellen Daten notwendig. Abbildung 9.26 zeigt einen Vergleich mit Messdaten, die für unterschiedliche C-Quellen bei *E. coli* erhoben worden sind und wobei Phosphorylierungsgrad von EIIA und Wachstumsrate gemessen worden sind[10].

9.5 Räumliche Gradienten durch Signaltransduktion

Komponenten der Signaltransduktion sind oft an einen bestimmten Ort in der Zelle gebunden (Membran, Kompartimente). Um miteinander reagieren zu können, müssen die freien Komponenten diffundieren können. Folgendes Beispiel soll zur Illustration dienen: Die Kinase wird als membranständig betrachtet. Sie ist an bestimmte Rezeptoren gekoppelt, die durch extrazelluläre Stoffe aktiviert wird. Die Phosphatase liegt frei im Cytosol vor und sorgt für eine Dephosphorylierung (siehe Abbildung 9.27)[11].

---

[10]Analysis of global control of *Escherichia coli* carbohydrate uptake. A. Kremling et al., BMC Systems Biology 1, 2007, 42

[11]Cell-signaling in time and space. B. N. Kholodenko, Molecular Cell Biology, 7, 2006, 165-176

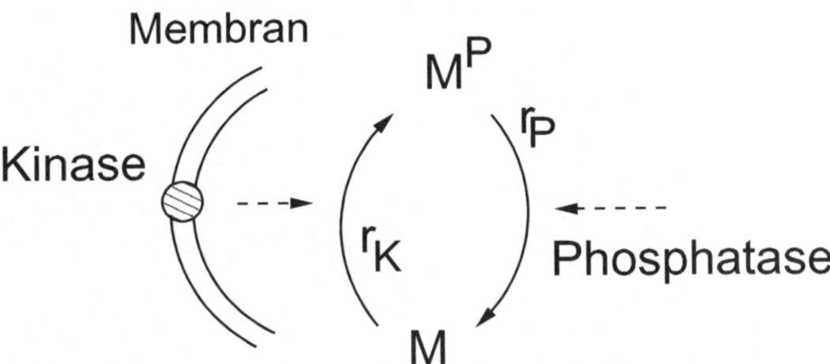

Abbildung 9.27: Schema für den Aufbau eines räumlichen Gradienten. Die Kinase ist membranständig während die Phosphatase frei im Cytosol vorliegt.

Zur Ableitung der Gleichungen für die räumlichen und zeitlichen Veränderungen, wird die Zelle hier röhrenförmig aufgefasst. Betrachtet wird dann ein kleines Volumenelement dV, in dem Diffusion und Reaktion ablaufen.

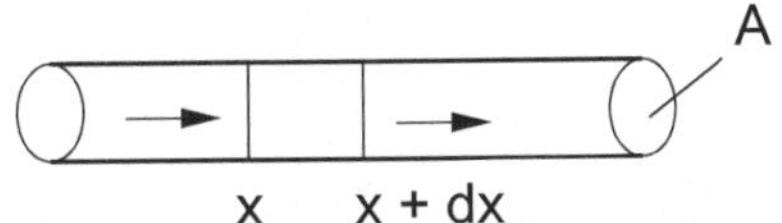

Abbildung 9.28: Ein stäbchenförmiges Bakterium kann durch ein Rohr mit konstantem Querschnitt A abstrahiert werden.

Im Volumenelement dV aus Abbildung 9.28 gilt für die zeitliche Änderung der Konzentration des Stoffes:

$$\frac{dc}{dt}\,dV = j_x - j_{x+dx} - r\,dV \qquad (9.66)$$

wobei Diffusion j und Reaktion r betrachtet werden.

Für die Diffusionsterme mit dem Diffusionskoeffizienten D^* wird folgendes angesetzt:

$$j_x = -D^* \left.\frac{dc}{dx}\right|_x$$

$$j_{x+dx} = -D^* \left.\frac{dc}{dx}\right|_{x+dx}$$

$$= -\left(D^* \left.\frac{dc}{dx}\right|_x + D^* \frac{d}{dx}\left(\frac{dc}{dx}\right) \bigg| \, dx + \cdots \right) \qquad (9.67)$$

wobei für den zweiten Term eine Taylor-Approximation durchgeführt wird. Durch einsetzen, erhält man:

$$\frac{dc}{dt}\,dV \;=\; D^{*}\,\frac{d^2 c}{dx^2}\,dx - r\,dV$$

$$\longrightarrow \quad \frac{dc}{dt} \;=\; \underbrace{\frac{D^{*}}{A}}_{D}\,\frac{d^2 c}{dx^2} - r. \tag{9.68}$$

Somit ergibt sich das Diffusionsmodell für die phosphorylierte Komponente mit der Rate der Dephosphorylierung r_P wie folgt:

$$\frac{dM^P}{dt} \;=\; D\,\frac{d^2 M^P}{dx^2} - r_P \tag{9.69}$$

mit den Randbedingungen:

$$-D\,\frac{dM^P}{dx}\bigg|_{x=0} \;=\; r_K, \qquad \frac{dM^P}{dx}\bigg|_{x=l} \;=\; 0,$$

und für die nicht phosphorylierte Komponente:

$$\frac{dM}{dt} \;=\; D\,\frac{d^2 M}{dx^2} + r_P \tag{9.70}$$

mit den Randbedingungen:

$$D\,\frac{dM}{dx}\bigg|_{x=0} \;=\; r_K, \qquad \frac{dM}{dx}\bigg|_{x=l} \;=\; 0$$

wobei l die Strecke bis zur Mitte der Zelle darstellt (ca. 0.5 μm bei *E. coli*). Am linken Rand findet die Phosphorylierung mit der Rate r_K statt. Das Minuszeichen in der Gleichung für M^P ergibt sich durch die Richtung des Gradienten. Für den rechten Rand (Mitte der Zelle) wird von einer symmetrischen Zelle ausgegangen und der Gradient verschwindet.

Simulation mit finiten Differenzen: Diskretisierung der Ortskoordinate

Zur numerischen Simulation des Systems wird die räumliche Achse diskretisiert (Δz). Damit erhält man ein ganzes System von Differentialgleichungen, welches simultan gelöst werden muss:

$$\frac{dM_i^P}{dt} = D\,\frac{M_{i-1}^P - 2M_i^P + M_{i+1}^P}{\Delta z^2} - k_2\,M_i^P$$

$$\frac{dM_i}{dt} = D\,\frac{M_{i-1} - 2M_i + M_{i+1}}{\Delta z^2} + k_2\,M_i^P \tag{9.71}$$

mit den beiden Randbedingungen

(i)

$$\left.\frac{dM^P}{dx}\right|_{x=0} \approx \frac{M_1^P - M_0^P}{\Delta z}$$

$$\left.\frac{dM}{dx}\right|_{x=0} \approx \frac{M_1 - M_0}{\Delta z}.$$

(ii)

$$\left.\frac{dM^P}{dx}\right|_{x=l} \approx \frac{M_l^P - M_{l-1}^P}{\Delta z}$$

$$\left.\frac{dM}{dx}\right|_{x=l} \approx \frac{M_l - M_{l-1}}{\Delta z}.$$

Diese Bedingungen müssen im Einzelnen ausgewertet werden. Man erhält für M_0:

$$D\,\frac{M_1 - M_0}{\Delta z} = r_K = k_1\,K\,M_0 \tag{9.72}$$

wobei für die Rate r_K ein einfacher Ansatz verwendet wird (K ist eine Kinaseaktivität, die dem Reiz entspricht). Es ergibt sich dann durch Umstellen der Gleichung:

$$M_0 = \frac{D\,M_1}{D + k_1\,K\,\Delta z}. \tag{9.73}$$

Analog eingesetzt in die Gleichung oben, ergibt sich für M_0^P:

$$M_0^P = \frac{D\,M_1^P + k_1\,K\,\Delta z\,M_0}{D}. \tag{9.74}$$

Die Auswertung der Randbedingungen für $x = l$ liefert:

$$M_l = M_{l-1} \quad \text{und} \quad M_l^P = M_{l-1}^P.$$

Für die Gesamtmenge an Komponente M_{ges} gilt folgende Gleichung:

$$M_{ges} = M + M^P = M_0 + M_0^P + \sum M_i^P + \sum M_i. \tag{9.75}$$

Abbildung 9.29 zeigt das Ortsprofil der phosphorylierten und der unphosphorylierten Komponente.

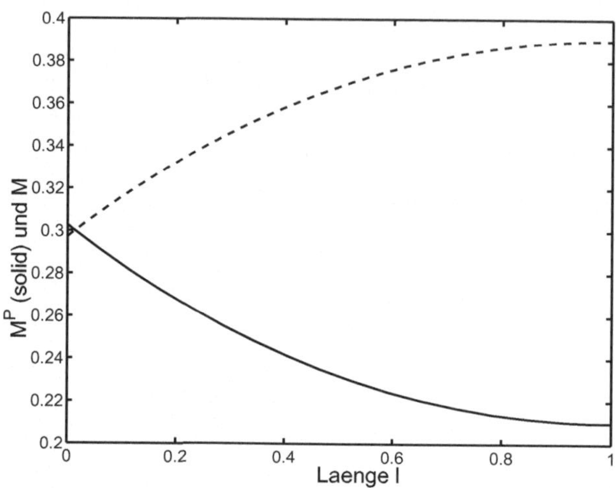

Abbildung 9.29: Stationäres Ortsprofil mit der Länge $l = 1$ der phosphorylierten und der unphosphorylierten Komponenten.

9.6 Analyse von Signalwegen nach Heinrich

Obwohl Analysemethoden erst in späteren Kapiteln behandelt werden, soll hier dieses spezielle Verfahren für Signalwege vorgestellt werden. Bei ihrer Analyse gibt es eine Reihe interessanter Fragestellungen, um die Dynamik und die Signal-Antwort-Kurve zu charakterisieren. Beispielsweise sind folgende Fragen besonders wichtig[12]:

(i) Wie lange braucht das Signal bis zum Zielpunkt?

(ii) Wie lange wirkt das Signal?

(iii) Wie stark ist das Signal?

Fokussiert die letzte Frage auf Verstärkungseigenschaften des Signalweges, betreffen die ersten beiden Fragen die Dynamik und das zeitliche Verhalten des Systems. Für besondere Voraussetzungen sind Lösungsmöglichkeiten beschrieben worden: Das Eingangssignal wird sprunghaft von 0 auf R_0 verändert und klingt dann mit Parameter λ ab. Die entsprechende Gleichung für den Zeitverlauf lautet: $R(t) = R_0 \cdot e^{-\lambda t}$. Für das Verfahren wird verlangt, dass die Systemantwort X zum Zeitpunkt Null gleich Null ist und für große Zeiten auch wieder gegen Null geht. Eingangssignal und Ausgangssignal sind in Abbildung 9.30 gezeigt.

Zur Beantwortung der oben gestellten Fragen werden zunächst einige Kenngrößen ermittelt. Die Definitionen der Kenngrößen sind formal der Statistik entlehnt (der Verlauf von x wird als

---

[12]Mathematical models of protein kinase signal transduction. R. Heinrich et al., Molecular Cell 9, 2002, 957-970

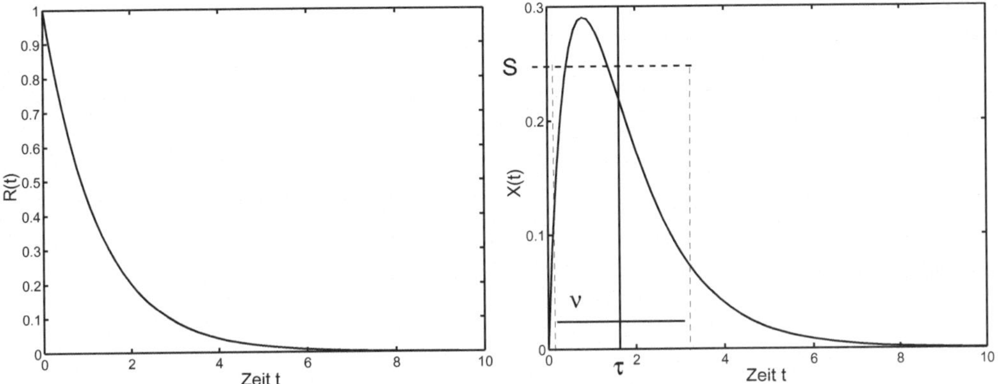

Abbildung 9.30: Zeitlicher Verlauf des Eingangssignals R und der Antwort X.

Verteilung aufgefasst). Man erhält folgende Größen:

$$I = \int_0^\infty X(t)\, dt \equiv \text{Fläche unter der Kurve}$$

$$T = \int_0^\infty X(t) \cdot t\, dt \equiv \text{mit der Zeit gewichtete Fläche} \tag{9.76}$$

Aus beiden Größen berechnet man

$$\tau = \frac{T}{I} \tag{9.77}$$

als durchschnittliche Zeit (Mittelwert) bis zur Aktivierung des Ausgangssignals, was einer Aktivierungszeit entspricht. Die mittlere Signaldauer v (Aktivierungsdauer) entspricht der Standardabweichung und wird mit Hilfe von

$$Q = \int_0^\infty X(t) \cdot t^2\, dt \tag{9.78}$$

berechnet. Es gilt:

$$v = \sqrt{\frac{Q}{I} - \tau^2}\,. \tag{9.79}$$

Die Signalverstärkung ist definiert als die Höhe eines Rechteckes mit Breite $2\,v$ und Fläche unter der Kurve $X(t)$:

$$S = \frac{I}{2v} \tag{9.80}$$

Die vorgestellten Größen sind in der Abbildung oben illustriert.

Beispiel 19
Vereinfachtes MAP Kinase Modell.

Als Beispiel soll ein vereinfachtes Modell der MAP Kinase Kaskade herangezogen werden. Mit Gleichung (9.55) gilt für die erste Stufe der Kinase:

$$\frac{dK_1^P}{dt} = k_1 \cdot K_{10} \cdot R \cdot \left(1 - \frac{K_1^P}{K_{10}}\right) - k_{-1} \cdot K_1^P$$

Verwendet man

$$X_i \equiv K_i^P, \quad \text{und gilt} \quad K_{i0} = K_i + K_i^P \gg K_i^P,$$

was einer schwachen Aktivierung entspricht, so vereinfacht sich das System zu:

$$\frac{dx_1}{dt} = \alpha_1 R - \beta_1 x_1$$

$$\frac{dx_i}{dt} = \alpha_i x_{i-1} - \beta_i x_i \tag{9.81}$$

mit entsprechenden Parametern α, β. Zur Berechnung der Kenngrößen wird zunächst der Zusammenhang zwischen I_i und I_{i-1} ermittelt. Die Integration von Gleichung 9.81 liefert:

$$\int \frac{dx_i}{dt} dt = \alpha_i \int x_{i-1} dt - \beta_i \int x_i dt = 0 \tag{9.82}$$

da durch die Voraussetzung Anfangs- und Endwert gleich sind. Daher müssen sich, über die Zeit betrachtet, alle Änderungen aufheben. Es gilt also:

$$0 = \alpha_i I_{i-1} - \beta_i I_i \quad \rightarrow \quad \frac{I_i}{I_{i-1}} = \frac{\alpha_i}{\beta_i}. \tag{9.83}$$

Für das Eingangssignal ermittelt man:

$$I_0 = \int\limits_0^\infty R_0 e^{-\lambda t} = -\frac{R_0}{\lambda e^{-\lambda t}}\bigg|_0^\infty = \frac{R_0}{\lambda} \tag{9.84}$$

und erhält schließlich durch iteratives Einsetzen:

$$I_i = \frac{R_0}{\lambda} \prod_j \frac{\alpha_j}{\beta_j} \tag{9.85}$$

Zur Berechnung der Zeitkonstanten τ der letzten Stufe geht man ebenfalls iterativ vor. Zunächst formt man um:

$$\frac{dx_i}{dt} = \alpha_i \cdot x_{i-1} - \beta_i \cdot x_i \quad \longrightarrow \quad \int\limits_0^\infty \frac{dx_i}{dt} \cdot t\, dt = \alpha \cdot T_{i-1} - \beta_i \cdot T_i. \tag{9.86}$$

Die linke Seite der obigen Gleichung liefert:

$$\int_0^\infty \frac{dx_i}{dt} \cdot t \, dt \;=\; \underbrace{x_i \cdot t \big|_0^\infty}_{=0} - \int_0^\infty x_i \, dt$$

$$=\; -I_i$$

Setzt man ein und stellt um, ergibt sich:

$$-I_i \;=\; \alpha_i \cdot T_{i-1} - \beta_i \cdot T_i$$

$$\longrightarrow \quad 1 \;=\; -\alpha_i \cdot \frac{T_{i-1}}{I_i} + \beta_i \cdot \frac{T_i}{I_i} \;=\; -\alpha_i \cdot \frac{T_{i-1}}{I_{i-1}} \cdot \frac{I_{i-1}}{I_i} + \beta_i \cdot \frac{T_i}{I_i}$$

$$=\; -\alpha_i \cdot \tau_{i-1} \cdot \frac{\beta_i}{\alpha_i} + \beta_i \cdot \tau_i \;=\; -\tau_{i-1} \cdot \beta_i + \beta_i \cdot \tau_i \,.$$

Stellt man nach τ_i um erhält man:

$$\tau_i \;=\; \tau_{i-1} + \frac{1}{\beta_i} \,. \tag{9.87}$$

Damit erhält man für das Gesamtsystem:

$$\tau \;=\; \frac{1}{\lambda} + \sum_j \frac{1}{\beta_j} \,. \tag{9.88}$$

Die beiden anderen Größen werden wie folgt angegeben:

$$\nu \;=\; \sqrt{\frac{1}{\lambda^2 + \sum \frac{1}{\beta_j^2}}} \,, \qquad S = \frac{\dfrac{R_0}{2} \cdot \prod_j \dfrac{\alpha_j}{\beta_j}}{\sqrt{1 + \lambda^2 \sum_j \dfrac{1}{\beta_j^2}}} \tag{9.89}$$

Das Ergebnis lässt sich wie folgt zusammenfassen:

- τ, ν sind nur abhängig von Phosphataseaktivitäten (β_i);

- Regulation dieses Systems zielt nur auf Signalverstärkung ab, nicht auf Zeitdauer ($\tau_i > \tau_{i-1}$, $\nu_i > \nu_{i-1}$).

- Eine Signalverstärkung oder Abschwächung ist von Stufe zu Stufe möglich; es können daher unterschiedliche Kombinationen zu gleichen Endsignalen führen.

Teil III

Analyse von Modulen & Motiven

Der dritte Teil beschreibt Methoden zur Modellanalyse. Diese Methoden sind nicht geeignet sehr große Netzwerke zu betrachten. Sie fokussieren sich auf Module und Motife, also kleineren Einheiten, die sich durch eine gewisse Autonomie oder sich durch eine gewisse Funktionalität auszeichnen. Die deterministische Modellierung stellt eine ganze Reihe von Verfahren zur Verfügung, die es erlauben, den Einfluß von Veränderungen - sei es von außen oder durch interne Modifikationen - zu analysieren und damit zu einem besseren Verständnis des Systems beizutragen. Basierend auf einer Analyse kann in vielen Fällen dann auch eine Modellreduktion durchgeführt werden.

10 Allgemeine Methoden der Modellanalyse

10.1 Analyse von Zeithierarchien

Prozesse in Zellen laufen in unterschiedlichen Zeitfenstern ab. Die unterschiedlichen Bereiche der Zeitkonstanten werden als Hierarchien bezeichnet. Folgende Zahlen für zelluläre Prozesse sind bekannt:

- Stoffwechselweg mit 8 Reaktionen: $\sim$2–3 s

- Phosphatübertragung in einem Signaltransduktionsweg: $\sim$ms

- Synthese eines Proteinmoleküls: $\sim$ 60 s

- Zellteilung bei Bakterien: $\sim$20–100 min

- Evolution (zufällige Mutation): $\sim$ Tage/ Jahre

Der Begriff der Zeitkonstanten soll an einem einfachen Beispiel erläutert werden. Betrachtet wird eine Komponente A, die durch eine konstante Reaktionsrate u gebildet wird und über eine Reaktion erster Ordnung verbraucht wird:

$$\xrightarrow{\ u\ } A \xrightarrow{\ k_1\ }$$

Es gilt folgende Gleichung zur Beschreibung der Dynamik von A:

$$\dot{A} = u - k_1 \cdot A. \tag{10.1}$$

Wird das System aus der Ruhelage A^*, der sich für ein bestimmtes $u > 0$ einstellt mit $u = 0$ ausgelenkt, gilt für den Verlauf von A:

$$A(t) = A^* \cdot e^{-k_1 t}. \tag{10.2}$$

Die Zeitkonstante τ ermittelt man durch die Berechnung der Tangenten an A^* und der Berechnung des Schnittpunktes dieser Tangenten mit der t-Achse. Formal gilt:

$$\text{Anstieg:} \quad \dot{A}(0) = -k_1 \cdot A(0) = -k_1 \cdot A^* \tag{10.3}$$

$$\text{Geradengleichung/Schnitt mit Achse:} \quad y = -k_1 \cdot A^* \cdot \tau + A^* \overset{!}{=} 0$$

$$\longrightarrow \quad \tau = \frac{1}{k_1}. \tag{10.4}$$

Abbildung 10.1 veranschaulicht die Vorgehensweise. Rechts im Bild ist die Aufteilung des Bereiches der Zeitkonstanten gezeigt. In der Regel ist man nur an einem bestimmten Bereich interessiert.

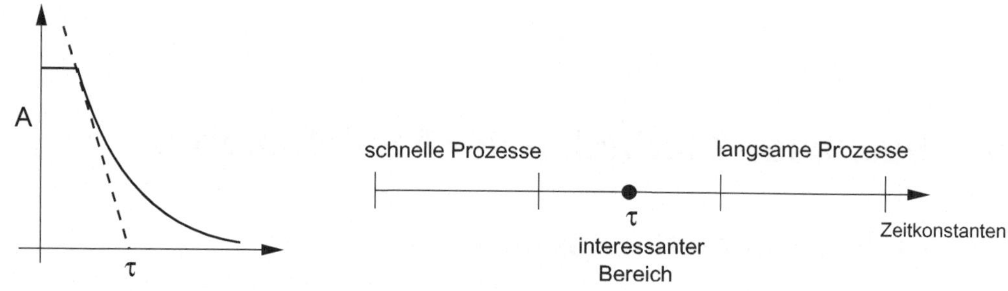

Abbildung 10.1: Zur Illustration des Begriffs der Zeitkonstanten.

10.1.1 Lineare Systeme

Bei der klassischen Vorgehensweise betrachtet man die Vorgänge in der Nähe einer Gleichge-wichtslage/Ruhelage. Dann kann man davon ausgehen, dass das Verhalten in der Nähe des Punk-tes durch ein linearisiertes Modell beschrieben werden kann. Zur Ableitung des linearisierten Modells werden die Ruhelagen durch Null setzen der zeitlichen Ableitungen des nichtlinearen Systems berechnet. Dies führt i.a. auf ein algebraisches System der Form

$$\dot{\underline{x}} = \underline{0} = \underline{f}(\underline{x}), \tag{10.5}$$

wobei die Anzahl der Ruhelagen von der Struktur der Gleichungen abhängt und zwischen 0 und ∞ liegen kann. Die Linearisierung erfolgt dann durch die Berechnung der Jacobi-Matrix des Systems (siehe Anhang), die die partiellen Ableitungen der einzelnen Funktionen f_i nach den Zu-standsvariablen x_j enthält. Die Jacobi-Matrix ist also quadratischer Natur und besitzt n^2 Einträge, wenn n die Systemordnung ist. Eine Linearisierung um die Ruhelage $\bar{x}$ bei der Betrachtung einer kleinen Auslenkung $\underline{x}'$ bringt das System (10.5) auf die Form:

$$\dot{\underline{x}}' = J \underline{x}' \tag{10.6}$$

mit den Einträgen j_{ij} der Jacobi-Matrix

$$j_{ij} = \left. \frac{\partial f_i}{\partial x_j} \right|_{\underline{x}=\underline{\bar{x}}}; \tag{10.7}$$

hier ist also jeweils der Wert der Ruhelage einzusetzen. Ein System von linearen Differentialgle-ichungen kann mit dem Ansatz

$$\underline{x}' = \underline{v}\, e^{\lambda t} \tag{10.8}$$

gelöst werden, wobei Vektor $\underline{v}$ und die λ zu bestimmen sind. Dies führt auf ein Eigenwertproblem der Form:

$$|\lambda\, I - J| = 0, \tag{10.9}$$

welches die Eigenwerte λ liefert. Die zugehörigen Eigenvektoren sind die Vektoren $\underline{v}$. Da eine Berechnung n Eigenwerte liefert, lässt sich der Verlauf einer Zustandsvariablen als Überlagerung der verschiedenen Exponentialfunktionen anschreiben. Alternativ kann die Lösung des linearen Systems analog zur Lösung eines eindimensionalen Systems erfolgen. Hier verwendet man die Fundamentalmatrix:

$$\underline{x} = \underline{x}_{(0)} \cdot e^{Jt}, \qquad e^{Jt} \equiv \text{Matrixfunktion, Fundamentalmatrix} \tag{10.10}$$

wobei für die Fundamentalmatrix gilt (siehe Anhang):

$$e^{Jt} = \sum_{m=0}^{\infty} \frac{J^m \cdot t^m}{m!}. \tag{10.11}$$

Für ein System zweiter Ordnung mit der Jacobi-Matrix

$$J = \begin{pmatrix} j_{11} & j_{12} \\ j_{21} & j_{22} \end{pmatrix} \tag{10.12}$$

erhält man die Bestimmungsgleichung für die Eigenwerte zu:

$$\begin{aligned} \lambda^2 - spur(J)\lambda + det(J) &= \\ \lambda^2 - (j_{11} + j_{22})\lambda + (j_{11}j_{22} - j_{12}j_{21}) &= 0. \end{aligned} \tag{10.13}$$

Die Lage der Eigenwerte in der imaginären Ebene entscheidet über das Stabilitätsverhalten. Für ein System 2.ter Ordnung sind die verschiedenen Fälle im Anhang zusammengestellt. Eine interessante Analysemöglichkeit besteht nun darin, das System so zu transformieren, dass jeder neuen Zustandsgrößen eine individuelle Zeitkonstante zugeordnet werden kann. Dabei setzen sich die neuen Zustandsgrößen aus einer Überlagerung alter Zustandsgrößen zusammen. Für die Transformation in neue Koordinaten $\underline{z}$ gilt: gilt:

$$\begin{aligned} \underline{x}' &= T \cdot \underline{z} & \underline{z} &\equiv \text{neue Koordinaten} \\[2mm] \longrightarrow \quad T \cdot \underline{\dot{z}} &= J \cdot T \cdot \underline{z} & T &\equiv \text{Transformationsmatrix} \\[2mm] \longrightarrow \quad \underline{\dot{z}} &= T^{-1} \cdot J \cdot T \cdot \underline{z} = \Lambda \underline{z}. \end{aligned} \tag{10.14}$$

T muss so gewählt werden, dass nur in der Diagonalen von $\Lambda = T^{-1} J T$ die Eigenwerte λ stehen. Aus der Transformationsmatrix können dann Rückschlüsse, bspw. auf Gleichgewichtsreaktionen, gezogen werden, wie folgendes Beispiel zeigt.

Beispiel 20
Einfaches Reaktionssystem.

Betrachtet wird folgendes Reaktionsnetzwerk:

$$A \underset{}{\overset{r_1}{\rightleftharpoons}} B \overset{r_2}{\rightarrow} C \tag{10.15}$$

Die Gleichungen lauten hier wie folgt (Volumen sei konstant, keine Wachstumsprozesse):

$$\begin{aligned} \dot{A} &= -r_1 &= -k_1 \cdot A + k_{-1} \cdot B \\[2mm] \dot{B} &= r_1 - r_2 &= k_1 \cdot A - k_{-1} \cdot B - k_2 \cdot B \\[2mm] \dot{C} &= r_2 &= k_2 \cdot B. \end{aligned} \tag{10.16}$$

Für die interessierenden Größen A und B kann das (bereits lineare) System in Matrix-Form geschrieben werden:

$$\begin{pmatrix} \dot{A} \\ \dot{B} \end{pmatrix} = \begin{pmatrix} -k_1 & k_{-1} \\ k_1 & -(k_{-1}+k_2) \end{pmatrix} \begin{pmatrix} A \\ B \end{pmatrix}. \tag{10.17}$$

Die charakteristische Gleichung (Gleichung zur Bestimmung der Eigenwerte) lautet:

$$|\lambda I - J| = \det(\lambda I - J) \overset{!}{=} 0. \tag{10.18}$$

Man berechnet:

$$\begin{vmatrix} \lambda + k_1 & -k_{-1} \\ -k_1 & \lambda + k_{-1} + k_2 \end{vmatrix} = (\lambda + k_1)\cdot(\lambda + k_{-1} + k_2) - k_1 \cdot k_{-1}$$

$$= \lambda^2 + (k_1 + k_{-1} + k_2)\cdot\lambda + k_1 \cdot (k_{-1}+k_2) - k_1 \cdot k_{-1} = 0$$

$$\longrightarrow \quad \lambda_{1,2} = -\frac{k_1 + k_{-1} + k_2}{2} \pm \sqrt{\frac{(k_1 + k_{-1} + k_2)^2}{4} - k_1 \cdot k_2}. \tag{10.19}$$

Im Folgenden soll der Sonderfall $k = k_{-1} = k_2 \ll k_1$ betrachtet werden. Damit erhält man für die Eigenwerte:

$$\lambda_{1,2} = -\frac{k_1 + 2k}{2} \pm \sqrt{\frac{(k_1 + 2k)^2}{4} - k_1 k} = -\frac{k_1 + 2k}{2} \pm \frac{1}{2}\sqrt{k_1^2 + 4k^2}. \tag{10.20}$$

Zur Ermittlung der Lage der Eigenvektoren betrachtet man den Grenzfall $k \approx 0$.

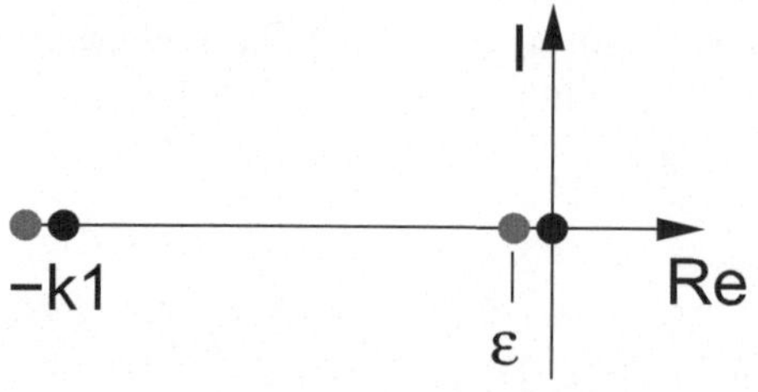

Abbildung 10.2: Lage der Eigenwerte für die beiden Fälle $k \approx 0$ (grau) und $k = 0$ (schwarz).

Im Fall $k \approx 0$ liegt ein Eigenwert in der Nähe von Null. Der Wert ist allerdings sehr klein und wird daher mit ε bezeichnet. Sind die Realteile $|Re(\lambda)|$ sehr klein, ergeben sich große Zeitkonstanten; für $|Re(\lambda)|$ sehr groß ist das System sehr schnell und hat eine kleine Zeitkonstante. Mit den Eigenvektoren lässt sich eine Aussage darüber machen, wie die Originalvariablen überlagert werden müssen, damit das neue System auf jeweils nur einer der Zeitkonstanten läuft. Die Bestimmungsgleichung lautet:

$$J \cdot \underline{x} = \lambda \cdot \underline{x}$$

$$\begin{bmatrix} -k_1 & k \\ k_1 & -2k \end{bmatrix} \cdot \begin{pmatrix} A \\ B \end{pmatrix} = \lambda \cdot \begin{pmatrix} A \\ B \end{pmatrix}. \tag{10.21}$$

Es ergibt sich ein algebraisches System, wobei eine Variable frei wählbar ist. Wählt man immer $B = 1$, so kann man die beiden Eigenvektoren wie folgt bestimmen. Die zweite Zeile von oben ergibt:

$$k_1 \cdot A - 2\,k = \lambda \tag{10.22}$$

$$\longrightarrow \quad A = \frac{\lambda + 2k}{k_1} = \frac{\lambda}{k_1} + \frac{2k}{k_1} \tag{10.23}$$

Zum Eigenwert λ_1 (langsam) ergibt sich:

$$A^1 = \frac{\lambda_1 + 2k}{k_1} \approx \frac{2k}{k_1} \approx \varepsilon' \ll 1 \tag{10.24}$$

und zum Eigenvektor λ_2 (schnell):

$$A^2 = \frac{\lambda_2 + 2k}{k_1} \approx \frac{-k_1 + 2k}{k_1} \approx -1 + \varepsilon'. \tag{10.25}$$

Die Eigenvektoren bilden die Transformationsmatrix T:

$$T = \begin{bmatrix} \varepsilon' & -1 + \varepsilon' \\ 1 & 1 \end{bmatrix} \quad \rightarrow \quad T^{-1} = \begin{bmatrix} 1 & 1 - \varepsilon' \\ -1 & \varepsilon' \end{bmatrix}. \tag{10.26}$$

Für die neuen Variablen z ergibt sich folgende Zuordnung:

$$\underline{z} = T^{-1} \cdot \underline{c} = \begin{bmatrix} 1 & -1 - \varepsilon' \\ -1 & \varepsilon' \end{bmatrix} \cdot \begin{pmatrix} A \\ B \end{pmatrix}, \tag{10.27}$$

und es gilt:

$$z_1 = (A + (1 - \varepsilon') \cdot B) \approx A + B \quad \text{mit} \quad \tau_1 = \frac{1}{Re(\lambda_1)} \gg 1 \quad \text{(langsam)}$$

$$z_2 = (-A + \varepsilon' \cdot B) \approx -A \quad \text{mit} \quad \tau_2 = \frac{1}{Re(\lambda_2)} \approx \frac{1}{k_1} \quad \text{(schnell)} \tag{10.28}$$

Die Dynamik der Variablen ergibt sich über:

$$\underline{\dot{z}} = T^{-1} \cdot J \cdot \underline{c} = \begin{bmatrix} 1 & 1 - \varepsilon' \\ -1 & \varepsilon' \end{bmatrix} \cdot \begin{bmatrix} -k_1 & k \\ k_1 & -2k \end{bmatrix} \cdot \begin{pmatrix} A \\ B \end{pmatrix}$$

$$= \begin{bmatrix} -\varepsilon' \cdot k_1 & -k + \varepsilon' \\ k_1 + \varepsilon' \cdot k_1 & -k - 2k \cdot \varepsilon' \end{bmatrix} \cdot \begin{pmatrix} A \\ B \end{pmatrix} \approx \begin{bmatrix} 0 & -k \\ k_1 & -k \end{bmatrix} \cdot \begin{pmatrix} A \\ B \end{pmatrix}. \tag{10.29}$$

Man erhält also:

$$\begin{aligned}
\dot{z}_1 &= -k \cdot B \\
\dot{z}_2 &= k_1 \cdot A - k \cdot B.
\end{aligned} \qquad (10.30)$$

Für die schnelle Variable z_2 wird Quasistationarität angenommen und es gilt:

$$\dot{z}_2 = 0 \quad \Rightarrow \quad A = \frac{k}{k_1} \cdot B. \qquad (10.31)$$

Setzt man die Beziehungen in die Gleichungen für z_1 ein, erhält man:

$$\begin{aligned}
z_1 &= A + B = B \cdot \left(1 + \frac{k}{k_1}\right) \\
\dot{z}_1 &= \dot{B} \cdot \underbrace{\left(1 + \frac{k}{k_1}\right)}_{\approx 1} = -k \cdot B.
\end{aligned} \qquad (10.32)$$

Die Transformation zeigt, dass $A = \dfrac{k}{k_1} \cdot B$ die Gleichgewichtsbeziehung der Reaktion darstellt. Die neue Größe z_1 stellt dann eine Poolgröße aus A und B dar, die über die Zeitkonstante $\frac{1}{k}$ beschrieben wird. Damit konnte eine Modellreduktion durchgeführt werden, da das System jetzt nur noch eine dynamische Größe aufweist.

10.1.2 Klassifikation schneller und langsamer Reaktionen

Hat man Eigenwerte bei großen Systemen ermittelt, stellt sich die Frage, welche Reaktionen zu den schnellen Moden einen Beitrag leisten. Dieser Fall tritt ein, wenn man Parameter durch eine Schätzung ermittelt und direkt die Analyse durchführt. Ist umgekehrt bekannt, dass schnelle Reaktionen im System vorliegen, wenn also die einzelnen Parameter aus der Literatur oder aus Datenbanken entnommen sind, stellt sich die Frage, wie das System vereinfacht werden kann, ohne zuvor die Linearisierung und die Berechnung der Eigenwerte durchzuführen. Ausgangspunkt der folgenden Betrachtungen ist das System in der Form:

$$\underline{\dot{c}} = N \cdot \underline{r}.$$

Fall i: Eigenwert und Eigenvektoren sind berechnet.
Entsprechend der Eigenwertanalyse kann die Matrix T^{-1} in einen schnellen Anteil (s) und einen langsamen Anteil (l) aufgeteilt werden (durch Sortieren der Spalten von N):

$$T^{-1} = \begin{bmatrix} T^{-1l} \\ T^{-1s} \end{bmatrix}. \qquad (10.33)$$

Führt man die Transformation

$$T^{-1} \cdot \underline{\dot{c}} = T^{-1} \cdot N \cdot \underline{r} \qquad (10.34)$$

durch, ergibt sich für das z System

$$\underline{\dot{z}} = \begin{bmatrix} T^{-1l} \\ T^{-1s} \end{bmatrix} \cdot \begin{bmatrix} N^l & N^s \end{bmatrix} \cdot \begin{pmatrix} \underline{r}^l \\ \underline{r}^s \end{pmatrix} \tag{10.35}$$

und für die langsamen Variablen $\underline{z}^l$:

$$\underline{\dot{z}}^l = T^{-1l} \cdot N^l \cdot \underline{r}^l + T^{-1l} \cdot N^s \cdot \underline{r}^s. \tag{10.36}$$

Sollen keine schnellen Reaktionen auf $\dot{z}^l$ einwirken $-$ z^l soll ja die langsame Variable sein $-$ muss gelten: $T^{-1l} \cdot N^s = \underline{0}$. Damit ist ein Einfluss der schnellen Reaktionen ausgeschlossen. Da nun nicht bekannt ist, welches schnelle und langsame Reaktionen sind, kann über die Beziehung

$$T^{-1l} \cdot N \stackrel{!}{=} 0 \tag{10.37}$$

ermittelt werden, welche Reaktionen schnell sind. Treten nämlich in den Spalten von $T^{-1l} \cdot N$ nur Werte ≈ 0 auf, so sind dies die schnellen Reaktionen.

Fall ii: Eigenwert und Eigenvektoren sind nicht bekannt, allerdings können langsame und schnelle Reaktionen unterschieden werden.
Für die Aufteilung der Reaktionen in schnell und langsam gilt dann:

$$\underline{\dot{c}} = \begin{bmatrix} N^l & N^s \end{bmatrix} \cdot \begin{pmatrix} r^l \\ r^s \end{pmatrix}$$

$$= N^l \cdot r^l + N^s \cdot r^s. \tag{10.38}$$

Führt man jetzt eine Transformation mit einer Matrix T^* so durch, dass gilt:

$$T^* \cdot \underline{\dot{c}} = T^* \cdot N^l \cdot r^l + T^* \cdot N^s \cdot r^s \tag{10.39}$$

können die langsamen Modi dadurch ermittelt werden, dass die schnellen Reaktionen quasi ausgeblendet werden:

$$T^* \cdot N^s = \underline{0}$$
$$\longrightarrow N^{sT} \cdot T^{*T} = \underline{0} \tag{10.40}$$

wobei T^{*T} den Nullraum von N^{sT} darstellt. Mit T^* kann die Transformation des Gesamtsystems durchgeführt werden. Damit ist garantiert, dass im neuen System keine schnellen Reaktionen mehr zum Tragen kommen.

Beispiel 21
Einfaches Reaktionssystem (Fortsetzung).

Statt mit der Jacobi-Matrix J lautet das System mit der stöchiometrischen Gleichung N wie folgt:

$$\underline{\dot{c}} = J \cdot \underline{c} = N \cdot \underline{r} = \begin{bmatrix} -1 & 0 \\ 1 & -1 \end{bmatrix} \cdot \begin{pmatrix} r_1 \\ r_2 \end{pmatrix} \tag{10.41}$$

wobei r_1 die schnelle Reaktion und r_2 die langsame Reaktion sein soll.

Fall i: Matrix T wurde aus den Parametern ermittelt. Dann gilt:

$$T^{-1l} \cdot N \;=\; \begin{bmatrix} 1 & 1 - \varepsilon' \end{bmatrix} \cdot \begin{bmatrix} -1 & 0 \\ 1 & -1 \end{bmatrix} = \begin{bmatrix} -\varepsilon' & -1 + \varepsilon' \end{bmatrix} \tag{10.42}$$

Für kleine ε' ergibt sich:

$$T^{-1l} \cdot N \approx \begin{bmatrix} 0 & -1 \end{bmatrix}, \tag{10.43}$$

der Eintrag in der ersten Spalte verschwindet, daher ist r_1 die schnelle Reaktion.

Fall ii: Es ist bekannt, dass r_1 schnell ist und r_2 langsam. Nach obiger Vorschrift erhält man:

$$N^{sT} \cdot T^{*T} \;=\; 0$$

$$\longrightarrow \quad \begin{bmatrix} -1 & 1 \end{bmatrix} \cdot T^{*T} \;=\; 0. \tag{10.44}$$

In diesem Fall lässt sich der Nullraum einfach ermitteln. Es ergibt sich:

$$T^{*T} \;=\; \begin{bmatrix} 1 \\ 1 \end{bmatrix} \quad \longrightarrow \quad T^* = \begin{bmatrix} 1 & 1 \end{bmatrix}. \tag{10.45}$$

Wendet man die Transformation auf $\underline{c}$ an, erhält man:

$$T^* \cdot \underline{\dot{c}}^* \;=\; \begin{bmatrix} 1 & 1 \end{bmatrix} \cdot N^l \cdot r^l = \begin{bmatrix} 1 & 1 \end{bmatrix} \cdot \begin{bmatrix} 0 \\ -1 \end{bmatrix} \cdot r_2$$

$$\rightarrow \quad (A \overset{\cdot}{+} B) \;=\; -r_2. \tag{10.46}$$

Auch hier erhält man das Ergebnis, dass die Komponenten A und B einen Pool bilden und dass sich die Dynamik dann nur aus der langsamen Reaktion ergibt. Jede Linearkombination der Nullraumvektoren von N^{sT} eliminiert die schnellen Moden. Eine ausgezeichnete Linearkombination stellt die Matrix T^{-1} dar, die das System so transformiert, dass die Zeitkonstante des neuen Systems direkt den Eigenwerten zugeordnet werden kann. Bei der Transformation müssen die alten Variablen durch die neuen Variablen ausgedrückt werden. Dazu müssen zusätzliche Bedingungen (Gleichgewicht der schnellen Reaktionen, etc.) berücksichtigt werden.

10.1.3 Elimination von schnellen Reaktionen

Die Ergebnisse von oben, können nun für eine allgemeinere Modellreduktion verwendet werden, bei der die Systeme nichtlinear sein können[1]. Kann man das Gleichungssystem wie folgt unterteilen (l langsam, s schnell)

$$\underline{\dot{c}} \;=\; N_l \cdot \underline{r}_l + N_s \cdot \underline{r}_s \tag{10.47}$$

---

[1] Non-linear reduction for kinetic models of metabolic reaction networks. Z. P. Gerdtzen et al., Metab. Eng. 6, 2004, 140-154

mit p schnellen Reaktion und $q - p$ langsamen Reaktionen, dann kann zunächst eine Skalierung auf die kleinste der schnellen Reaktionsgeschwindigkeitskonstanten $r_{s_i} = r_{max,i} \cdot f(\underline{c})$ erfolgen:

$$\underline{r_s} = r^*_{max} \cdot \underbrace{\begin{pmatrix} \frac{r_{max,1}}{r^*_{max}} & & \\ & \ddots & \\ & & \ddots \end{pmatrix}}_{=:D} \cdot \overline{r}_s \tag{10.48}$$

wobei r^*_{max} der kleinste Wert der $r_{max,i}$ ist. Es ergibt sich dann für das System mit $\varepsilon = 1/r^*_{max}$ und obiger Diagonalmatrix D:

$$\frac{d\underline{c}}{dt} = N_l \cdot \underline{r}_l + \varepsilon^{-1} \cdot N_s \cdot D \cdot \overline{r}_s. \tag{10.49}$$

Die folgenden Betrachtungen sollen gelten für den Fall: N_s hat Rang p und $\dfrac{\partial \overline{r}_s}{\partial \underline{c}}$ hat Rang p. Wenn nun ε gegen Null geht, bedeutet dass, dass $\overline{r}_s$ ebenfalls gegen Null geht. Man führt nun folgende Funktion z_s ein:

$$z_s = \lim_{\varepsilon \to 0} \frac{D \cdot \overline{r}_s}{\varepsilon}, \tag{10.50}$$

die diesen Grenzwert nun repräsentieren soll und erhält:

$$\underline{\dot{c}} = N_l \cdot \underline{r}_l + N_s \cdot z_s, \tag{10.51}$$

wobei z_s implizit die Konzentrationen enthält. Man kann z_s wie folgt angegeben: Im Grenzfall gilt $\overline{r}_s = 0$ und damit gilt auch $\dfrac{\partial \overline{r}_s}{\partial t} = 0$ und man erhält:

$$\frac{\partial \overline{r}_s}{\partial t} = \frac{\partial \overline{r}_s}{\partial \underline{c}} \cdot \frac{\partial \underline{c}}{\partial t} = \frac{\partial \overline{r}_s}{\partial \underline{c}} \cdot N_l \cdot \underline{r}_l + \frac{\partial \overline{r}_s}{\partial \underline{c}} \cdot N_s \cdot z_s = 0 \tag{10.52}$$

Da nun die Ableitung vollen Rang hat, kann die Inverse gebildet werden und aufgelöst werden:

$$z_s = -\left[\frac{\partial \overline{r}_s}{\partial \underline{c}} \cdot N_s \right]^{-1} \cdot \frac{\partial \overline{r}_s}{\partial \underline{c}} \cdot N_l \cdot \underline{r}_l \tag{10.53}$$

Setzt man oben ein, ergibt sich:

$$\frac{d\underline{c}}{dt} = N_l \cdot r_l - N_s \cdot \left[\frac{\partial \overline{r}_s}{\partial \underline{c}} \cdot N_s \right]^{-1} \cdot \frac{\partial \overline{r}_s}{\partial \underline{c}} \cdot N_l \cdot \underline{r}_l. \tag{10.54}$$

Im System sind nun die schnellen Moden eliminiert, allerdings hat sich die Anzahl der Zustandsgrößen noch nicht reduziert. Ein Gleichungssystem, welches nun nur die $n - p$ langsamen Moden beinhaltet, kann über folgende Transformation der Modellgleichungen erhalten werden. Die neuen Variablen $\underline{w}$ erhält man mit

$$\underline{w} = K^T \cdot \underline{c} \tag{10.55}$$

wobei K der Nullraum von N_s^T ist. In diesem Falle kann die Transformation wie folgt interpretiert werden: Durch die Elimination der schnellen Reaktionen, sind neue Erhaltungsbeziehungen entstanden. Man erhält für das neue dynamische System:

$$\underline{\dot{w}} \;=\; K^T \cdot \left(N_l \cdot \underline{r}_l\right)\Big|_{\underline{c}=\left(K^T\right)^{-1}\underline{w}} \cdot \tag{10.56}$$

Beispiel 22
Einfaches Reaktionssystem.

Das System lautet:

$$A \;\overset{r_1}{\rightarrow}\; B \;\overset{r_2}{\rightleftharpoons}\; C \;\overset{r_3}{\rightarrow} \tag{10.57}$$

mit den Reaktionsraten: $r_1 = k_1 \cdot A,\, r_2 = k_2 \cdot B - k_{-2} \cdot C$ und $r_3 = k_3 \cdot C$. Damit lauten die Differentialgleichungen:

$$\dot{A} \;=\; -r_1 \tag{10.58}$$
$$\dot{B} \;=\; r_1 - r_2 \tag{10.59}$$
$$\dot{C} \;=\; r_2 - r_3. \tag{10.60}$$

Mit der schnellen Reaktion r_2 schreibt sich das System wie folgt:

$$\begin{pmatrix} \dot{A} \\ \dot{B} \\ \dot{C} \end{pmatrix} = \underbrace{\begin{bmatrix} -1 & 0 \\ 1 & 0 \\ 0 & -1 \end{bmatrix}}_{N_l} \cdot \underbrace{\begin{pmatrix} r_1 \\ r_3 \end{pmatrix}}_{\underline{r}_l} + \underbrace{\begin{pmatrix} 0 \\ -1 \\ 1 \end{pmatrix}}_{N_s} \cdot \underbrace{r_2}_{\underline{r}_s} \tag{10.61}$$

Für die schnelle Reaktion r_2, die sich im Gleichgewicht befindet, gilt mit $K_2 = \dfrac{k_{-2}}{k_2}$:

$$\underline{r}_s \;=\; k_2 \cdot (B - K_2 \cdot C) = \frac{1}{\varepsilon} \cdot \bar{r}_s \quad \text{und damit} \quad z = \lim_{\varepsilon \to 0} \frac{\bar{r}_s}{\varepsilon} \tag{10.62}$$

Für z_s gilt:

$$z \;=\; -\left[\frac{\partial \bar{r}}{\partial c} \cdot N_l\right]^{-1} \cdot \frac{\partial \bar{r}}{\partial c} \cdot \left(N_l \cdot \underline{r}_l\right) \tag{10.63}$$

Leitet man ab, erhält man:

$$\frac{\partial \bar{r}_s}{\partial c} \;=\; \begin{bmatrix} 0 & 1 & -K_2 \end{bmatrix} \tag{10.64}$$

$$\longrightarrow \quad \frac{\partial \bar{r}_s}{\partial c} \cdot N_s \;=\; \begin{bmatrix} 0 & 1 & -K_2 \end{bmatrix} \cdot \begin{bmatrix} 0 \\ -1 \\ 1 \end{bmatrix} = -1 - K_2 = -(1 + K_2) \tag{10.65}$$

$$\longrightarrow \quad z_s \;=\; \frac{1}{1+K_2} \cdot \begin{bmatrix} 0 & 1 & -K_2 \end{bmatrix} \cdot \begin{bmatrix} -r_1 \\ r_1 \\ r_3 \end{bmatrix} = \frac{1}{1+K_2} \cdot (r_1 + K_2 \cdot r_3) \tag{10.66}$$

Eine Modellreduktion kann jetzt stattfinden, indem man nur die langsamen Reaktionen betrachtet. Die Differentialgleichungen lauten dann für das Beispiel von oben:

$$
\begin{pmatrix} \dot{A} \\ B \\ C \end{pmatrix} = N_l \cdot \begin{pmatrix} r_1 \\ r_3 \end{pmatrix} + N_s \cdot z
$$

$$
= \begin{bmatrix} -r_1 \\ r_1 \\ r_3 \end{bmatrix} + \begin{bmatrix} 0 \\ -1 \\ 1 \end{bmatrix} \cdot z
$$

$$
= \begin{bmatrix} -r_1 \\ r_1 - \dfrac{r_1 + K_2 \cdot r_3}{1 + K_2} \\ r_3 + \dfrac{r_1 + K_2 \cdot r_3}{1 + K_2} \end{bmatrix} . \tag{10.67}
$$

Der Nullraum von N_s^T ergibt sich zu:

$$
N = \begin{bmatrix} 1 & 0 \\ 0 & 1 \\ 0 & 1 \end{bmatrix} . \tag{10.68}
$$

Damit:

$$
\begin{bmatrix} w_1 \\ w_2 \end{bmatrix} = \begin{bmatrix} 1 & 0 & 0 \\ 0 & 1 & 1 \end{bmatrix} \cdot \begin{bmatrix} A \\ B \\ C \end{bmatrix} = \begin{bmatrix} A \\ B + C \end{bmatrix}
$$

$$
\longrightarrow \quad w_1 = A; \quad w_2 = B + C. \tag{10.69}
$$

Für die vollständige Transformation muss noch die Bedingung $\overline{r}_s = 0$ ausgewertet werden:

$$
r_2 = 0 = B - K_2 \cdot C \tag{10.70}
$$

$$
\longrightarrow \quad B = K_2 \cdot C. \tag{10.71}
$$

Damit lassen sich alle alten Variablen durch die neuen ausdrücken:

$$
A = w_1
$$

$$
B = \frac{K_2 \cdot w_2}{1 + K_2}
$$

$$
C = \frac{w_2}{1 + K_2} . \tag{10.72}
$$

Setzt man ein, ergibt sich das reduzierte Modell zu:

$$\begin{pmatrix} \dot{w_1} \\ \dot{w_2} \end{pmatrix} = \begin{bmatrix} 1 & 0 & 0 \\ 0 & 1 & 1 \end{bmatrix} \cdot \begin{bmatrix} -r_1 \\ r_1 \\ -r_3 \end{bmatrix} = \begin{bmatrix} -r_1 \\ r_1 - r_3 \end{bmatrix}$$

$$= \begin{bmatrix} -k_1 \cdot w_1 \\ k_1 \cdot w_1 - k_3 \cdot \dfrac{w_2}{1+K_2} \end{bmatrix} . \tag{10.73}$$

10.1.4 Singuläre Störungsrechnung

Die singuläre Störungsrechnung ist ein Ansatz für nichtlineare Modelle. Dabei versucht man das System so geschickt zu skalieren, dass über die Eigenschaften bestimmter Parameterkombinationen Aussagen über die Dynamik getroffen werden können. Das Vorgehen soll gleich an einem Beispiel erläutert werden.

Beispiel 23
Enzymkatalysierte Reaktion (siehe Kapitel Enzymkinetik).

Die Reaktionsgleichung lautet:

$$E + S \rightleftharpoons ES \rightarrow E + P$$

Die Gleichungen für das Substrat S und den Komplex aus Enzym und Substrat ES lauten mit der Erhaltungsgleichung $E_0 = E + ES$:

$$\begin{aligned} \dot{S} &= -k_1 \cdot E\,S + k_{-1} \cdot ES \\ &= -k_1 \cdot (E_0 - ES) \cdot S + k_{-1} \cdot ES \\ \dot{ES} &= k_1 (E_0 - ES) \cdot S - (k_{-1} + k_2) \cdot ES . \end{aligned}$$

Eine Normierung oder Skalierung reduziert die Anzahl der Parameter und vereinfacht die Übertragbarkeit auf andere Beispielsysteme. Hier bietet sich folgende Skalierung an:

$$s = \frac{S}{S_0}, \quad es = \frac{ES}{E_0}, \quad \tau = k_1 \cdot E_0 \cdot t . \tag{10.74}$$

Die Einheit von $[\tau]$ ist dimensionslos: $\dfrac{1}{mM \cdot h} \cdot mM \cdot h$. Setzt man ein, so erhält man für die skalierten Zustände s und es folgende Gleichungen:

$$\begin{aligned} \frac{ds}{d\tau} &= -(1 - es) \cdot s + \frac{k_{-1}}{k_1} \frac{1}{S_0} \cdot es \\ \frac{des}{d\tau} &= (1 - es) \cdot s \cdot \frac{S_0}{E_0} - \frac{(k_{-1} + k_2)}{k_1 \cdot S_0} \frac{S_0}{E_0} \cdot es . \end{aligned} \tag{10.75}$$

Führt man dimensionslose Parameter ein, so ergeben sich mit:

$$K = \frac{k_{-1}}{k_1 \cdot S_0} = \frac{K_D}{S_0}, \quad a = \frac{k_2}{k_1 \cdot S_0}, \quad \varepsilon = \frac{E_0}{S_0} \tag{10.76}$$

folgende Gleichungen:

$$\begin{aligned}
\frac{ds}{d\tau} &= -(1-es)\cdot s + K\cdot es = (K+s)\cdot es - s \\[2mm]
\frac{des}{d\tau} &= (1-es)\cdot s\cdot\frac{1}{\varepsilon} - (K+\lambda)\cdot\frac{1}{\varepsilon}\cdot es \\[2mm]
&= (-(K+\lambda+s)\cdot es + s)\cdot\frac{1}{\varepsilon}\cdot
\end{aligned} \tag{10.77}$$

Die letzte Gleichung lässt sich umschreiben:

$$\varepsilon \cdot \frac{des}{d\tau} = -(K+\lambda+s)\cdot es + s. \tag{10.78}$$

In dieser Form liegt ein "singuläres Störungsproblem" vor, welches für $\varepsilon \to 0$ gleichbedeutend ist mit der Annahme eines Fließgleichgewichts (oder auch Quasistationarität genannt) für es. Die algebraische Gleichung lautet:

$$0 = -(K+\lambda+s)\cdot es + s \quad \to \quad es = \frac{s}{K+\lambda+s}. \tag{10.79}$$

Berechnet man wie oben $\dot{P} \sim es$, erhält man wieder die Michaelis-Menten-Kinetik. Abbildung 10.3 zeigt den Verlauf der Trajektorie in der s-es Ebene.

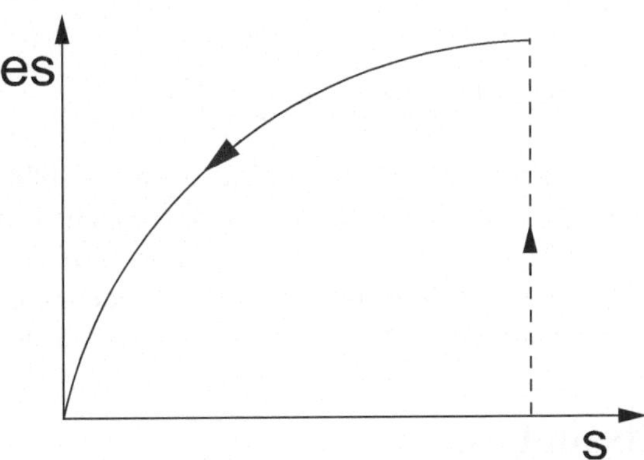

Abbildung 10.3: Idealisierter Verlauf der Trajektorien in der Phasenebene. Durchgezogen: Dynamik in der τ Zeit. Gestrichelt: Dynamik in der σ Zeit.

Bei Differentialgleichungssystemen ist man in der Regel frei bei der Wahl der Anfangsbedingungen. Hier wurde nun eine Differentialgleichung durch eine algebraische Gleichung ersetzt und es ergibt sich das Problem, dass die Anfangsbedingung für *es* nicht mehr frei wählbar ist, der Wert ist festgelegt:

$$es(0) \ = \ \frac{S(0)}{K + \lambda + S(0)} \tag{10.80}$$

und ist ungleich Null. Nun ist zu überlegen, wie das Verhalten für ganz kleine Zeiten ermittelt werden kann. In dieser Zeit sollte sich *es* von der gewählten Anfangsbedingung, z. B. $es(t = 0) = 0$ auf den berechneten Wert einstellen. Dazu wird eine weitere Skalierung durchgeführt. Die Analyse des Systems für kleine Zeiten erfolgt mit $\sigma = \frac{\tau}{\varepsilon}$. Sehr kleine Zeiten τ werden durch Transformation auf größere Zeit gebracht ($\tau \approx \varepsilon \rightarrow \sigma \approx 1$). Die neuen Gleichungen lauten:

$$\frac{ds}{d\tau} = \varepsilon \cdot \Big((K + s) \cdot es - s \Big)$$

$$\frac{des}{d\tau} = -(K + \lambda + s) \cdot es + s. \tag{10.81}$$

Jetzt kann *s* quasistationär betrachtet werden mit der Anfangsbedingung $s = s(t = 0) = s_0$. Für *es* ergibt sich folgende Dynamik:

$$\frac{des}{d\sigma} \ = \ S_0 - (K + \lambda + S_0) \cdot es. \tag{10.82}$$

Dies ist eine gewöhnliche Differentialgleichung mit der Lösung:

$$es(\sigma) \ = \ -\frac{S(0)}{K + \lambda + S(0)} \cdot \Big(1 + e^{-(K + \lambda + S(0))\,\sigma} \Big) \tag{10.83}$$

und beschreibt die fehlende Dynamik für *es*. Für den Anfangswert bzw. für große Zeiten ermittelt man:

$$es(0) \ = \ 0, \quad \lim_{\sigma \to \infty} es \ = \ \frac{S_0}{K + \lambda + S_0}, \tag{10.84}$$

was den oben vorgegebenen Werten entspricht. Der idealisierte Verlauf der Kurve ist ebenfalls in Abbildung 10.3 eingetragen: Die gestrichelte Linie gibt die schnelle Dynamik (σ-Zeit) wieder. *S* verändert sich dabei nicht. Dann ist die langsame Trajektorie erreicht (durchgezogene Linie) und das System gibt den Verlauf von *S* gekoppelt mit *ES* wieder (τ-Zeit). Simuliert man das Originalsystem so beobachtet man einen Übergang von der schnellen zur langsamen Trajektorie.

10.2 Sensitivitätsanalyse

Unter einer Sensitivitätsanalyse versteht man die Untersuchung von Änderungen von kinetischen Parametern oder der Modellstruktur auf den Verlauf der Zustandsgrößen (zeitliches Verhalten, stationäre Kennlinien) oder anderer interessierender Größen wie Zeitkonstanten oder Verstärkungsfaktoren. Zeigt ein System eine geringe Sensitivität, so wird es als robust bezeichnet. Sensitivitäten können für eine ganze Reihe von Eigenschaften definiert und berechnet werden:

- Empfindlichkeit einer Funktion eines stöchiometrischen Netzwerkes, z. B. die Ausbeuten bei Produkten aus dem sekundären Metabolismus, in Bezug auf Veränderungen der Stöchiometrie (z.B. bei Mutanten)

- Empfindlichkeit von Zustandsvariablen bei Parameterveränderungen oder strukturellen Veränderungen. Dies betrifft z.B. auch die dynamischen Eigenschaften wie Antwortszeiten, Schwingungsamplituden, etc.

- Empfindlichkeit der Signal-Antwort-Kurve bei Veränderungen der Gesamtmenge an Protein im Netzwerk.

Hier soll der Einfluss von kinetischen Parametern auf den Verlauf von stationären Kennlinien untersucht und anschließend die Methode auf dynamische Systeme erweitert werden. Sensitivitätsanalysen gelten heute als Standardverfahren und grundlegendes Instrument zur Analyse von zellulären Systemen. Besonders wichtig sind die Analysen auch bei der Modellkalibrierung und der Versuchsplanung: besitzen Parameter eine niedrige Sensitivität können sie nur schwer oder gar nicht ermittelt werden.

10.2.1 Definition der parametrischen Sensitivität w_{ij}

Formal bezeichnet eine parametrische Sensitivität w_{ij} den Einfluss des Parameters p_j auf die Größe (oder Zustandsgröße) x_i:

$$w_{ij} \;=\; \frac{\Delta x_i}{\Delta p_j} \approx \frac{dx_i}{dp_j} \quad \text{für den Grenzfall} \quad \Delta p_j \to 0. \tag{10.85}$$

Um Sensitivitäten miteinander vergleichen zu können, ist es oft sinnvoll normierte Sensitivitäten zu verwenden, die wie folgt definiert sind:

$$\bar{w}_{ij} \;=\; \frac{\Delta x_i/x_i}{\Delta p_j/p_j} = \frac{\Delta x_i}{\Delta p_j}\frac{p_j}{x_i} \approx \frac{dx_i}{dp_j}\frac{p_j}{x_i}. \tag{10.86}$$

Beispiel 24
Michaelis-Menten Kinetik: Einfluss der beiden kinetischen Parameter r_{max} und K auf die Größe r.

Die Kinetik lautet:

$$r \;=\; r_{max} \cdot \frac{S}{K+S}.$$

Es ergibt sich für die erste Sensitivität:

$$w_{r,K} \;=\; \frac{dr}{dK} = \frac{-r_{max}\cdot S}{(K+S)^2} \tag{10.87}$$

$$\bar{w}_{r,K} \;=\; \frac{-r_{max}\cdot S}{(K+S)^2}\frac{K\cdot(K+S)}{r_{max}\cdot S} = -\frac{K}{K+S}. \tag{10.88}$$

Abbildung 10.4 links veranschaulicht den Verlauf in Abhängigkeit von c_S.

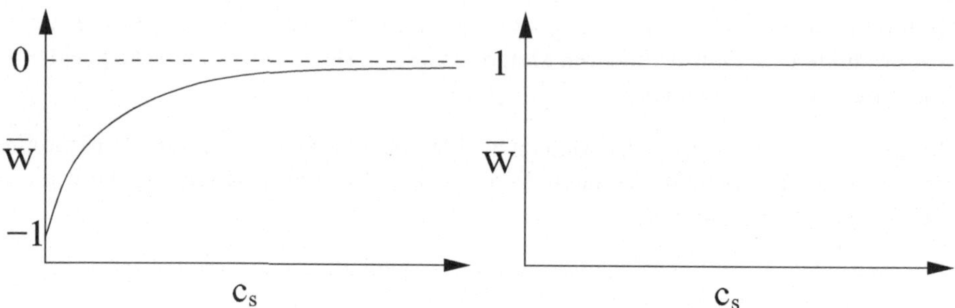

Abbildung 10.4: Verlauf der beiden normierten Sensitivitäten über S.

Für die zweite Sensitivität ergibt sich:

$$w_{r,r_{max}} = \frac{dr}{dr_{max}} = \frac{S}{K+S} \tag{10.89}$$

$$\bar{w}_{r,r_{max}} = \frac{S}{K+c_S} \cdot \frac{r_{max} \cdot (K+S)}{r_{max} \cdot S} = 1. \tag{10.90}$$

Die Ergebnisse lassen sich wie folgt interpretieren:

Parameter K: Eine positive Auslenkung des Wertes liefert in der Nähe von 0 eine Verkleinerung von r, daher ist der Wert negativ; für große Werte von S ergibt sich jedoch nur ein geringer Einfluss.

Parameter r_{max}: eine Auslenkung des Wertes lenkt den Wert von r über den ganzen Bereich von S gleich aus.

Beispiel 25
Reversible Kinetik.

Für die Kinetik:

$$r = r_{max} \cdot \left(S_1 - \frac{S_2}{K}\right) \tag{10.91}$$

erhält man folgende Sensitivität bezüglich der Gleichgewichtskonstanten K:

$$w_{r,K} = \frac{dr}{dK} = r_{max} \cdot \frac{S_2}{K^2} \tag{10.92}$$

$$\bar{w}_{r,K} = r_{max} \cdot \frac{S_2}{K^2} \frac{K}{r_{max} \cdot \left(S_1 - \frac{S_2}{K}\right)} = \frac{S_2}{K \cdot S_1 - S_2}. \tag{10.93}$$

Wie man an der Gleichung sieht, besitzt die normierte Sensitivität an der Stelle, wenn S_1 und S_2 im Gleichgewicht sind, eine Singularität. Der Nenner geht gegen Null und die normierte Sensitivität nimmt große Werte an.

Die normierten Sensitivitäten erlauben einen Vergleich untereinander. Wie in der Abbildung gesehen, hängen sie im nichtlinearen Fall (nichtlinear hinsichtlich der Parameter) von den betrachteten Größen ab. Um ein Ranking der Parameter zu erhalten, wurde deshalb ein weiteres Verfahren vorgeschlagen: das Verfahren von Hearne.

10.2.2 Sensitivitätsanalyse mit dem Verfahren von Hearne

Zur Vorstellung des Verfahrens von Hearne[2] wird von einer allgemeinen nichtlinearen Gleichung

$$\underline{0} \;=\; g\,(\underline{z},\underline{p}) \tag{10.94}$$

ausgegangen, wobei $\underline{z}$ den Vektor der Zustandsgrößen darstellt und $\underline{p}$ der Parametervektor ist. Allerdings ist die Auslenkung der Parameter nicht beliebig, sondern eingeschränkt. Gesucht ist nun eine neue Parameterkombination mit der Bedingung

$$\left(\frac{\Delta p_1}{p_1}\right)^2 + \left(\frac{\Delta p_2}{p_2}\right)^2 + \ldots \;=\; 1, \tag{10.95}$$

so dass die Kurve $\underline{0} = g\,(\underline{z},\underline{p})$ maximal ausgelenkt wird. Im Falle von zwei Parametern bedeutet die Einschränkung, dass die erlaubten Änderungen Δp_1 und Δp_2 auf dem Einheitskreis liegen. Folgende Abbildung veranschaulicht die Vorgehensweise:

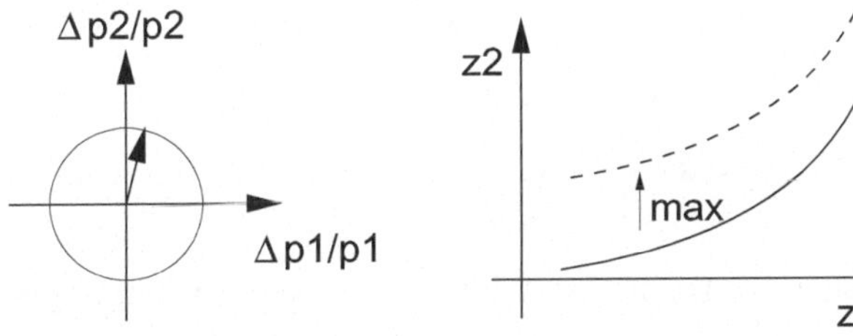

Folgende Zahlenwerte erhält man für Gleichung (10.95):

$\Delta p_1/p_1$	$\Delta p_2/p_2$
0.1	0.99
0.2	0.98
0.3	0.95
0.4	0.92
0.5	0.87

Abbildung 10.5: Verfahren von Hearne: Gesucht wird eine neue Parameterkombination, die den Verlauf maximal verändert.

Untersucht wird nun, wie sich das System bei kleinen Auslenkungen verhält. Die Nichtlinearität wird dabei durch eine Taylorreihe approximiert. Für die Funktion g ergibt sich mit kleinen Auslenkungen Δp:

$$g\,(\underline{p}+\Delta\underline{p},\,\underline{z}) \;=\; g\,(\underline{p},\,\underline{z}) + \left.\frac{\partial g}{\partial p_1}\right|_{\underline{p}} \Delta p_1 + \left.\frac{\partial g}{\partial p_2}\right|_{\underline{p}} \Delta p_2 + \ldots \tag{10.96}$$

Damit erhält man für die Änderung Δg von g:

$$\Delta g \;=\; \frac{\partial g}{\partial p_1}\,\Delta p_1 + \frac{\partial g}{\partial p_2}\,\Delta p_2 + \ldots \tag{10.97}$$

---

[2]Sensitivity analysis of parameter combinations. J. W. Hearne, Appl. Math. Modelling 9, 1985, 106–108.

Bezieht man auf g, ergibt sich:

$$\frac{\Delta g}{g} = \frac{\partial g}{\partial p_1} \cdot \frac{\Delta p_1}{g} + \frac{\partial g}{\partial p_2} \cdot \frac{\Delta p_2}{g} + \ldots$$

$$= \frac{\partial g}{\partial p_1} \cdot \frac{\Delta p_1}{p_1} \frac{p_1}{g} + \frac{\partial g}{\partial p_2} \cdot \frac{\Delta p_2}{p_2} \frac{p_2}{g} + \ldots . \tag{10.98}$$

Verwendet man jetzt die normierten Sensitivitäten $\bar{w}_i = \dfrac{\partial g}{\partial p_i} \cdot \dfrac{p_i}{g}$, erhält man:

$$\frac{\Delta g}{g} = \bar{w}_1 \cdot \frac{\Delta p_1}{p_1} + \bar{w}_2 \cdot \frac{\Delta p_2}{p_2} + \ldots = \underline{\bar{w}} \cdot \underline{s} \tag{10.99}$$

mit den Vektoren

$$\underline{s} = \begin{bmatrix} \Delta p_1/p_1 \\ \Delta p_2/p_2 \\ \vdots \end{bmatrix}, \quad \underline{\bar{w}}^T = \begin{bmatrix} \bar{w}_1 \\ \bar{w}_2 \\ \vdots \end{bmatrix} . \tag{10.100}$$

Die relativen Änderungen müssen über z aufsummiert und anschließend maximiert werden. Das Funktional Ω ergibt sich zu:

$$\Omega = \int_{z_0}^{z} \left(\frac{\Delta g}{g}\right)^2 dz = \int_{z_0}^{z} (\underline{\bar{w}}\,\underline{s})^2 \, dz = \int_{z_0}^{z} \underline{s}^T \, \underline{\bar{w}}^T \, \underline{\bar{w}}\,\underline{s}\, dz \tag{10.101}$$

$$= \underline{s}^T \cdot \int_{z_0}^{z} \underline{\bar{w}}^T \, \underline{\bar{w}} \, dz \cdot \underline{s} = \underline{s}^T \cdot W_I \cdot \underline{s} \tag{10.102}$$

mit der Matrix der normierten Sensitivitäten W_I. Die Zielfunktion und die Nebenbedingung lauten:

$$\max_{\underline{s}} \quad \Omega$$
$$\text{s.t.} \quad \underline{s}^T \underline{s} = 1 . \tag{10.103}$$

Zur Lösung des Problems kann die Nebenbedingung mit in die Zielfunktion integriert werden. Zur Ermittlung des Maximums wird nach den gesuchten Parameterauslenkungen abgeleitet.

$$\frac{d}{d\underline{s}}\left(\underline{s}^T W_I \underline{s} - \lambda \cdot \left(\underline{s}^T \underline{s} - 1\right)\right) = 0$$

$$\longrightarrow \quad 2W_I \underline{s} - 2\lambda \underline{s}, = 0 . \tag{10.104}$$

Die Lösung des Problems führt auf die Berechnung von Eigenwerten der Matrix W_I.

$$W_I \underline{s} = \lambda \underline{s} . \tag{10.105}$$

Der Eigenvektor zum maximalen Eigenwert gibt die Parameterauslenkung an, die die Kurve $0 = g$ maximal auslenkt.

Beispiel 26
Michaelis-Menten Kinetik (Fortsetzung).

Für die Michalis-Menten Kinetik erhält man für $\underline{\bar{w}}$:

$$\underline{\bar{w}} = \left[1 - \frac{K}{K + c_S} \right]. \tag{10.106}$$

Führt man die Rechnung mit festgelegten Parameterwerten durch, so ergeben sich die in Abbildung 10.6 gezeigten Verläufe.

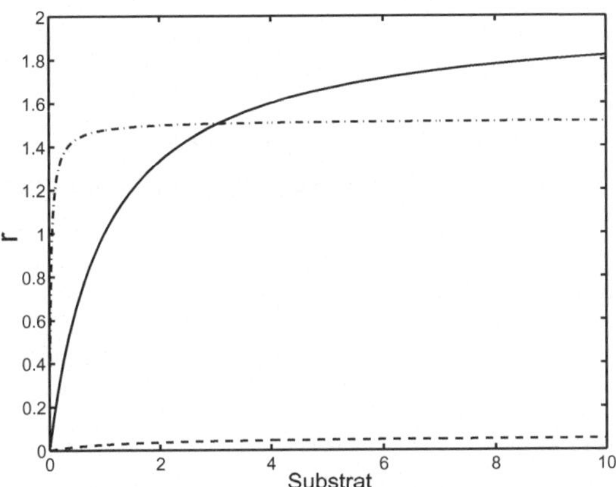

Abbildung 10.6: Simulationsrechnung mit veränderten Parameterwerten. Die durchgezogene Linie zeigt r, gestrichelt ist die maximale Auslenkung, strichpunktiert ist die minimale Auslenkung.

Eine alternative Möglichkeit ein Ranking der Parameter zu erhalten besteht darin, alle Sensitivitäten in einer Matrix W_R anzuordnen. So erhält man für Zustandsgrößen $\underline{x}$ und Parametervektor $\underline{p}$:

$$W_R = \begin{pmatrix} \dfrac{dx_1}{dp_1} & \dfrac{dx_1}{dp_2} & \cdots \\ \dfrac{dx_2}{dp_1} & \dfrac{dx_2}{dp_2} & \cdots \end{pmatrix} = \begin{pmatrix} w_{11} & w_{12} & \cdots \\ w_{21} & w_{22} & \cdots \end{pmatrix} \tag{10.107}$$

und kann über eine Analyse der Spalten und Zeilen ein Ranking ermitteln. Berechnet man den Betrag der einzelnen Spaltenvektoren, so gibt die betragsmäßig größte Spalte den wichtigsten Parameter wieder. Analog ergibt eine Betrachtung der Zeilen diejenige Zustandsgröße an, die am stärksten beeinflusst wird.

10.2.3 Sensitivitäten bei dynamischen Systemen

Für ein dynamisches System der Form $\underline{\dot{x}} = \underline{f}(\underline{x}, \underline{p})$ sind auch die Sensivitäten $w_{ij} = \frac{dx_i}{dp_j}$ zeitabhängig und müssen über Differentialgleichungen berechnet werden. Zur Berechnung der w_{ij} wird die Ausgangsgleichung

$$\dot{x} = \underline{f}\left(\underline{x}\left(\underline{p}\right), \underline{p}\right)$$

nach den Parametern abgeleitet. Man erhält:

$$\frac{d}{d\underline{p}}\dot{x} = \frac{d}{d\underline{p}}\underline{f}(\underline{x},\underline{p})$$

$$\longrightarrow \quad \frac{d}{dt}\frac{d\underline{x}}{d\underline{p}} = \frac{d\underline{f}}{d\underline{x}}\frac{d\underline{x}}{d\underline{p}} + \frac{d\underline{f}}{d\underline{p}}$$

$$\longrightarrow \quad \frac{d}{dt}W = JW + F_{\underline{p}}. \tag{10.108}$$

wobei die Matrix W sich durch die Ableitung des Vektors $\underline{x}$ nach dem Vektor $\underline{p}$ ergibt, J die Jacobi-Matrix darstellt und die Matrix $F_{\underline{p}}$ die Ableitung der Funktionen $\underline{f}$ nach dem Parametervektor darstellt.

Beispiel 27
Beispiel mit zwei Zuständen und zwei Parametern.

Es ergibt sich folgendes Gleichungssystem, welches zusätzlich zum Ausgangssystem zu lösen ist.

$$\frac{d}{dt}\begin{bmatrix} \dfrac{dx_1}{dp_1} & \dfrac{dx_1}{dp_2} \\[2mm] \dfrac{dx_2}{dp_1} & \dfrac{dx_2}{dp_2} \end{bmatrix} = \begin{bmatrix} \dfrac{df_1}{dx_1} & \dfrac{df_1}{dx_2} \\[2mm] \dfrac{df_2}{dx_1} & \dfrac{df_2}{dx_2} \end{bmatrix} \cdot \begin{bmatrix} \dfrac{dx_1}{dp_1} & \dfrac{dx_1}{dp_2} \\[2mm] \dfrac{dx_2}{dp_1} & \dfrac{dx_2}{dp_2} \end{bmatrix} + \begin{bmatrix} \dfrac{df_1}{dp_1} & \dfrac{df_1}{dp_2} \\[2mm] \dfrac{df_2}{dp_1} & \dfrac{df_2}{dp_2} \end{bmatrix} \tag{10.109}$$

Beispiel 28
Beispiel mit einem Zustand und einem Parameter.

Für das System

$$\dot{x} = b - x \tag{10.110}$$

ermittelt man die Dgl. für die Sensitivität wie folgt:

$$\frac{d}{dt}\left(\frac{dx}{db}\right) = -1 \cdot \left(\frac{dx}{db}\right) + 1$$

$$\dot{w} = -w + 1 \tag{10.111}$$

mit der Lösung

$$w(t) = (1 - e^{-t}) + w_0 \cdot e^{-t} \tag{10.112}$$

und der Anfangsbedingung $w(0) = 0$, da $\dfrac{dx(t=0)}{db} = \dfrac{dx_0}{db} = 0$ gilt. Der Anfangswert von x ist in der Regel frei wählbar und hängt nicht von einem Parameter ab; daher ist die Ableitung Null.

10.3 Metabole Kontrolltheorie

Die schon seit den 60er und 70er Jahren des 20ten Jahrhunderts bekannte "Metabole Kontrolltheorie" - im englischen "Metabolic Control Analysis" - kann als eine der ersten und fundamentalen Analysemethoden im Bereich der mathematischen Behandlung von zellulären Systemen bezeichnet werden. Die Theorie wurde unabhängig von zwei Forschergruppen entwickelt, wobei die erste Publikation eine etwas andere Formulierung gewählt hat[3], als im Folgenden vorgestellt wird[4]. Diese erste Publikation verwendet den Ausdruck "Biochemical System Theory" , welcher sich aber in der Community nicht so erfolgreich durchgesetzt hat, wie der andere Begriff oben. Zentrales Thema der Theorie sind Sensitivitäten, also die Frage nach dem Einfluss von ausgewählten Größen auf interessierende Eigenschaften des Systems. Ausgehend von der Frage, wie sich Änderungen von Enzymmengen auf die stationäre Flussverteilung auswirken, sind eine ganze Reihe von sogenannten Kontroll-Koeffiezienten definiert und Zusammenhänge zwischen diesen Kontroll-Koeffiezienten über Theoreme ermittelt worden. Ausgangsgleichung für die Analyse ist demnach Gleichung (3.54). Die Theorie stellt ein abgeschlossenes System von Gleichungen zur Verfügung. Dabei stehen nicht nur Zustandsgrößen im Blickpunkt, sondern im Wesentlichen – wie oben erwähnt – auch die stationäre Flussverteilung. Allgemein wird dann von Systemvariablen gesprochen. Analog der Vorgehensweise oben werden die Kontrollkoeffizienten auch in normierter Form betrachtet.

10.3.1 Kontrollkoeffizienten

Der erste Koeffizient , der betrachtet werden soll, ist der Fluss-Kontrollkoeffizient C_{Ei}^J. Die Indizes geben an, dass der Einfluss der Enzymmenge Ei auf den stationären Fluss J betrachtet wird:

$$C_{Ei}^J = \frac{\Delta J}{\Delta Ei}.$$

(10.113)

Gewöhnlich macht man wieder den Übergang und lässt das Delta klein werden; nach einer Normierung ergibt sich dann:

$$C_{Ei}^J = \frac{dJ}{dEi}\frac{Ei}{J}.$$

(10.114)

Da nun die Enzymmenge nicht die einzige Größe in einem reaktionskinetischen Ausdruck ist, die auf den stationären Fluss einen Einfluss ausübt, kann man auf die Rate r_i verallgemeinern, die von verschiedenen Parametern p_k wie Turnoverzahl k, K_M-Werte oder aber auch als konstant betrachtete Werte von Metaboliten wie Effektoren, abhängt. Damit ergibt sich:

$$C_{ri}^J = \frac{dJ/dp_k}{dri/dp_k}\frac{ri}{J} = \frac{dJ}{dri}\frac{ri}{J},$$

(10.115)

wobei man hier davon ausgeht, dass die Parameter p_k direkten Einfluss auf r_i besitzen.

---

[3]Biochemical System analysis: I Some mathematical properties of the rate law for the component enzymatic reactions. M. A. Savageau. Journal of Theoretical Biology 25, 1969, 365-369
[4]The control of flux. H. Kacser and J.A. Burns. Symp. Soc. Exp. Biol. 27, 1973, 65-104

Der zweite wichtige Koeffizient, der betrachtet werden soll, ist der Konzentrations-Kontroll-koeffizient, der analog zu oben wie folgt definiert ist:

$$C_{ri}^{Sj} = \frac{dS_j/dp_k}{dri/dp_k} \frac{ri}{S_j} = \frac{dS_j}{dri} \frac{ri}{S_j}. \tag{10.116}$$

Er beschreibt den Einfluss des ausgewählten Parameters auf die Konzentration des Metaboliten Sj (vereinfachend wird S wie oben gleichbedeutend mit c_S verwendet). In vielen Fällen ist der Einfluss auf das stationäre Verhalten von Interesse. Ausgehend von der bekannten Gleichung (3.54)

$$N\,\underline{r}(\underline{S},\underline{p}) = \underline{0} \tag{10.117}$$

in Abhängigkeit nun vom Vektor der Metaboliten $\underline{S}$ und dem Vektor der Parameter $\underline{p}$ lässt sich nach dem Vektor der Parameter ableiten und es ergibt sich[5]:

$$N \frac{d\underline{r}}{d\underline{S}} \frac{d\underline{S}}{d\underline{p}} + N \frac{d\underline{r}}{d\underline{p}} = \underline{0}. \tag{10.118}$$

Die Gleichung lässt sich umstellen und man erhält für die Abhängigkeit der stationären Metabolitkonzentrationen von den Parametern:

$$\frac{d\underline{S}}{d\underline{p}} = - \left(N \frac{d\underline{r}}{d\underline{S}} \right)^{-1} N \frac{d\underline{r}}{d\underline{p}}. \tag{10.119}$$

Für die stationären Flüsse gilt nun in Abhängigkeit der stationären Metabolitwerte und der Parameter folgender Zusammenhang:

$$\underline{J} = \underline{r}(\underline{S}(\underline{p}),\underline{p}). \tag{10.120}$$

Die Ableitung nach den Parametern führt hier auf:

$$\frac{d\underline{J}}{d\underline{p}} = \frac{d\underline{r}}{d\underline{p}} + \frac{d\underline{r}}{d\underline{S}} \frac{d\underline{S}}{d\underline{p}}, \tag{10.121}$$

was mit der Gleichung oben zu folgendem Ausdruck wird:

$$\frac{d\underline{J}}{d\underline{p}} = \left(I - \frac{d\underline{r}}{d\underline{S}} \left(N \frac{d\underline{r}}{d\underline{S}} \right)^{-1} N \right) \frac{d\underline{r}}{d\underline{p}}. \tag{10.122}$$

Aus beiden Gleichungen lassen sich nun die Matrizen ermitteln, die den Zusammenhang zwischen der Auslenkung der Parameter und der Systemantwort darstellen:

Matrix der Konzentrations-Kontrollkoeffizienten: $\mathbf{C^S} = - \left(N \frac{d\underline{r}}{d\underline{S}} \right)^{-1} N$ (10.123)

Matrix der Fluss-Kontrollkoeffizienten: $\mathbf{C^J} = I - \frac{d\underline{r}}{d\underline{S}} \left(N \frac{d\underline{r}}{d\underline{S}} \right)^{-1} N$ (10.124)

---

[5]The control of cellular systems. R. Heinrich und S. Schuster. Springer Verlag, 1996

wobei die letzte Gleichung sich audrücken lässt als:

$$\mathbf{C^J} = I + \frac{d\underline{r}}{d\underline{S}}\,\mathbf{C^S}.$$ (10.125)

Man beachte, dass die hier gegebene Definition der Kontrollkoeffizienten allgemeinerer Art ist und leicht anders als in Gleichungen (10.115) und (10.116) ist. Weitere Koeffizienten bestimmen den Einfluss von Substrat- oder Effektorkonzentration oder von Parametern auf einzelne Raten r_i und sind analog den anderen Sensitivitäten definiert:

$$\varepsilon\text{-Elastizität:}\quad \varepsilon_{ij} = \frac{dr_i}{dS_j}$$ (10.126)

$$\pi\text{-Elastizität:}\quad \pi_{ik} = \frac{dr_i}{dp_k}.$$ (10.127)

Wurden im Abschnitt oben Beispiele zu Ableitungen nach den Parametern vorgestellt, so erhält man für die Elastizität der Michaeilis-Menten Kinetik folgende Zusammenhänge:

Beispiel 29
Elastizität der Michaelis-Menten Kinetik.

Ausgehend von:

$$r = r_{max} \cdot \frac{S}{K+S}$$

ergibt die Ableitung:

$$\varepsilon_{rS} = r_{max} \cdot \frac{K}{(K+S)^2}$$ (10.128)

und nach einer Normierung:

$$\varepsilon_{rS}\,\frac{S}{r} = \frac{K}{(K+S)}.$$ (10.129)

Die normierte Elastizität ε_{rS} liegt also immer zwischen Null und Eins. Für große Werte der Substratkonzentration - also im Bereich der Sättigung hat eine Veränderung der Substratkonzentration nur einen ganz geringen Einfluss auf die Rate.

10.3.2 Summations- und Konnektivitätstheoreme für lineare Stoffwechselwege

Für die einzelnen Elemente aus den oben vorgestellten Matrizen, kann man nun Theoreme ableiten. Diese Theoreme beziehen sich auf die Spalten/Zeilen der Matrizen und werden Summations-

und Konnektivitätstheoreme genannt. Die beiden Summationstheoreme lauten, wenn q Reaktionen, die linear miteinander in Reihe verbunden sind, betrachtet werden (bei q Reaktionen ergeben sich $q-1$ Metabolite im Stoffwechselweg):

$$\text{i)} \quad \sum_{k=1}^{q} C_{rk}^{S} = 0 \qquad \text{ii)} \quad \sum_{k=1}^{q} C_{rk}^{J} = 1 \tag{10.130}$$

und die Konnektivitätstheoreme lauten:

$$\text{iii)} \quad \mathbf{C^S}\, \varepsilon = -I \qquad \text{iv)} \quad \mathbf{C^J}\, \varepsilon = 0. \tag{10.131}$$

Das Summationstheorem ii) kann man sich wie folgt veranschaulichen: Betrachtet wird ein linearer Reaktionsweg, mit einer Anzahl von Enzymen, die die Metabolite ineinander umwandeln. Erhöht man nun alle Konzentrationen der Enzyme gleichzeitig um einen kleinen Betrag λ, so erhöht sich auch der stationäre Fluss durch den Reaktionspfad um den gleichen Faktor λ, während die stationären Werte der Metabolite gleich bleiben. Man kann nun die Änderung des stationären Flusses alternativ über die Aufsummierung aller Änderungen der Enzymmengen berechnen. Dabei werden alle Änderungen aufsummiert, wobei alle anderen Enzymmengen als konstant betrachtet werden. Es ergibt sich:

$$\frac{dJ}{J} = \sum \frac{1}{J} \left(\frac{dJ}{dEi} \right)_{E_j=const} dEi. \tag{10.132}$$

Erweitert man geschickt so erhält man:

$$\frac{dJ}{J} = \sum \frac{Ei}{J} \left(\frac{dJ}{dEi} \right)_{E_j=const} \frac{dEi}{Ei} = \sum C_{Ei}^{J} \frac{dEi}{Ei}. \tag{10.133}$$

Da nun die linke Seite gleich λ ist und gleiches für den zweiten Faktor in der Summe gilt, folgt, dass sich alle Fluss-Kontrollkoeffizienten zu 1 aufsummieren.

Die genannten Theoreme lassen sich nun durch eine einzige Matrixgleichung zusammenfassen. Mit q der Anzahl der Reaktionen und $m = q - 1$ der Anzahl der Metabolite bei linearen Reaktionspfaden ergibt sich:

$$\begin{pmatrix} I_{1 \times q} \\ \varepsilon_{m \times q} \end{pmatrix} \begin{pmatrix} \mathbf{C^J}_{q \times 1} & -\mathbf{C^S}_{q \times m} \end{pmatrix} = I_{q \times q}. \tag{10.134}$$

Die Gleichung besagt, dass bei Kenntnis nur der lokalen Eigenschaften der Reaktionen, also der Epsilon-Elastizitäten, die globalen Eigenschaften, also die Kontrollkoeffizienten ermittelt werden können. Dies geschieht, indem die Matrix mit den Epsilon-Elastizitäten invertiert wird:

$$\begin{pmatrix} \mathbf{C^J}_{q \times 1} & -\mathbf{C^S}_{q \times m} \end{pmatrix} = \begin{pmatrix} I_{1 \times q} \\ \varepsilon_{m \times q} \end{pmatrix}^{-1} I_{q \times q}. \tag{10.135}$$

Beispiel 30
Reaktionsweg mit zwei Reaktionen und einem Metaboliten.

Im dargestellten Stoffwechselweg wird der Metabolit S durch die reversible Reaktion r_1 gebildet und durch die reversible Reaktion r_2 verbraucht. Die Größen X_1 und X_2 werden als konstant betrachtet:

$$X_1 \overset{r_1}{\rightleftharpoons} S \overset{r_2}{\rightleftharpoons} X_2 \tag{10.136}$$

Mit Hilfe von Gleichung (10.134) können sofort alle Theoreme angeschrieben werden:

$$\begin{pmatrix} 1 & 1 \\ \varepsilon_{r_1 S} & \varepsilon_{r_2 S} \end{pmatrix} \begin{pmatrix} C_{r_1}^J & -C_{r_1}^S \\ C_{r_2}^J & -C_{r_2}^S \end{pmatrix} = I_{2\times 2}. \tag{10.137}$$

Aus den beiden Theoremen ii) und iv) kann man die beiden Fluss-Kontrollkoeffizienten berechnen. Es ergibt sich:

$$C_{r1}^J = \frac{-\varepsilon_{r_2 S}}{\varepsilon_{r_1 S} - \varepsilon_{r_2 S}}$$

$$C_{r2}^J = \frac{\varepsilon_{r_1 S}}{\varepsilon_{r_1 S} - \varepsilon_{r_2 S}}. \tag{10.138}$$

Ist nun beispielsweise die Reaktion r_1 irreversibel und hängt nicht von S ab, ist die entsprechende Elastizität Null und die Kontrolle liegt vollständig auf dem ersten Enzym, welches dann einen Flaschenhals (Bottleneck) darstellt.

10.3.3 Allgemeine Summations- und Konnektivitätstheoreme

Da bei allgemeinen Netzwerken Verzweigungen auftreten und die stationären Flüsse unterschiedlich in den einzelnen Zweigen sind, muss dies bei der Berechnung der Koeffizienten berücksichtigt werden. Für Netzwerke, die keine Erhaltungsrelationen mehr besitzen, ergibt sich dann die folgende zentrale Gleichung:

$$\begin{pmatrix} \mathbf{C}^J \\ \mathbf{C}^S \end{pmatrix} \begin{pmatrix} K & \varepsilon \end{pmatrix} = \begin{pmatrix} K & \mathbf{0} \\ \mathbf{0} & -I \end{pmatrix} \tag{10.139}$$

wobei K der Nullraum zu N ist.

Beispiel 31
Verzweigter Reaktionsweg mit drei Reaktionen und einem Metaboliten.

Das betrachtete Netzwerk sieht wie folgt aus:

$$X_1 \overset{r_1}{\rightleftharpoons} \quad S \quad \overset{\uparrow r_2}{\underset{}{\overset{r_3}{\rightleftharpoons}}} X_2 \tag{10.140}$$

Die stöchiometrische Matrix des Netzwerkes ist $N = [1 \; -1 \; -1]$. Damit erhält man den Nullraum K zu:

$$K = \begin{pmatrix} 1 & 1 \\ 1 & 0 \\ 0 & 1 \end{pmatrix}. \tag{10.141}$$

Insgesamt gibt es neun Fluss-Kontrollkoeffizienten und man kommt durch entsprechendes Einsetzen zu folgendem Ergebnis:

$$
\mathbf{C}^J = \frac{1}{\varepsilon_{11} - \varepsilon_{21} - \varepsilon_{31}} \begin{pmatrix} -(\varepsilon_{21} + \varepsilon_{31}) & \varepsilon_{11} & \varepsilon_{11} \\ -\varepsilon_{21} & \varepsilon_{11} - \varepsilon_{31} & \varepsilon_{21} \\ -\varepsilon_{31} & \varepsilon_{31} & \varepsilon_{11} - \varepsilon_{21} \end{pmatrix}. \tag{10.142}
$$

Die Anwendung der Metabolen Kontrolltheorie liegt in der Analyse von Netzwerken in Biotechnologie und Medizin. In der Biotechnologie ist man daran interessiert, wie ein Stoffwechselweg optimiert werden kann, welche Eingriffe also notwendig sind, um den Ertrag und die Produktivität zu steigern. Die praktische Anwendung wird allerdings erschwert, da die Elastizitäten in der Regel nicht bekannt sind und somit nur eine qualitative Analyse möglich ist, um den Fluss durch den Reaktionspfad zu verändern. In der Medizin interessiert man sich für die Wirkungsweise von Medikamenten und möchte diejenigen Enzyme ermitteln, die einen großen Einfluss im Stoffwechselweg besitzen, da sie ein potentielles Target für ein Medikament darstellen.

10.4 Strukturierte kinetische Modellierung

Die Analyse der dynamischen Eigenschaften von biochemischen Netzwerken wird durch die Tatsache erschwert, dass viele kinetische Parameter entweder nur sehr ungenau oder gar nicht bekannt sind. Damit können viele interessante Eigenschaften wie die Anzahl der Ruhelagen, die Zeitkonstanten oder Stabilitätseigenschaften kaum quantitativ analysiert werden. Daher haben sich in der letzten Zeit die Forschungsaktivitäten auch auf die strukturellen Eigenschaften der Systeme fokussiert. Eine interessante Kombination von rein struktureller und parametrischer Analyse wurde von Steuer[6] vorgestellt, die es erlaubt, Stabilitätseigenschaften linearer Systeme weitestgehend unabhängig von der konkreten Wahl der Parameter durchzuführen. Bei dieser Methode werden durch eine Skalierung der Modellgleichungen wie oben gezeigt die Einträge in der Jacobi-Matrix beschränkt, haben also ein genau definiertes Intervall, welches dann untersucht werden kann. Denkt man sich die Verdünnungsrate durch das Wachstum als Element des Ratenvektors vereinfacht sich die Grundgleichung (3.52)

$$
\underline{\dot{c}} = N \cdot \underline{r}(\underline{c}), \tag{10.143}
$$

die sich aus der Bilanzierung bei zellulären Netzwerken ergab. Die einzige Voraussetzung, die sich jetzt an das Verfahren knüpft, ist die Existenz einer Ruhelage $\underline{c_0}$, die allerdings nicht eindeutig sein muss. Für die Ruhelage gilt:

$$
0 = N \cdot \underline{r}(\underline{c_0}). \tag{10.144}
$$

Nun wird folgende Skalierung mit den neuen Variablen $\underline{x}$ für die Konzentration, Λ für die Stöchiometrie und $\underline{\rho}$ für den Ratenvektor durchgeführt:

$$
x_i := \frac{c_i}{c_{i0}}, \qquad \Lambda_{ij} := N_{ij} \frac{r_j(\underline{c_0})}{c_{i0}}, \qquad \rho_j := \frac{r_j(\underline{c})}{r_j(\underline{c_0})}. \tag{10.145}
$$

---

[6]Structural kinetic modeling of metabolic networks. R Steuer et al., PNAS 103, 2006, pp. 11868-11873

Setzt man die Terme in Gleichung (10.143) ein, ergibt sich:

$$\dot{\underline{x}} = \Lambda \cdot \underline{\rho}(\underline{x}) \,. \tag{10.146}$$

Die Matrix Λ enthält nun skalierte stöchiometrische Koeffizienten. Es gehen sowohl die Werte der Ruhelagen der Konzentrationen, als auch die stationäre Flussverteilung mit ein. Diese Werte müssen also bekannt sein, lassen sich aber ermitteln wie bei der Flussverteilung (siehe Kapitel Stoffflussanalyse), oder Abschätzen, wie bei den Werten für die Ruhelagen. Zielt man nun auf eine Stabilitätsanalyse ab, so ergibt sich die Jacobi-Matrix des Systems an der Ruhelage, für die jetzt gilt $x_0 = 1$:

$$J = \Lambda \cdot \left.\frac{d\underline{\rho}(x)}{d\underline{x}}\right|_{\underline{x}_0=1} = \Lambda \cdot \Theta|_{\underline{x}_0=1} \,. \tag{10.147}$$

In der Matrix Θ stehen die Ableitungen der skalierten kinetischen Ausdrücke nach den (skalierten) Zustandsgrößen. Die Elemente der Θ-Matrix lassen sich nun für Kinetiken allgemeiner Art berechnen. Zunächst soll exemplarisch die Michaelis-Menten Kinetik herangezogen werden. Mit der Grundform

$$r = r_{max}\frac{c}{K+c} \tag{10.148}$$

ergibt sich der skalierte Ausdruck:

$$\rho = \frac{r}{r_0} = \frac{x\,c_0}{K+x\,c_0}\,\frac{K+c_0}{c_0} = \frac{x\,(K+c_0)}{K+x\,c_0} \,. \tag{10.149}$$

Nun bildet man die Ableitung von ρ nach x:

$$\frac{d\rho}{dx} = \Theta|_{x0=1} = \frac{K}{K+c_0} \,. \tag{10.150}$$

Man sieht, dass die Ableitung unabhängig von ihren konkreten Zahlenwerten immer zwischen 0 und 1 liegt (formal wurde diese Skalierung oben schon gezeigt). Für eine allgemeine Kinetik der Form:

$$r = r_{max}\frac{c^n}{f_m(c,\underline{p})} \tag{10.151}$$

mit einem Polynom f_m der Ordnung m im Nenner und Parametern $\underline{p}$ gilt:

$$\Theta|_{x_0=1} = n - \alpha m \tag{10.152}$$

wobei α garantiert zwischen 0 und 1 liegt. α hängt vom Wert der Ruhelage c_0 ab und es gelten die Grenzwerte:

$$\lim_{c_0\to0}\alpha = 1, \qquad \lim_{c_0\to\infty}\alpha = 0 \,. \tag{10.153}$$

Mit der allgemeinen Form können auch Kinetiken, die eine Inhibierung oder Aktivierung beschreiben, behandelt werden, da meistens Polynome vorliegen.

Beispiel 32
Netzwerk mit zwei Komponenten und drei Reaktionen. Die zweite Komponente aktiviert ihre Synthese.

Abbildung 10.7 zeigt das Netzwerk.

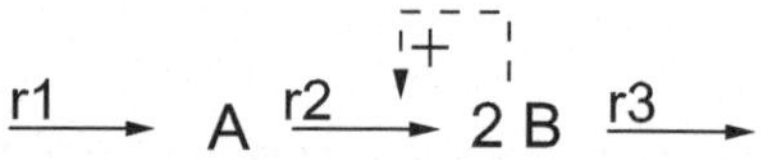

$$r1 \longrightarrow A \xrightarrow{\;r2\;} 2\,B \xrightarrow{\;r3\;}$$

Abbildung 10.7: Netzwerk mit zwei Komponenten und drei Reaktionen.

Folgende Ansätze werden für die beiden Raten $r_2(A,B)$ und $r_3(B)$ gemacht:

$$r_2 = k_2 \frac{A}{K_2 + A} \frac{B^n}{K_B + B^n} \tag{10.154}$$

$$r_3 = k_3 \frac{B}{K_3 + B}. \tag{10.155}$$

Die Differentialgleichungen für das Originalsystem lauten:

$$\begin{bmatrix} \dot{A} \\ \dot{B} \end{bmatrix} = \begin{bmatrix} 1 & -1 & 0 \\ 0 & 2 & -1 \end{bmatrix} \begin{bmatrix} r_1 \\ r_2(A,B) \\ r_3(B) \end{bmatrix}. \tag{10.156}$$

Bei dem System muss eine Rate vorgegeben werden, um die beiden anderen eindeutig zu bestimmen. Wird die Rate r_1 gewählt, ergeben sich die beiden anderen Raten zu:

$$r_2 = r_1, \quad r_3 = 2r_1. \tag{10.157}$$

Für den Eingangsfluss wird der Wert $r_1 = u$ gewählt. Mit der oben vorgestellten Skalierung ergibt sich dann die Matrix Λ zu:

$$\Lambda = \begin{bmatrix} \dfrac{u}{A_0} & -\dfrac{u}{A_0} & 0 \\[2ex] 0 & 2\dfrac{u}{B_0} & -2\dfrac{u}{B_0} \end{bmatrix}. \tag{10.158}$$

Bezeichnet man die skalierten Raten mit ρ_1, ρ_2 bzw. ρ_3 und die Konzentrationen mit a für A und b für B, so ergibt sich die Matrix mit den skalierten Ableitungen zu:

$$\Theta = \begin{bmatrix} 0 & 0 \\[1ex] \Theta_a^{\rho_2} & \Theta_b^{\rho_2} \\[1ex] 0 & \Theta_b^{\rho_3} \end{bmatrix} \tag{10.159}$$

mit den entsprechenden Ableitungen:

$$\Theta_a^{\rho_2} = \frac{d\rho_2}{da}, \quad \Theta_b^{\rho_2} = \frac{d\rho_2}{db}, \quad \Theta_b^{\rho_3} = \frac{d\rho_3}{db}. \tag{10.160}$$

Es sind also drei Terme zu betrachten, die je nach Wahl der strukturellen Form der Kinetik Werte annehmen können. Für solch kleine Systeme kann der gesamte Parameterraum abgesucht werden. Bei größeren Systemen übersteigt die Anzahl der Berechnungen allerdings schnell die Kapazitätsgrenze und man behilft sich auf andere Art: Man nimmt für jeden Eintrag in der Matrix eine Gleichverteilung mit Werten zwischen 0 und dem in Gleichung (10.152) angegebenen Wert an und zieht aus diesen Verteilungen für alle Parameter Werte. Wird eine große Anzahl von

Durchläufen gemacht, kann man davon ausgehen, dass der Parameterraum gut abgebildet worden ist, ohne dass man tatsächlich alle Kombinationen durchgerechnet hat.

Betrachtet man ein zweidimensionales Problem, so lassen sich die Eigenwerte in stabil (beide EW kleiner gleich Null) und instabil (mindestens ein EW größer) einteilen. Interessant sind Fälle, bei denen Oszillationen auftreten. Hier sind die Imaginäranteile der EW ungleich Null. Permanente Oszillationen erhält man, wenn beide Realteile der EW gleich Null und nur imaginäre EW vorliegen (siehe auch die Klassifikation für zweidimensionale Systeme im Anhang). Abbildung 10.8 zeigt beispielhaft das Ergebnis der Berechnungen für den Parameterraum $\Theta_a^{\rho_2}$, $\Theta_b^{\rho_2}$, wenn Parameter $\Theta_b^{\rho_3} = 1$ gesetzt wird.

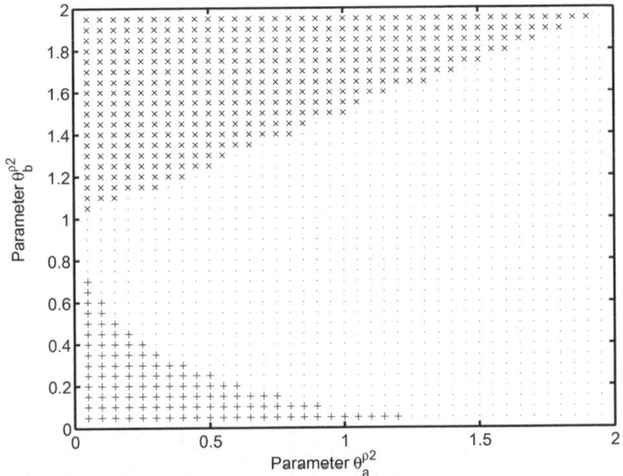

Abbildung 10.8: Für das obige Netzwerk sind die Parameter zwischen 0 und 2 variiert worden. Kreuze geben den instabilen Bereich, Pluszeichen den Bereich in dem stabile Knoten zu finden sind, an. Punkte markieren den Parameterbereich für stabile Strudel.

Hat man nun einen interessanten Bereich identifiziert, so möchte man gerne auch Parameter des Originalsystems bekommen, die eine Simulationsstudie erlauben. Folgende Beziehungen können herangezogen werden, um die Parameter zu berechnen: Geht man von einem allgemeinen Ansatz der Reaktionsgeschwindigkeiten r der Form:

$$r = k \, \frac{c_1^n}{K + c_1^n} \, f(c_2) \tag{10.161}$$

aus, wobei der Term f eine Aktivierung/Inhibierung eines zweiten Metaboliten c_2 der Form:

$$\text{Aktivierung} \qquad f_A = \frac{c_2^n}{K_A + c_2^n} \tag{10.162}$$

$$\text{Inhibierung} \qquad f_I = \frac{K_I}{K_I + c_2^n} \tag{10.163}$$

ist, so hängen die entsprechenden Theta-Einträge nur vom stationären Wert und den Halbsättigungsparametern ab. Die Gleichungen kann man dann einfach nach den Parameter K_A bzw. K_I umstellen und es ergibt sich:

$$\text{Aktivierung} \quad \Theta = \frac{n}{1 + c_{20}^n/K_A} \quad \to K_A = \frac{\Theta\, c_{20}^n}{n - \Theta} \tag{10.164}$$

$$\text{Inhibierung} \quad \Theta = \frac{-n}{1 + K_I/c_{20}^n} \quad \to K_I = \frac{(n + \Theta)\, c_{20}^n}{|\Theta|}. \tag{10.165}$$

Die maximalen Raten k ergeben sich zu:

$$k = \frac{r_{c0}}{\dfrac{c_{10}^n}{K + c_{10}^n}\, f(c_{20})}. \tag{10.166}$$

Allgemein kann man bei jedem Faktor in der Reaktionsgeschwindigkeit r die Werte für die K_i einsetzen und es ergibt sich:

$$\text{Aktivierung} \quad f_A = \frac{c^n}{K_A + c^n} = 1 - \frac{\Theta}{n} \tag{10.167}$$

$$\text{Inhibierung} \quad f_I = \frac{K_I}{K_I + c^n} = 1 + \frac{\Theta}{n}. \tag{10.168}$$

10.5 Modellreduktion bei Signalproteinen

Ähnlich wie Enzyme besitzen Proteine, die in der Signaltransduktion beteiligt sind eine oder mehrere Domänen, an denen Effektoren anbinden können. In höheren Zellen ist die Anzahl von Effektoren recht hoch, so dass sich auf Grund der kombinatorischen Komplexität eine recht hohe Anzahl von unterschiedlichen Konformationen ergeben. Hier soll eine Methode [7] zur Modellreduktion vorgestellt werden, die es erlaubt mit einer geringeren Anzahl von Gleichungen auszukommen, wenn man an bestimmten physiologisch interessanten Größen, wie etwa dem Belegungsgrad des Proteins mit einem Effektor, interessiert ist.

Die Idee, die dabei verfolgt wird ist eine Transformation des Systems so, dass das neue System eine vereinfachte Struktur aufweist und man nicht alle Größen des neuen Systems berechnen muss, sondern nur die Größen, die für den Belegungsgrad erforderlich sind. Das Vorgehen soll am Beispiel des in Abbildung 10.9 gezeigten Proteins R und den beiden Liganden $E1$ und $E2$ gezeigt werden. Folgendes Reaktionsschema ergibt sich aus der Abbildung:

---

[7] A domain-oriented approach to the reduction of combinatorial complexity in signal transduction networks. H. Conzelmann et al., BMC Bioinformatics 7, 2006, 34

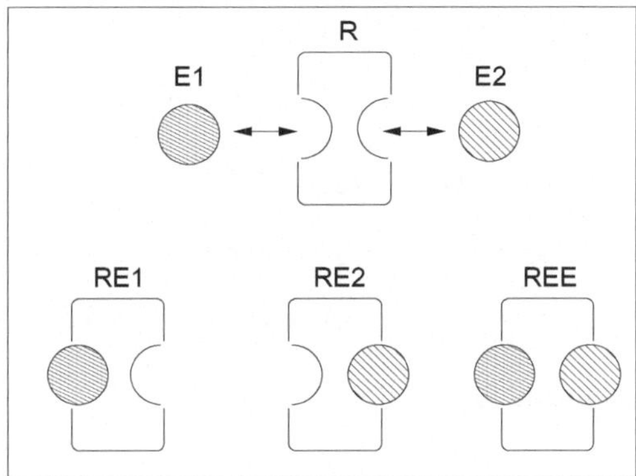

Abbildung 10.9: Der Rezeptor R kann sowohl mit $E1$ als auch mit $E2$ interagieren. Interessante Größen sind der Belegungsgrad des Proteins mit E_1 und mit E_2.

$$R + E_1 \quad \underset{k_{-1}}{\overset{k_1}{\rightleftarrows}} \quad RE_1 \qquad (r_1)$$

$$R + E_2 \quad \underset{k_{-2}}{\overset{k_2}{\rightleftarrows}} \quad RE_2 \qquad (r_2)$$

$$RE_2 + E_1 \quad \underset{k_{-1}}{\overset{k_1}{\rightleftarrows}} \quad REE \qquad (r_3)$$

$$RE_1 + E_2 \quad \underset{k_{-2}}{\overset{k_2}{\rightleftarrows}} \quad REE \qquad (r_4) \tag{10.169}$$

Aus der Abbildung ermittelt man, dass insgesamt 4 Konformationen möglich sind. Diese Zahl lässt sich mit den gleichen Überlegungen wie zu den Enzymkinetiken ermitteln. Dabei wird davon ausgegangen, dass die einzelne Bindestelle jeweils nur eine Sorte Effektor binden kann. Damit ergeben sich für den einzelnen Effektor

$$l_i' = \sum_{k=0}^{1} \binom{m_i}{k} = m_i + 1 \tag{10.170}$$

Möglichkeiten an das Protein zu binden. Multipliziert man jetzt für alle Effektoren auf, ergeben sich

$$l = \prod_{i=1}^{n} (m_i + 1) \tag{10.171}$$

unterschiedliche Konformationen. Die Transformation, die nun durchgeführt wird, besitzt einen hierarchischen Aufbau. Der neue Zustand z_0 ist die Summe aller Konformationen. Die weiteren neuen Zustände z_1 und z_2 berücksichtigen alle Konformationen mit jeweils E_1 und E_2, die an R gebunden haben. Zustand z_3 berücksichtigt dann die Konformationen, an denen sowohl $E1$ als auch $E2$ gebunden haben.

Das Originalsystem und die Reaktionsraten lautet nach dem obigen Schema:

$$\begin{aligned}
\dot{R} &= -r_1 - r_2, & r_1 &= k_1 \cdot E_1 \cdot R - k_{-1} \cdot RE_1 \\
\dot{RE_1} &= r_1 - r_4, & r_2 &= k_2 \cdot E_2 \cdot R - k_{-2} \cdot RE_2 \\
\dot{RE_2} &= r_2 - r_3, & r_3 &= k_1 \cdot RE_2 \cdot E_1 - k_{-1} \cdot REE \\
\dot{REE} &= r_3 + r_4, & r_4 &= k_2 \cdot RE_1 \cdot E_2 - k_{-2} \cdot REE.
\end{aligned} \tag{10.172}$$

Die neuen Zustände sind dann wie folgt definiert:

$$\begin{aligned}
z_0 &= R + RE_1 + RE_2 + REE \\
z_1 &= RE_1 + REE \\
z_2 &= RE_2 + REE \\
z_3 &= REE
\end{aligned} \tag{10.173}$$

und man erhält folgende Transformationsmatrix T.

$$\underline{z} = \underbrace{\begin{bmatrix} 1 & 1 & 1 & 1 \\ 0 & 1 & 0 & 1 \\ 0 & 0 & 1 & 1 \\ 0 & 0 & 0 & 1 \end{bmatrix}}_{T} \cdot \begin{bmatrix} R \\ RE_1 \\ RE_2 \\ REE \end{bmatrix}. \tag{10.174}$$

Die Inverse T^{-1} Transformationsmatrix lautet dann:

$$T^{-1} = \begin{bmatrix} 1 & -1 & -1 & 1 \\ 0 & 1 & 0 & -1 \\ 0 & 0 & 1 & -1 \\ 0 & 0 & 0 & 1 \end{bmatrix}. \tag{10.175}$$

Die Dynamik der neuen Zustände ergibt sich zu:

$$\begin{aligned}
\dot{z}_0 &= 0, & \dot{z}_2 &= \dot{RE_2} + \dot{REE} \\
\dot{z}_1 &= \dot{RE_1} + \dot{REE}, & \dot{z}_3 &= \dot{REE}
\end{aligned} \tag{10.176}$$

Die alten Zustände lassen sich rekonstruieren, indem man die Transformationsmatrix T^{-1} verwendet. Man erhält:

$$\begin{aligned}
R &= z_0 - z_1 - z_2 + z_3 = R_0 \\
RE_1 &= z_1 - z_3 \\
RE_2 &= z_2 - z_3 \\
REE &= z_3.
\end{aligned} \tag{10.177}$$

Interessant sind nun die Zustände, die jeweils den Belegungsgrad kennzeichnen: z_1 und z_2. Diese Dynamik ist unabhängig von der z_3 Dynamik. Daher reicht es aus, nur diese zwei neuen Zustände zu betrachten und man erhält:

$$\dot{z}_1 = r_1 + r_3 = k_1 \cdot E_1 \cdot R - k_{-1} \cdot RE_1 + k_1 \cdot RE_2 \cdot E_1 - k_{-1} \cdot REE$$

$$= k_1 \cdot E_1 \cdot (z_0 - z_1 - z_2 + z_3) - k_{-1} \cdot (z_1 - z_3) + k_1 \cdot E_1 \cdot (z_2 - z_3) - k_{-1} \cdot z_3$$

$$= k_1 \cdot E \cdot (z_0 - z_1) - k_{-1} \cdot z_1 \tag{10.178}$$

$$\dot{z}_2 = r_2 + r_4 = k_2 \cdot E_2 \cdot R - k_{-2} \cdot RE_2 + RE_1 \cdot E_2 - k_{-2} \cdot REE$$

$$= k_2 \cdot E_2 \cdot (z_0 - z_1 - z_2 + z_3) - k_{-2} \cdot (z_2 - z_3) + k_2 \cdot E_2 \cdot (z_1 - z_3) - k_{-2} \cdot z_3$$

$$= k_2 \cdot E_2 \cdot (z_0 - z_2) - k_{-2} \cdot z_2 \tag{10.179}$$

Damit ist das Originalsystem um eine Differentialgleichung reduziert: die beiden Gleichungen hängen nicht von z_3 ab. Bei großen Systemen kann die Reduktionsmethode sehr hilfreich sein, wenn nur wenige Zustandsgrößen von Interesse sind.

11 Aspekte der Regelungstheorie

In diesem Teil werden regelungstheoretische Aspekte behandelt. Dazu zählen vor allem Struktureigenschaften wie Beobachtbarkeit und Stabilität. Fragen der Stabilität sind dann von Interesse, wenn mehrfach stationäre Zustände vorliegen, d.h. zu einem gegebenen Eingangswert lassen sich mehrere stationäre Werte der Zustandsgrößen berechnen. Das Vorliegen von mehrfach stationären Zuständen wurde in den vorherigen Kapiteln bereits gezeigt und soll hier nochmals hinsichtlich spezieller Strukturen der biochemischen Netzwerke beleuchtet werden. Regelkreise haben in der Technik mehrere Aufgaben. Zum einen sollen Sollwerte erreicht werden, zum anderen müssen Störungen schnell ausgeregelt werden. Dies wird am Beispiel der Chemotaxis gezeigt. Aspekte der robusten Regelung kommen zum Tragen, wenn Unsicherheiten mitberücksichtigt werden sollen.

11.1 Beobachtbarkeit

Unter der Eigenschaft der Beobachtbarkeit versteht man die Möglichkeit, die Zustandsgrößen $\underline{x}$ eines Systems aus gemessenen Ausgangsgrößen $\underline{y}$ zu rekonstruieren. Dies kann nur erfolgen, wenn formale Zusammenhänge zwischen den Zustandsgrößen und den Ausgangsgrößen bekannt sind. Das bedeutet, dass ein ausreichend gutes mathematisches Modell vorliegen muss, um eine solche Analyse durchzuführen. Das Problem ist dann in zwei Schritten lösbar. Zunächst wird die Beobachtbarkeit ermittelt und festgestellt, ob es möglich, ist, die Zustandsgrößen zu rekonstruieren. Dann muss ein Beobachter (oder Filter) entworfen werden, der es erlaubt, den Verlauf über die Zeit der Zustandsgrößen aus den Ausgangsgrößen abzuschätzen. Diese Methode besitzt ein großes Potential für die Systembiologie, da die Entwicklung von geeigneten Messmethoden noch zeitintensiv und ihre Anwendung – bspw. die Verwendung von cDNA Chips – noch sehr teuer ist. Darüber hinaus ermöglicht ein solches Hilfsmittel die zellulären Abläufe besser zu verstehen, auch wenn einige der Komponenten nicht direkt gemessen werden können. Können alle Größen des Systems rekonstruiert werden, so kann auch gezielt in die Abläufe eingegriffen werden. Eine weitere Anwendung liegt in der Modellreduktion: Variablen, die nicht beobachtbar sind, sind in manchen Fällen nicht von Interesse und können daher aus dem Modell eliminiert werden. Die Beobachtbarkeitsanalyse soll an einem einfachen Beispiel wie es in Abbildung 11.1A dargestellt ist, veranschaulicht werden. Die Reaktionskinetiken werden als irreversibel und in erster Ordnung angenommen. Die Differentialgleichungen des Systems lauten:

$$\begin{aligned}
\dot{x}_1 &= r_0 - r_1 &&= r_0 - f(x_1, x_3) \\
\dot{x}_2 &= r_1 - r_2 &&= k_1 x_1 - k_2 x_2 \\
\dot{x}_3 &= r_2 - r_3 &&= k_2 x_2 - k_3 x_3
\end{aligned} \tag{11.1}$$

welches in einer kompakten Matrix-Darstellung ausgedrückt werden kann für den vereinfachten
Fall $f(x_1,x_3) = k_1\,x_1$:

$$\dot{\underline{x}} = A\underline{x} + \underline{b}\,u$$
$$\underline{y} = C\underline{x}. \tag{11.2}$$

Matrix A und Vektor $\underline{b}$ lauten hier:

$$A = \begin{bmatrix} -k_1 & 0 & 0 \\ k_1 & -k_2 & 0 \\ 0 & k_2 & -k_3 \end{bmatrix}, \underline{b} = \begin{pmatrix} 1 \\ 0 \\ 0 \end{pmatrix}. \tag{11.3}$$

In Matrix C werden die gemessen Größen vereinbart, Eingangsgröße u ist die Rate r_0. Die
Beobachtbarkeitsanalyse erfolgt über die Berechnung des Ranges der Matrix P:

$$P = \begin{bmatrix} C^T & A^T C^T & \cdots & (A^T)^{n-1} C^T \end{bmatrix}. \tag{11.4}$$

Matrix P ist die Beobachtbarkeitsmatrix. Falls der Rang von P kleiner ist als $n = 3$, dan können
nicht alle Zustände rekonstruiert werden. Für das System ohne Rückführung ($r_1 = k_1 x_1$) und
der Messung nur von X_2 ergibt sich der Rang von P zu 2. Folglich ist es nicht möglich, alle
Zustandsvariablen zu rekonstruieren. Mit der Messung von X_3 kann gezeigt werden, dass P den
vollen Rang hat und damit alle Zustände rekonstruiert werden können. Lineare Signalwege werden häufig durch Inhibition in einer Rückführung durch eines der ersten Enzyme im Signalweg
reguliert ($r_1 = f(x_1,x_3)$). Falls die Rückführung in die Berechnung aufgenommen wird, dann ist
der Rang von P bei Messung von X_2 gleich 3 und das System ist beobachtbar (der Ausdruck
für f muss linearisiert werden). Das liegt an der Rückführung der Information von X_3 auf den
Anfang des Weges, oder in anderen Worten, X_1 enthält Informationen von allen Elementen des
Regelkreises. Damit genügt die Messung von X_1 um alle Zustandsgrößen wiederherzustellen.

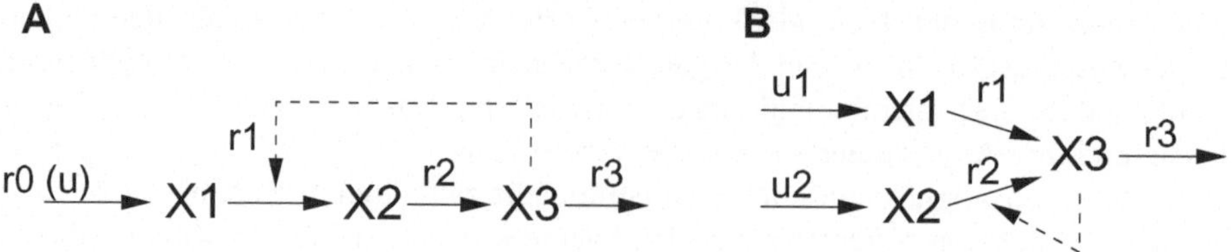

Abbildung 11.1: **A**: Linearer Signalweg mit Rückführung. Die Rückführung ermöglicht es, das System nur
mit der Messung von $X1$ zu beobachten. **B**: Signalweg eines kleinen Netzwerkes um strukturelle Beobachtbarkeit zu überprüfen.

Das Konzept der Beobachtbarkeit wurde erweitert, um es unabhängig von der Wahl der numerischen Parameterwerte zu machen. Hier kommt die strukturelle Beobachtbarkeitsanalyse
zum Einsatz. Die strukturelle Beobachtbarkeit analysiert den Aufbau der Matrizen S_A und S_C,
wobei S_A und S_C die gleiche Dimension haben wie A und C in Gleichung (11.2). Jedoch enthält
jeder Eintrag ein $*$ anstatt des numerischen Zahlenwertes. Das System ist strukturell beobachtbar wenn es, (i) als Graph repräsentiert, die Ausgangs-/Messgrößen mit allen Zustandsgrößen als

Knoten direkt oder indirekt miteinander verbindet and (ii) der strukturelle Rang der Matrix

$$S_P = \begin{pmatrix} S_A \\ S_C \end{pmatrix} \tag{11.5}$$

n ist. Um den strukturellen Rang der Matrix S_P zu bestimmen, müssen n Spalten mit mindestens einem Eintrag $*$ gefunden und markiert werden. Für biochemische Netzwerke ist diese Bedingung beinahe immer erfüllt, da die Komponente eigentlich immer direkten Einfluss auf sich selber haben. Um das dynamische System als Graphen darzustellen, können Einträge aus der Jacobi-Matrix genutzt werden. Die Einträge zeigen an, ob das Element j Einfluss auf Element i besitzt oder nicht. Falls dies der Fall ist, sind die jeweiligen Knoten im Graph verbunden.

Beispiel 33
Einfaches Reaktionssystem.

Ein einfaches Beispiel ist in Abbildung 11.1**B** gezeigt. Komponenten X_1 und X_2 sind mit einer dritten Komponenten X_3 verbunden. Im Falle, dass nur X_3 gemessen werden kann, lautet die Matrix S_P:

$$S_P = \begin{pmatrix} * & 0 & 0 \\ 0 & * & * \\ * & * & * \\ \cdots & \cdots & \cdots \\ 0 & 0 & * \end{pmatrix}. \tag{11.6}$$

Für dieses Beispiel sind die Bedingungen erfüllt, da X_3 von X_1 und X_2 ($S_p(3,1) = S_p(3,2) = *$) erreicht werden kann. Zudem ist der strukturelle Rang gleich 3, da die diagonalen Elemente der oberen Teile von S_P einen Eintrag haben. Wenn davon ausgegangen wird, dass die Reaktion r_2 in Abbildung 11.1 wie folgt lautet:

$$r_2 = k_2 \frac{X_2}{K_2 + X_2} X_3 \tag{11.7}$$

und wenn $X_2 \gg K_2$ gilt, so wird r_2 vereinfacht zu:

$$r_2 = k_2 X_3. \tag{11.8}$$

In diesem Fall ist S_P wie folgt:

$$S_P = \begin{pmatrix} * & 0 & 0 \\ 0 & 0 & * \\ * & 0 & * \\ \cdots & \cdots & \cdots \\ 0 & 0 & * \end{pmatrix}. \tag{11.9}$$

und der strukturelle Rang ist nur 2. Das System ist nicht strukturell beobachtbar. Die strukturelle Betrachtung gewährleistet, dass das System für *beinahe* alle Parameterwerte beobachtbar ist, kann aber nicht garantieren, dass das System für alle Parameterwerte beobachtbar ist (notwendige, aber nicht hinreichende Bedingung). Falls für dieses Beispiel beide Metabolite

(Stoffwechselprodukte) X_1 und X_2 auf der gleichen Zeitskala ablaufen, weil bspw. die Einträge in der Jacobi-Matrix des Systems A_{11} und A_{22} gleich sind, dann lautet die Systemmatrix:

$$A = \begin{bmatrix} -1 & 0 & 0 \\ 0 & -1 & -1 \\ 1 & 1 & -3 \end{bmatrix} \tag{11.10}$$

und die Matrix P is dann:

$$P = \begin{bmatrix} 0 & 1 & -4 \\ 0 & 1 & -4 \\ 1 & -3 & 8 \end{bmatrix}, \tag{11.11}$$

Matrix P hat den Rang $= 2$, das heißt, das System ist nicht vollständig beobachtbar.

Betrachtet man nun ein größeres Gleichungssystem, welches neben intrazellulären Komponenten auch Gesamtbiomasse und Substrat berücksichtigt, können interessante Eigenschaften abgeleitet werden. Die Gleichungen zur Beschreibung des Wachstums eines Bakteriums während einer Batch-Kultur in einem Bioreaktor hat eine spezielle Struktur, die die Rekonstruktion der Zustandsgrößen ermöglicht. Die Gleichungen für Biomasse B, Substrat S und interne Stoffwechselprodukte M_i lauten:

$$\begin{aligned}
\dot{B} &= \mu\,B = Y\,r_a\,B \\
\dot{S} &= r_a\,B \\
\dot{M}_i &= \sum_j \gamma_{ij}\,r_{ij} - \mu\,M_i = \sum_j \gamma_{ij}\,r_{ij} - Y\,r_a\,M_i
\end{aligned} \tag{11.12}$$

mit der Substrataufnahmerate r_a, den stöchiometrischen Koeffizienten γ_{ij}, Stoffwechselraten r_{ij} und Ausbeutekoeffizient Y (für die Ableitung der Gleichungen wird auf die obigen Kapitel zur Modellierung verwiesen). Die Substrataufnahmerate r_a ist im allgemeinen abhängig von der Substratkonzentration. Wenn die Wachstumsrate abhängig von der Aufnahmerate $\mu = Y\,r_{up}$ angenommen wird, kann ein Graph, basierend auf der Jacobi-Matrix, wie in Abbildung 11.2 gezeichnet werden. Die durchgezogenen Pfeile machen die Verknüpfungen zwischen den Zuständen deutlich. Alle internen Stoffwechselprodukte können genutzt werden, um zumindest Biomasse und Substrate zu rekonstruieren, da beide Zustandsgrößen zu jedem Stoffwechselprodukt im Netzwerk verbunden werden können (Pfeil 1).

Falls überdies die Aufnahmerate abhängig ist von internen Stoffwechselprodukten (Pfeil 2), wie z. B. von ATP oder von einer Komponente des Phosphotransferase-Systems (PTS), dann beeinflussen diese Stoffwechselprodukte die Biomassekonzentration und folglich alle Stoffwechselprodukte, die eine direkte oder indirekte Verbindung haben. Daher ist das System nur durch Messung der Biomasse oder der Substratkonzentration beobachtbar. Mit der Beobachtbarkeitsanalyse besteht auch die Möglichkeit die Rekonstruktion der biochemischen Netzwerke zu unterstützen. Ein Vergleich mit einer Simulation mit eine Modellvorstellung und einer tatsächlichen Messung kann hier beitragen, bisher unbekannte Verbindungen aufzuzeigen.

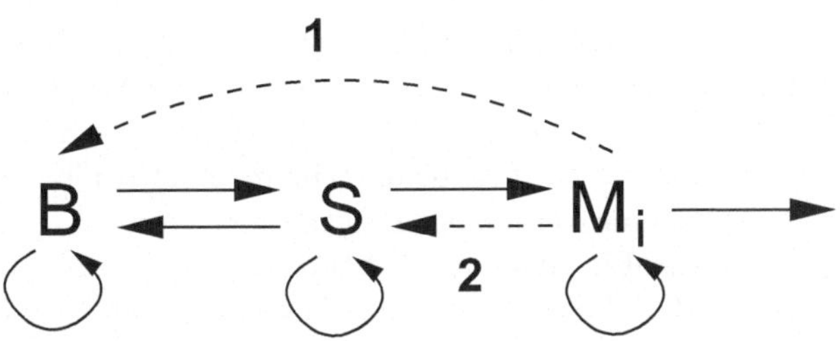

Abbildung 11.2: Allgemeine Struktur eines zellulären Modells, welches Transport von Substraten beschreibt. Bei den durchgezogenen Linien wird angenommen, dass die Aufnahmerate nur vom Substrat abhängt. Wenn jedoch ein oder mehrere Stoffwechselprodukte M_i am Transportprozess beteiligt sind, d. h., $r_{up} = f(S, M_i)$ ist der Graph mit den gestrichelten Linien (a) und (b) zu erweitern.

11.2 Monotone Systeme

Die wichtigste Aufgabe eines Regelungstechnikers ist es, einen Regler derart auszulegen, dass das gesamte System, zusammengesetzt aus Regler und Regelstrecke, stabil ist. Grundsätzlich sollte ein lebendes System ein stabiles Verhalten zeigen (einschließlich Attraktoren wie Grenzzyklen), andererseits würde sich eine Komponente soweit anreichern bis es zum Zusammenbruch des Organismus kommt.

Daher würde man in diesem Zusammenhang ein einfaches Verhalten in biochemischen Reaktionsnetzwerken vermuten. Dennoch können in biochemischen Systemen, aufgrund der Nichtlinearitäten, zwei oder mehrere Gleichgewichtszustände beobachtet werden. Außerdem hat sich herausgestellt, dass diese Phänomene von der Natur genutzt werden, um Signale zu verarbeiten. Ein System mit mehreren stationären Zuständen kann zu einem irreversiblen/reversiblen Schalterverhalten führen, welches genutzt wird, um Entscheidungen wie z. B. Differenzierung oder Zellteilung durchzuführen (Beispiele hierzu sind im Kapitel Signaltransduktion zu finden). Im Allgemeinen können nicht alle Ruhelagen experimentell beobachtet werden, da sie instabil sein können. Die Analyse von Systemen, die solch ein interessantes Verhalten aufweisen, können bei der Aufklärung von Netzwerkstrukturen helfen und eröffnen außerdem Möglichkeiten, in welcher Art und Weise in diese Systeme aktiv eingegriffen werden kann.

Weiter oben wurde bereits auf die Dynamik von Signalwegen eingegangen und verschiedene Funktionalitäten diskutiert. Ein wesentliches Prinzip, das nun in der Regelungstechnik genutzt wird, ist die Analyse eines Gesamtsystems aus den Eigenschaften seiner einzelnen Bestandteile. In der Regelungstheorie wird der offene Regelkreis, zusammengesetzt aus Regler und Regelstrecke analysiert und das Verhalten des geschlossenen Regelkreises aus den Eigenschaften der einzelnen Teilmodelle ermittelt. Dies ist der klassische Weg, um einen Regler zu entwickeln, der Vorgaben hinsichtlich des Einflusses von Störungen oder Sollwertvorgaben erfüllen muss.

11.2.1 Monotonie bei Netzwerken

Sontag und Mitarbeiter betrachten eine spezielle Klasse von Systemen (monotone Systeme) und zeigen, dass unter einigen Bedingungen diese weder oszillieren noch ein chaotisches Verhalten zeigen können[1]. Monotone Systeme können nichtlinear sein, besitzen aber im mathematischen Sinne gute Eigenschaften: Würde man die Anregung (oder andere Bedingungen) modifizieren, bspw. mit einem höheren Wert als zuvor: $u_2 > u_1$, so reagiert das System mit höheren Werten des Ausgangs: $y_2(t) > y_1(t)$ (oder niedrigen, beide Fälle treten aber nie gleichzeitig auf). Man erwartet auch, falls ein noch höherer Wert für den Eingang angelegt wird, die Antwort noch höher (bzw. niedriger) ausfallen würde. Ein ähnliches Verhalten gilt ebenso für eine Änderung der Anfangswerte $y_2(t = 0) > y_1(t = 0)$. Diese intuitiven Eigenschaften charakterisieren ein monotones System.

Monotonie kann garantiert werden (Eingangs-/Ausgangsmonotonie, es werden nur Systeme mit einem Eingang und einem Ausgang betrachtet) wenn (i) für die Jacobi-Matrix $J|_{x=\bar{x},u=\bar{u}}$ des linearisierten Systems um die Gleichgewichtslage $\bar{x}$, $\bar{u}$ die Vorzeichen aller Elemente (die Elemente in der Hauptdiagonalen spielen keine Rolle) und die Vorzeichen der Ableitungen im $\underline{b}$ Vektor ($\underline{b} = \partial \underline{f}/\partial u|_{x=\bar{x},u=\bar{u}}$) eindeutig festgelegt sind (kein Wechsel der Vorzeichen) und (ii) Zyklen (oder Schleifen) innerhalb des Graphen der Jacobi-Matrix positive Vorzeichen besitzen. Das Vorzeichen eines Zyklus wird ermittelt, indem man die Vorzeichen der einzelnen Pfeile aufmultipliziert. Anders ausgedrückt kann man auch sagen, dass die Vorzeichen der Pfeile multipliziert miteinander, die zwischen zwei beliebigen Knoten liegen, gleich sein müssen. Die Eigenschaft der Monotonie ist im besonderen für biochemische Systeme wichtig, weil sie in dieser Hinsicht sehr leicht analysiert werden kann, da Informationen über die Beziehungen zwischen den Elementen (z. B. Pfeile mit $+$ für Aktivierung und $-$ für Hemmung) oft in Zeichnungen in biologischen Publikationen gefunden werden können.

Für zweidimensionale lineare Systeme kann die Eigenschaft der Monotonie leicht gezeigt werden, wobei allerdings Stabilität vorausgesetzt wird. Die Jacobi-Matrix/Systemmatrix A hat hier vier Einträge, welche die Wechselwirkungen der beteiligten Komponenten beschreiben, wie Abbildung 11.3 zeigt.

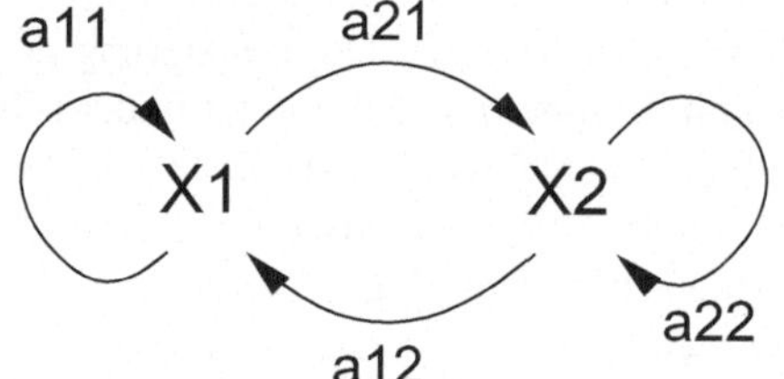

Folgende Gleichungen sollen gelten:

$$\dot{X}_1 = a_{12}X_1 + a_{12}X_2$$
$$\dot{X}_2 = a_{21}X_1 + a_{22}X_2 \qquad (11.13)$$

Abbildung 11.3: Zweidimensionales System.

Für das System ergibt sich folgende charakteristische Gleichung:

$$\lambda^2 + c_1\lambda + c_0 = 0 \qquad (11.14)$$

wobei auf Grund der Stabilitätsbedingung gilt:

$$c_1 = -spur(A) \geq 0, \quad c_0 = det(A) \geq 0 \qquad (11.15)$$

---

[1] Some new directions in control theory inspired by systems biology. E. D. Sontag, Systems Biology 1, 2004, 9-18.

Die Lösung der charakteristischen Gleichung führt auf:

$$\lambda_{1,2} = -\frac{c_1}{2} \pm \frac{1}{2} \sqrt{c_1^2 - 4c_0} \tag{11.16}$$

Entscheidend für das dynamische Verhalten ist nun der Term unter der Wurzel. Man berechnet:

$$c_1^2 - 4c_0 = (a_{11} - a_{22})^2 + 4a_{12}a_{21} \tag{11.17}$$

Der erste Summand ist positiv, beim zweiten Summanden spielen die Vorzeichen eine Rolle. Soll ein monotones System vorliegen, so ist zu prüfen, ob die Zyklen insgesamt positive Vorzeichen haben. Dies ist beim vorliegenden System dann der Fall, wenn a_{12} und a_{21} gleiches Vorzeichen besitzen. Dann ist auch der zweite Summand positiv und - da Stabilität vorausgesetzt wurde - sind alle Eigenwerte negativ und reell. Es können demnach nur Knoten und keine Strudel als topologische Form vorkommen.

Beispiel 34
Laktose-Aufnahme.

Am Beispiel der erweiterten Laktose-Aufnahme soll das Vorgehen für ein größeres System gezeigt werden (Abbildung 11.4 links).

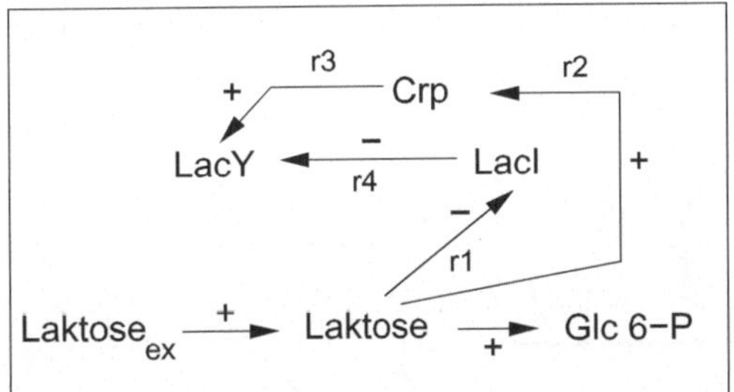

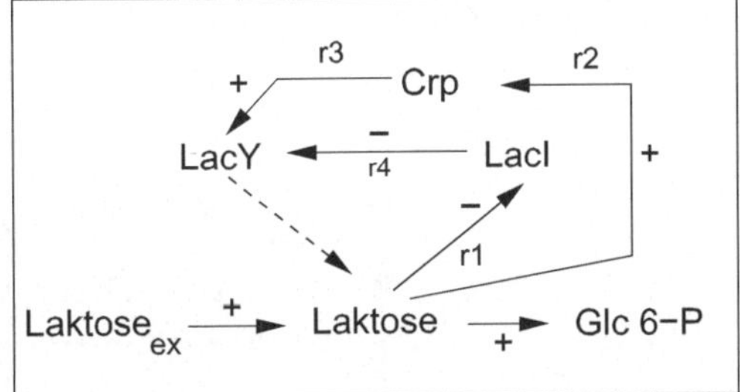

Abbildung 11.4: Schema der Laktose Induktion, erweitert um den Einfluß des globalen Regulators Crp. Offener Kreis links und geschlossener Kreis rechts.

Intrazelluläre Laktose inaktiviert im offenen Kreis den Repressor LacI (r_1) und aktiviert den Transkriptionsfaktor Crp (r_2) (Laktose wird schlechter verwertet als Glukose, deshalb kommt es zu einer Aktivierung dieses Transkriptionsfaktors). Der Repressor hemmt die Synthese von LacY (r_4), dem Laktosetransporter, während Crp die Synthese aktiviert (r_3). Betrachtet man den Graphen des offenen Kreises mit dem Eingang Laktose und Ausgang LacY, so ergeben sich von der Laktose zwei Wege zum Transporter LacY, die Vorzeichen sind jedes mal positiv. Bei größeren Netzwerken kann die oben vorgestellte Methode zur Analyse qualitativer Netzwerke (Kapitel 3) angewendet werden. Für das Beispiel erhält man folgende Inzidenzmatrix I für den offenen Kreis im linken Teil der Abbildung:

$$I = \begin{bmatrix} -1 & -1 & 0 & 0 \\ 1 & 0 & 0 & -1 \\ 0 & 1 & -1 & 0 \\ 0 & 0 & 1 & 1 \end{bmatrix}, \tag{11.18}$$

wobei wieder die Spalten die Reaktionen r_1 bis r_4 darstellen und die Zeilen die Komponenten *Laktose*, *LacI*, *Crp* und *LacY*. Berechnet man den Nullraum, so erhält man den Vektor $\underline{c}$:

$$\underline{c} = \begin{pmatrix} 1 \\ -1 \\ -1 \\ 1 \end{pmatrix}.$$

(11.19)

Vektor $\underline{c}$ entspricht genau der oben angegebenen Schleife ausgehend von *Laktose* über *LacI*, *LacY* und *Crp* zurück zur *Laktose*. Eine Multiplikation der Vorzeichen ergibt einen positiven Wert.

11.2.2 Mehrfach stationäre Zustände

Die Eigenschaft der Monotonie kann nun speziell zur Ermittlung von mehrfach stationären Zuständen herangezogen werden. Hierbei kann Multistabilität des geschlossenen Kreises gewährleistet werden, wenn (i) das System im offenen Kreis monoton ist und eine eindeutige Signal-Antwort-Kurve $S(u)$ existiert und (ii) wenn nun der Ausgang des Systems, hier LacY, durch eine monoton ansteigende Funktion g, also einem linearen Zusammenhang oder einer sigmoiden Kinetik, mit dem Eingang, hier Laktose, rückgekoppelt wird.

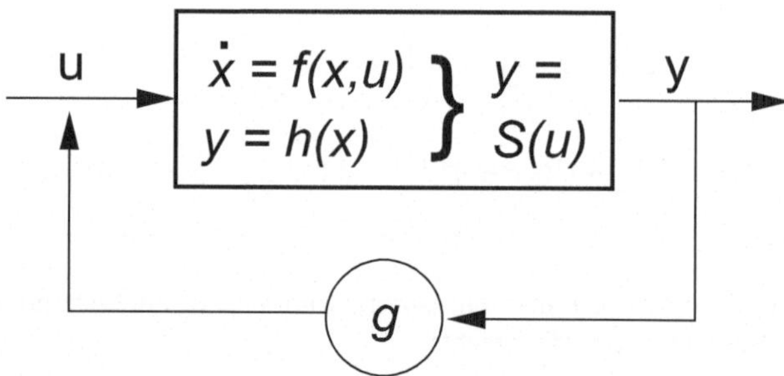

Abbildung 11.5: Schema zur Analyse monotoner Systeme: Der offene Kreis wird durch die stationäre Kennlinie $S(u)$ beschrieben. Wird das System nun durch eine Funktion $u = g(y)$ rückgekoppelt, so kann das Verhalten des Systems aus den Eigenschaften der Schnittpunkte der Funtkionen S und g^{-1} ermittelt werden.

Die stationären Zustände des geschlossenen Regelkreises können dann über die Schnittpunkte zwischen den Funktionen $S(u)$ und g^{-1} ermittelt werden. Stabile Ruhelagen zeichnen sich dann dadurch aus, dass der Anstieg der Funktion S kleiner als der Anstieg der Funktion g^{-1} ist. Bei instabilen Ruhelagen ist es umgekehrt.

Beispiel 35
Laktose-Aufnahme (Fortsetzung).

Für die einzelnen Reaktionen werden nun kinetische Ansätze verwendet, wobei angenommen wird, dass 4 Moleküle der Laktose Inaktivierung des Repressors gebraucht werden:

Deaktivierung des Repressors
LacI (R) durch Laktose (L)
$$r_1 = k_1 R \cdot L^4 - k_{-1} RL$$

Aktivierung von Crp (C,C^a)
durch Laktose, Abbau von C^a
$$r_2 = k_2 L \cdot C - k_{abb} C^a$$

Synthese/Abbau von LacY (Y)
$$r_{3\&4} = k_b + k_3 \psi(L, C^a) - k_{abb} Y. \qquad (11.20)$$

Die Größe ψ beschreibt nun die Transkriptionseffizienz (siehe Kapitel über Polymerisationsprozesse). Es wird berücksichtigt, dass entweder der Aktivator Crp oder der Repressor an die Bindestelle anbinden können aber nicht beide gleichzeitig (ODER Schaltung). Für die Berechnung der Transkriptionseffizienz ist nun aber wichtig, dass der Komplex mit dem Aktivator Crp und der freie Komplex zur Proteinsynthese führen (der freie Komplex berücksichtigt damit das alleinige Anbinden der RNA Polymerase). Gleichung (7.42) muss entsprechend modifiziert werden und man erhält:

$$\psi = \frac{K_C (K_R + C^a)}{K_C K_R + K_R C^a + K_C R}. \qquad (11.21)$$

Die entsprechenden Graphen, die den Zusammenhang zwischen dem Eingang Laktose und LacI bzw. Crp zeigen, sind in Abbildung 11.6 links gezeigt. Das offene System besteht aus den drei Zustandsgrößen R, C^a und Y. Die Jacobi-Matrix ist also eine 3×3 Matrix, wobei sich allerdings nur in der untersten Reihe Einträge in den Nebendiagonalen ergeben. Diese Nebendiagonalelemente berücksichtigen die Ableitungen $\dfrac{d\psi}{dR}$ und $\dfrac{d\psi}{dC^a}$. Sie sind abhängig von der gewählten Gleichgewichtslage, haben aber konstantes Vorzeichen (negativ im Falle R und positiv im Falle C^a). Für das System wird vereinfacht

$$L = kY \qquad (11.22)$$

als Rückführung angenommen. Das bedeutet, dass die interne Laktose-Menge proportional zur Enzymmenge Y ist. Abbildung 11.6 rechts zeigt die stationären Werte des offenen Kreises $S(u)$ und die Rückführung g^{-1}.

Wirkt nun wie in Abbildung 11.4 ein Reiz auf das System ein, hier in Form der extrazellulären Laktosekonzentration Lex so ist die Gleichung der Rückführung (11.22) zu ergänzen:

$$L = kY \, Lex. \qquad (11.23)$$

Durch den zusätzlichen Faktor verändert sich die Steigung der Geraden von g^{-1} und es ergeben sich ein oder zwei stabile Ruhelagen wie Abbildung 11.7 zeigt. Simuliert man das System für ansteigende Werte der externen Laktose, so findet erst bei einer hohen Konzentration ein Anschalten des Systems, also hohe Expression von $LacY$ statt. Reduziert man das Eingangssignal wieder, so bleibt die Expression zunächst auf hohem Niveau. Das System wird erst bei einer niedrigen Konzentration abgeschaltet. Das Beispiel macht klar, dass Nichtlinearitäten in zellulären System benötigt werden um eine bestimmte Funktionalität zu realisieren: Im obigen

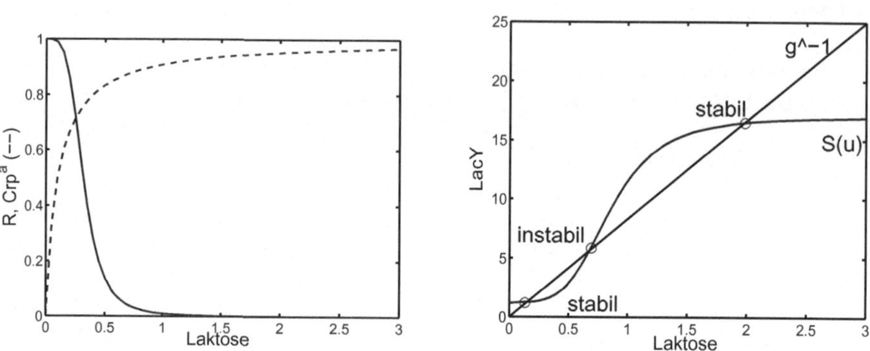

Abbildung 11.6: Links: Stationäre Kennlinie zwischen Eingang Laktose und LacI, bzw. zwischen Eingang und Crp (aktiv). Rechts: Stationäre Kennlinie des offenen Kreises $S(u)$ (durchgezogen) und die Funktion g^{-1} (gestrichelt). Es ergeben sich drei Schnittpunkte. Aus den Steigungen der Schnittpunkte ermittelt man zwei stabile und eine instabile Ruhelage.

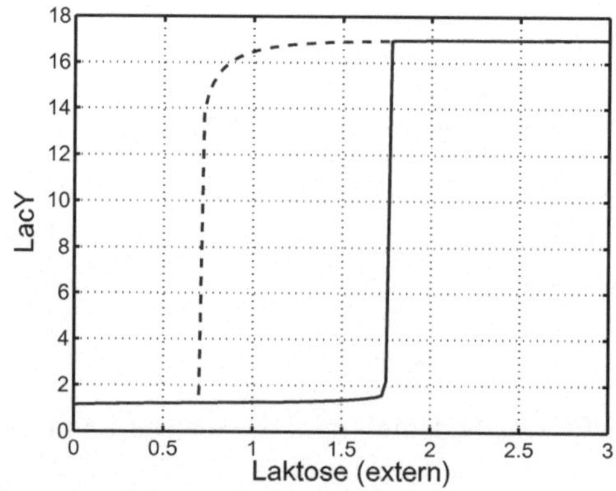

Abbildung 11.7: Verhalten des Systems, wenn nun die extrazelluläre Laktose als Eingangssignal wirkt, und damit die Steigung der Geraden g^{-1} verändert wird. Für einen schmalen Bereich des Eingangssignals ergeben sich zwei Ruhelagen. Das System zeigt eine Hysterese.

Beispiel wird die Nichtlinearität genutzt, um zu gewährleisten, dass das System ein häufiges An- und Ausschalten vermeidet, wenn eine Fluktuation in der Anregung vorliegt. Andere Beispiele für Funktionalitäten in zellularen Systemen sind schalterähnliche Signalverstärkungen (z. B. die MAP-Kinase-Kaskade), Adaption (z. B. bakterielle Chemotaxis) und Oszillationen (z. B. Zellzyklus) wie sie in obigen Kapiteln beschrieben wurden.

11.2.3 Vom nicht-monotonen System zum monotonen System

In vielen Fällen wird eine Struktur vorliegen, die auf den ersten Blick die Analyse mit der vorgestellten Methodik nicht erlaubt, da das System nicht monoton ist. Dazu kann aber manchmal das System geschickt in zwei Anteile aufgeteilt werden und dann als Feedbacksystem, wie oben beschrieben, analysiert werden.

Beispiel 36
Nicht monotones System.

Abbildung 11.8 zeigt ein Netzwerk, welches keine monotone Struktur aufweist (Abbildungen in der ersten Reihe). Folgendes Differentialgleichungssystem wird zu Grunde gelegt:

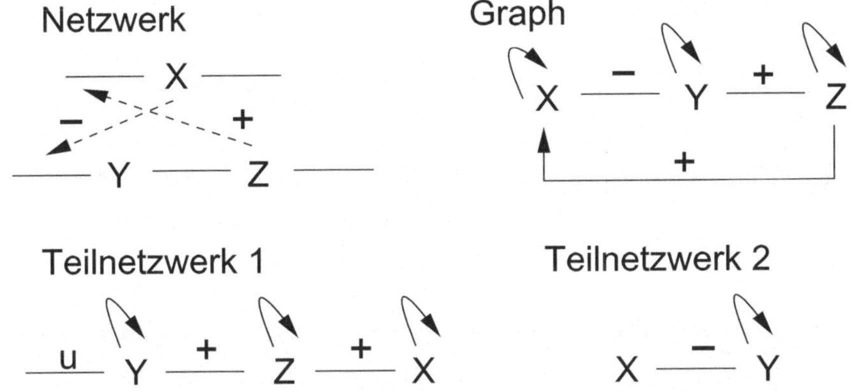

Abbildung 11.8: Netzwerk, Graph und Teilsysteme für das Beispielsystem.

$$\dot{X} = -kX + Z$$

$$\dot{Y} = \frac{1}{1+X} - kY$$

$$\dot{Z} = kY - Y. \tag{11.24}$$

Die Jacobi-Matrix des Systems ergibt sich mit der Gleichgewichtslage X_{ss} wie folgt:

$$J = \begin{pmatrix} -k & 0 & 1 \\ \dfrac{-1}{1+X_{ss}} & -k & 0 \\ 0 & k & -1 \end{pmatrix}. \tag{11.25}$$

Wie man sieht, sind die Vorzeichen eindeutig festgelegt; es gibt keinen Vorzeichenwechsel. Betrachtet man den Graphen in der Abbildung oben, so erkennt man, dass es eine Rückkopplungsschleife gibt, die aber ein negatives Vorzeichen aufweist. Demnach liegt kein monotones

System vor. Zur Lösung des Problems teilt man das System, wie in der Abbildung im unteren Teil gezeigt, in zwei Teilsysteme auf. Es ergeben sich folgende Gleichungssysteme:

$$\text{Teilsystem 1} \qquad\qquad \text{Teilsystem 2}$$

$$\dot{Y}_1 = u - kY_1 \qquad\qquad \dot{Y}_2 = \frac{1}{1+X_2} - kY_2$$

$$\dot{Z}_1 = kY_1 - Z_1$$

$$\dot{X}_1 = Z_1 - kX_1 \tag{11.26}$$

Für Teilsystem 1 wird nun eine Analyse durchgeführt, um eine Kennlinie $X_1 = S(u)$ zu ermitteln. Die Ruhelage ergibt sich wie folgt:

$$Y_1 = \frac{u}{k}, \quad Z_1 = u, \quad X_1 = S(u) = \frac{u}{k} \tag{11.27}$$

Beim zweiten Teilsystem ist die Eingangsgröße X_2 und die Ruhelage ergibt sich zu:

$$Y_2 = \frac{1}{k(1+X_2)}. \tag{11.28}$$

Um beide System zu verbinden, muss die Gleichung für Teilsystem 2 umgestellt werden:

$$X_2 = \frac{1-kY_2}{kY_2}. \tag{11.29}$$

Abbildung 11.9 zeigt die beiden Kennlinien und wie die Teilsysteme nun zu verschalten sind. Formal werden die Größen u und $Y2$ und X_1 und X_2 gleich gesetzt und man berechnet den Schnittpunkt der Kurven aus:

$$X = \frac{u}{k} = \frac{1-ku}{ku}. \tag{11.30}$$

Das führt im Falle $k = 1$ auf eine quadratische Gleichung:

$$u^2 + u - 1 = 0$$

$$u_{ss} = -\frac{1}{2} + \frac{1}{2}\sqrt{5}. \tag{11.31}$$

Diese Ruhelage ist stabil, da es nur einen Schnittpunkt gibt. Eine Gegenrechnung zur Überprüfung der Stabilität kann für das Gesamtsystem erfolgen, indem die Eigenwerte der Jacobi-Matrix berechnet werden. Für $k = 1$ lauten sie: $\lambda_1 = -1.7$, $\lambda_{2,3} = -0.64 \pm 0.63\,i$; damit ist das Gesamtsystem stabil. Das Beispiel mach deutlich, dass die Rückführung keine statische Funktion sein muss, sondern auch ein dynamisches aber monotones System sein kann.

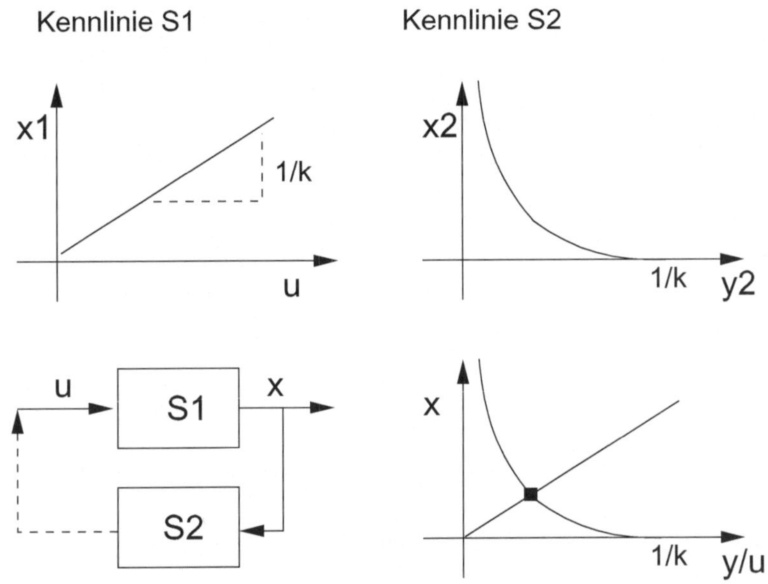

Abbildung 11.9: Kennlinien und Verschaltung der beiden Teilsysteme.

11.3 Integrale Rückführung

Ein interessantes biochemisches Beispiel für eine Rückführung wurde in der bakteriellen Chemotaxis entdeckt. Der stationäre Ausgang (die phosphorylierte Form des Proteins CheY) hängt nicht vom Eingang ab – oder hier besser, der Störungen auf das System – welches ein Lockstoff für das Bakterium ist, z. B. ein Substrat wie Glukose oder eine Aminosäure. Wie durch Doyle und Mitarbeiter gezeigt wird, kann das System so dargestellt werden, dass sich eine integrale Rückführung (I-Regler Anteil) im geschlossenen Regelkreis ergibt[2].

Integrale Rückführungen werden häufig in technischen Systemen genutzt, um Störungen auszuregeln und um das System auf einem gewünschten Sollwert zu halten. Wie aus der Abbildung 11.10 zu ersehen ist, reagiert das System mit integraler Rückführung sehr unterschiedlich auf Veränderungen des Sollwerts oder auf Störungen. In diesem Zusammenhang ist es üblich, die Modelle zu linearisieren, um auf Methoden der linearen Regelungstheorie zugreifen zu können. Dabei wird oft die Laplace-Transformation genutzt, um das System von Differentialgleichungen auf ein System algebraischer Gleichungen umzuformen. Das transformierte System "arbeitet" jetzt im Frequenzbereich, d. h. das System wird bezüglich Amplitudenverstärkung und Phasenverschiebung einer vorgegebenen sinusförmigen Eingangsfunktion mit der Frequenz ω analysiert. Die Grundlagen zur Laplace-Transformation sind im Anhang zusammengefasst. Werden lineare Systeme mit einer Frequenz ω angeregt, so ist die Systemantwort charakterisiert: (i) durch die gleiche Frequenz ω, allerdings ergibt sich eine Phasenverschiebung zum Ein-

---

[2]Robust perfect adaption in bacterial chemotaxis through integral feedback control. T.-M. Yi et al., PNAS 97, 2000, 4649-4653

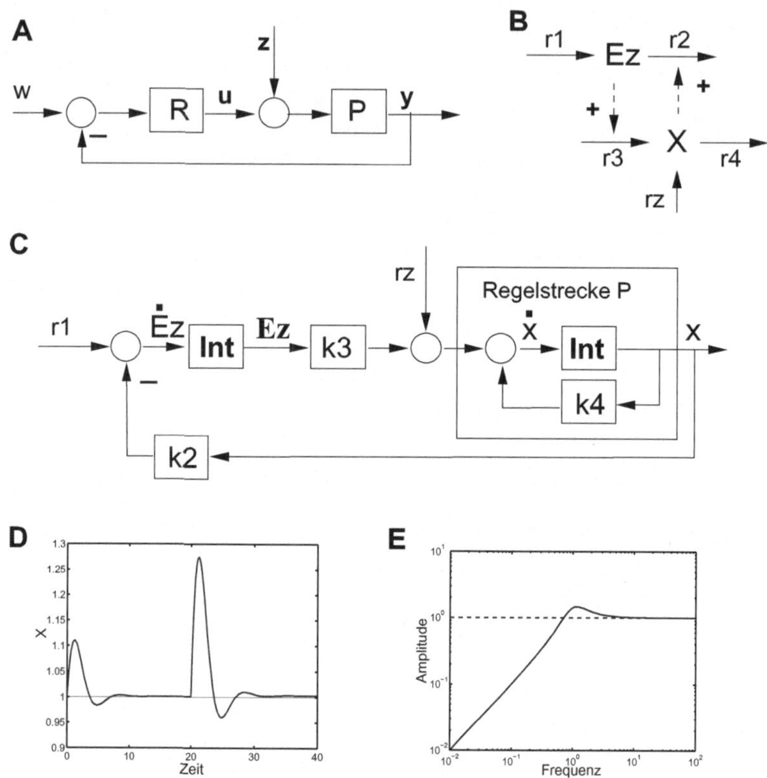

Abbildung 11.10: **A** Allgemeines Modell eines geschlossenen Regelkreises mit integraler Rückführung. **B** Reaktionsnetzwerk. **C** Schema des Reaktionsnetzwerkes dargestellt als geschlossener Regelkreis. **INT** bedeutet Integration. Wenn der Abbau von Ez nahe der Sättigung arbeitet, wird die Konzentration von Ez nahezu unabhängig von sich selbst. **D** Simulation mit zwei verschiedenen Werten von r_z mit den Gleichungen (11.36). Für die zweite Störung ist die Adaption nicht ganz perfekt. **E** Verlauf der Verstärkung von S über dem Frequenzbereich (Gleichung (11.34)). Die Flächen unter und über der gestrichelten Linie sind gleich groß (die log-Darstellung ist dabei zu beachten).

gangssignal und (ii) durch eine Verstärkung oder Dämpfung der Eingangsamplitude. Die Reaktion des System hinsichtlich der Sollwertverfolgung oder Störregulierung kann durch separate Übertragungsfunktionen beschrieben werden. Diese Übertragungsfunktionen ergeben sich aus Eigenschaften des Reglers und der Regelstrecke, müssen aber verschiedene Aufgaben erfüllen: die Sollwerte müssen sehr schnell und genau erreicht werden, während Störungen schnellstmöglich eliminiert werden müssen.

Aus dem linearen System mit der Systemmatrix A, dem Steuerskalar b und dem Ausgangsvektor $\underline{c}$ mit einem einzigen Eingang u und einem einzigen Ausgang y kann die Übertragungsfunktion P (z. B. eine algebraische Beziehungen zwischen Ein- und Ausgang im Frequenzbereich) für die Regelstrecke berechnet werden:

$$Y = \underline{c}^T (sI - A)^{-1} bU = P U. \tag{11.32}$$

Mit der Übertragungsfunktion für den Regler R, kann der Ausgang Y des geschlossenen Regelkreises (Abbildung 11.10) nun durch zwei Anteile ermittelt werden, die die Übertragungsfunktion für die Sollwertverfolgung W und für die Störung Z darstellen:

$$Y = \underbrace{\frac{PR}{1+PR}}_{G_1} W + \underbrace{\frac{P}{1+PR}}_{G_2} Z. \tag{11.33}$$

Beide Übertragungsfunktionen sind zusammengesetzt aus den einzelnen Übertragungsfunktionen von Regler und Regelstrecke. Es kann gezeigt werden, dass die Übertragungsfunktion:

$$S = \frac{1}{1+PR} \tag{11.34}$$

eine wichtige Rolle für die Dynamik des geschlossenen Regelkreises spielt. Es gilt eine Erhaltungsbeziehung, wenn S über alle Frequenzen ω betrachtet wird: das Integral über alle Frequenzen ist Null. Das bedeutet, dass ein bestimmter Frequenzbereich unterdrückt wird, ein anderer Bereich jedoch verstärkt wird. Da S in beiden Übertragungsfunktionen G_1 und G_2 vorkommt, ist bei der Auslegung des Reglers immer ein Kompromiss zu suchen.

Beispiel 37
Einfaches Netzwerk mit integraler Rückführung.

In Abbildung 11.10 ist ein zelluläres Netzwerk gezeigt, das ein beinahe ideales Anpassungsverhalten zeigt: Enzym Ez katalysiert die Synthese des Stoffwechselproduktes X während X zum Enzymabbau von Ez rückkoppelt ist. Gemäß der Abbildung und in der Annahme einer Michaelis-Menten Kinetik für Proteinabbau, lauten die nichtlinearen Gleichungen für das System:

$$\dot{Ez} = r_1 - k_2 \frac{X \cdot Ez}{Ez + K_e}$$

$$\dot{X} = k_3\, Ez - k_4\, X + r_z \tag{11.35}$$

mit der Rate r_z als Störung auf X. Wie aus Abbildung 11.10 entnommen werden kann, lässt sich das Netzwerk als Regelkreis mit integraler Rückführung darstellen. Hierbei ist r_1 der Sollwert und r_z eine Störung. Allerdings muss voraus gesetzt werden, dass der Abbau des Enzyms in Sättigung arbeitet, d. h. der Abbau von Ez wird von sich selbst unabhängig. Das bedeutet, dass sich Gleichung (11.35) vereinfacht:

$$\dot{Ez} = r_1 - k_2\, X$$

$$\dot{X} = k_3\, Ez - k_4\, X + r_z. \tag{11.36}$$

Abhängig von der Stärke der Störung, ergibt sich eine fast perfekte Adaption (siehe Abbildung 11.10). Die Abbildung zeigt außerdem einen so genannten Bode-Graphen von $S(\omega)$. Basierend auf dem Erhaltungssatz muss ein Teil der Kurve größer als 1 sein (gestrichelte Linie). Demzufolge werden, je nach Eingangsfrequenz, Störungen bei niedrigen Frequenzen gedämpft und bei hohen Werten verstärkt. Diese Eigenschaften wurden als stabile aber anfällige (robust yet fragile) Natur von zellulären Systemen mit integraler Rückführung beschrieben[3]. Da im allgemeinen die Eingangsfunktion keine rein sinusförmige Funktion ist, sondern z. B. ein Sprung, kann der erwartete Zeitverlauf als Mischung der Antwort über alle Frequenzen gesehen werden. In der Simulation in Abbildung 11.10 kann dies im Zeitverlauf von X betrachtet werden, der ein Unterschwingen zeigt.

11.3.1 Bakterielle Chemotaxis

Wie oben bereits berichtet, ist die bakteriellen Chemotaxis ein schönes Anwendungsbeispiel für eine integrale Rückführung. Unter der bakteriellen Chemotaxis wird die Änderung der Bewegungsrichtung der Bakterien durch Stoffkonzentrationsgradienten verstanden. Bakterien bewegen sich auf einen Lockstoff (z.B. Zucker oder manche Aminosäuren) zu und von einem Schreckstoff (z.B. Metallionen) weg. Bei *E.coli* unterscheidet man die Tumble und die Run-Bewegung. Bei der Tumble-Bewegung wird die Richtung zufällig geändert, bei der Run-Bewegung ist die Richtung konstant. Wird eine *E. coli* Kultur durch einen Stimulus (Lockstoff) angeregt, beobachtet man, dass sich die Tumble-Frequenz erniedrigt, dann aber zu ihrem ursprünglichen Wert zurückkehrt. Man spricht hier von Adaption.

Hier soll nur knapp auf die biochemischen Grundlagen eingegangen und eher auf die Analyse des Systems fokussiert werden. Verantwortlich für die Reizaufnahme sind Rezeptoren in der Zellwand, sogenannte MCP's (methyl-accepting-proteins). Für die folgende Betrachtung wird angenommen, dass der Rezeptor aktiv oder inaktiv sein kann. Aktiv bedeutet, dass der Ausgang so geschaltet ist, dass die Tumble-Bewegung bevorzugt wird. Weiterhin ist bekannt, dass der Rezeptor in methylierter und nicht-methylierter Form vorliegt. Das in der folgenden Abbildung 11.11 dargestellte Schema soll nun analysiert werden. Es wird darauf hingewiesen, dass es sich um ein sehr vereinfachtes Schema handelt.

Betrachtet man nur den Rezeptor ergibt sich als Differentialgleichung für den aktiven methylierten X_m^A und den nicht-aktiven methylierten Rezeptor X_m:

$$\dot{X}_m \;=\; k_1\,R\,f(X) - k_l\,X_m + k_{l'}\,X_m^A\,S$$

$$\dot{X}_m^A \;=\; k_l\cdot X_m - k_{l'}\,X_m^A\,S - k_2\,X_m^A\,B^P \qquad\qquad (11.37)$$

wobei $f(X)$ den Einfluss des nicht-methylierten Rezeptors wiedergibt. Hier wird nun davon ausgegangen, dass das Enzym CheR in Sättigung arbeitet, damit kann $f(X) = 1$ gesetzt werden. Führt man die Gesamtkonzentration an methyliertem Rezeptor X_m^t ein:

$$X_m^t \;=\; X_m + X_m^A, \qquad\qquad (11.38)$$

---

[3]Reverse Engineering of Biological Complexity. M. E. Csete and J. C. Doyle, Science 295, 2002, 1664-1669

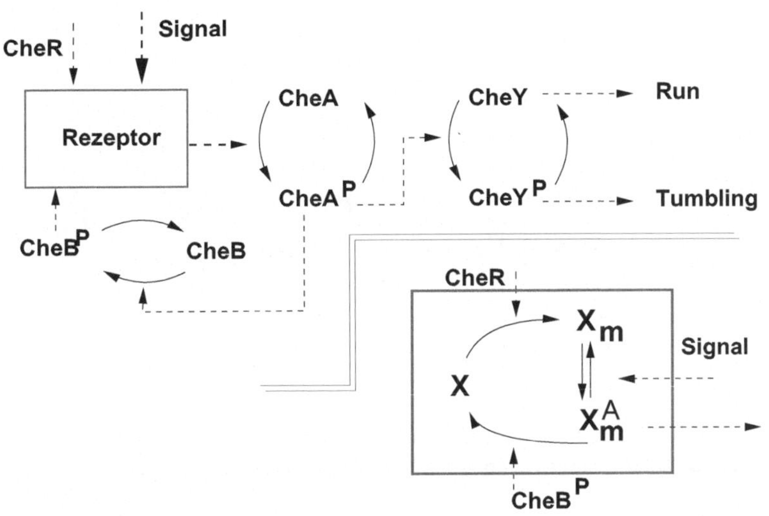

Abbildung 11.11: Molekulares Reaktionsschema der bakteriellen Chemotaxis. Für das unten betrachtete Modell wird nur die Rezeptordynamik betrachtet.

erhält man folgende Gleichungen:

$$\dot{X}_m^t = k_1\, R - k_2\, B^P\, X_m^A$$

$$\dot{X}_m^A = k_l\, X_m^t - (k_{l'}\, S + k_2\, B^P + k_l)\, X_m^A. \tag{11.39}$$

Die zweite Gleichung ist nichtlinear und kann linearisiert werden. Führt man folgende Parameter ein, die teilweise die stationären Werte der Zustände enthalten:

$$w = k_1 \cdot R, \quad p_1 = k_2 \cdot B^P, \quad p_2 = k_l$$

$$p_3 = k_2 \cdot B^P + k_l + k_l' \cdot S^{StS}, \quad p_4 = k_l' \cdot X_m^{A\,StS} = k_l' \cdot \frac{k_1 \cdot R}{k_2 \cdot B^P}, \tag{11.40}$$

so erhält man:

$$\dot{X}_m^t = w - p_1 \cdot X_m^A$$

$$\dot{X}_m^A = p_2 \cdot X_m^+ - p_3 \cdot X_m^A - p_4 \cdot z \tag{11.41}$$

wobei nun z das Signal repräsentiert, aber im regelungstechnischen Sinne eine Störung darstellt. Stellt man die beiden Gleichungen als Blockschaltbild dar, ergibt sich Abbildung 11.12.

Rechnet man wie oben im Laplace-Bereich, ergeben sich nach üblichen Umformungen folgende zwei Übertragungsfunktionen für den Ausgang X_m^A hinsichtlich des Sollwertes (W) und

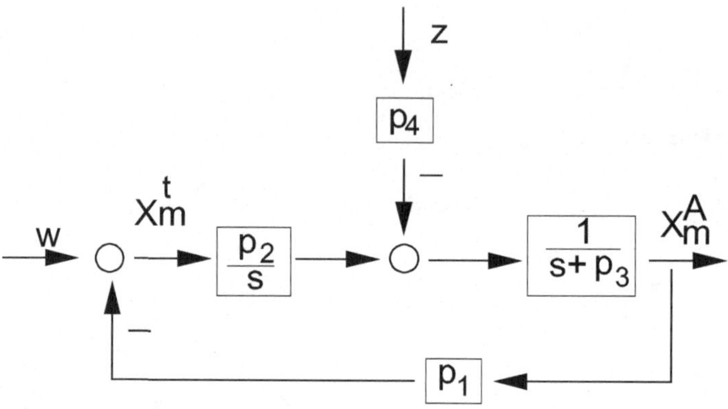

Abbildung 11.12: Blockschaltbild des Regelkreises. Die beiden Differentialgleichungen lassen sich im Laplace-Bereich als Kopplung eines Reglers mit einer Regelstrecke darstellen. Die Störung wirkt auf die Regelstrecke ein.

der Störgröße (Z):

$$X_m^A \;=\; \underbrace{\frac{p_2}{s^2 + p_3\,s + p_1 \cdot p_2}}_{:=G_1,\,PT_2-\text{Verhalten}}\, W \;-\; \underbrace{\frac{s \cdot p_4}{s^2 + p_3\,s + p_1 \cdot p_2}}_{:=G_2,\,DT_2-\text{Verhalten}}\, Z\,. \tag{11.42}$$

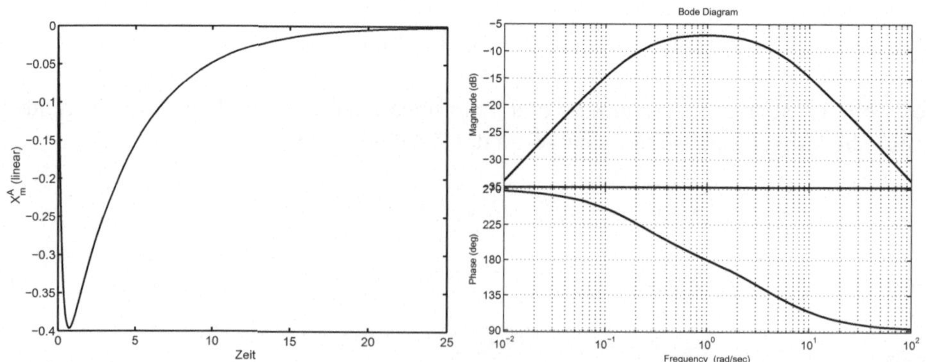

Abbildung 11.13: Sprungantwort und Frequenzgang des DT_2-Glieds.

Eine Analyse der Gleichungen zeigt, dass im stationären Fall die Störung vollständig ausgeregelt wird. Für das Störverhalten ermittelt man eine Hintereinanderschaltung von Differenzierer und Filter:

$$G_2' \;=\; -s \cdot p_4 \tag{11.43}$$

$$G_2'' \;=\; \frac{1}{s^2 + p_3 \cdot s + p_1 \cdot p_2}\,. \tag{11.44}$$

Über die einzelnen Parameter können bereits auch Aussagen getroffen werden: Da das Signal übertragen werden muss, ist ein hinreichend großer Maximalwert zu wählen:

$$p_4 \gg 1 \tag{11.45}$$

Das System darf nicht oszillieren, daher darf die charakteristische Gleichung keine konjugierten komplexen Eigenwerte aufweisen:

$$s_{1/2} \;=\; -\frac{p_3}{2} \pm \sqrt{\frac{p_3^2}{4} - p_1 \cdot p_2} \;\longrightarrow\; \frac{p_3^2}{4} > p_1 \cdot p_2. \tag{11.46}$$

Das System soll auch nicht zu langsam adaptieren, die Eigenwerte dürfen daher nicht zu weit auseinander liegen. Abbildung 11.13 zeigt die Sprungantwort und den Frequenzgang für optimale Parameter. Das Beispiel zeigt, dass durch die regelungstechnische Analyse schon einige Anforderungen an die kinetischen Parameter gestellt werden können, was eine Schätzung der Parameter basierend auf konkreten Messungen dann erleichtert.

11.4 Robuste Regelung

Eine interessante Anwendung eines regelungstechnischen Konzeptes in der Systembiologie ist die robuste Regelung. Dabei werden bei der Auslegung des Regelkreises auch Parameter- und Strukturunsicherheiten berücksichtigt. Dabei wird versucht, das System auf eine Form zu bringen, die in Abbildung 11.14 gezeigt ist. Im Block Δ werden die Unsicherheiten zusammengefasst. Dies können sowohl Unsicherheiten in den Parametern oder Unsicherheiten in der Netzwerkstruktur sein. Kann man eine bestimmte Schranke für die Unsicherheiten angeben, bspw. durch eine geschickte Skalierung, so erhält man Bedingungen für die Stabilität des geschlossenen Kreises. Die Funktionen in M sind abhängig von der Struktur der Regelstrecke, der Mes-

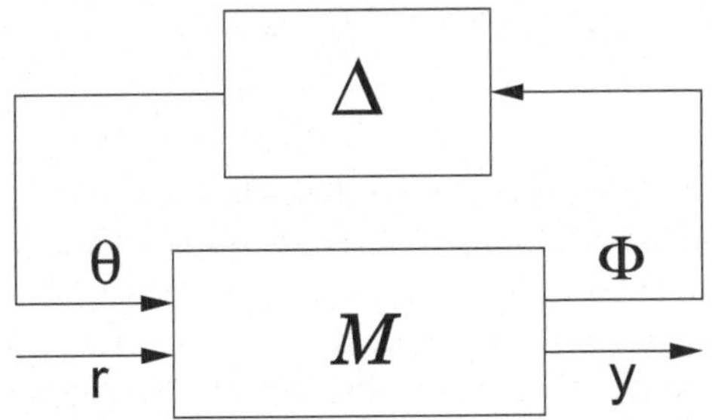

Abbildung 11.14: Die M-Δ-Struktur zur Berücksichtigung von Unsicherheiten. r ist der Systemeingang und y der Systemausgang. Die Beschreibung der Unsicherheiten erfolgt mit den Variablen Φ und Θ.

seinrichtung und des Steuereingriffs. Das Vorgehen zur Analyse des Systems erfolgt analog der Vorgehensweise beim klassischen Reglerentwurf: Es wird versucht, aus den Gegebenheiten des offenen Kreises auf das Verhalten des geschlossenen Kreises zu schließen. Geschlossener Kreis meint hier allerdings, durch die Unsicherheit Δ, wie in der Abbildung gezeigt, geschlossen.

Für den offenen (nicht durch Δ geschlossenen Kreis) kann man einzelne Teilübertragungsfunktionen angeben:

$$\begin{bmatrix} \Phi \\ y \end{bmatrix} = \begin{bmatrix} M_{11} & M_{12} \\ M_{21} & M_{22} \end{bmatrix} \begin{bmatrix} \Theta \\ r \end{bmatrix} \tag{11.47}$$

Setzt man nun den Term $\Theta = \Delta\,\Phi$ oben ein, um die Dynamik des geschlossenen Kreises zu ermitteln, erhält man:

$$\Phi \;=\; G M_{12}\, r \tag{11.48}$$

$$y \;=\; (M_{22} + M_{21}\,\Delta\,G M_{12})\, r \tag{11.49}$$

mit der Übertragungsfunktion G:

$$G = (I - M_{11}\,\Delta)^{-1} \, . \tag{11.50}$$

Ein Regler innerhalb von M sollte nun das System stabilisieren, so dass man davon ausgehen kann, dass die einzelnen Teilübertragungsfunktionen stabil sind. Damit lässt sich das Stabilitätsproblem auf die Untersuchung der Stabilität von G reduzieren. Hier kann das "Small Gain Theorem" Anwendung finden.

Small-Gain-Theorem: Nimmt man an, dass keinerlei strukturelle Einschränkungen für Δ vorliegen und weiterhin gilt, dass die Übertragungsfunktion M_{11} stabil ist mit maximaler Verstärkung $|M_{11}| < \gamma_M$ und wenn für die maximale Verstärkung von Δ gilt: $|\Delta| \leq \gamma_\Delta$, dann ist der geschlossene Kreis stabil mit G: $|G| < 1$, wenn $\gamma_M\,\gamma_\Delta < 1$.

Damit stellen γ_M und γ_Δ obere Schranken dar, oder anders ausgedrückt, die maximalen Verstärkungen dar. Das Small-Gain-Theorem liefert nur eine hinreichende Bedingung und keine notwendige. Für das SISO System bedeutet das Theorem, dass die Amplitudenverstärkungen von M_{11} und Δ unter gegebenen Schranken liegen müssen. Die Schwierigkeit der Anwendung in der Systembiologie liegt nun in der Formulierung des Systems, so dass die Struktur nach Abbildung 11.14 erhalten wird.

Beispiel 38
Laktose-Aufnahme.

Das Vorgehen soll wieder am Beispiel des Laktose-Stoffwechsels gezeigt werden. Betrachtet wird das in Abbildung 11.15 signaltechnisch gezeigte System der Laktose Induktion. L stellt den Induktor Laktose dar, der über die oben diskutierte nichtlineare Kennlinie den Repressor inaktiviert und damit die Enzymsynthese des Proteins $LacY$ aktiviert. Eine erhöhte Enzymkonzentration sorgt wiederum für höhere Werte des Induktors. In der gegebenen Form kann die robuste Regelungsstruktur nicht direkt angegeben werden. Es wird angenommen, dass sich die sigmoide Kennlinie aus Abbildung 11.6 durch eine nichtlineare Kennlinie wie in Abbildung 11.15 approximieren lässt.

Weiterhin wird als bekannt vorausgesetzt, dass der Hill-Koeffizient n der Kennlinie aus Messungen bekannt ist. Damit liegen die Unbekannten des Systems in den Werten des oberen und unteren Konzentrationsbereichs der Laktose, indem sie aktiv wird. Im Unterschied zum Modell oben, wird allerdings der Regulator Crp nicht berücksichtigt. Außerdem wird eine Dynamik für die intrazelluläre Laktose angenommen.

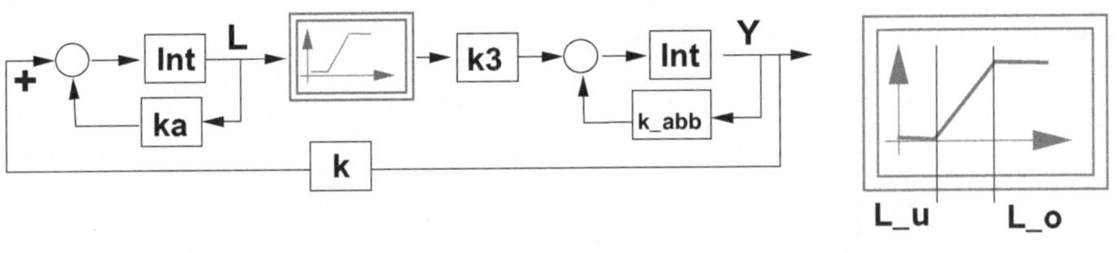

Abbildung 11.15: Schema der Laktose Aufnahme in signaltechnischer Darstellung. Laktose (L) ist der Eingang in den nichtlinearen Block. Der Ausgang des Blockes, der inaktive Repressor R, ist für die Synthese von LacY (Y) verantwortlich. LacY wiederum transportiert extrazelluläre Laktose von außen nach innen und erhöht die Laktose-Konzentration.

Das System mit der nichtlinearen Kennlinie lässt sich formal nun umformulieren, damit es zur M-Δ-Struktur passt. Dabei muss die bekannte Information aus der nichtlinearen Kennlinie, der Hill-Koeffizient n, extrahiert werden und in die Beschreibung des linearen Teils miteinbezogen werden. Es ergibt sich folgende Abbildung 11.16.

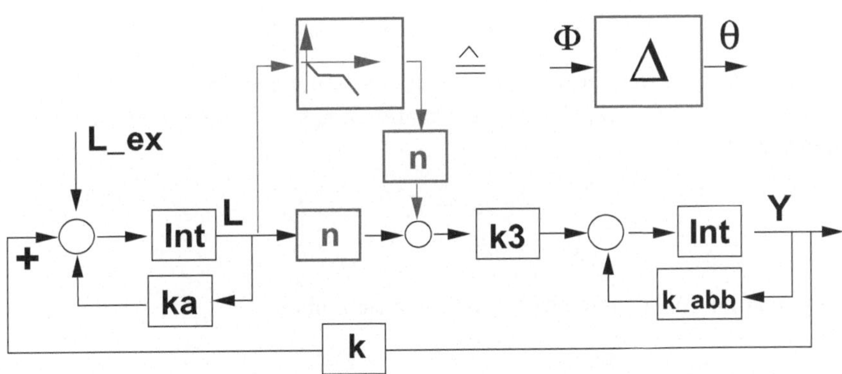

Abbildung 11.16: Schema der Laktose-Aufnahme in signaltechnischer Darstellung mit umformulierter nichtlinearer Kennlinie. Die neue Kennlinie entspricht der Unsicherheitsbeschreibung des Systems. Ein zusätzlicher Eingang L_{ex} entspricht der extrazellulären Laktosekonzentration.

Die Kennlinie aus Abbildung 11.15 kann zunächst wie folgt angegeben werden (R ist die inaktive Form des Repressors) :

$$R = \begin{cases} n\,(L_0 - L_U) & : L \geq L_0 \\ n\,(L - L_U) & : L_U < L < L_0 \\ 0 & : L \leq L_U \end{cases}$$

Die Kennlinie lässt sich umschreiben:

$$n \cdot L + \begin{cases} n\,(L_0 - L_U) - n \cdot L & : \quad L \geq L_0 \\ -n \cdot L_U & : \quad L_U < L < L_0 \\ -n \cdot L & : \quad L \leq L_U \end{cases} \tag{11.51}$$

$$n \cdot L + n \begin{cases} L_0 - L_U - L & : \quad L \geq L_0 \\ -L_U & : \quad L_U < L < L_0 \\ -L & : \quad L \leq L_U \end{cases} \tag{11.52}$$

Die neue Kennlinie nach Gleichung (11.52) findet sich in Abbildung 11.16. Sie zeichnet sich durch eine (betragsmäßig) maximale Verstärkung des Signals von 1 (die neue Kennlinie verläuft zunächst mit Anstieg -1) aus und durch einen konstanten Bereich zwischen den beiden Werten X_U und X_O.

Die Differentialgleichungen, die das neu formulierte System beschreiben lauten (die Variablen k, k_3 und k_{abb} sind im Beispiel oben identisch, k_a beschreibt den Abbau von L):

$$\dot{L} \;=\; kY - k_a L + L_{ex} \tag{11.53}$$

$$\dot{Y} \;=\; k_3\, n\,(L + \Theta) - k_{abb}\, Y \tag{11.54}$$

wobei der Term $n\,(L + \Theta)$ sich aus der nichtlinearen Kennlinie ergibt. Schreibt man die linearen Teile des Netzwerkes mit der Laplace Transformation um, so erhält man mit den Übertragungsfunktionen P_1 und P_2:

$$L \;=\; \Phi = P_1\, Y + P_1'\, L_{ex} \tag{11.55}$$

$$Y \;=\; P_2\,(\Phi + \Theta). \tag{11.56}$$

Die Übertragungsfunktionen lassen sich wie folgt anschreiben:

$$P_1 = \frac{k}{s + k_a}, \quad P_1' = \frac{1}{s + k_a}, \quad P_2 = \frac{n\, k_3}{s + k_{abb}}. \tag{11.57}$$

Setzt man die Übertragungsfunktionen ineinander ein, so erhält man nach einiger Rechnung:

$$\Phi \;=\; \underbrace{\frac{P_1 P_2}{1 - P_1 P_2}}_{M_{11}} \Theta + \underbrace{\frac{P_1'}{1 - P_1 P_2}}_{M_{12}} L_{ex} \tag{11.58}$$

$$Y \;=\; \underbrace{\frac{P_2}{1 - P_1 P_2}}_{M_{21}} \Theta + \underbrace{\frac{P_1' P_2}{1 - P_1 P_2}}_{M_{22}} L_{ex} \tag{11.59}$$

und damit die Matrixgleichung:

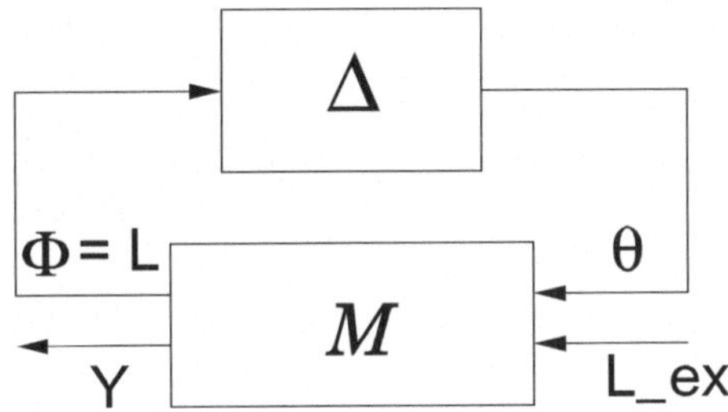

Abbildung 11.17: Die M-Δ-Struktur für das Beispiel der Laktoseaufnahme.

$$\begin{pmatrix} \Phi \\ Y \end{pmatrix} = \begin{bmatrix} M_{11} & M_{12} \\ M_{21} & M_{22} \end{bmatrix} \cdot \begin{pmatrix} \Theta \\ L_{ex} \end{pmatrix}. \tag{11.60}$$

Interessant ist nun die Analyse von M_{11}. Man erhält:

$$M_{11} = \frac{n\,k\,k_3}{s^2 + \left(k_a + k_{abb}\right)s + k_a\,k_{abb} - n\,k\,k_3} \tag{11.61}$$

Nach der Vorzeichenregel gilt für stabiles Verhalten $k_a\,k_{abb} > n\,k\,k_3$. Als stationären Wert erhält man:

$$M_{11}(s \to 0) = \frac{n\,k\,k_3}{k_a\,k_{abb} - n\,k\,k_3}. \tag{11.62}$$

Bei diesem System handelt es sich im ein PT_2-System, welches mit steigender Frequenz eine abnehmende Verstärkung besitzt. Die maximale Verstärkung ergibt sich für kleine Frequenzen und man erhält als Bedingung

$$|M_{11}(s = 0)| < 1 \quad \longrightarrow \quad k_a\,k_{abb} > 2\,n\,k\,k_3 \tag{11.63}$$

Die Rechnung zeigt als wesentliche Bedingung, dass das Produkt der Syntheserate multipliziert mit $2n$ kleiner sein muss, als das Produkt der Abbauraten. Dann kann innerhalb der Unsicherheitsbox ein beliebiges Modell mit Verstärkungsfaktor < 1 angenommen werden und das System ist stabil.

12 Motive in regulatorischen Netzwerken

In den letzten Jahren hat man eine ganze Reihe von verschiedenen biochemischen Netzwerken analysiert und festgestellt, dass bestimmte Verschaltungsmuster häufiger vorkommen als andere (bzw. dass diese Muster in den Netzwerken häufiger vorkommen, als bei einem zufällig erstellten Netzwerk). Diese sehr häufig vorkommenden Verschaltungsmuster werden als Motive bezeichnet. Im Transkriptionsnetzwerk von *E. coli* finden sich die in Abbildung 12.1 gezeigten Muster besonders häufig[1].

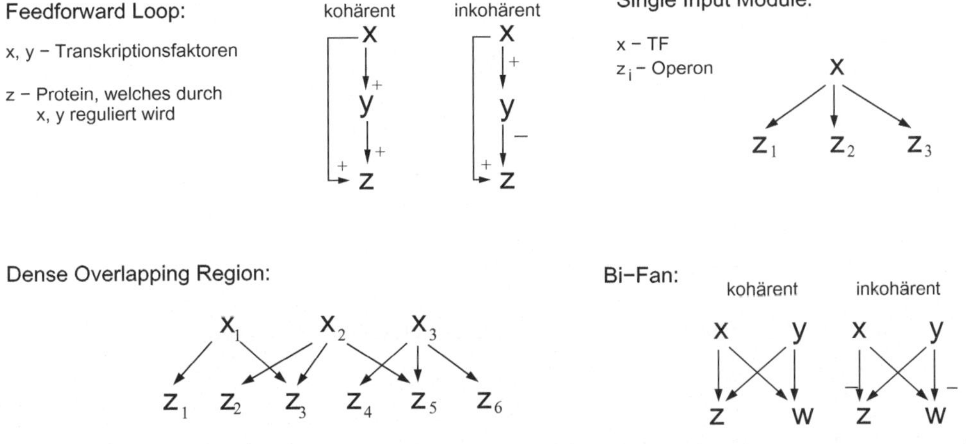

Abbildung 12.1: Motive im Regulationsnetzwerk bei *E. coli*.

Das untersuchte Netzwerk besitzt 424 Knoten und 519 Kanten. Man findet bspw. 40 Feedforward-Loops (Vorwärtsschleifen); in einem zufällig erzeugten Netz berechnet man, dass 7 ± 3 Feedforward-Loops zu finden sein sollten. Für den Bi-Fan ermittelt man 203 bzw. 47 ± 12 in einem zufälligen Netz [2]. Das Single-Input-Modul beschreibt eine einfache Verknüpfung eines Transkriptionsfaktors X mit verschiedenen Operons Z_i. In der Dense Overlapping Region kann kein eindeutiges Muster zugeordnet werden. Operons Z_i werden durch eine unterschiedliche Anzahl von Transkriptionsfaktoren beeinflusst.

---

[1] Network motifs in the transcriptional regulation network of *Escherichia coli.*, S. S. Shen-Orr et al., Nat. Genetics 31, 2002, 64 - 68.
[2] Network Motifs: Simple building blocks of complex networks. R. Milo et al., Science 298, 2002, 824 - 827.

12.1 Feedforward-Loop (FFL)

Der Feedforward-Loop ist das am häufigsten vorkommende Motiv im Transkriptionsnetzwerk von *E. coli*. Wie in Abbildung 12.2 zu sehen ist, unterscheidet man die kohärente und die inkohärente Variante. Kohärent meint, dass die Vorzeichenparität (Anzahl der Kante mit negativem Vorzeichen) von X direkt zu Z und alternativ über Y gleich sind bzw. sich aufheben (Minus mal Minus entspricht Plus). Die Abbildung veranschaulicht die acht möglichen Varianten.

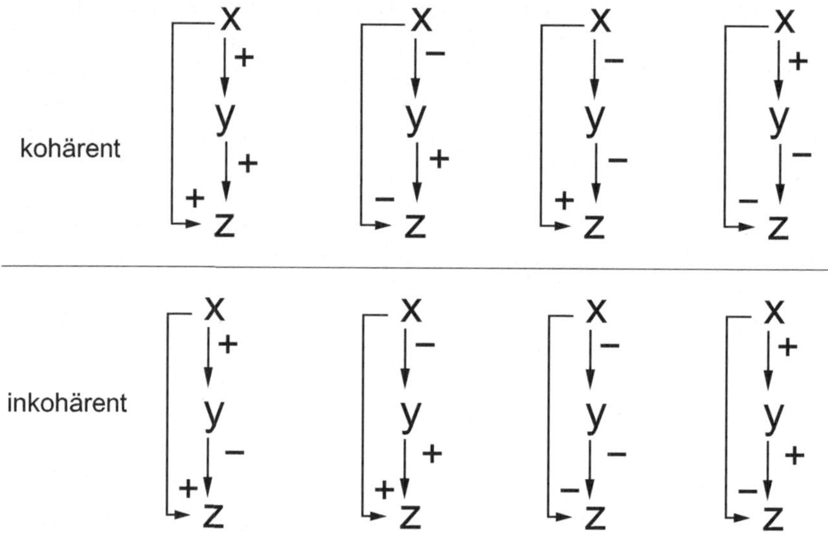

Abbildung 12.2: Obere Reihe: Kohärente und inkohärente Feedforward-Loop Motive.

12.2 Strukturelle und dynamische Eigenschaften des FFL

Um die strukturellen und dynamische Eigenschafte des FFL zu untersuchen, soll auf den kohärente Typ 1 (oben in der Abbildung, erste Reihe, links) und auf den inkohärente Typ 1 (oben in der Abbildung, zweite Reihe, links) fokussiert werden [3]. Dabei wird davon ausgegangen, dass jeweils ein Induktor I_X und I_Y zu Aktivierung der Transkriptionsfaktoren notwendig ist. Damit werden die beiden aktiven Transkriptionsfaktor über folgende Beziehungen beschrieben: $X^* = X$ wenn $I_X = 1$ und und $Y^* = Y$, wenn $I_Y = 1$. Außerdem werden zwei Fälle unterschieden: Bei Aktivierung von Transkriptionsfaktor Z wirken die beiden anderen Transkriptionsfaktor X und Y in einer UND oder alternativ in einer ODER-Verknüpfung miteinander. Bei der UND-Verknüpfung müssen beide Proteine vorhanden sein, um die Transkription zu starten, bei der ODER-Verknüpfung reicht ein Faktor aus (für eine detailliertere Beschreibung und die Ableitung der Gleichungen, siehe Kapitel 7.4.1). Eine mechanistische Vorstellung, wie diese Interaktion

---

[3] Structure and function of the feed-forward loop network motif. S. Mangan and U. Alon, PNAS 100, 2003, 11980 - 11985

aussehen kann, ist in Abbildung 12.3 gezeigt. In Fall **A** ist die UND-Verknüpfung gezeigt. Die

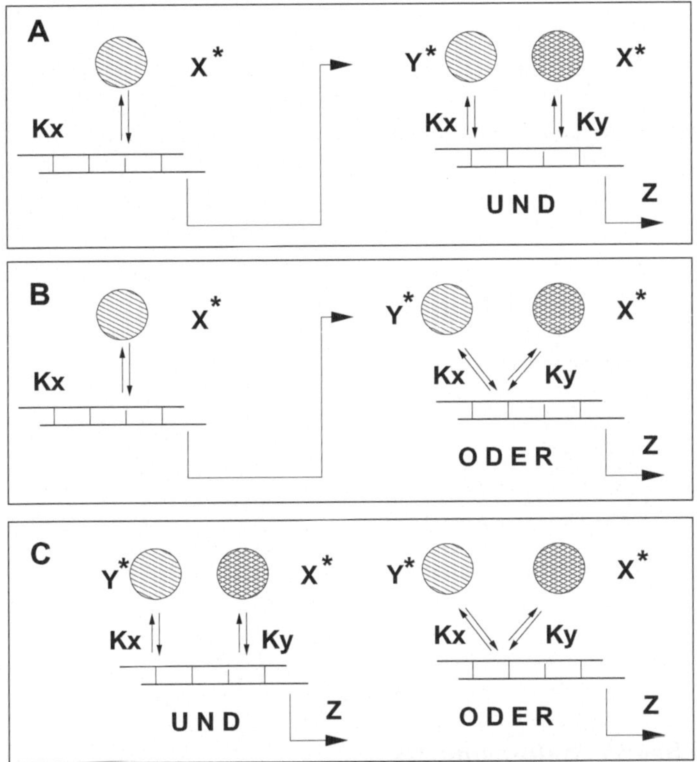

Abbildung 12.3: **A** FFL mit einer UND-Verknüpfung. **B** FFL mit einer ODER-Verknüpfung. **C** Vergleichsmodell ohne Loop.

beiden Bindeplätze auf dem DNA-Abschnitt für die beiden Regulatoren überlappen sich nicht. Für ein Ablesen der genetischen Information sind beide Transkriptionsfaktoren aber notwendig. Bei der in Fall **B** gezeigten ODER-Verknüpfung wird davon ausgegangen, dass beide Faktoren um einen gemeinsamen Bindeplatz konkurrieren. Damit kommt ein inhibitorischer Effekt zustande, der sich in den Gleichungen niederschlägt. Für die unten gezeigten Simulationsstudien wird ein Vergleichsmodell herangezogen. In diesem Modell wirken die beiden Transkriptionsfaktoren X und Y in einer UND/ ODER-Verknüpfung auf die Synthese ein (Fall **C**).

Im folgenden werden die Gleichungen zusammengestellt. Protein X wird als Eingangssignal genommen; damit ergeben sich zwei Differentialgleichungen, um die Dynamik von Y und von Z zu beschreiben:

UND-Verknüpfung

$$\dot{Y} = k_{bY} + k_Y f_1^u(X^*) - k_{dY} Y$$

$$\dot{Z} = k_{bZ} + k_Z f_1^u(X^*) f_2^u(Y^*) - k_{dZ} Z. \tag{12.1}$$

ODER-Verknüpfung

$$\dot{Y} = k_{bY} + k_Y\, f_1^u(X^*) - k_{dY}\, Y$$

$$\dot{Z} = k_{bz} + k_z\left(f_1^0(X^*,K_X,K_Y,Y*) + f_2^0(Y^*,K_X,K_Y,X^*)\right) - k_{dz}\, Z. \tag{12.2}$$

Die entsprechenden Kinetiken sind im folgenden aufgelistet. Für die UND-Verknüpfung verwendet man:

$$f_1^u = \frac{\left(\dfrac{X^*}{K_X}\right)^{n_1}}{1 + \left(\dfrac{X^*}{K_X}\right)^{n_1}}, \qquad f_2^u = \frac{\left(\dfrac{Y^*}{K_Y}\right)^{n_2}}{1 + \left(\dfrac{Y^*}{K_Y}\right)^{n_2}}; \tag{12.3}$$

für die ODER-Verknüpfung verwendet man:

$$f_1^0 = \frac{\left(\dfrac{X^*}{K_X}\right)^{n_1}}{1 + \left(\dfrac{X^*}{K_X}\right)^{n_1} + \left(\dfrac{Y^*}{K_Y}\right)^{n_2}}, \qquad f_2^0 = \frac{\left(\dfrac{Y^*}{K_Y}\right)^{n_2}}{1 + \left(\dfrac{X^*}{K_X}\right)^{n_1} + \left(\dfrac{Y^*}{K_Y}\right)^{n_2}} \tag{12.4}$$

Beim inkohärenten Loop wird die Hemmung wie folgt beschrieben:

$$f^0 = \frac{1}{1 + \left(\dfrac{X^*}{K_X}\right)^{n_1} + \left(\dfrac{Y^*}{K_Y}\right)^{n_2}} \tag{12.5}$$

12.2.1 Logisches Verhaltensmuster

Folgende Tabelle stellt zunächst das logische Verhaltensmuster für den kohärenten Fall zusammen. Ist X nicht aktiv ($I_X = 0 \rightarrow X^* = 0$), so kann Z nie gebildet werden; ist Y inaktiv ($I_Y = 0 \rightarrow Y^* = 0$), dann wird Z gebildet, nur wenn X aktiv ist und eine ODER-Verknüpfung vorliegt.

$$\begin{aligned}
X^* &= 1, \quad Y^* = 1 \rightarrow \quad Z \text{ aktiv} \\
X^* &= 1, \quad Y^* = 0 \rightarrow \quad Z \text{ aktiv (OR)}, \quad Z \text{ inaktiv (AND)} \\
X^* &= 0, \quad Y^* = 1 \rightarrow \quad Z \text{ inaktiv} \\
X^* &= 0, \quad Y^* = 0 \rightarrow \quad Z \text{ inaktiv}
\end{aligned} \tag{12.6}$$

Für den inkohärenten Fall ergeben sich folgende Zusammenhänge (es wird nur die UND-Verknüpfung betrachtet):

$$\begin{aligned}
X^* &= 1, \quad Y^* = 1 \rightarrow \quad Z \text{ inaktiv} \\
X^* &= 1, \quad Y^* = 0 \rightarrow \quad Z \text{ aktiv} \\
X^* &= 0, \quad Y^* = 1 \rightarrow \quad Z \text{ inaktiv} \\
X^* &= 0, \quad Y^* = 0 \rightarrow \quad Z \text{ inaktiv}
\end{aligned} \tag{12.7}$$

Zusammenfassend ergeben sich folgende logische Verknüpfungen:

$$\text{Kohärenter FF1 mit UND-Verknüpfung: } X^* \wedge Y^*$$

$$\text{Kohärenter FF1 mit ODER-Verknüpfung: } X^*$$

$$\text{Inkohärenter FF1 mit UND-Verknüpfung: } X^* \wedge \overline{Y^*}$$

12.2.2 Dynamisches Verhalten

In den folgenden Abbildungen sind Simulationsstudien der obigen Fälle gezeigt. Zum Vergleich wird ein Modell simuliert, bei welchem die Komponente Z direkt von X und Y aktiviert wird. Die oben in Abbildung 12.3 veranschaulichten unterschiedlichen Modellstrukturen werden alle mit dem gleichen Satz an kinetischen Parametern simuliert.

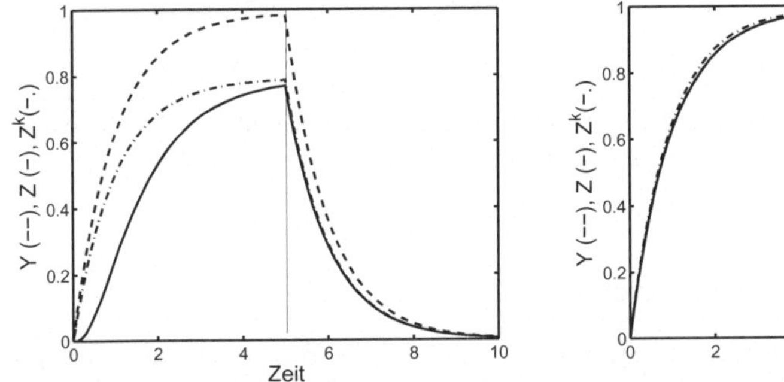

Abbildung 12.4: Links: Simulationsstudie kohärenter FFL mit UND-Verknüpfung (Z durchgezogen, Y gestrichelt und Z des Kontrollsystems strichpunktiert). Rechts: Simulationsstudie kohärenter FFL mit ODER-Verknüpfung.

In der links in Abbildung 12.4 gezeigten Simulation der UND-Verknüpfung, sind der Verlauf von Y und Z gezeigt, sowie der Verlauf von Z mit der Verschaltung ohne FFL. Das Simulationsexperiment wurde so durchgeführt, dass der Wert für X zum Zeitpunkt $t = 0$ auf 1 und zum Zeitpunkt $t = 5$ (durch eine Linie in den Abbildungen markiert) wieder auf 0 gesetzt wurde. Bei den gewählten Parametern sieht man eine deutliche Verzögerung der Variable Z gegenüber der Kontrolle. Die Parameter sind so gewählt, dass sich für beide Varianten für Z der gleiche stationäre Wert einstellen würde. Nach dem Abschalten verhalten sich beide Systeme gleich: die Kurven fallen exponentiell ab und kommen auf den Null-Wert zurück. Betrachtet man die ODER-Verknüpfung, die auf der rechten Seite gezeigt ist, so lassen sich kaum Unterschiede ausmachen. Da nur X oder Y zur Aktivierung notwendig sind, ist die Dynamik beim Anschalten gleich. Beim Abschalten ist aber hier ein Unterschied zu erkennen. Beim Kontrollsystem ist der zweite Aktivator noch da, daher kommt es nur zu einer geringen Änderung der Konzentration von Z. Die Y-Variable fällt exponentiell ab, da X abgeschaltet wurde. Bei der Z-Variablen mit ODER-Verknüpfung wirkt das Abschalten verzögert, da Y noch vorhanden ist, und eine Synthese damit noch stattfinden kann. Erst wenn auch noch kaum mehr Y da ist, geht auch die Z-Variable auf den Ausgangswert zurück.

Abbildung 12.5 zeigt Simulationsstudien für den inkohärente Fall, bei dem Y als Inhibitor wirkt. Hier wird nur eine UND-Verknüpfung betrachtet, wobei das Basalniveau der Synthese von Y im rechten Bild erhöht wird. Wie zu sehen ist, wirkt diese Schaltung als Pulsgenerator: Z wird erst gebildet und die Hemmung durch Y wieder in der Menge reduziert. Durch die basale Synthese wird die Pulshöhe festgelegt, die in der rechten Abbildung höher ist.

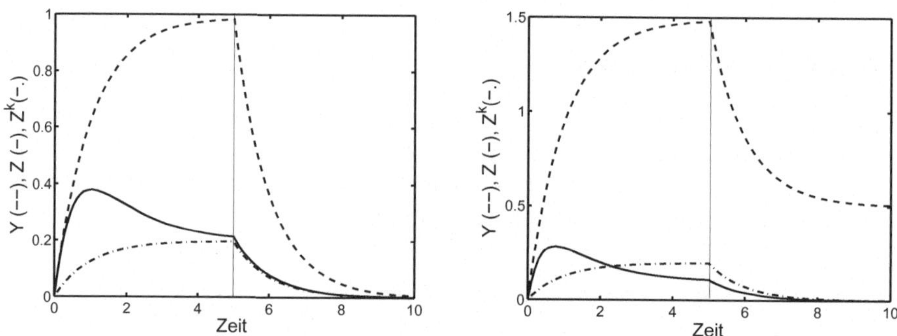

Abbildung 12.5: Links: Simulationsstudie der UND-Verknüpfung des inkohärenten FFL (Z durchgezogen, Y gestrichelt und Z des Kontrollsystems strichpunktiert).

12.2.3 FFL's in metabolen Netzwerken

Für metabole Netzwerke sehen mögliche Strukturen für den Feedforward-Loop etwas anders aus. Wie in folgender Abbildung 12.6 zu sehen ist, kann man die Komponenten über Stoffflüsse oder Signale koppeln, wobei ein oder zwei Signale möglich sind. Sind zwei Signale vorhanden,

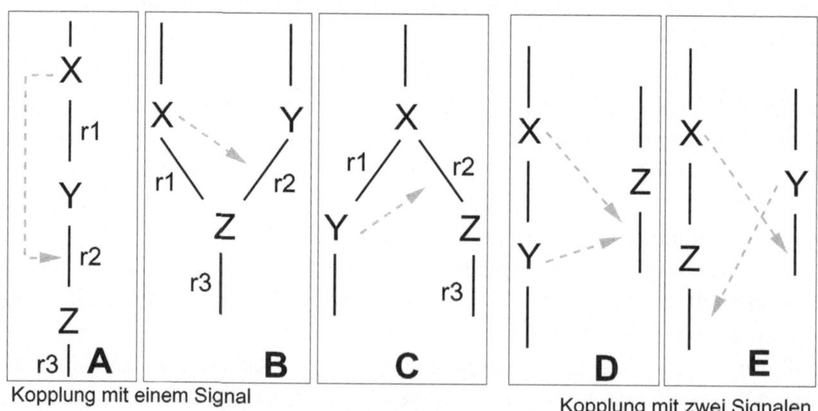

Abbildung 12.6: Feedforward-Loop Motive in metabolen Netzen. **A-C** Varianten mit zwei stofflichen Kopplungen und einer Signalkopplung. **D-E** Varianten mit einer stofflichen Kopplung und zwei Signalkopplungen.

gibt es zwei lineare Pfade; im anderen Fall sind die Komponenten durch divergente oder konvergente Elemente gekoppelt. Das in **A** gezeigte Netzwerk wurde schon im Zusammenhang mit dem Phosphotransferase-System (Kapitel Signaltransduktion) analysiert.

Teil IV

Analyse zellulärer Netzwerke

In diesem Teil wird auf umfangreiche und große Netzwerke fokussiert, wobei einmal die stöchiometrische Analyse und die graphentheoretische Analyse vorgestellt werden. Ein wichtiges Werkzeug des Metabolic Engineering stellt die metabole Flussanalyse dar, die es erlaubt, Flussverteilungen in Abhängigkeit von Aufnahme- und Produktionsraten zu ermitteln. Mit graphentheoretischen Methoden können Netzwerke charakterisiert und einige interessante topologische Eigenschaften von Netzwerken ermittelt werden. Auch das Reverse Engineering von Netzwerken hat hier ihren Platz. Es werden einfache Verfahren vorgestellt, die die strukturelle Aufklärung der Netzwerke unterstützen.

13 Metabole Stoffflussanalyse

Die metabole Stoffflussanalyse ist ein, vor allem in der Biotechnologie und im Metabolic Engineering eingesetztes Verfahren, welches auf einer Analyse der stöchiometrischen Matrix beruht[1]. Die biochemischen Reaktionen, die mit dieser Matrix abgebildet werden, sind für viele Organismen, vor allem Bakterien, in Datenbanken zusammengestellt. Man spricht hier auch von der Rekonstruktion der Netzwerke. Nach einigen Anmerkungen zur Rekonstruktion ist zum grundlegenden Verständnis der Analyse der Matrix daher zunächst ein Blick auf die strukturellen Eigenschaften der stöchiometrischen Matrix zu werfen. Basierend auf den Ergebnissen kann dann die Berechnung von Flussverteilungen durchgeführt werden.

13.1 Rekonstruktion von Stoffwechselnetzen

Unter der Rekonstruktion eines Netzwerkes versteht man das systematische Erfassen von Informationen über die Komponenten eines Netzwerkes und ihren Interaktionen. Diese Interaktionen können auf verschiedenen Wegen beschrieben werden: (1) Direkte Zuordnungen von Komponenten, also Substrate und Produkte, die von einem Enzym ineinander umgesetzt werden; oder Informationen über Gene und entsprechende Genprodukte, einschließlich der Regulation der Genexpression (z. B. Transkriptionsfaktoren , Sigma-Faktoren). (2) Über "omics"-Technologien stehen Informationen zur Verfügung, unter welchen Bedingungen ein Gen überhaupt exprimiert wird; oder die Information, mit welcher Rate ein Enzym arbeitet, wenn Aufnahme- und Produktionsraten in die Zelle bekannt sind. Eine Rekonstruktion stellt damit eine Primärinformation dar, die verschieden verwendet und analysiert werden kann. Heute stehen zahlreiche Datenbanken zur Verfügung, die es erlauben, diese Informationen zu vergleichen und zu sammeln. Dazu wird auf Originalpublikationen zurückgegriffen und teilweise von Hand, teilweise automatisiert, die Informationen extrahiert. In den webbasierten Datenbanken finden sich Link-Verknüpfungen, die es erlauben, ausgehend von ausgewählten Komponenten zu den Stoffwechselpfaden, zu Enzymen und dann zu den entsprechenden Genen per Mausklick zu gelangen. Die Hauptanwendungsgebiete rekonstruierter Netzwerke sind: Metabolic Engineering, Studien zur bakteriellen Evolution, Analyse von Netzwerken, Charakterisierung des Verhaltens des Phänotyps und das Aufdecken neuer Zusammenhänge in molekularen Netzwerken[2].

Im Bereich des Metabolic Engineering dienen diese Netzwerke dazu, die Produktionsstämme effizienter zu machen, das bedeutet, ihr Potential zu analysieren (mit welchem Stamm kann man welches Produkt am besten machen?) und Eingriffsmöglichkeiten zu untersuchen (durch welchen Eingriff erhält man höhere Ausbeuten/Produktivitäten). Die Eingriffsmöglichkeiten beziehen sich bspw. auf das Einstellen der optimalen Bedingungen für die Aktivität von Enzymen,

---

[1] Hier ist besonders das Buch von B. O. Palsson: Systems Biology – Properties of reconstructed networks zu empfehlen

[2] The growing scope of applications of genome-scale metabolic reconstructions using *Escherichia coli*. A. M. Feist and B. O. Palsson. Nature Biotechnology 26, 2008, pp. 659

der Elimination von Feedback-Schleifen, das Ausschalten der Nebenproduktbildung, der Überexpression von Stoffwechselenzymen und der Erhöhung der Exportleistung. Diese Eingriffsmöglichkeiten können über verschiedene Analysemethoden, die oben teilweise vorgestellt wurden, ausgewertet und dann durch Stammkonstruktion auch experimentell überprüft werden.

Stoffwechselnetzwerke können aus dem oben gesagten im einfachsten Falle als Graphen interpretiert werden. Dabei entsprechen die Species/Metabolite den Knoten und die Reaktionen den Kanten. Eine biochemische Reaktion lässt sich über Stöchiometrie, Reversibilität, verantwortliche Enzyme/Gene und die Kinetik charakterisieren. Die Metabole Netzwerk-/Stoffflussanalyse verwendet dabei die ersten drei Kriterien. Ziele der Analyse sind die Überprüfung, ob diese Netzwerke auch konsistent sind, wie sie sich für verschiedene Kombinationen von gemessenen Aufnahme- und Produktionsraten verhalten und welche Eingriffsmöglichkeiten sich bieten, wenn ein Stamm optimiert werden soll.

Wie im Kapitel Modellierung bereits eingeführt, ist die stöchiometrische Matrix N aus n Zeilen, entsprechend den Komponenten und q Spalten, entsprechend den Reaktionen, aufgebaut. Dabei werden extrazelluläre und intrazelluläre Metabolite betrachtet.

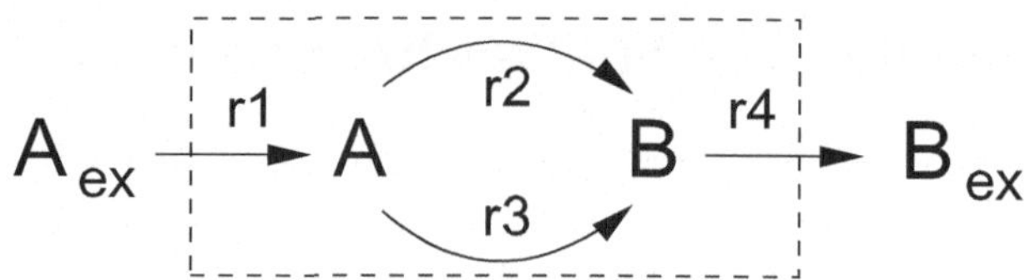

Abbildung 13.1: Einfaches Netzwerk mit vier Reaktionen, zwei externen Substraten/Produkten und zwei Metaboliten A und B.

Für das Reaktionssystem in Abbildung 13.1 unter Berücksichtigung aller Metabolite (externe A_{ex}, B_{ex} sowie interne A, B) ergibt sich beispielsweise die Matrix N_{tot} wie folgt:

$$
N_{tot} = \begin{pmatrix} 1 & -1 & -1 & 0 \\ 0 & 1 & 1 & -1 \\ -1 & 0 & 0 & 0 \\ 0 & 0 & 0 & 1 \end{pmatrix} \begin{matrix} A \\ B \\ A_{ex} \\ B_{ex} \end{matrix} \qquad (13.1)\ (13.2)
$$

mit den Spalten $r_1\ r_2\ r_3\ r_4$.

Für viele Untersuchungen sind nur die internen Reaktionen maßgeblich. Daher lässt sich die Gesamtmatrix – nach Tauschen der Spalten – wie folgt aufteilen:

$$
N_{tot} = \begin{pmatrix} N_{int} & | & N_{ex1} \\ 0 & | & N_{ex2} \end{pmatrix} \qquad (13.3)\ (13.4)
$$

mit den Spalten $\underline{r}\quad r_{1,4}$.

wobei $\underline{r}$ die beiden intrazellulären Reaktionen r_2 und r_3 beinhaltet. Matrix N_{int} betrachtet nur die Abhängigkeiten der internen Metabolite untereinander, während N_{ex1} die Stöchiometrie der Transportraten in die Zelle hinein beschreibt und N_{ex2} die Stöchiometrie der Transportraten aus

Sicht der externen Metabolite umfasst. Für die nachfolgenden Analysen werden die externen Metabolite nicht berücksichtigt und man betrachtet nur die Matrix der internen Metabolite N, die sich aus N_{int} und N_{ex1} zusammensetzt:

$$N = \begin{pmatrix} -1 & -1 & | & 1 & 0 \\ 1 & 1 & | & 0 & -1 \end{pmatrix}. \tag{13.5}$$

Die stöchiometrische Matrix kann als Invariante des Stoffwechselnetzes bezeichnet werden, ist oft schwach besetzt (viele Nullen) und enthält Reaktionen, die andere Prozesse nachbilden (Transport durch Diffusion, Wachstum, Verdünnung durch Wachstum).

13.2 Eigenschaften der Matrix N

Wie oben erläutert lassen sich die Gleichungen zur Beschreibung der Dynamik der Netzwerkkomponenten in der Form

$$\dot{\underline{c}} = N \cdot \underline{r} - \mu \underline{c}$$

angeben. In vielen Fällen, beispielsweise bei der Betrachtung des Primärstoffwechsels, sind allerdings die Raten r_i im Verhältnis zum Verdünnungsterm recht groß, so dass dieser vernachlässigt werden kann. Dann erhält man folgendes Gleichungssystem:

$$\dot{\underline{c}} = N \cdot \underline{r} \tag{13.6}$$

wobei deutlich wird, dass hier die stöchiometrische Matrix N eine lineare Transformation des Ratenvektors $\underline{r}$ auf die Geschwindigkeitsänderung $\dot{\underline{c}}$ der Komponenten beschreibt. Die Matrix N ist durch vier fundamentale Unterräume gekennzeichnet, die in den folgenden Abschnitten ausführlich behandelt werden. Die vier Unterräume sind der (rechte) Nullraum Null(N), der linke Nullraum lNull(N) sowie der Zeilen- Row(N) und Spaltenunterraum Col(N):

- Der Zeilenunterraum gibt zeitliche Veränderungen der Zustandsgrößen an (dynamische Flussverteilung) und erlaubt so die Bildung von Poolgrößen, deren Dynamik z.B. sehr schnell sein kann und damit unter Umständen nicht mehr im interessierenden Zeitfenster liegt.

- Der Nullraum gibt die stationäre Flussverteilung an; hier gilt $\dot{\underline{c}} = 0$.

- Der Spaltenraum gibt die Gewichtung der einzelnen Raten im Geschwindigkeitsvektor der Zustandsgrößen wieder und kann ebenfalls zur Modellreduktion eingesetzt werden.

- Der linke Nullraum beschreibt Konservierungsbedingungen und damit die Zeitinvarianten des Systems.

In der Regel hat die Matrix N keinen vollen Rang, da die Anzahl der Reaktionen q größer als die Anzahl der beteiligten Komponenten n ist. Der Rang der stöchiometrischen Matrix ist also kleiner als n und wird mit r festgelegt. Es gelten damit folgende Zusammenhänge für die einzelnen Unterräume bei größeren Netzwerken:

$$dim(Rang(N)) = dim(Col(N)) = dim(Row(N)) = r \leq n$$
$$dim(Null(N)) + dim(Row(N)) = q$$
$$dim(lNull(N)) + dim(Col(N)) = n. \tag{13.7}$$

Die Zusammenhänge zwischen den Dimensionen der beteiligten Unterräume werden durch die beiden unteren Gleichungen beschrieben. Die einzelnen Fälle, die sich daraus ergeben, werden weiter unten behandelt.

13.2.1 Die Singulärwert-Zerlegung der Matrix N

Die Dimension und die Zahlenwerte der einzelnen Unterräume lassen sich am besten aus einer Singulärwert-Zerlegung der Matrix N erhalten. Die Singulärwert-Zerlegung einer Matrix ist eine von verschiedenen Möglichkeiten eine Matrix zu faktorisieren . Eine Übersicht über andere Faktorisierungen ist im Anhang zusammen gestellt. Die Matrix N kann wie folgt dargestellt werden:

$$N = U \Sigma V^T \quad \text{mit} \quad U^T U = I_n, \, V^T V = I_q \tag{13.8}$$

wobei U und V orthogonale Matrizen sind (das bedeutet, dass die Vektoren der Matrix senkrecht aufeinander stehen und den Betrag 1 haben). Σ ist eine Diagonalmatrix $diag(\sigma_1, \sigma_2, \cdots, \sigma_r)$ der Dimension $n \times q$, wobei gilt: $\sigma_1 \geq \sigma_2 \geq \cdots \geq \sigma_r$. Alle anderen Elemente in der Matrix sind 0. Die σ_i werden als singuläre Werte bezeichnet und geben die Gewichtung der Reihen/Spalten von U und V an. Folgende Darstellung in Abbildung 13.2 gibt einen Überblick über die Struktur der einzelnen Matrizen.

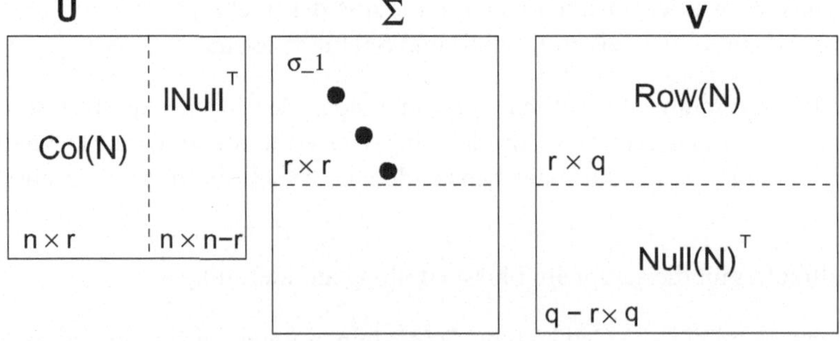

Abbildung 13.2: Singulärwert-Zerlegung der stöchiometrischen Matrix N (nach B. O. Palsson: Systems Biology – Properties of reconstructed networks). Die Dimension der beteiligten Matrizen ist angegeben.

Stellt man obige Grundgleichung in die Form

$$N V = U \Sigma \tag{13.9}$$

um (es gilt $V^T = V^{-1}$), so sieht man, dass die stöchiometrische Matrix die rechten singulären Vektoren (in der Matrix V) auf die linken singulären Vektoren (in der Matrix U) – skaliert mit den singulären Werten – abbildet. Das soll an einem Beispiel verdeutlicht werden.

Beispiel 39
Singulärwerte-Zerlegung bei einer reversiblen Reaktion.

Betrachtet wird eine simple elementare reversible Reaktion, wobei die beiden Stoffe A und B umgesetzt werden:

$$A \rightleftharpoons B \quad \text{oder aufgeschlüsselt} \quad \begin{aligned} A &\rightarrow B \quad (r_1) \\ B &\rightarrow A \quad (r_2) \end{aligned} \tag{13.10}$$

Die stöchiometrische Matrix N lässt sich hier wie folgt zerlegen:

$$N = \begin{pmatrix} -1 & 1 \\ 1 & -1 \end{pmatrix} = \frac{1}{\sqrt{2}} \begin{pmatrix} -1 & 1 \\ 1 & 1 \end{pmatrix} \begin{pmatrix} 2 & 0 \\ 0 & 0 \end{pmatrix} \begin{pmatrix} 1 & -1 \\ 1 & 1 \end{pmatrix} \frac{1}{\sqrt{2}}. \tag{13.11}$$

Nach obigem Schema haben die Unterräume folgende Eigenschaften: Der Rang der Matrix N ist 1. Da 2 Reaktionen mit 2 Komponenten betrachtet werden, sind damit die Dimensionen aller Unterräume ebenfalls 1. Die Unterräume lassen sich wie folgt angeben (die Werte sind skaliert, um sie in der folgenden Abbildung besser angeben zu können):

$$Col(N) = \begin{pmatrix} -1 \\ 1 \end{pmatrix}, lNull(N) = \begin{pmatrix} 1 & 1 \end{pmatrix}, Row(N) = \begin{pmatrix} 1 & -1 \end{pmatrix}, Null(N) = \begin{pmatrix} 1 \\ 1 \end{pmatrix}; \tag{13.12}$$

der einzige Singulärwert ist 2. Abbildung 13.3 stellt die Unterräume für diesen Fall graphisch dar. In der linken Abbildung sind die beiden Reaktionsraten r_1 und r_2 gegeneinander aufgetragen. Die Winkelhalbierende stellt den Nullraum dar. Hier haben beide Reaktionen den gleichen Betrag. Der Zeilennullraum (Row(N)) steht senkrecht auf dem Nullraum. Durch Ellipsen sind nun die beiden weiteren Fälle $r_1 > r_2$ und $r_1 < r_2$ gezeigt. In der linken Abbildung sind nun die korrespondierenden Fälle in Koordinatensystem $\dot{A}$, $\dot{B}$ dargestellt. Sind die beiden Raten gleich groß, so befindet sich das System im Fließgleichgewicht: die Geschwindigkeiten sind beide Null. Ist $r_1 > r_2$, bewegt sich das System in Richtung kleiner werdendes A (A wird verbraucht) und größer werdendes B (B wird gebildet). Die Bewegung der beiden Zustände und damit die Geschwindigkeit der beiden Zustandsgrößen sind nicht unabhängig von einander, sondern werden durch den Spaltenraum beschrieben.

Die Auswertung von Gleichung (13.9) führt auf folgenden Zusammenhang:

$$NV = \begin{pmatrix} -1 & 1 \\ 1 & -1 \end{pmatrix} \begin{pmatrix} 1 & 1 \\ -1 & 1 \end{pmatrix}, U\Sigma = \begin{pmatrix} -2 & 0 \\ 2 & 0 \end{pmatrix}. \tag{13.13}$$

In der 2.ten Spalte von V steht der Nullraumvektor, der durch die Matrix N auf den Nullvektor in der 2ten Spalte von $U\Sigma$ abgebildet wird.

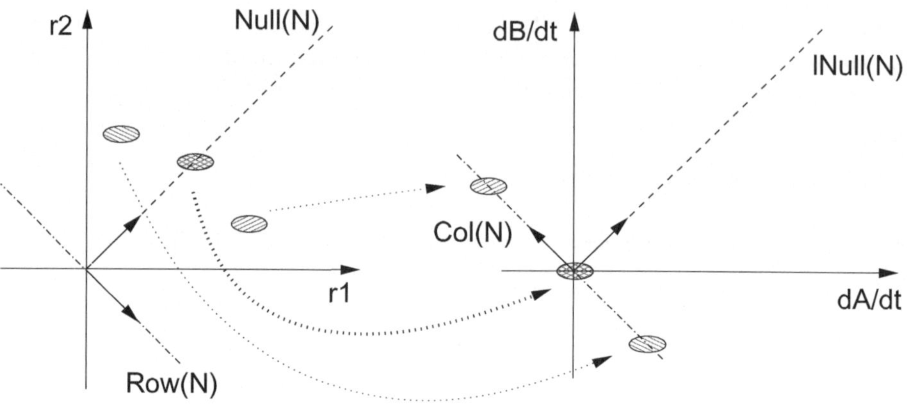

Abbildung 13.3: Darstellung der Unterräume am Beispiel einer reversiblen Reaktion (nach B. O. Palsson: Systems Biology – Properties of reconstructed networks).

13.2.2 Eigenschaften der Unterräume

Alle Vektoren, die im Nullraum K von N liegen, sind in einer Matrix zusammengefasst, die die Dimension $q - r$ hat. Die Vektoren bilden einen Untervektorraum der durch Basisvektoren beschrieben werden kann. Damit liegen auch Linearkombinationen der einzelnen Vektoren im Nullraum ($\underline{r} = K \cdot \underline{a}$) und es stellt sich die Frage, was eine geschickte Wahl von Basisvektoren für den Nullraum ist, der sich auch physiologisch interpretieren lässt. In der Regel sind die Vorzeichen der Flüsse durch die Stöchiometrie vorgegeben. Daher ist es wünschenswert, dass bei der Definition der Basisvektoren dies berücksichtigt wird und nur Basisvektoren mit positiven Einträgen Verwendung finden. Folgendes Beispiel in Abbildung 13.4 soll zur Illustration herangezogen werden.

Das in der Abbildung gezeigte Netzwerk hat 6 Reaktionen und 3 Komponenten. Der Nullraum lässt sich also durch drei Vektoren darstellen. Gibt man die Matrix in MATLAB ein, erhält man die oben rechts in der Abbildung gezeigten Vektoren:

$$
\underline{b}_1 = \begin{pmatrix} 1 \\ 1 \\ 0 \\ 0 \\ 1 \\ 0 \end{pmatrix}, \; \underline{b}_2 = \begin{pmatrix} 1 \\ 0 \\ 1 \\ 0 \\ 0 \\ 1 \end{pmatrix}, \; \underline{b}_3 = \begin{pmatrix} 0 \\ 1 \\ -1 \\ 1 \\ 0 \\ 0 \end{pmatrix} \tag{13.14}
$$

Der Vektor b_3 gibt die Reaktion r_3 allerdings in der falschen Richtung an. Durch eine Linear-

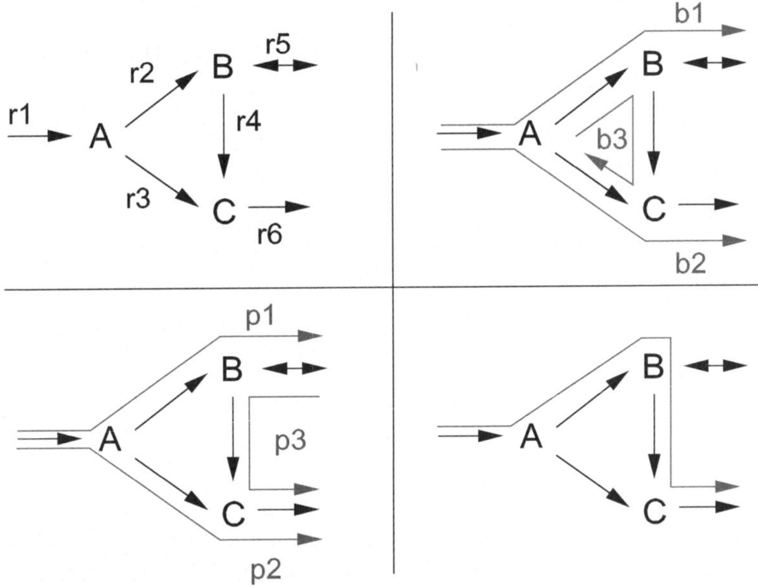

Abbildung 13.4: Beispiel mit 3 Komponenten und 6 Reaktionen. Links oben: Darstellung des Netzwerkes. Rechts oben: Vektoren des Nullraums sind grau eingezeichnet. Links unten: Konvexe Basisdarstellung; die Reaktionen laufen nur in der durch die Abbildung vorgegebene Richtung ab. Der Vektor p_3 ist dabei eine Linearkombination der Vektoren $\underline{b}_i$ mit $\underline{p}_3 = -\underline{b}_1 + \underline{b}_2 + \underline{b}_3$. Rechts unten: Eine weitere Möglichkeit, eine Flussverteilung mit nur positiven Einträgen zu bekommen (nach Palsson: Systems Biology – Properties of reconstructed networks).

kombination in der Form :

$$b^* = b_2 + b_3 = \begin{pmatrix} 1 \\ 1 \\ 0 \\ 1 \\ 0 \\ 1 \end{pmatrix} \tag{13.15}$$

erhält man den in der Abbildung unten rechts gezeigten Vektor. Das von B. O. Palsson eingeführte Konzept der "Extreme Pathways" sucht nun eine Menge von Basisvektoren in der Art, dass sich alle Flussverteilungen als positive Linearkombinationen der Basisvektoren darstellen lassen. Die extreme Pathways für das obige Beispiel sind in der Abbildung unten links gezeigt. Der Nullraum ermöglicht auch die Identifikation weiterer struktureller und funktionaler Aspekte:

(1) Gekoppelte Reaktionen
Teilmenge der Reaktionen, die immer gemeinsam und im gleichen Verhältnis in ihren Reaktionsraten in der Stoffflussverteilung auftauchen. Hinweise findet man, indem man die Zeilen von K betrachtet und nach Abhängigkeiten schaut.

(2) Blockierte Reaktionen
treten in keiner Stoffflussverteilung mit Raten ungleich Null auf. Hinweise findet man in den
Nullzeilen in K. Im Beispiel

$$\xrightarrow{r_1} A \xrightarrow{r_2} B \xrightarrow{r_4} C \xrightarrow{r_5}$$
$$\downarrow r_3$$
$$D \tag{13.16}$$

ergibt sich die Matrix zu:

$$K = \begin{pmatrix} 1 \\ 1 \\ 0 \\ 1 \\ 1 \end{pmatrix}. \tag{13.17}$$

In der dritten Zeile steht eine 0, was bedeutet, dass diese Rate zu 0 für alle Bedingungen
festgelegt ist. Dies kann ein Hinweis auf eine inkonsistente Netzstruktur sein.

Der linke Nullraum stellt eine Zeitinvariante des Systems dar und wird als Erhaltungsrelation/
Konservierungsbedingung interpretiert. Eine Erhaltungsgleichung (ER) ist die gewichtete Summe
von Metabolitkonzentrationen, die zu jedem Zeitpunkt konstant ist. Formal lässt sich das schreiben
mit der ER $\underline{l}$ ($n \times 1$ Vektor) als:

$$\underline{l}^T \cdot \underline{c}(t) = const.. \tag{13.18}$$

Leitet man obige Gleichung ab und setzt die allgemeine Beziehung $\underline{\dot{c}} = N\,\underline{r}$ ein ergibt sich

$$\underline{l}^T \cdot \underline{\dot{c}} = \underline{l}^T \cdot N \cdot r = \underline{0} \quad \longrightarrow \quad \underline{l}^T \cdot N = \underline{0} \quad \longrightarrow \quad N^T \cdot \underline{l} = \underline{0}. \tag{13.19}$$

Gleichung 13.18 gilt nun für alle Konzentrationen, so dass man eine geschickte Referenz wählen
kann:

$$\underline{l}^T \cdot \underline{c} = \underline{l}^T \cdot \underline{c}_{ref.}. \tag{13.20}$$

Aus dieser Gleichung ermittelt man, dass der Differenzvektor aus beiden Konzentrationen senkrecht
auf dem linken Nullraumvektor stehen muss:

$$\underline{l}^T \cdot \left(\underline{c} - \underline{c}_{ref.}\right) = \underline{0}. \tag{13.21}$$

Beispiel 40
Erhaltungsrelationen in einem kleinen Netzwerk.

Betrachtet werden soll folgendes Netzwerk:

$$A + B \;\rightarrow\; C + D$$
$$B + D \;\rightarrow\; A + C$$

Die stöchiometrische Matrix und ihre Transponierte ergeben sich zu:

$$N \;=\; \begin{pmatrix} -1 & 1 \\ -1 & -1 \\ 1 & 1 \\ 1 & -1 \end{pmatrix}, \qquad N^T = \begin{pmatrix} -1 & -1 & 1 & 1 \\ 1 & -1 & 1 & -1 \end{pmatrix}. \tag{13.22}$$

Man berechnet weiter:

$$\dim(lNull(N)) \;=\; n - Rang(N) \;=\; 4 - 2 = 2. \tag{13.23}$$

Damit gilt für die Erhaltungsgleichung:

$$\begin{pmatrix} -1 & -1 & 1 & 1 \\ 1 & -1 & 1 & -1 \end{pmatrix} \cdot \underline{l} = \begin{pmatrix} 0 \\ 0 \end{pmatrix}. \tag{13.24}$$

Damit lassen sich zwei Vektoren $\underline{l}_1^T$ und $\underline{l}_2^T$ angeben, die die Matrix des linken Nullraums bilden:

$$L^T \;=\; \begin{pmatrix} 0 & 1 \\ 1 & 0 \\ 1 & 0 \\ 0 & 1 \end{pmatrix}; \tag{13.25}$$

es bilden also die Metabolite B und C sowie A und D eine ER. Die Erhaltungsgleichungen reduzieren das mögliche dynamische Verhalten des Systems. Im Beispiel braucht man nur A und B dynamisch zu modellieren und ermittelt dann C und D über die beiden ER.

13.3 Stationäre Flussverteilung

Eine wichtige Anwendung der strukturellen Analyse ist die Berechnung von Flussverteilungen in Zellen, wenn einige Aufnahme- und Produktionsraten gemessen worden sind. Gesucht sind also zahlenmäßige Werte für $\underline{r}$ in der Gleichung:

$$\underline{\dot{c}} \;=\; \underline{0} = N\,\underline{r}. \tag{13.26}$$

Beispiel 41
Flussverteilung in einem kleinen Netzwerk (Abbildung 13.1).

Für die stöchiometrische Matrix N (Gleichung (13.5) und einen Vektor $\underline{r}$ gilt hier (man beachte die Reihenfolge der Raten):

$$N\,\underline{r} \;=\; \begin{pmatrix} -1 & -1 & 1 & 0 \\ 1 & 1 & 0 & -1 \end{pmatrix} \cdot \begin{pmatrix} 1 \\ 2 \\ 3 \\ 3 \end{pmatrix} = \begin{pmatrix} 0 \\ 0 \end{pmatrix}. \tag{13.27}$$

Die Flussverteilung ergibt sich hier aus einer Linearkombination der Nullraumvektoren. In diesem Fall erhält man den Nullraum zu:

$$K \;=\; \begin{pmatrix} -1 & 1 \\ 1 & 0 \\ 0 & 1 \\ 0 & 1 \end{pmatrix} \quad \longrightarrow \quad \underline{r} = 2 \begin{pmatrix} -1 \\ 1 \\ 0 \\ 0 \end{pmatrix} + 3 \begin{pmatrix} 1 \\ 0 \\ 1 \\ 1 \end{pmatrix} = \begin{pmatrix} 1 \\ 2 \\ 3 \\ 3 \end{pmatrix}. \tag{13.28}$$

Bei der Metabolen Flussanalyse sind nun in der Gleichgewichtslage einige Flüsse im Netzwerk gemessen und damit bekannt. Die Aufgabe besteht nun in der Rekonstruktion der inneren Flussverteilung. Dazu teilt man den Ratenvektor in bekannte (b) und unbekannte Raten (u) (u habe p Komponenten) auf:

$$\begin{aligned} 0 \;&=\; N \cdot r \;=\; N_b\, r_b + N_u\, r_u \\ \longrightarrow \quad N_u\, r_u \;&=\; -N_b\, r_b \end{aligned} \tag{13.29}$$

und sucht nach einer Lösung des Gleichungssystems. Die Lösung des Systems hängt nun im wesentlichen vom Rang der Matrix N_u und der Messinformation ab. Ein systematischer Zugang wird im folgenden vorgestellt[3]. Eine allgemeine Lösung erhält man wie folgt:

$$r_u \;=\; -N_u^{\#}\, N_b \cdot r_b + K_u\, \underline{a} \quad \text{mit} \tag{13.30}$$

$N_u^{\#}$ Pseudoinverse von Nu (existiert für jede Matrix)

K_u Nullraum von Nu (entspricht den Freiheitsgraden des Systems)

$\underline{a}$ beliebiger Vektor

Die Pseudoinverse und der Nullraum lassen sich heute recht einfach mit entsprechender Software, wie etwa MATLAB bestimmen. Es lassen sich nun zwei Fälle unterscheiden:

- Bestimmtheit
  Das System ist bestimmt, wenn die Anzahl der Gleichungen ausreicht, die unbekannten Raten zu berechnen: $Rang(N_u) = p$; es ist unterbestimmt, wenn $Rang(N_u) < p$. Die Gleichungen reichen nicht aus, das System zu lösen.

- Redundanz
  Das System ist nicht redundant, wenn es keine Abhängigkeiten in den Reihen der Matrix N_u gibt und es gilt: $Rang(N_u) = n$. Ist $Rang(N_u) < n$, so ist das System redundant. Das bedeutet, dass mit der Messinformation überprüft werden kann, ob Inkonsistenzen vorliegen.

Setzt man die in Gleichung (13.30) erhaltene Beziehung in Gleichung (13.29) ein, so erhält man eine weitere wichtige Beziehung:

$$0 = \left(N_b - N_u\, N_u^{\#} N_b \right) r_b = R\, r_b. \tag{13.31}$$

---

[3]Calculability analysis in underdetermined metabolic networks illustrated by a model of the central metabolism in purple nonsulfur bacteria. S. Klamt et al., Biotech & Bioeng. 77, 2002, 734-751

Die Matrix R wird Redundanzmatrix genannt und gibt Auskunft über diejenigen Raten aus r_b, die bei einem redundanten System geschätzt werden können. Ist das System nicht redundant, so ist R die Nullmatrix. Gibt es im anderen Fall in den entsprechenden Spalten Einträge ungleich Null, so kann die Rate geschätzt werden. Betrachtet wird das in Abbildung 13.5 gezeigte Netzwerk mit 7 Metaboliten und 9 Reaktionen. Im Netzwerk wird ATP in einer Reaktion gebildet und in einer zweiten Reaktion verbraucht.

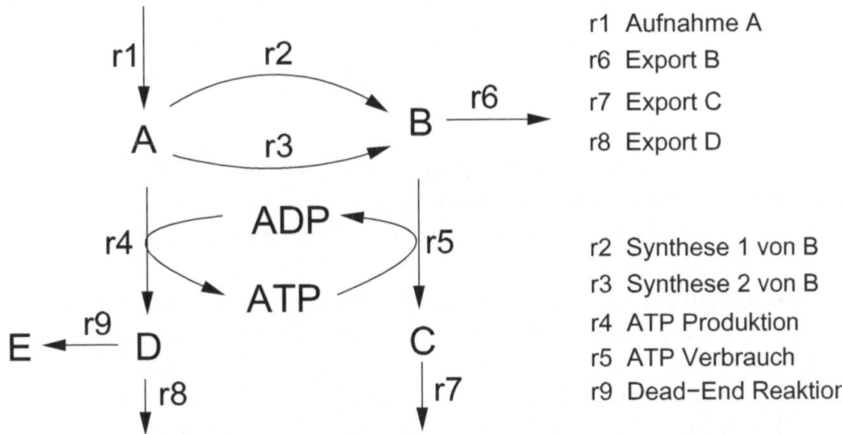

Abbildung 13.5: Netzwerk mit neuen Reaktionen und sieben Metaboliten.

Durch die Kopplung der beiden Reaktionen ergeben sich einige interessante Fälle, die im folgenden betrachtet werden sollen. Die stöchiometrische Matrix lautet:

$$N = \begin{pmatrix} 1 & -1 & -1 & -1 & 0 & 0 & 0 & 0 & 0 \\ 0 & 1 & 1 & 0 & -1 & -1 & 0 & 0 & 0 \\ 0 & 0 & 0 & 0 & 1 & 0 & -1 & 0 & 0 \\ 0 & 0 & 0 & 1 & 0 & 0 & 0 & -1 & -1 \\ 0 & 0 & 0 & 0 & 0 & 0 & 0 & 0 & 1 \\ 0 & 0 & 0 & 1 & -1 & 0 & 0 & 0 & 0 \\ 0 & 0 & 0 & -1 & 1 & 0 & 0 & 0 & 0 \end{pmatrix} . \tag{13.32}$$

In den Spalten sind die Reaktionen r_1 bis r_9 zu finden. In den Zeilen die Metabolite A bis E, dann ATP und ADP. Zunächst ermittelt man folgende Werte: Der Rang der Matrix ist $Rang(N) = 6$. Damit ist die Dimension des linken Nullraumes $dim(lNull) = 1$ und die Dimension des Nullraumes $dim(Null) = 3$.

Im Nullraum ergibt sich eine Nullzeile:

$$K = \begin{pmatrix} 0 & 1 & 2 \\ -1 & 1 & 1 \\ 1 & 0 & 0 \\ 0 & 0 & 1 \\ 0 & 0 & 1 \\ 0 & 1 & 0 \\ 0 & 0 & 1 \\ 0 & 0 & 1 \\ 0 & 0 & 0 \end{pmatrix} \tag{13.33}$$

Das bedeutet, dass eine Reaktion und zwar Reaktion $r_9 = 0$ festgelegt ist. Das ist die Dead-End Reaktion, die immer den Wert Null hat; weiterhin sieht man, dass die Reaktionen r_4, r_5, r_7 und r_8 gekoppelt sind. Die entsprechenden Einträge in den Zeilen haben das gleiche Verhältnis oder sind 0.

Aus dem linken Nullraum ermittelt man, dass die Summe aus ATP und ADP erhalten bleibt. Damit kann das Netzwerk schon vereinfacht werden. Im folgenden sollen einige Fälle mit verschiedenen Kombinationen von gemessenen Werten durchgespielt werden. Dabei wird ein vereinfachtes Netzwerk betrachtet, in dem die Gleichungen für ADP sowie E und Reaktion 9 gestrichen sind. Die Matrix N hat demnach $n = 5$ Zeilen und $q = 8$ Spalten. Der Rang der Matrix ist $Rang(N) = 5$.

Beispiel 42
Netzwerk welches bestimmt, aber nicht redundant ist (Abbildung 13.6 links): Raten r_1, r_2 und r_6 werden gemessen.

Da 3 Raten gemessen werden, ist die Anzahl der unbekannten Raten $p = 5$ und der Rang von N_u ist $Rang(N_u) = 5$. Das System ist damit bestimmt und nicht redundant ($Rang(N_u) = p = n$). Es lassen sich also alle Flüsse direkt aus den Messungen eindeutig bestimmen. Der Nullraum ist leer, man kann direkt invertieren und es gilt: $N_u^{\#} = N_u^{-1}$. Das Ergebnis ist in Abbildung 13.6 veranschaulicht.

Beispiel 43
Netzwerk welches unterbestimmt, aber nicht redundant ist (Abbildung 13.6 mitte).

Zunächst wird nur Raten r_1 gemessen. Die Matrix N_u hat nun 5 Zeilen und 7 Spalten und hat den Rang $Rang(N_u) = 5$. Damit ist das System unterbestimmt und nicht redundant ($Rang(N_u) < p = 7$, $Rang(N_u) = n$). Betrachtet man hier den Nullraum der Matrix N_u, so stellt man fest, dass es keine Nullzeilen gibt, dass bedeutet, dass keine Rate berechnet werden kann. Wählt man als gemessene Werte $r_1 = 2$ und $r_7 = 1$, hat die Matrix N_u hat nun 5 Zeilen und 6 Spalten, aber der Rang ist weiterhin $Rang(N_u) = 5 < p = 6$. Das System bleibt also unterbestimmt und ist nicht redundant ($Rang(N_u) = n$); allerdings ergibt die Betrachtung des Nullraumes, dass nur zwei Raten, nämlich r_2 und r_3 nicht bestimmbar sind. Die anderen Raten lassen sich berechnen, wie Abbildung 13.6 zeigt.

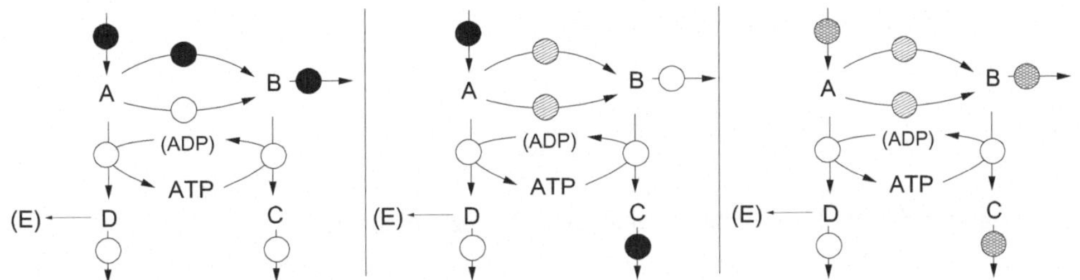

Abbildung 13.6: Klassifizierung der Netzwerke nach gemessenen Raten. Links: Bestimmtes und nicht redundantes Netzwerk. Mitte: Unbestimmtes und nicht redundantes Netzwerk. Der Nullraum von N_u ist: $K^T = [-1\ 1\ 0\ 0\ 0]$. Rechts: Unbestimmtes und redundantes Netzwerk; gleicher Nullraum wie oben. Ausgefülltes Symbol: Rate wurde gemessen. Weißes Symbol: Rate kann berechnet werden. Einfach schraffiertes Symbol: Rate kann nicht berechnet werden. Doppelt schraffiertes Symbol: Rate muss balanciert werden.

Beispiel 44
Netzwerk welches unbestimmt und redundant ist (Abbildung 13.6 rechts): Raten r_1, r_6 r_7 werden gemessen

Die Matrix N_u hat demnach 5 Zeilen und 5 Spalten. Allerdings ist der Rang der Matrix $Rang(N_u) = 4 < 5$, $Rang(N_u) = 4 < n$. Demnach ist das Netzwerk unbestimmt, aber redundant. Der Nullraum bleibt der gleiche, wie im Beispiel oben: Die Raten r_2 und r_3 können nicht berechnet werden. Die drei gemessenen Raten müssen "ausbalanciert" werden. In Abbildung 13.6 wird die Flussverteilung wieder veranschaulicht. Die Matrix R berechnet sich hier zu:

$$R = \begin{pmatrix} 0.14 & -0.14 & -0.29 \\ 0.14 & -0.14 & -0.29 \\ 0.28 & -0.28 & -0.58 \\ 0 & 0 & 0 \\ 0.14 & -0.14 & -0.29 \end{pmatrix} \tag{13.34}$$

Matrix R hat nur den Rang zwei; damit lässt sich eine reduzierte Matrix R_r angeben, die mehr Spalten als Zeilen hat:

$$R_r = \begin{pmatrix} 0.14 & -0.14 & -0.29 \\ 0 & 0 & 0 \end{pmatrix} \tag{13.35}$$

Das System ist überbestimmt. Die gemessenen Werte in $\underline{r_b}$ erfüllen die Gleichungen in der Regel nicht. Daher werden über eine Regression diejenigen Werte ermittelt, die die Messdaten am besten beschreiben. Für viele Anwendungen sind die Netzwerke stark unterbestimmt, das bedeutet, dass die Anzahl der Reaktionen viel größer als die Anzahl der Metabolite ist. Damit gibt es viele mögliche Flussverteilungen. Um jedoch trotzdem eine geeignete Flussverteilung zu ermitteln, wird ein Optimierungsproblem formuliert, welches aus dem zulässigen Bereich einen Punkt ermittelt, der die Zielfunktion maximiert. Für viele Anwendungen hat sich gezeigt, dass die Maximierung der Synthese der Biomasse ein sinnvolles Kriterium darstellt. Die Formulierung der Zielfunktion stellt dann eine Linarkombination der Raten dar, die an der Biomassebildung beteiligt sind. Das Optimierungsproblem lautet dann in allgemeiner Form:

$$\max \quad \underline{c}^T \underline{r}$$

$$s.t. \quad N\underline{r} = 0. \tag{13.36}$$

Diese Methode wird als Flux Balance Analysis (FBA) bezeichnet.

13.4 Anwendung bei Signaltransduktionssystemen

Eine Analyse der oben eingeführten Methode ist auch für Signaltransduktionssysteme interessant, wobei bei diesen Netzwerken der Schwerpunkt auf der Weiterleitung der Information liegt. Charakteristisch ist bei diesen Netzwerken auch, dass bei großen Systemen ausreichend Daten für eine quantitative Beschreibung fehlen und somit eine detaillierte kinetische Modellierung ausscheidet. Die nun vorgestellte Analyse[4] erfolgt, indem das Signalnetzwerk in Eingangsschicht, Mittelschicht und Ausgangsschicht aufgeteilt wird. Komponenten der Eingangsschicht werden nicht beeinflusst (Quellen); Komponenten der Ausgangsschicht beeinflussen keine anderen Komponenten (Senken). Die Mittelschicht stellt die eigentliche Signalverarbeitung dar.

Betrachtet werden soll ein vereinfachtes Laktose-Aufnahemsystem, welches die Induktion der Laktoseenzyme beschreibt (Abbildung 13.7): Extrazelluläre Laktose wird durch das Protein LacY in die Zelle aufgenommen. Intrazelluläre Laktose dient als Induktor und kann den Repressor deaktivieren. Intrazelluläre Laktose wird weiter zu Glukose-6-Phosphat abgebaut. Sind die Netzwerke mit der Matrix I gegeben, können über eine Analyse folgende Fragen beantwortet werden:

- Gibt es Rückkopplungsschleifen? Wenn ja, welche Komponenten gehören dazu?

- Welche Signalwege gibt es zwischen zwei Spezies?

- Gibt es korrelierte Komponenten (Komponenten, die in allen Signalwegen gleich sind)?

- Wie wirken sich Eingriffe (Löschen von Pfeilen) auf die Signalübertragung aus?

Lösungsmöglichkeiten für die ersten beiden Fragen sollen nun aufgezeigt werden. Eine Rückkopplungsschleife (RS) ist als Sequenz von Pfeilen zu verstehen, die an der gleichen Komponente beginnt und aufhört, ohne eine Komponente doppelt zu besuchen (siehe auch die Definition eines Kreises oben). Die Geradzahligkeit (Parität) der negativen Einträge bestimmt, ob die RS positiv oder negativ ist. Quellen und Senken können per Definition nicht in einer RS vorkommen. Gesucht ist also ein Vektor $\underline{c}$ (mit Werten 1 und 0), der folgende Bedingungen erfüllt:

$$I \cdot \underline{c} = \underline{0} \quad \text{mit} \quad c_i \geq 0. \tag{13.37}$$

Die Bedingung besagt, dass man eine Linearkombination der Zeilen der Inzidenzmatrix I sucht, so dass sich der Wert gleich 0 ergibt, was einer Erhaltungsrelation entspricht: $\underline{c}$ stellt damit den

---

[4]A methodology for the structural and functional analysis of signaling and regulatory networks. S. Klamt et al., BMC Bioinformatics 7:56, 2006.

$$I = \begin{array}{c} \scriptstyle (1)\ (2)\ (3)\ (4)\ (5) \\ \scriptstyle +\ \ +\ \ -\ \ -\ \ + \\ \begin{bmatrix} -1 & 0 & 0 & 0 & 0 \\ 1 & -1 & -1 & 0 & 1 \\ 0 & 1 & 0 & 0 & 0 \\ 0 & 0 & 1 & -1 & 0 \\ 0 & 0 & 0 & 1 & -1 \end{bmatrix} \end{array} \begin{array}{l} \text{Laktose (ex.)} \\ \text{Laktose} \\ \text{Glc 6-P} \\ \text{LacI} \\ \text{LacY} \end{array}$$

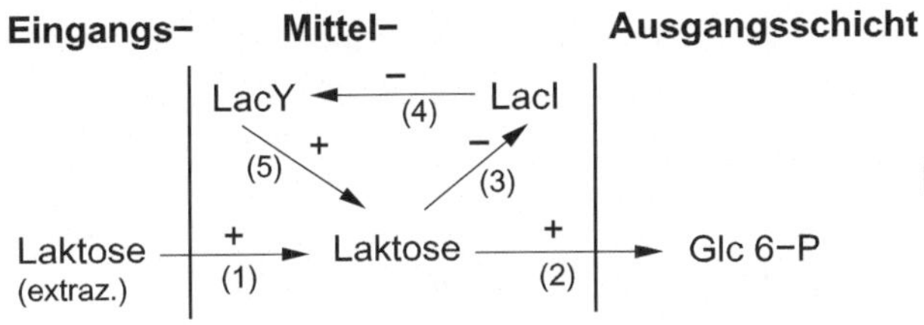

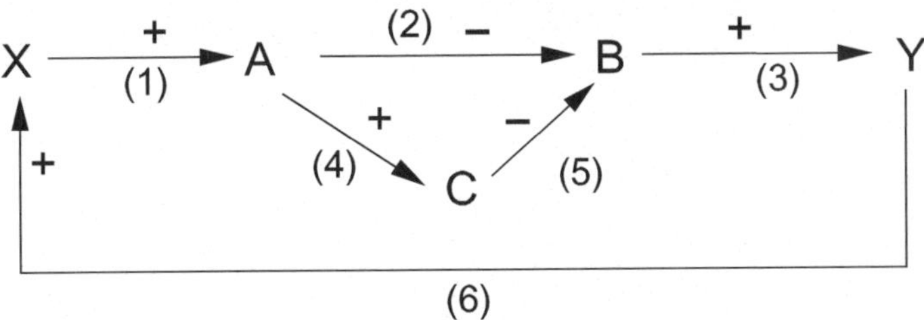

Abbildung 13.7: Darstellung der vereinfachten Laktose-Aufnahme als Interaktionsgraph mit entsprechender Matrix I.

Nullraum oder Kern der Matrix I dar. Zu beachten ist, dass $\underline{c}$ nicht weiter zerlegbar ist. Die Anzahl von möglichen Vektoren $\underline{c}$ erhält man aus der Bedingung: $dim\,(Null\,(I)\,) = q - Rang\,(I)$, wobei q die Anzahl der Verbindungen im Netzwerk angibt. Für das obige Beispiel erhält man, wenn nur die Interaktionen (3) bis (5) in der Mittelschicht betrachtet werden:

$$\underline{c} = \begin{pmatrix} 1 \\ 1 \\ 1 \end{pmatrix} \quad \Rightarrow \quad \text{die Pfeile } (3), (4), (5) \text{ bilden eine RS} \tag{13.38}$$

Der Rang von I (ohne Kanten (1) und (2)) ist $Rang\,(I) = 2$, damit erhält man nur einen Vektor. Die Analyse der Vorzeichen der Schleife ergibt eine positive RS.

Beispiel 45
Netzwerk mit mehreren Rückkopplungsschleifen.

Das folgendes Netzwerk in Abbildung 13.8 besitzt mehrere Rückkopplungsschleifen. Bei diesem Beispiel ist der Rang der Matrix I ist 4 und man bekommt, da $q = 6$ Interaktionen betrachtet werden, 2 Vektoren, die den Nullraum repräsentieren. Die Reaktionen $(1), (2), (3), (6)$ bilden eine RS sowie die Menge $(1), (4), (5), (3), (6)$. Die Menge $(2), (4), (5)$ liegt zwar auch im Nullraum von I. Hier zeigt aber z.B. das Vorzeichen von Kante (2) in die andere Richtung. Demnach liegt hier keine RS vor. Durch eine Überprüfung der Linearkombination der Vektoren des Nullraumes können alle RS ermittelt werden.

Abbildung 13.8: Einfaches Reaktionsnetzwerk mit 5 Komponenten und 6 Interaktionen.

In Analogie zu RS können Signalwege/-pfade als Sequenzen interpretiert werden, bei denen Start- und Endkomponente verschieden sind oder bspw. auch in verschiedenen Schichten liegen.

Hierzu kann obiger Ansatz einfach angewendet werden, indem über eine zusätzliche (virtuelle) Komponente "Env" ein Kreis geschlossen wird (Abbildung 13.9). Damit kann einfach ermittelt werden, welche Komponenten in der Eingangsschicht auf welche Komponenten in der Ausgangsschicht wirken.

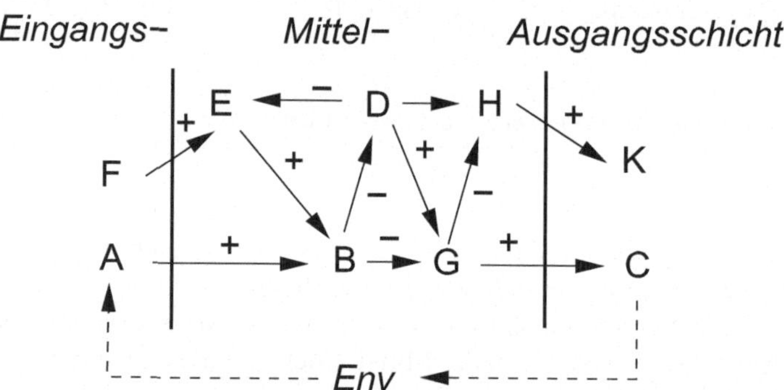

Abbildung 13.9: Ermittlung von Ein-/Ausgangsbeziehungen über künstliches Schließen eines Kreises mittels Varibale *Env*. Damit kann die gleiche Vorgehensweise wie zur Ermittlung der Rückkopplungsschleifen herangezogen werden.

14 Topologische Eigenschaften

Bei großen Netzwerken, die eine Vielzahl von Interaktionen beschreiben, bietet es sich an, die Verbindungen zwischen zwei Komponenten durch einen Graphen darzustellen. In diesem Kapitel werden Verfahren zur Analyse solcher Netze beschrieben. Die Methoden können angewendet werden, wenn durch obige Methoden die Netzwerke bereits rekonstruiert worden sind. In diesem Kapitel werden Maße eingeführt, die große Netzwerke charakterisieren[1]. Interessanterweise beobachtet man auch in technischen und sozialen Systemen, dass sie ähnliche Eigenschaften wie biochemische Netzwerke besitzen.

14.1 Netzwerkmaße

14.1.1 Konnektivität und Clusterkoeffizient

Konnektivität: Anzahl der Kanten k_j (oder Verbindungen) eines Knoten j. Bei gerichteten Graphen unterscheidet man eingehende Verbindungen k_{in_j} und ausgehende Verbindungen k_{out_j}. Hat man die Konnektivität für jeden Knoten ermittelt, so kann die Konnektivitätsverteilung P(k) angegeben werden. Sie gibt die Wahrscheinlichkeit an, dass ein ausgewählter Knoten gerade k Verbindungen hat. Dabei werden die Knoten mit $k = 1, 2, \ldots$ Verbindungen gezählt und durch die Gesamtzahl der Knoten geteilt. Abbildung 14.1 zeigt Beispiele für Verteilungen. Zelluläre

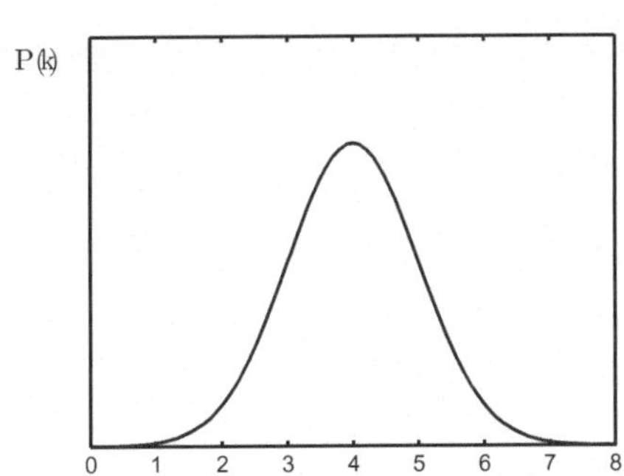

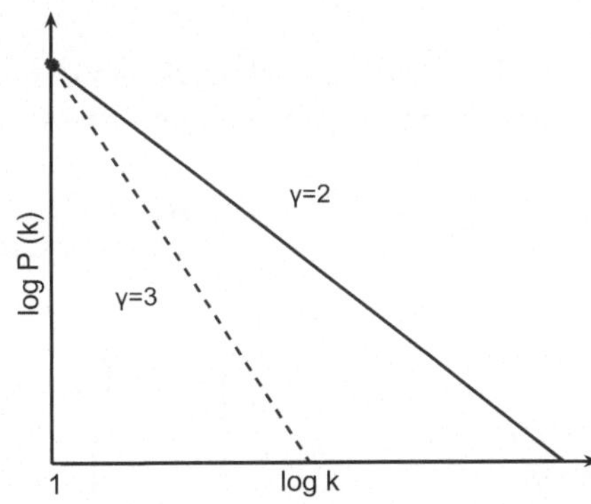

Abbildung 14.1: Konnektivitätsverteilung. Es gilt $\sum P(k) = 1$. Links: Netzwerk welches sich durch Mittelwert und Streuung charakterisieren lässt. Rechts: Die für zelluläre Netzwerke typische Power-Law-Verteilung in einer log-log-Darstellung.

---

[1] Network Biology: Understanding the cells functional organization. A.-L. Barabasi and Z. N. Oltvai, Nat. Rev. Genetics 5, 2004, 101 - 114.

Netzwerke zeichnen sich dadurch aus, dass sich eine "Power-Law-Verteilung" (Potenzgesetz) ergibt: $P \approx k^{-\gamma}$. Mit γ wird der Konnektivitätsexponent (typischerweise $2 < \gamma < 3$) bezeichnet. Findet man eine solche Verteilung bedeutet das, dass es wenige Knoten mit einer großen Anzahl von Verbindungen gibt. Diese werden "Hubs" genannt. Dann gibt es viele Knoten mit wenigen Verbindungen im Netzwerk. Netzwerke, die eine Power-Law-Verteilung aufweisen, werden "skalenfrei" genannt.

Die Berechnung der Konnektivität für metabole Netzwerke kann auch durch eine besondere Darstellung der stöchiometrischen Matrix N erfolgen. Hierzu wird die Matrix $\hat{N}$ definiert, die den Eintrag 1 erhält, wenn das entsprechende Element der Matrix N ungleich Null ist, sonst erhält es den Eintrag Null. Die Matrix $\hat{N}$ wird auch die binäre Form von N genannt. Die Anzahl der beteiligten Komponenten an einer Reaktion kann durch die Aufsummierung der Einträge der entsprechenden Spalten ermittelt werden. Die Summe der Einträge in einer Spalte gibt den Vernetzungsgrad der Komponente an und entspricht der Konnektivität. Weitere Größen können über folgende Matrizen-Verrechnung erhalten werden. Bildet man:

$$A_R = \hat{N}^T \hat{N} \quad \text{und} \tag{14.1}$$

$$A_K = \hat{N} \hat{N}^T, \tag{14.2}$$

so lassen sich die Anzahl der beteiligten Partner einer Reaktion über die Diagonalelemente der Matrix A_R ermitteln. In den Nebendiagonalen von A_R findet man die Anzahl der Komponenten, die zwei Reaktionen gemeinsam haben. Die Diagonalemente der Matrix A_K geben die Konnektivität an; die Nebendiagonalelemente geben an, wie viele Reaktionen zwei Komponenten gemeinsam haben. Beide Matrizen sind symmetrisch.

Beispiel 46
Netzwerk mit vier Komponenten und fünf Reaktionen.

Abbildung 14.2 zeigt das Netzwerk, wobei eine einfache Stöchiometrie (alle $\gamma = 1$) angenommen wurde. Die Matrizen A_R (5×5) und A_K (4×4) ergeben sich zu:

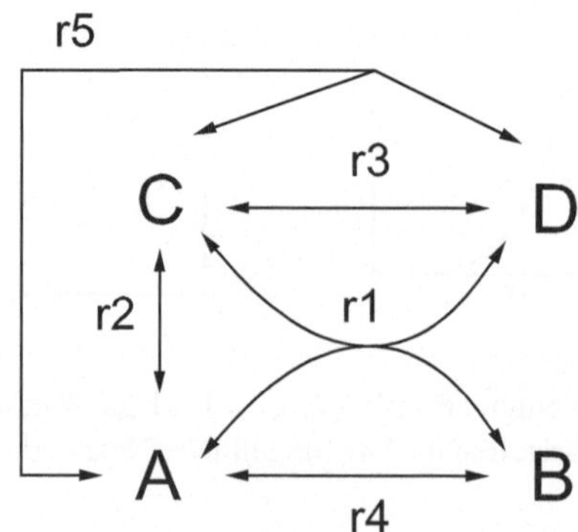

Abbildung 14.2: Kleines Netzwerk mit vier Komponenten und fünf Reaktionen.

$$A_R = \begin{pmatrix} 4 & 2 & 2 & 2 & 3 \\ 2 & 2 & 1 & 1 & 2 \\ 2 & 1 & 2 & 0 & 2 \\ 2 & 1 & 0 & 2 & 1 \\ 3 & 2 & 2 & 1 & 3 \end{pmatrix} \quad , \quad A_K = \begin{pmatrix} 4 & 2 & 3 & 2 \\ 2 & 2 & 1 & 1 \\ 3 & 1 & 4 & 3 \\ 2 & 1 & 3 & 3 \end{pmatrix} . \tag{14.3}$$

Man ermittelt aus A_K z.B. dass die Komponenten A und C an 4 Reaktionen beteiligt (Einträge 1 und 3 der Hauptdiagonalen) sind und dass dabei 3 Reaktionen (Eintrag in Zeile 1, Spalte 3) gemeinsam sind (Reaktionen r_1, r_2, r_5). Aus dem Element (1,1) der Matrix A_R ermittelt man, dass 4 Komponenten bei der ersten Reaktion beteiligt sind. Im Element (1,5) sieht man, dass es drei Komponenten gibt, die sowohl bei r_1 als auch bei r_5 beteiligt sind. Aus der Eigenschaft Konnektivität lassen sich besondere Eigenschaften von zellulären Netzen festhalten:

- Skalenfreiheit
  Bei einem zufällig erzeugten Netzwerk (Abbildung 14.1 links) lässt sich das Netzwerk durch Mittelwert und Streuung charakterisieren. Über diese Werte wird quasi eine Skala des Netzes erstellt; skalenfreie Netzwerke lassen sich durch Mittelwert und Streuung nicht charakterisieren. Für die Power-Law-Verteilung in Abbildung 14.1 rechts hat die Angabe des Mittelwertes keinerlei Bedeutung.

- Small-world Effekt
  In vielen Netzen ist der kürzeste Weg zwischen zwei beliebigen Knoten erstaunlich klein. Der kürzeste Weg ist die minimale Anzahl von Verbindungen von zwei Knoten; bei einem gerichtetem Graph gilt im Allgemeinen $l_{AB} \neq l_{BA}$. Die mittlere Weglänge ist der Mittelwert $< l >$ über alle kürzesten Wege aller Verbindungen. Untersucht man skalenfreie Netze, so stellt man fest, dass sie "ultra-small" sind.

Cluster-Koeffizient C_i: bestimmt die Verbindungshäufigkeit der Nachbarn des Knoten i. Es gilt folgende Beziehung:

$$C_i = \frac{2\,n_i}{k\,(k-1)}, \tag{14.4}$$

wobei n_i die Anzahl der Verbindungen der Nachbarn untereinander des Knoten i ist und $\frac{k(k-1)}{2}$ die Gesamtzahl aller möglicher Verbindungen der Nachbarn von Knoten i darstellt.

Beispiel 47
Cluster-Koeffizienten C_i für verschiedene Netzwerke.

Beispiele I und II in Abbildung 14.3 stellen die extremen Situationen dar. Der Clusterkoeffizient für A ist 0 (Fall I) bzw. 1 (Fall II). Für das Beispiel III gilt: A hat 3 Nachbarn. Die Nachbarn können untereinander also max. 3 Verbindungen haben. Damit erhält man nach obiger Formel: $C_A = 1/3$. Für B erhält man $C_B = 1$.

Der durchschnittliche Cluster-Koeffizient $C = < C_i >$ gibt eine allgemeine Tendenz an, ob Knoten als Cluster aufgefasst werden können. $C(k)$ kann für Knoten mit k Verbindungen aufgetragen werden. Ermittelt man $C(k) \sim \frac{1}{k}$, dann spricht man von einem hierarchischen Netzwerk (Abbildung 14.4). Das bedeutet, dass Hubs niedrige Clusterkoeffizienten besitzen.

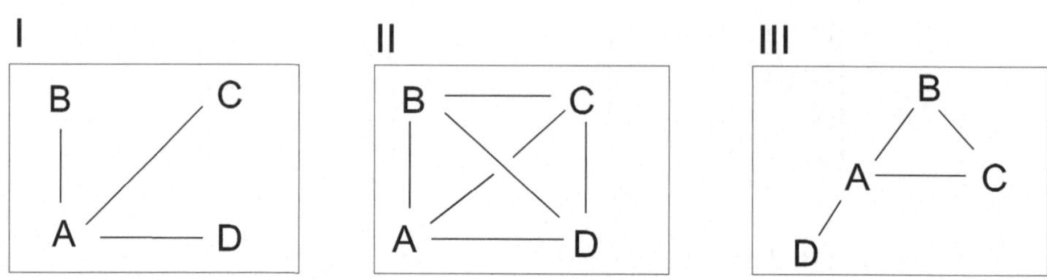

Abbildung 14.3: Beispiele zur Berechnung der Cluster Koeffizienten C_i. Der Clusterkoeffizient für Knoten A in Beispiel I ist null. Die Nachbarn sind nicht verbunden; für II ist er 1 für alle Knoten. Für III ermittelt man $C_A = 1/3$ und $C_B = 1$.

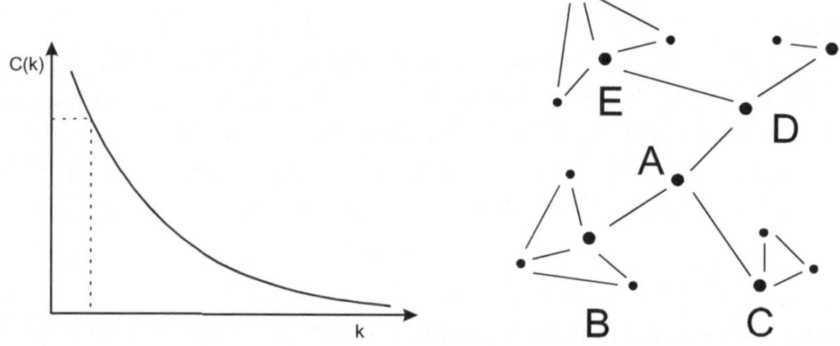

Abbildung 14.4: Links: Der durchschnittlicher Cluster Koeffizient in einem hierarchischen Netzwerk wird mit der Anzahl der Verbindungen kleiner. Rechts: Hierarchisches Netzwerk.

14.2 Topologische Überlappung

Ist der Cluster-Koeffizient ein Maß für einen einzelnen Knoten, so analysiert die topologische Überlappung (topological overlap) das paarweise Verhalten von Knoten[2]. Damit können dann Beziehungen und Ähnlichkeiten zwischen jeweils zwei Knoten ermittelt werden. Es gilt die folgende Beziehung:

$$O(i,j) = \frac{Jn(i,j)}{min(k_i, k_j)}, \tag{14.5}$$

mit $Jn(i,j)$ der Anzahl von Knoten, die sowohl mit Knoten i, als auch mit Knoten j verbunden sind (plus 1, wenn i und j direkt verbunden sind) und k_i, k_j der Anzahl der Verbindungen der Knoten i, j. Im folgenden Beispiel werden sowohl der Cluster-Koeffizient als auch die topologische Überlappung berechnet.

Beispiel 48
Topologsiche Überlappung für ein kleines Netzwerk.

---

[2]Hierarchical organization of modularity in metabolic networks. E. Ravasz et al., Science 297, 2002, 1551 - 1555.

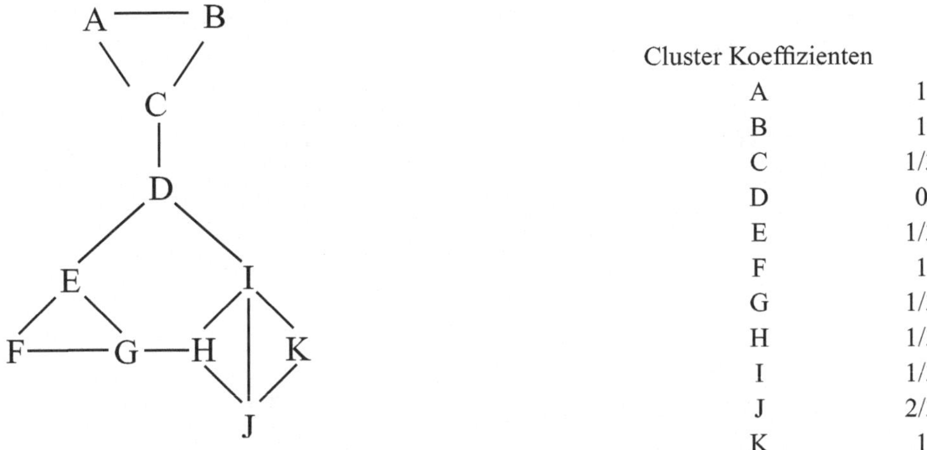

Abbildung 14.5: Beispiel Topologische Überlappung.

Die Ergebnisse der Topologischen Überlappung lassen sich für das in Abbildung 14.5 gezeigte Netzwerk in Matrix-Schreibweise angeben:

$$O(i,j) = \qquad (14.6)$$

$$
\begin{array}{c|ccccccccccc}
 & A & B & C & D & E & F & G & H & I & J & K \\
A & 0 & \frac{2}{2} & 1 & \frac{1}{2} & 0 & 0 & 0 & 0 & 0 & 0 & 0 \\
B & \frac{2}{2} & 0 & 1 & \frac{1}{2} & 0 & 0 & 0 & 0 & 0 & 0 & 0 \\
\end{array}
\qquad (14.7)
$$

...

Zur Analyse können nun solche Knoten zusammen gruppiert werden, die ähnliche Einträge in den Zeilen der Matrix haben. Die kann mit einer Clusteranalyse erfolgen.

14.3 Entstehung skalenfreier Netzwerke

Die Beobachtung, dass biochemische Netzwerke die Eigenschaft Skalenfreiheit haben, führt zu der Frage, welche Mechanismen zur Ausbildung der Eigenschaft führen. In der oben genannten Literaturstelle werden zwei Prozesse genannt, die im wesentlichen zur Bildung dieser Netzwerkeigenschaft beitragen: (i) Die Netzwerke wachsen. Aus Sicht der Evolution unterliegen biochemische Netzwerke ständigen Veränderungen und Wachstumsvorgängen. Die bedeutet, dass neue Komponenten im Netzwerk entstehen, z.B. durch eine zufällige Verdopplung einer Komponenten im Netzwerk bei der Zellteilung oder durch neue Stoffwechselwege, die sich ausbilden. (ii) Präferentielle Verknüpfung. Damit ist gemeint, dass Knoten, die schon viele Verbindungen aufweisen, bevorzugt mit den neuen Elementen verbunden werden. Anschaulich kann man sich eine solche Verbindung wie bei einem Rechnernetzwerk vorstellen, bei dem ein neu gekaufter Rechner zunächst mit dem Server verbunden wird und anschließend eventuell mit noch wenigen anderen Rechnern. Folgende Abbildung 14.6 veranschaulicht die Prozesse.

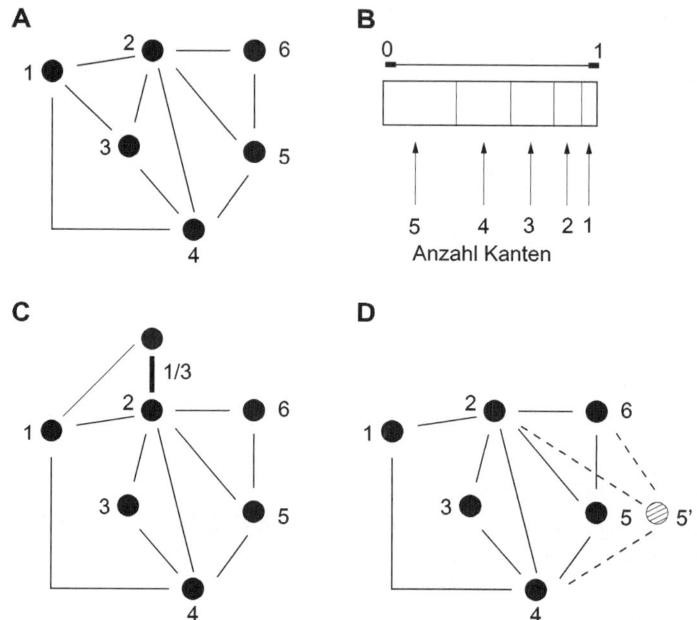

Abbildung 14.6: **A** Graph. Die Knoten haben eine unterschiedliche Anzahl von Verknüpfungen. **B** Je nach Anzahl der Knoten wird eine neue Verbindung zu einem bereits bestehenden Knoten gesetzt. Die Wahrscheinlichkeit ermittelt sich aus den bereits vorhandenen Verbindungen. **C** Eine Verbindung eines neuen Knoten zu Knoten 2 hat die größte Wahrscheinlichkeit (1/3). **D** Bei der Duplikation eines Proteins werden die Informationen zu Verknüpfungen auch verdoppelt.

Beim in **A** gezeigten Graph haben die Knoten eine unterschiedliche Anzahl von Verknüpfungen. So ergibt sich für die einzelnen Knoten:

Knoten 1 :   3 Kanten,   Knoten 2 : 5 Kanten,   Knoten 3 : 3 Kanten

Knoten 4 :   4 Kanten,   Knoten 5 : 3 Kanten

Wächst das Netzwerk, kommt ein neuer Knoten hinzu. Gezeigt ist in **B** mit welcher Wahrscheinlichkeit eine Verbindung zu einem bereits bestehenden Knoten erfolgt. Aus dem Intervall [0 1] wird eine gleichverteilte Zufallszahl gezogen. Knoten mit hohen Verbindungen haben damit eine höhere Wahrscheinlichkeit die Verbindung zu erhalten. Knoten 2 in **C** hat fünf Verbindungen. Demnach liegt die Wahrscheinlichkeit, dass er eine neue Verbindung bekommt, bei $p = 1/3$, da insgesamt 15 Knoten im Netzwerk vorliegen. Die Wahrscheinlichkeit, dass der Knoten 1 die Verbindung bekommt ist geringer, da er aktuell nur 3 Kanten besitzt; es ergibt sich $p = 1/5$. In **D** wurde der Knoten Nr. 5 verdoppelt. Alle Verbindungen zu den anderen Knoten werden vererbt.

15 Top-Down-Ansätze zur Ableitung von mathematischen Modellen

15.1 Clustertechniken

Clustertechniken werden eingesetzt, wenn man eine große Anzahl von Objekten nach ähnlichen Eigenschaften strukturieren möchte. Einsatzgebiete in der Systembiologie sind die Analyse zeitlicher Verläufe einer großen Anzahl von Messgrößen, z. B. mRNA -Daten aus der Transkription (Transkriptom) oder Protein Daten (Proteom). Die Anzahl der erfassten Meßgrößen ist dabei oft > 1000. Zielsetzung der Clusteranalyse ist die Gruppierung von Meßgrößen, die ein ähnliches dynamisches Verhalten zeigen. Die vorgestellten Clustertechniken können auf eine Vielzahl von Datentypen angewendet werden. Es werden folgende Techniken unterschieden:

- hierarchisch / nicht hierarchisch
  Bei der hierarchischen Clustertechnik werden Ebenen definiert. Die oberste Ebene (Gesamtcluster) umfasst alle Ebenen (Cluster) der unteren Ebene.

- divisiv / agglomerativ
  Divisive Technik: ausgehend von einem Cluster werden Sub-Cluster definiert. Agglomerative Technik: zu Beginn entspricht 1 Objekt einem Cluster, dann werden die Objekte nach Eigenschaften zusammengefasst.

- supervised / unsupervised
  Supervised: biologisches Wissen wird mit einbezogen.

15.1.1 Vorgehensweise

(i) Festlegen von Eigenschaften/Attributen für jedes Objekt

Zunächst müssen Eigenschaften der Objekte festgelegt werden. Diese müssen auf vergleichbaren Skalen liegen, sonst ist eine Skalierung notwendig. Bei dynamischen Systemen werden als Eigenschaft den Objekten (Zustandsgrößen) Meßwerte (normiert) zu bestimmten Zeitpunkten t_k zugeordnet. Eine Datenmatrix besitzt folgenden Aufbau:

$$
\begin{array}{cccc}
\text{Zustand} & t_1 & t_2 & t_3 \\
x_1 & 1.1 & 1.0 & 0.9 \\
x_2 & 0.1 & 0.5 & 0.9 \\
\vdots & & &
\end{array}
\tag{15.1}
$$

Eine Skalierung ist für folgendes Beispiel notwendig:

$$\begin{array}{c|ccc}
\text{Zustand} & t_1 & t_2 & t_3 \\
x_1 & 100 & 200 & 300 \\
x_2 & 1 & 2 & 3 \\
x_3 & 30 & 20 & 10,
\end{array} \tag{15.2}$$

da die Zeilen unterschiedliche Größenordnungen aufweisen. Für die Skalierung sind folgende Möglichkeiten denkbar:

- Maximalwert

$$\widetilde{x}_{ij} = \frac{x_{ij}}{\max(x_{ij})}$$

- Norm

$$\widetilde{x}_{ij} = \frac{x_{ij}}{\|x_i\|},$$

wobei unter der Norm die Länge des Vektors verstanden werden kann.

(ii) Berechne Ähnlichkeiten zwischen jeweils zwei Objekten

Die Ähnlichkeit zwischen zwei Objekten wird über ein Abstandsmaß definiert, wobei eine Tabelle erstellt wird, in der die Abstände eingetragen werden. Bei m Objekten ergeben sich $\frac{m \cdot (m-1)}{2}$ Einträge in der Abstandstabelle (die Tabelle ist symmetrisch). Das Abstandsmaß d_{rs} zwischen zwei Objekten r und s ist eine skalare Größe, wobei verschiedenen Definitionen Verwendung finden:

Euklidischer Abstand

$$d_{rs}^2 = (\underline{x}_r - \underline{x}_s) \cdot (\underline{x}_r - \underline{x}_s)^T \tag{15.3}$$

$$x_{r,s} \equiv \text{Reihenvektor mit Attributen von Objekt } r \text{ bzw. } s$$

City Block (Manhattan) Abstand

$$d_{rs} = \sum_{j=1}^{n} |\underline{x}_r - \underline{x}_s|, \tag{15.4}$$

wobei die Summe über alle Einträge im Vektor läuft; es werden also die absoluten Differenzen in jeder Eigenschaft aufsummiert.

Beispiel 49
Abstand zwischen zwei Objekten.

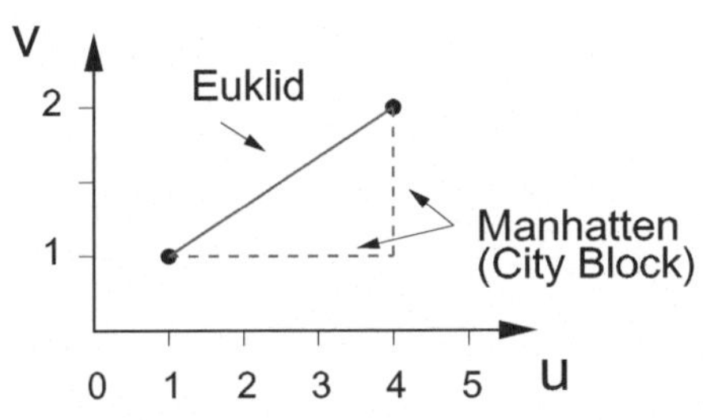

Abbildung 15.1: Zwei Objekte x_1 und x_2 mit 2 Eigenschaften.

Folgende Punkte (Objekte) mit den Eigenschaften u,v sind in Abbildung 15.1 gegeben: $x_1(1,1), x_2(4,2)$.

Euklid:

$$d^2 = \left((1\quad 1) - (4\quad 2)\right)\left(\begin{pmatrix}1\\1\end{pmatrix} - \begin{pmatrix}4\\2\end{pmatrix}\right) = 10 \tag{15.5}$$

City Block:

$$d = \sum^2 \left| \begin{pmatrix}1\\1\end{pmatrix} - \begin{pmatrix}4\\2\end{pmatrix} \right| = \sum^2 \left| \begin{matrix}-3\\-1\end{matrix} \right| = 4 \tag{15.6}$$

(iii) Gruppierung zweier Objekte zu neuem Objekt (Cluster)

Hat man die Abstände zwischen zwei Objekten ermittelt, faßt man jeweils die Objekte mit den kleinsten Abständen zusammen, die dann ein Cluster bilden. Für die folgenden Schritte ermittelt man die Abstände zwischen den Clustern. Es werdem zwei Cluster

$$\text{Cluster } r \text{ mit } 1,\dots,n_r \text{ Objekten}$$
$$\text{Cluster } s \text{ mit } 1,\dots,n_s \text{ Objekten}$$

betrachtet. Folgende Methoden sind beschrieben, um den Abstand zwischen zwei Clustern zu ermitteln (Illustration in Abbildung 15.2):

Nearest Neighbor

$$d(r,s) = \min(\ dist\ (r_i,s_j)), \tag{15.7}$$

mit $dist(r_1,s_1) \equiv$ Abstand zwischen Objekt 1 aus r und Objekt 1 aus s.

Complete

$$d(r,s) = \max(\ dist\ (r_i,s_j)) \tag{15.8}$$

Average

$$d(r,s) = \frac{1}{n_r \cdot n_s} \sum^{n_r} \sum^{n_s} dist\ (r_i,s_j)$$
$$= \frac{1}{4}(\ dist\ (r_1,s_1) + dist\ (r_1,s_2) + dist\ (r_2,s_1) + dist\ (r_2,s_2)) \tag{15.9}$$

Nearest Neighbor liefert große Cluster, die durch kleine Abstände früh zusammengefasst werden. Complete liefert viele kleine Cluster.

Beispiel 50
Clusteranalyse für 6 Objekte mit zwei Eigenschaften.

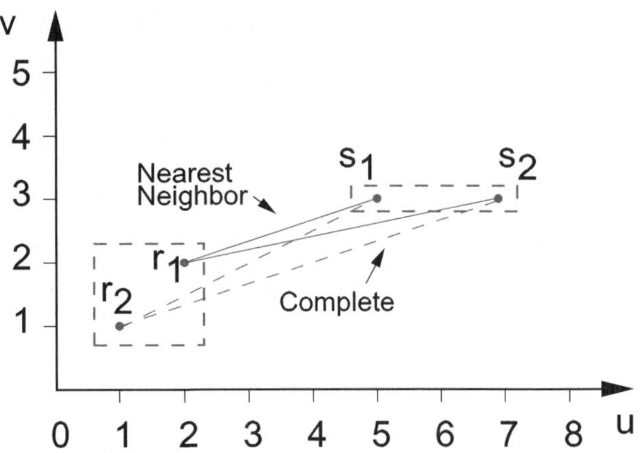

Abbildung 15.2: Beispiele für Nearest Neighbor und Complete. Es werden vier Abstände berechnet und der minimale bzw. maximale Wert verwendet.

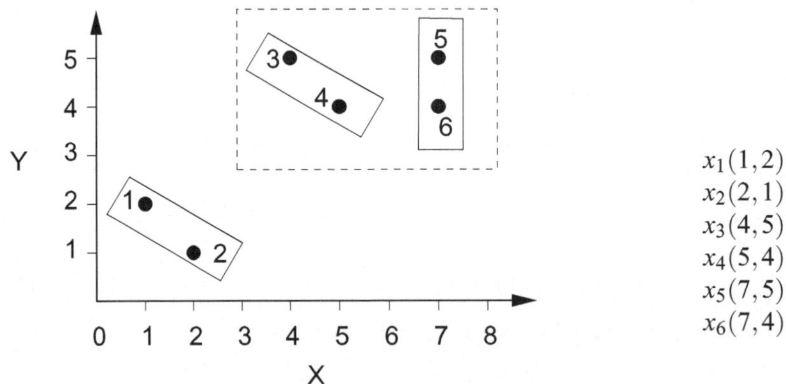

$$x_1(1,2)$$
$$x_2(2,1)$$
$$x_3(4,5)$$
$$x_4(5,4)$$
$$x_5(7,5)$$
$$x_6(7,4)$$

Abbildung 15.3: Beispiel für 6 Objekte mit zwei Eigenschaften.
Einteilung der Objekte in Cluster.
Das Euklidische Abstandsmaß ergibt sich zu:

	x_1	x_2	x_3	x_4	x_5	x_6
x_1		$\sqrt{2}$	$\sqrt{18}$	$\sqrt{20}$	$\sqrt{45}$	$\sqrt{40}$
x_2			$\sqrt{20}$	$\sqrt{18}$	$\sqrt{41}$	$\sqrt{34}$
x_3				$\sqrt{2}$	$\sqrt{9}$	$\sqrt{10}$
x_4					$\sqrt{5}$	$\sqrt{4}$
x_5						$\sqrt{1}$
x_6						

Abstände (sortiert)

$$
\begin{aligned}
x_5 - x_6 &: \quad \sqrt{1} \\
x_1 - x_2 &: \quad \sqrt{2} \\
x_3 - x_4 &: \quad \sqrt{2} \\
x_4 - x_6 &: \quad \sqrt{4} \\
x_4 - x_5 &: \quad \sqrt{5} \\
&\ \ \vdots
\end{aligned}
$$

$$
\rightarrow
\begin{aligned}
&\text{Cluster1}: \quad x_5, x_6 \\
&\text{Cluster2}: \quad x_1, x_2 \\
&\text{Cluster3}: \quad x_3, x_4
\end{aligned}
$$

Die Berechnung der Abstände der Cluster soll nach der Average-Rechenvorschrift erfolgen. Man erhält für die einzelnen Cluster:

Cluster 1, Cluster 2

$$\left.\begin{array}{rcl} dist\,(x_5,x_1) & = & \sqrt{45} \\ dist\,(x_5,x_2) & = & \sqrt{41} \\ dist\,(x_6,x_1) & = & \sqrt{40} \\ dist\,(x_6,x_2) & = & \sqrt{34} \end{array}\right\} \rightarrow d(cluster1,cluster2) = 6.32$$

Cluster 1, Cluster 3

$$\left.\begin{array}{rcl} dist\,(x_5,x_3) & = & \sqrt{9} \\ dist\,(x_5,x_4) & = & \sqrt{5} \\ dist\,(x_6,x_3) & = & \sqrt{10} \\ dist\,(x_6,x_4) & = & \sqrt{4} \end{array}\right\} \rightarrow d(cluster3,cluster4) = 2.60$$

Cluster 2, Cluster 3 ... etc. Es ergibt sich dann Cluster 4 aus den Clustern 1 & 3, da dieser Abstand den kleinsten Wert aufweist. Hat man so neue Cluster gefunden, wiederholt sich die Prozedur.

(iv) Graphische Auswertung der Clusteranalyse

Die Auswertung der Clusteranalyse kann bspw. mit einem Dendrogramm erfolgen. Beim Dendrogramm werden auf der x-Achse die Objekte und nach oben die Abstände aufgetragen. Die Objekte, die zusammengefasst werden, erhalten eine horizontale Verbindungslinie. Das Dendro-

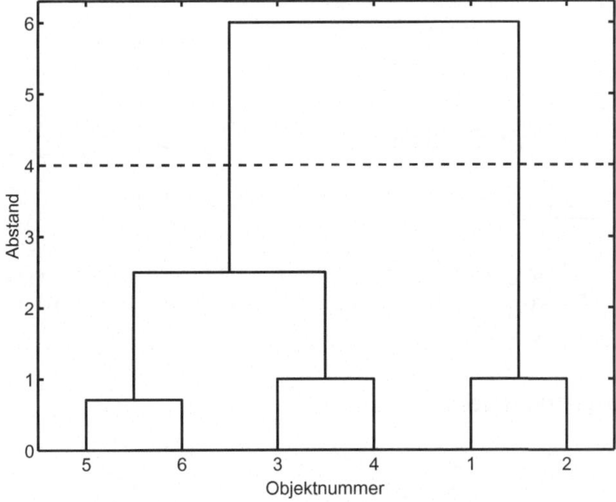

Abbildung 15.4: Dendrogramm für obiges Beispiel.

gramm sagt zunächst nichts über eine sinnvolle Wahl der endgültigen Anzahl der Cluster aus. Durch Betrachtung des Dendrogramms ergibt sich für viele Fälle aber eine sinnvolle Festlegung. Legt man eine horizontale Linie wie in Abbildung 15.4 gezeigt durch das Dendrogramm, gibt die Anzahl der senkrechten Linien, die geschnitten werden, die Anzahl der Cluster an (hier 2 Cluster). Alle Objekte, die zu einer geschnittenen Linie gehören, bilden das Cluster.

15.1.2 Korrelationsanalyse: Alternatives Abstandsmaß für Zeitreihen

Für dynamische Systeme ist das oben definierte Abstandsmaß nicht unbedingt eine gute Wahl. Dynamische Systeme weisen bspw. unterschiedliche Zeitkonstanten auf, die sich in Phasenverschiebungen bemerkbar machen. Auch kann es durch die Produktion von Proteinen, die einige Zeit in Anspruch nimmt, auch zu Totzeiten kommen. Daher ist es sinnvoll die Korrelation zweier Zustandsgrößen zu betrachten, wenn ausreichend Daten zur Verfügung stehen.

Die Vorgehensweise besteht zunächst in der Berechnung der Kovarianzen zweier Messgrößen x und y, die jeweils um k Zeitpunkte gegeneinander verschoben sind:

$$Cov_{x,y}(k) \;=\; E\left[(x_t - \bar{x}) \cdot (y_{t+k} - \bar{y}) \right] = \frac{1}{N} \sum_{i=1+k}^{N} (x(t_i) - \bar{x}) \cdot (y(t_{i-k}) - \bar{y}) \quad (15.10)$$

mit $\bar{x}$ und $\bar{y}$ den Mittelwerten der Zeitreihen x und y. Zur Veranschaulichung werden die beiden Zeitreihen in Abbildung 15.5 betrachtet. Die zweite Zeitreihe wird gegen die erste verschoben. Für einen bestimmten Wert von k sind hier beide Kurven fast identisch. Die Elemente

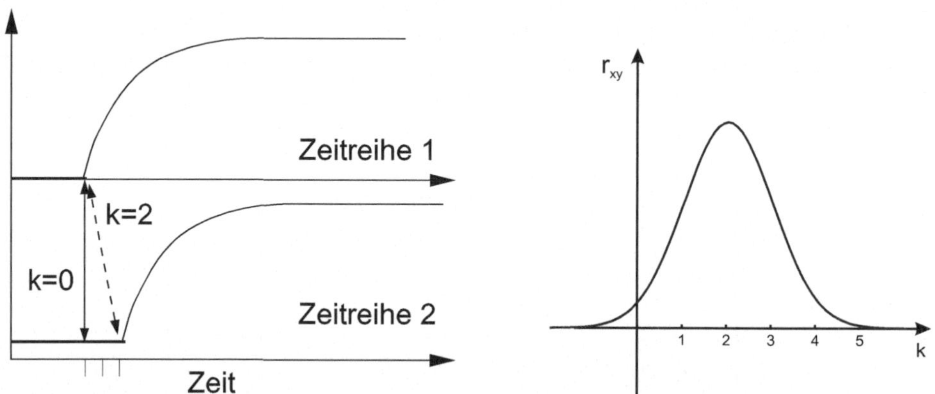

Abbildung 15.5: Zur Berechnung der Kovarianzen werden die beiden Kurven gegeneinander verschoben. Für einen bestimmten Wert von k ergibt sich die größte Kovarianz. Dieser Wert wird für die weiteren Berechnungen verwendet.

der Kreuzkorrelationsmatrix R besitzt dann die Elemente

$$r_{xy}(k) \;=\; \frac{Cov_{xy}(k)}{\sqrt{Cov_{xx}(0) \cdot Cov_{yy}(0)}} \;=\; \frac{Cov_{xy}(k)}{\sigma_x \cdot \sigma_y}. \quad (15.11)$$

Das bedeutet, dass die Kovarianzen noch mit den Varianzen der Einzelgrößen gewichtet werden. Der Abstand d_{xy} der Größen x und y wird dann über folgende Beziehung ermittelt.

$$d_{xy} \;=\; \sqrt{2} \cdot \sqrt{1 - c_{xy}} \quad \text{mit} \quad c_{xy} = \max \left| r_{xy}(k) \right|. \quad (15.12)$$

Man verwendet also den maximalen Wert der Korrelation, der sich aus allen Verschiebungen gegeneinander ergibt. Mit diesem Maximalwert, wird dann der Abstand d_{xy} der beiden Zeitreihen ermittelt.

Um den Unterschied der beiden vorgestellten Ansätze an einem Beispiel zu verdeutlichen wird auf Beispiel 35 aus dem Kapitel Regelungstechnik zurückgegriffen. Dort wurde ein Mdoell des Laktosestoffwechsels einschließlich der Regulation vorgestellt. Das Modell wurde um zwei Größen erweitert: Es wird zusätzlich noch der weitere Abbau der intrazellulären Laktose in Galaktose und Glukose berücksichtigt. Demnach liegen für dieses Modell sechs Zustandsgrößen vor. Die Anregung erfolgt über ein zufälliges Signal, welches zwischen zwei Extremwerten pendelt (siehe Abbildung 15.6). Gezeigt sind auch die zeitlichen Verläufe aller Größen.

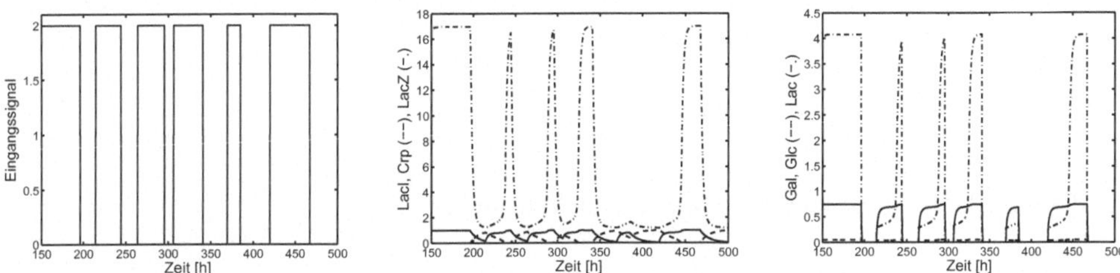

Abbildung 15.6: Links: Anregungssignal. Mitte: Zeitlicher Verlauf der Größen LacI, Crp (aktiv) und LacZ. Rechts: Zeitlicher Verlauf der Größen Galaktose, Glukose und Laktose.

Abbildung 15.7 stellt nun die Ergebnisse der Clusterberechnung mit dem euklidischen Abstandsmaß und der Korrelationsanalyse in Form des Dendrogramms gegenüber. Die Analyse mit dem euklidischen Abstandsmaß gruppiert die Komponenten nach einem ähnlichen zeitlichen Verlauf, während die Korrelationsanalyse in die Metabolite Galaktose und Glukose, die Regulatoren und die beiden Komponenten des Laktoseweges LacZ und Laktose aufteilt.

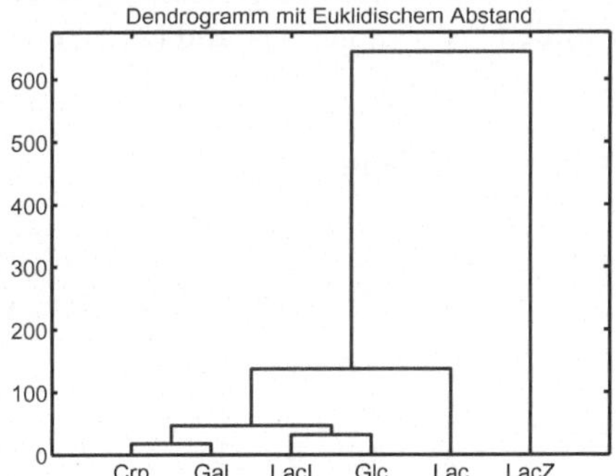
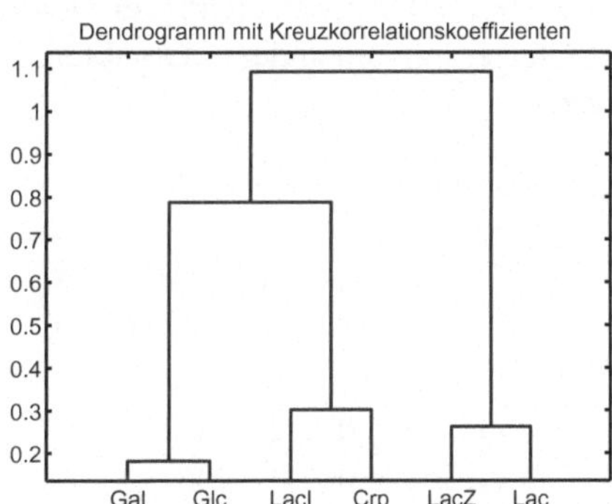

Abbildung 15.7: Links: Clustereinteilung mit dem Euklidischen Abstandsmaß. Rechts: Clustereinteilung mit Korrelationsanalyse.

Die Verwendung der Korrelationsanalyse führt hier zu einer plausibleren Clustereinteilung, da solche Größen in einem ersten Schritt zusammengefasst sind, die physiologisch auch eng gekoppelt sind.

15.1.3 Clustervalidierung

Bei der Clustervalidierung geht man der Frage nach, wie verschiedene Clustereinteilungen bei einem gegebenem Datensatz verglichen werden können. Hierzu wird vorgeschlagen, den Jaccard-Koeffizient zu berechnen. Dazu ist für jede Clustereinteilung eine Matrix C zu erstellen mit:

$$c_{ij} = \begin{cases} 0 & \text{wenn Objekte } i, j \text{ nicht im gleichen Cluster sind} \\ 1 & \text{wenn Objekte } i, j \text{ im gleichen Cluster sind} \end{cases} . \qquad (15.13)$$

Der Jaccard-Koeffizient berechnet sich zu:

$$J = \frac{n_{11}}{n_{11} + n_{01} + n_{10}} \qquad (15.14)$$

wobei die einzelnen Ausdrücke wie folgt angegeben sind:

$$\begin{aligned} n_{11} &= \text{Anzahl 1-Werte, die in } C_1 \text{ und } C_2 \text{ gleich sind} \\ n_{10} &= \text{Anzahl 1-Werte in } C_1, \text{ 0-Werte in } C_2 \\ n_{01} &= \text{Anzahl 0-Werte in } C_1, \text{1-Werte in } C_2 \end{aligned} \qquad (15.15)$$

Der Wert für den Jaccard-Koeffizienten liegt zwischen Null und Eins. Ist der Wert Null, ist die Einteilung völlig unterschiedlich. Geht der Wert gegen 1, so ist die Einteilung fast gleich.

Beispiel 51
Clusteranalyse für 6 Objekte mit zwei Eigenschaften (Fortsetzung).

Für das Beispiel ergeben sich zwei mögliche Einteilungen: 1 Cluster mit x_1 und x_2 sowie ein zweites Cluster mit den anderen Objekten. Alternativ bilden (x_1,x_2), (x_3,x_4) und (x_5,x_6) jeweils ein Cluster.

Clustereinteilung 1

	x_1	x_2	x_3	x_4	x_5	x_6
x_1	1	1	0	0	0	0
x_2	1	1	0	0	0	0
x_3	0	0	1	1	1	1
x_4	0	0	1	1	1	1
x_5	0	0	1	1	1	1
x_6	0	0	1	1	1	1

Clustereinteilung 2

	x_1	x_2	x_3	x_4	x_5	x_6
x_1	1	1	0	0	0	0
x_2	1	1	0	0	0	0
x_3	0	0	1	1	0	0
x_4	0	0	1	1	0	0
x_5	0	0	0	0	1	1
x_6	0	0	0	0	1	1

und man erhält die folgenden Werte:

$$n_{11} = 12, \quad n_{10} = 8, \quad n_{01} = 0 \quad \longrightarrow \quad J = \frac{3}{5}. \qquad (15.16)$$

Die beiden Einteilungen unterscheiden sich damit signifikant.

15.2 Reverse Engineering

Bei der Top-Down Modellierung ist die Modellstruktur oft nicht ausreichend bekannt und muss aus den experimentellen Daten ermittelt werden. Man spricht hier vom "Reverse Engineering", da ein System nicht zusammengesetzt und ausgelegt wird, sondern zunächst in seinen Bestandteilen definiert werden muss. In der Literatur werden eine ganze Reihe von Verfahren vorgeschlagen, wie Modelle abgeleitet werden können.

15.2.1 Lineare Modelle

Eine einfache Möglichkeit besteht in der Ermittlung von Elementen der Jacobi-Matrix eines linearisierten Systems, die etwas über die Kopplung der Komponenten aussagen. Da experimentelle Daten in der Regel nur zu Zeitpunkten t_k zur Verfügung stehen, kann ein diskreter Modellansatz in der Form

$$A\,Y \;=\; B\,U(t_{k-n_t}) \tag{15.17}$$

verwendet werden, wobei A und B die Shift-Operatoren beinhalten. Für ein System na.ter Ordnung mit nur einer Zustandsgröße und einem Eingang besitzen die Matrizen A und B dann folgenden Aufbau:

$$y(t_k) + a_1 y(t_k - T) + \cdots + a_{na} y(t_k - na \cdot T) \;=\; b\,u(t_k - n_t \cdot T). \tag{15.18}$$

Für ein System mit mehreren Zustandsgrößen soll nun über eine Parameterschätzung die Kopplung zwischen den Zuständen ermittelt werden. Die Modellstruktur für vier Zustandsgrößen sieht

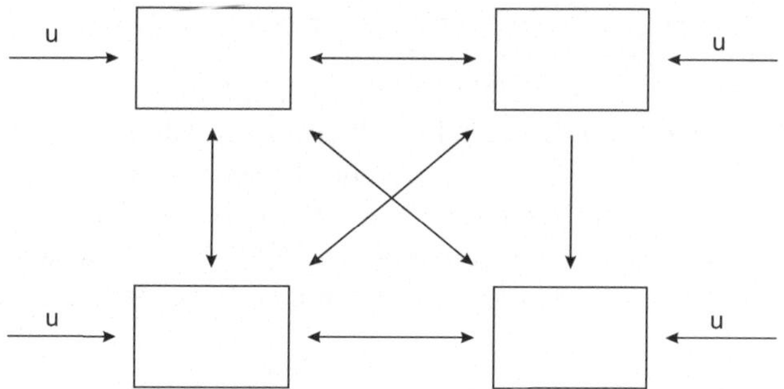

Abbildung 15.8: Modellstruktur für ein System mit 4 Zustandsgrößen, die zunächst die Verkopplung von allen Komponenten und die Kopplung des Einganges an alle Komponenten vorsieht.

folgendermaßen aus, wenn für die Berechnung der aktuellen Zustände $y_i(t_k)$ nur die $y_i(t_k - T)$ verwendet werden, die einen Zeitschritt T zurückliegen und keine Totzeit berücksichtigt wird ($n_t = 1$) (siehe auch Abbildung 15.8):

$$A_0\,\underline{y}(t_k) + A_1\,\underline{y}(t_k - T) \;=\; \underline{b} \cdot u(t_k - T) \tag{15.19}$$

wobei die Matrizen und Vektoren folgenden Aufbau haben:

$$A_0 = \begin{bmatrix} 1 & 0 & 0 & 0 \\ 0 & 1 & 0 & 0 \\ 0 & 0 & 1 & 0 \\ 0 & 0 & 0 & 1 \end{bmatrix}, \quad A_1 = \begin{bmatrix} a_{11} & a_{12} & a_{13} & a_{14} \\ a_{21} & a_{22} & a_{23} & a_{24} \\ a_{31} & a_{32} & a_{33} & a_{34} \\ a_{41} & a_{42} & a_{43} & a_{44} \end{bmatrix}, \quad \underline{b} = \begin{pmatrix} b_1 \\ b_2 \\ b_3 \\ b_4 \end{pmatrix}. \tag{15.20}$$

Ermittelt man große Einträge in der Matrix $\mathbf{A_1}$, deuten sie auf einen direkten Zusammenhang der Zustandsvariablen hin. Einträge im Vektor $\underline{b}$ geben an, an welchen Stellen das Eingangssignal eingeht. Allerdings führt dieser simple Ansatz nicht immer zur Ermittlung der richtigen Modellstruktur, da es mehrere lineare Modelle gibt, die die gleiche Dynamik aufweisen, besonders wenn eine starke Kopplung der Komponenten vorliegt. Hier müssen dann ausgereiftere Methoden zum Einsatz kommen, um zu befriedigenden Ergebnissen zu kommen.

15.2.2 Netzwerk-Komponenten-Analyse

Die Netzwerk-Komponenten-Analyse (NCA)[1] wurde vor einiger Zeit vorgeschlagen, um aus vorliegenden Messungen des Transkriptoms auf die Aktivitäten der beteiligten Transkriptionsfaktoren (TF) schließen zu können. Da Vorgaben zur Modellstruktur, d. h. zur Kopplung der TFs mit den Genen gemacht werden müssen, ist ein komplettes oder vollständiges Reverse Engineering hier nicht möglich. Allerdings kann mit der Methode ermittelt werden, welche Modellstruktur zu einer besseren Anpassung der experimentellen Daten führt. Somit können Hypothese erstellt und dann überprüft werden. Folgendes Modell wird für die Synthese einer mRNA in Abhängigkeit von m TF zu Grunde gelegt (hier wird ein Potenzansatz verwendet, der eine Approximation, der in Gleichung (7.21) vorgestellten Struktur darstellt; Verdünnung durch Wachstum wird nicht berücksichtigt):

$$m\dot{R}NA_i = k\, TF_1^{k_{1i}}\, TF_2^{k_{2i}} \cdots TF_m^{k_{mi}} - k_z\, mRNA_i \tag{15.21}$$

wobei der letzte Term den Abbau der mRNA beschreibt. Die Parameter k_{ji} beschreiben die Stärke der Kopplung der TF mit der DNA-Bindestelle i: Werte $k_{ji} > 0$ deuten auf eine Aktivierung hin, während $k_{ji} < 0$ eine Hemmung oder Repression des betreffenden Gens beschreibt. Betrachtet man Zeithorizonte, die viel größer als die Zeitkonstante $1/k_z$ sind, kann Fließgleichgewicht für die mRNA angewendet werden und die Ableitung wird Null gesetzt. Bezieht man sich auf einen Arbeitspunkt mit den Werten $mRNA_{i0}$, TF_{j0}, so erhält man folgende Beziehung:

$$\frac{mRNA_i}{mRNA_{i0}} = \left(\frac{TF_1}{TF_{10}}\right)^{k_{1i}} \left(\frac{TF_2}{TF_{20}}\right)^{k_{2i}} \cdots \left(\frac{TF_m}{TF_{m0}}\right)^{k_{mi}}. \tag{15.22}$$

Typischerweise liegen Tanskriptionsdaten im Verhältnis zu einem Bezugspunkt vor. Um die Verhältnisse im mathematischen Sinne zu vereinfachen, nimmt man den Logarithmus zu Hilfe. Damit ergibt sich folgende Gleichung:

$$\log \frac{mRNA_i}{mRNA_{i0}} = k_{1i} \log\left(\frac{TF_1}{TF_{10}}\right) + k_{2i} \log\left(\frac{TF_2}{TF_{20}}\right) + \cdots + k_{mi} \log\left(\frac{TF_m}{TF_{m0}}\right) \tag{15.23}$$

---

[1] Network component analysis: Reconstruction of regulatory signals in biological systems. J. C. Liao et al., PNAS 100, 2003, 15522-15527.

Diese Gleichung lautet für alle gemessenen mRNA (Anzahl N) in Matrixschreibweise:

$$\underline{mRNA} = K \cdot TF \tag{15.24}$$

wobei K eine $N \times m$ Matrix der Kopplungsstärken und TF eine $m \times N_{t_k}$ Matrix der Transkriptionsfaktoraktivitäten ist (N_{t_k} ist die Anzahl der vorliegenden Messpunkte). Zielsetzung der NCA ist nun die Ermittlung sowohl der Matrix K als auch der Matrix TF aus den vorliegenden Messdaten. Die Matrix K ist von ihrer Struktur schon festgelegt. Das bedeutet, dass schon bekannt sein muss, ob ein bestimmter TF auf ein Gen wirkt (Eintrag 1 in Matrix K als Startwert) oder nicht (Eintrag 0 in Matrix K). Zur Lösung des Problems wird eine Zielfunktion

$$\min \|\underline{mRNA} - K \cdot TF\|^2 \tag{15.25}$$

betrachtet, die die Differenz der Messungen und der Modellvorhersage minimieren soll. Nach Durchlaufen des Algorithmus ergeben sich an den Stellen mit 1-Eintrag dann konkrete Zahlenwerte für die Kopplungsstärke, während die Einträge 0 bleiben. Voraussetzungen zur Lösung sind:

(i) K muss vollen Spaltenrang haben ($Rang(K) = m$).

(ii) Jede Spalte von K muss mindestens $m - 1$ Nullen aufweisen.

(iii) TF muss vollen Zeilenrang besitzen.

(iv) Für die Anzahl Messzeitpunkte gilt: $N_{t_k} \gg m$ (Anzahl der TF.

Bedingung (i) bedeutet, dass nicht zwei exprimierte Gene die gleiche Kombination von Kopplungsstärke und Transkriptionsfaktoraktivität aufweisen. Daraus ergibt sich, dass man anstatt der Betrachtung einzelner Gene besser Operons oder Transkriptionseinheiten betrachtet. Bedingung (ii) garantiert Bedingung (i) auch, wenn ein Tanskriptionsfaktor und alle von ihm regulierten Gene eliminiert werden (Löschen der entsprechenden Spalten und Zeilen). Bedingung (iii) bedeutet, dass die Aktivitäten aller TF's unabhängig voneinander sind. Sie kann nicht *a priori* getestet werden, impliziert aber Bedingung (iv). Für reale Systeme ist die Bedingung in der Regel erfüllt.

Beispiel 52
Zur Überprüfung der Voraussetzungen der NCA.

Gilt für K folgende Struktur, so ergibt sich durch Elimination von Transkriptionsfaktor TF_1 und der entsprechenden Gene:

$$K = \begin{bmatrix} 2 & 0 & 0 \\ 3 & 1 & 0 \\ a & 0 & 2 \\ 1 & 0 & 5 \\ 0 & 3 & 2 \end{bmatrix} \rightarrow \text{Löschen von } TF_1 / \text{ beteiligte Gene und } a = 0 : K = \begin{bmatrix} 0 & 2 \\ 3 & 2 \end{bmatrix}.$$

$$\tag{15.26}$$

Die verbleibende K-Matrix hat vollen Spaltenrang. Für $a \neq 0$ erhält man nach Löschen von TF_1:

$$K = \begin{bmatrix} 3 & 2 \end{bmatrix};$$

(15.27)

damit hat K keinen vollen Spaltenrang mehr und die Methode kann nicht angewendet werden.

Beispiel 53
Netzwerk mit Autoregulation und Feedforward-Loop.

Betrachtet werden soll das Netzwerk in Abbildung 15.9 mit 5 Genen und zwei TF's. TF1 ist autoreguliert, d. h. TF1 hemmt seine eigene Synthese. TF1, TF2 und G3 (Gen 3) bilden einen Feedforward-Loop mit positivem Vorzeichen. TF2 reguliert weiterhin noch G4; TF1 reguliert G5. Das verschachtelte Problem kann durch Aufsplittung in zwei Teilnetze, wie in Abbildung 15.9

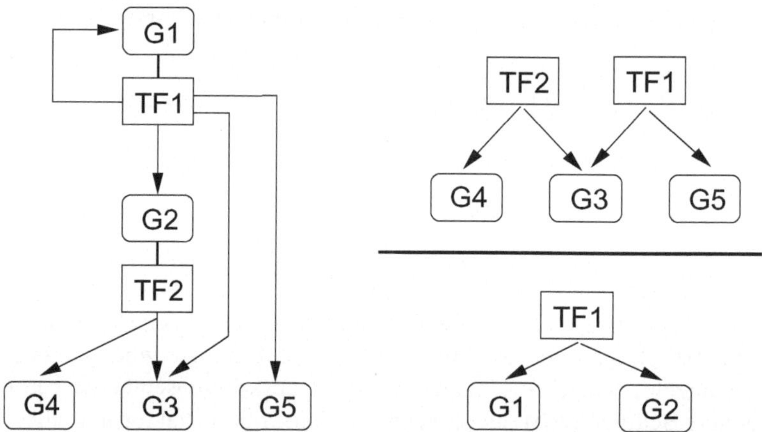

Abbildung 15.9: Links: Beispiel zur NCA Methode. Das Netzwerk besitzt eine Autoregulation und einen Feedback-Loop. Rechts: Dekomposition des Netzwerkes in zwei Teile. Im oberen Teil werden die Aktivitäten für die Gene 3, 4 und 5 bestimmt. Mit den Rechnungen können die fehlenden Kopplungsstärken für die Gene 1 und 2 ermittelt werden.

rechts zu sehen, gelöst werden. Im ersten Teilnetz werden nur die Gene 3, 4 und 5 betrachtet. Man erhält für die Verkopplungsmatrix K folgendes Muster:

$$K = \begin{bmatrix} * & * \\ 0 & * \\ * & 0 \end{bmatrix}.$$

(15.28)

Jede Spalte enthält eine Null, somit sind die Bedingungen von oben erfüllt. Hat man die Aktivitäten beider Transkriptionsfaktoren ermittelt, so können die fehlenden Werte der Kopplung von TF1 auf die Gene 1 und 2 wie folgt geschätzt werden: Schreibt man die Gleichungen für die

Gene 1 und 2 an, so erhält man:

$$\log \frac{mRNA_1}{mRNA_{10}} = k_{11} \log \left(\frac{TF_1}{TF_{10}} \right)$$

$$\log \frac{mRNA_2}{mRNA_{20}} = k_{12} \log \left(\frac{TF_1}{TF_{10}} \right) ; \tag{15.29}$$

das ist ein lineares Regressionsproblem und kann mit Standardverfahren gelöst werden. In der Regel ist davon auszugehen, dass sich die Gesamtaktivität eines TF aus seiner tatsächlichen Konzentration und dem Einfluss eines Effektors zusammensetzt. Ergeben sich deutliche Unterschiede zwischen der Ermittlung der Gesamtaktivität und der Gesamtmenge, kann durch die Bildung des Verhältnisses aus Gesamtaktvität und Gesamtmenge etwas über den Einfluss des Effektors ausgesagt werden. Gilt für die Aktivität in Abhängigkeit von der messbaren Gesamtmenge TP_{10} an Transkriptionsfaktor-Protein folgender Ansatz mit dem Einfluss des Effektors U:

$$TF_1 = TP_{10}\, f(U) \tag{15.30}$$

so erhält man durch Quotientenbildung:

$$\frac{\frac{TF_1}{TF_{10}}}{TP_{10}} = \frac{1}{TF_{10}}\, f(u) \,. \tag{15.31}$$

Ein entsprechender Plot liefert die Eingangsfunktion $f(u)$, die durch den Bezugspunkt TF_{10} skaliert wird.

15.2.3 Singulärwertzerlegung

Die Singulärwertzerlegung (singular value decomposition) kann ebenfalls zur Bestimmung von Abhängigkeiten herangezogen werden. Allerdings ergibt sich ein etwas unspezifischeres Bild als bei der Netzwerk-Komponenten-Analyse. Ausgangslage ist wie oben eine Zerlegung der Information der Zeitreihen der mRNA in zwei Matrizen. Im Unterschied zu oben sind allerdings die Strukturen der Matrizen U und SV in der Gleichung

$$\underline{mRNA} = U \cdot SV \tag{15.32}$$

zunächst nicht festgelegt. Die Singulärwertzerlegung einer Matrix A $(N \times N_{t_k})$ lautet:

$$A = U \cdot \Sigma \cdot V^T , \tag{15.33}$$

wobei U ($N \times N$) und V^T ($N_{t_k} \times N_{t_k}$) Orthonormalsysteme sind. Matrix Σ ($N \times N_{t_k}$) beinhaltet die N_{t_k} singulären Werte und hat die Form:

$$\Sigma = \begin{bmatrix} \sigma_1 & 0 & \cdots & 0 \\ 0 & \sigma_2 & 0 & \cdots \\ 0 & 0 & \sigma_3 & \cdots \\ 0 & 0 & 0 & \cdots \\ 0 & 0 & 0 & \cdots \\ \vdots & \vdots & \vdots & \end{bmatrix} \tag{15.34}$$

wobei gilt $\sigma_1 > \sigma_2 > \cdots$. Alle Zeilen $> N_{t_k}$ enthalten nur Nullen. Betrachtet man nun die Dynamik einer bestimmten mRNA, so lässt sich diese schreiben als eine Linearkombination der Elemente aus U mit Vektoren aus $\Sigma \cdot V^T$. Man erhält für Gen 1 dann:

$$mRNA_1 = [u_{11}\, u_{12}\, \cdots\, u_{1t_k}] \cdot SV, \tag{15.35}$$

wobei SV folgenden Aufbau hat:

$$SV = \begin{bmatrix} \sigma_1\, \underline{v}_1 \\ \sigma_2\, \underline{v}_2 \\ \sigma_{t_k}\, \underline{v}_{t_k} \end{bmatrix} \quad \text{mit} \quad \underline{v}_k \quad \text{Zeilen aus} \quad V^T. \tag{15.36}$$

Die Zeilen von SV repräsentieren damit ein Aktivitätsmuster von Transkriptionsfaktoren/Regulatoren. In der Regel werden nur signifikante singuläre Werte $\gg 0$ gewählt. Damit lässt sich die Anzahl der Elemente an Regulatoren, die auf die Gene wirken einschränken. Weiterhin besteht die Möglichkeit den zeitlichen Verlauf dieser Aktivitäten über ein System von Differentialgleichungen abzubilden.

Anhang

A Ergänzende Formelsammlung

Hier finden sich in loser Folge einige wichtige Formeln, auf die im Text Bezug genommen wird sowie am Ende eine Buchliste mit weiterführender Literatur.

Summationstheorem für Binomialreihen

$$\binom{a}{0}\binom{b}{j} + \binom{a}{1}\binom{b}{j-1} + \cdots + \binom{a}{j}\binom{b}{0} = \binom{a+b}{j} \tag{A.1}$$

Statistik und Wahrscheinlichkeitsrechung

(i) **Zufallsgröße** X: Reelle Variable, die nach dem Ausgang eines Versuches verschiedene Werte annehmen kann. Ist X eine diskrete Größe, so ist die diskrete Wahrscheinlichkeit P, dass Zufallsgröße X den Wert x_i annimmt, gegeben durch:

$$P(X = x_i) = p_i \tag{A.2}$$

Für kontinuierliche Prozesse bedient man sich Dichtefunktionen, um die Wahrscheinlichkeiten zu beschreiben: **Wahrscheinlichkeitsdichte** $f(x)$ (probapility density function **pdf**)

$$P(a \leq X < b) = \int_a^b f(x)\,dx = F(b) - F(a) \tag{A.3}$$

Verteilungsfunktion $F(x)$ (cumulative density function **cdf**)

$$F(x) = P(X < x) \tag{A.4}$$

Kenngrößen von Verteilungen sind Mittelwert, Streuung (Varianz) σ^2 und Standardabweichung σ.
(ii) **Wichtige Verteilungen**
  Normalverteilung

$$P_n = \frac{1}{\sqrt{2\pi}\,\sigma}\,e^{-\frac{1}{2}\frac{x^2}{\sigma^2}} \tag{A.5}$$

χ^2-Verteilung

$$P_{\chi^2} = \sum_i^{df} x_i^2 \quad (\text{df Freiheitsgrad}) \tag{A.6}$$

Hierbei ist x eine normalverteilte Zufallsgröße.
  (iii) **Rechenregel für Mittelwerte & Varianzen**

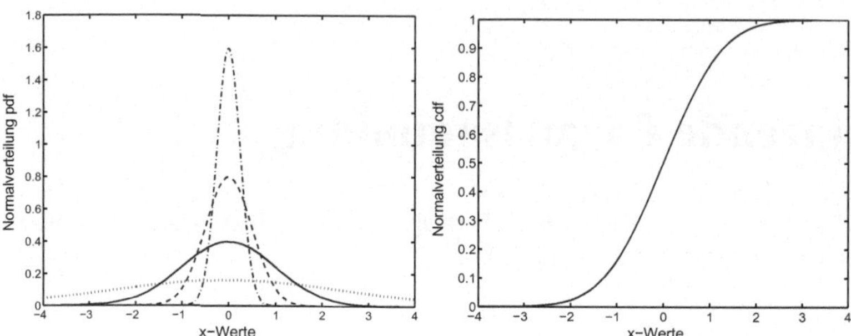

Abbildung A.1: Links: Pdf Normalverteilung. Rechts Cdf.

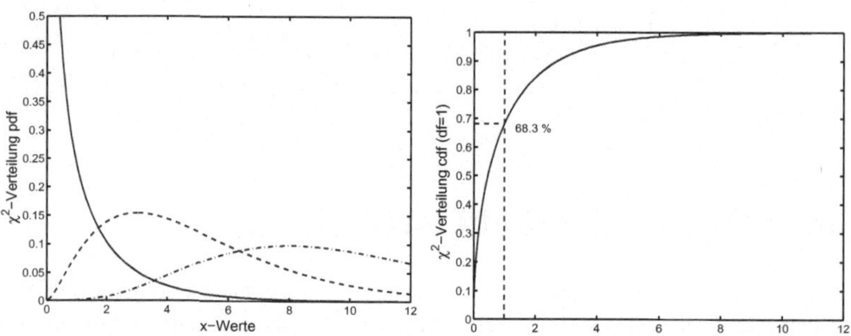

Abbildung A.2: Links: Pdf χ^2. Rechts Cdf mit Freiheitsgrad (df) = 1.

Es gilt:

$$\text{Mittelwert} \qquad \bar{x} = E[x] \tag{A.7}$$

$$\text{Varianz} \qquad Var(x) = \sigma^2 = E[(x-\bar{x})^2] \tag{A.8}$$

Für Matrizen und Vektoren gilt:

$$Var\left[A \cdot x\right] = A \cdot Var\left[x\right] \cdot A^T. \tag{A.9}$$

Ist eine Zufallsgröße x die Summe (Differenz) zweier Zufallsgröße a und b, so erhält man:

$$E[a \pm b] = E[a] \pm E[b] \tag{A.10}$$

$$\begin{aligned} Var(a \pm b) &= E[(a \pm b - (\bar{a} \pm \bar{b}))^2] \\ &= Var(a) + Var(b) \pm 2\,Cov(a,b) \\ &= Var(a) + Var(b) \pm 2\,(E[ab] - \bar{a}\,\bar{b}) \end{aligned} \tag{A.11}$$

Approximation einer Funktion durch die Taylor-Reihe

Jede differenzierbare Funktion $y = f(x)$ kann durch die Taylor-Reihe an einem ausgewählten Punkt x_0 approximiert werden. Die Reihe besteht aus einer unendlichen Anzahl von Summanden:

$$f(x) = \sum_{k=0}^{\infty} \frac{1}{k!} f^k(x_0) \, (x - x_0)^k \tag{A.12}$$

wobei f^k die kte Ableitung meint; oder ausgeschrieben

$$f(x) = f(x_0) + \frac{df}{dx} (x - x_0) + \frac{1}{3!} \frac{d^2 f}{dx^2} (x - x_0)^2 + \frac{1}{3!} \frac{d^3 f}{dx^3} (x - x_0)^3 + \cdots \tag{A.13}$$

Bricht man die Kette nach dem ersten Glied ab, so spricht man von einer Linearisierung:

$$f(x) = f(x_0) + \left. \frac{df}{dx} \right|_{x=x_0} (x - x_0) . \tag{A.14}$$

Die Ableitungen sind an der Stelle x_0 auszuwerten. Für Gleichungen mit zwei Variablen x_1 und x_2 lautet die linearisierte Form:

$$f(x) = f(x_{10}, x_{20}) + \frac{df}{dx_1} (x_1 - x_{10}) + \frac{df}{dx_2} (x_2 - x_{20}) \tag{A.15}$$

wobei hier die Ableitungen an der Stelle $x_1 = x_{10}$ und $x_2 = x_{20}$ auszuwerten ist. Eine spezielle Situation für dynamische Systeme ergibt sich, wenn um eine Ruhelage linearisiert wird. Ist

$$\dot{x} = f(x) \tag{A.16}$$

ein eindimensionales dynamisches System, so führt die Linearisierung um die Ruhelage x_0 auf ein System mit der Variablen x', die die Dynamik nur in der Nähe der Ruhelage beschreibt. Die entsprechende linear Differentialgleichung erster Ordnung lautet:

$$\dot{x}' = \left. \frac{df}{dx} \right|_{x=x_0} x' = a \, x' \tag{A.17}$$

wobei a die Ableitung ausgewertet an x_0 ist. Für $a < 0$ ist die Gleichgewichtslage/Ruhelage stabil, dass bedeutet, dass das System nach einer Auslenkung aus der Ruhelage, wieder in diese zurückkehrt.

Ableitungsregeln für Vektoren

Gegeben ist ein Vektor mit konstanten $\underline{a}$ und eine Variable $\underline{x}$. Das Skalarprodukt lautet:

$$p = \underline{a}^T \underline{x} \tag{A.18}$$

Es gelten dann folgende Ableitungsregeln:

$$\frac{dp}{d\underline{x}} = \frac{d(\underline{a}^T \underline{x})}{d\underline{x}} = \underline{a} \tag{A.19}$$

Damit gilt auch:

$$\frac{d(\underline{x}^T \underline{a})}{d\underline{x}} = \underline{a} \tag{A.20}$$

Hat man eine Produkt, kann die Produktregel sinngemäß angewendet werden:

$$\frac{d(\underline{x}^T A \underline{x})}{d\underline{x}} = (A + A^T)\,\underline{x} \tag{A.21}$$

Bei einer symmetrischen Matrix A ergibt sich dann:

$$\frac{d(\underline{x}^T A \underline{x})}{d\underline{x}} = 2A\underline{x} \tag{A.22}$$

Jacobi – Matrix

Die Jacobi–Matrix ist eine spezielle mathematische Struktur, die bei der Analyse von dynamischen Systemen eine zentrale Rolle spielt. Sie ergibt sich durch eine Linearisierung der Systemgleichungen eines Systems in allgemeiner Form:

$$\underline{\dot{x}} = \underline{f}(\underline{x}) \tag{A.23}$$

mit den folgenden Ableitungen:

$$J = \begin{bmatrix} \dfrac{df_1}{dx_1} & \dfrac{df_1}{dx_2} & \cdots \\[1.2em] \dfrac{df_2}{dx_1} & \dfrac{df_2}{dx_2} & \cdots \\[1.2em] \dfrac{df_3}{dx_1} & \dfrac{df_3}{dx_2} & \cdots \end{bmatrix}, \tag{A.24}$$

die an der Stelle $\underline{x} = \underline{x_0}$ also dem Linearisierungspunkt - in der Regel eine Ruhelage des Systems - ausgewertet werden muss.

Die Fundamentalmatrix

Die Fundamentalmatrix ist wie folgt definiert:

$$e^{Jt} = \sum_{m=0}^{\infty} \frac{J^m \cdot t^m}{m!} \tag{A.25}$$

und kann zur Bestimmung der Lösung von linearen Differentialgleichungssystemen eingesetzt werden. Es gelten die folgenden Rechenregeln:

$$e^{Jt1} + e^{Jt2} = e^{J(t1+t2)} \tag{A.26}$$

$$\frac{de^{Jt}}{dt} = J\,e^{Jt} \tag{A.27}$$

Bei einem homogenem System erhält man als Lösung:

$$\underline{x} = \underline{x}_{(0)} \cdot e^{Jt} \tag{A.28}$$

Ist man an dem Verhalten zu bestimmten Zeitpunkten t_1, t_2 interessiert, so gilt:

$$\underline{x}(t_2) \;=\; \underline{x}(t_1) \cdot e^{J(t_2-t_1)}$$

$$=\; \underline{x}_{(0)} \cdot e^{J(t_2-t_1)} \cdot e^{Jt_1} \tag{A.29}$$

Im konkreten Fall bietet es sich an, die Fundamentalmatrix über die Eigenwerte und Eigenvektoren $\underline{x}_l$ und dazu orthogonale Vektoren $\underline{x}_r$ der Jacobi-Matrix zu berechnen:

$$\underline{x} \;=\; \sum e^{\lambda_i} \, \underline{x}_l \, \underline{x}_r{}^T \, \underline{x}_{(0)}. \tag{A.30}$$

Fasst man die Eigenvektoren $\underline{x}_l$ in XL zusammen, dann gilt für die orthogonalen Vektoren in der Matrix XR: $XR^T = XL^{-1}$.

Eigenwerte eines Systems 2ter Ordnung

Ein System zweiter Ordnung in Form von zwei Differentialgleichungen erhält man z.B. beim Aufstellen von Bilanzgleichungen. Die allgemeine Form lautet:

$$\underline{\dot{x}} = A\,\underline{x} + \underline{b}\,u = \begin{bmatrix} a_{11} & a_{12} \\ a_{21} & a_{22} \end{bmatrix} \underline{x} + \begin{bmatrix} b_1 \\ b_2 \end{bmatrix} u, \tag{A.31}$$

wobei A die Systemmatrix oder Jacobi–Matrix ist (siehe oben). Eine Stabilitätsanalyse führt auf die Berechnung von Eigenwerten. Diese erhält man über die charakteristische Gleichung:

$$\lambda^2 - spur(A)\,\lambda + det(A) = 0 \tag{A.32}$$

mit der Spur der Matrix A: $spur(A) = a_{11} + a_{22}$ und der Determinanten von A: $det(A) = a_{11}\,a_{22} - a_{12}\,a_{21}$. Die Lösung der Gleichung lautet:

$$\lambda_{1/2} = \frac{spur}{2} \pm \sqrt{\frac{spur^2}{4} - det}. \tag{A.33}$$

Die Gleichung lässt sich gut analysieren, da verschiedene Fälle unterschieden werden können. Abbildung A.3 illustriert die Fälle in einem $spur$-det-Diagramm.

Laplace-Transformation

Motivation: Bei vielen ingenieurwissenschaftlichen Fragestellungen interessiert man sich für das Verhalten von zusammengesetzten Einheiten (Apparaten, Regelkreiselemente) bei einer speziel-len Anregung. Typischerweise handelt es sich hier um eine Sprung-, oder Impulsanregung und man ist an der Dynamik des Systemausgangs interessiert. Eine elegante Methode den Ausgang zu berechnen stellt die Laplace-Transformation (benannt nach Pierre-Simon Laplace) dar, wenn die einzelnen Teilsysteme durch lineare Differentialgleichungen abgebildet werden können.

Die Laplace-Transformation ist eine Integraltransformation, die es erlaubt, Differentialgleichungen in algebraische Gleichungen zu transformieren und mit anderen Teilsystemen zu verrechnen. Dabei wird eine

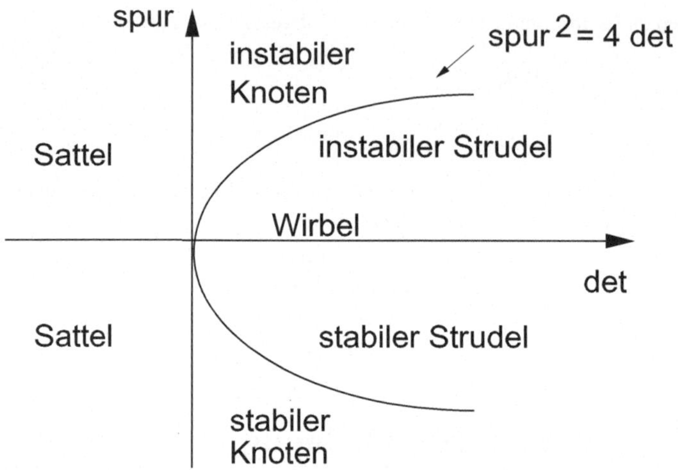

Abbildung A.3: Stabilitätdiagramm für lineare Systeme zweiter Ordnung.

gegebene Funktion $f(t)$ vom reellen Zeitbereich (t = Zeit) in eine Funktion $F(s)$ im komplexen Spektralbereich (Frequenzbereich; Bildbereich) überführt. Die formale Definition lautet:

$$F(s) = \int_0^\infty e^{-st} f(t)\, dt \quad \text{mit} \quad s = \sigma + i\omega \tag{A.34}$$

Durch die Transformation lassen sich Differentialgleichungen als algebraische Gleichungen schreiben und umformen. Die Laplace-Transformation ist eine lineare Transformation. Besonders wichtige Operationen im Zusammenhang mit Differentialgleichungen sind die Ableitung und die Integration von Funktionen:

$$\text{Ableitung} \quad \frac{dx}{dt} \longrightarrow sX - x(0^+) \tag{A.35}$$

$$\text{Integration} \quad \int x\, dt \longrightarrow \frac{1}{s} X \tag{A.36}$$

Daneben können Eingangssignale recht einfach transformiert werden:

$$\text{Sprungsignal} \quad f(t) = \begin{cases} 0 \text{ für } t < 0 \\ 1 \text{ für } t \geq 0 \end{cases} \longrightarrow \frac{1}{s} \tag{A.37}$$

$$\text{Rechteckimpuls} \quad f(t) = \begin{cases} 0 \text{ für } t < a \\ A \text{ für } a \geq t \geq b \\ 0 \text{ für } t > b \end{cases} \longrightarrow \frac{A\left(e^{-as} - e^{-bs}\right)}{s}. \tag{A.38}$$

Wichtig ist auch der Grenzwertsatz, mit dem man den stationären Wert berechnen kann:

$$\lim_{t \to \infty} f(t) = \lim_{s \to 0} s\, F(s). \tag{A.39}$$

Folgende Abbildung zeigt, wie die Verrechnung einzelner bereits transformierter Funktionen erfolgt. Hinter jedem Kasten stehen eine oder mehrere Differentialgleichungen, die das Eingangs- /Ausgangsverhalten des Moduls wiedergeben. Hat man die einzelnen Teil-Funktionen miteinander verrechnet, so kann die gefundene algebraische Funktion wieder in den Zeitbereich zurücktransformiert werden. Dazu stehen in der Literatur viele Tabellenwerke zur Verfügung.

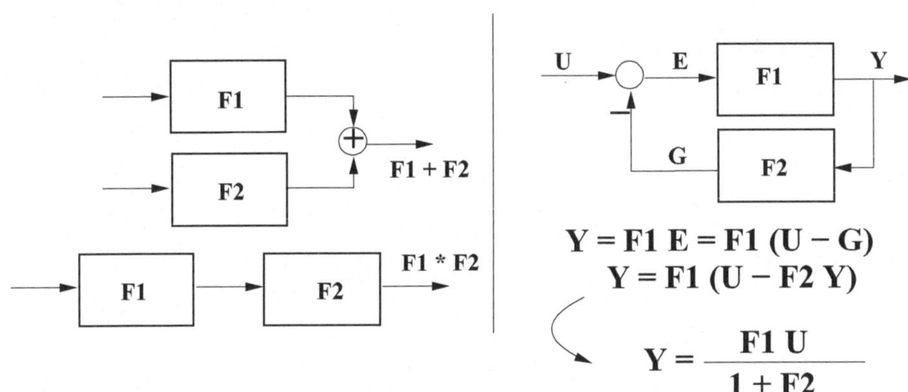

Abbildung A.4: Einzelne Elemente in einer Verschaltung können mit algebraischen Methoden miteinander verrechnet werden. F_j sind transformierte Funktionen; U und Y sind das (in der Regel bekannte) Eingangssignal und das (gesuchte) Ausgangssignal.

Anwendungsbeispiel: Betrachtet wird die rechte Schaltung mit der Rückführung des Signals auf den Ausgang: Das System von linearen Differentialgleichungen lautet wie folgt:

$$\text{Block } F_1: \qquad \dot{y} = -y + e, \; y(0) = 0 \tag{A.40}$$

$$\text{Block } F_2: \qquad g = 2y \tag{A.41}$$

Die Laplace-Transformation für die einzelnen Teile liefert:

$$\text{Block } F_1: \qquad sY = -Y + E \quad \longrightarrow \quad Y = \underbrace{\frac{1}{1+s}}_{F_1} E \tag{A.42}$$

$$\text{Block } F_2: \qquad G = \underbrace{2}_{F_2} Y \tag{A.43}$$

Setzt man oben in die Formel ein, so erhält man:

$$Y = \frac{F_1}{1+F_2} U = \frac{1}{1+s} \frac{1}{1+2} U = \frac{1}{3(1+s)} U. \tag{A.44}$$

Ist man an der Sprungantwort interessiert ($U = 1/s$), so erhält man zunächst als Funktion im Bildbereich Y und damit im Zeitbereich y:

$$Y = \frac{1}{3(s+s^2)} \quad \longrightarrow \quad y(t) = \frac{(1-e^{-t})}{3} \tag{A.45}$$

Die Analyse des Ausgangsverhaltens kann auch im Bildbereich erfolgen. Im Bildbereich werden Anregungen betrachtet, bei denen die Frequenz variiert wird. Lineare Systeme zeichnen sich dadurch aus, dass bei einer sinusförmigen Anregung mit einer bestimmten Frequenz ω der Ausgang die gleiche Frequenz aufweist, allerdings mit veränderter Amplitude und einer Phasenverschiebung (siehe dazu Abbildung unten). Der Amplituden- und der Phasengang geben wichtige Informationen über das dynamische Verhalten

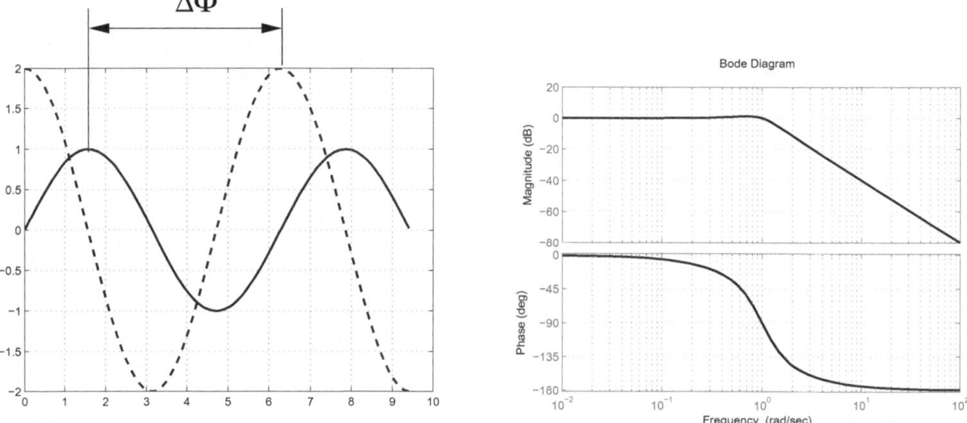

Abbildung A.5: Links: Ein lineares System reagiert auf eine sinusförmige Anregung mit veränderter Amplitude aber mit gleicher Frequenz. Es tritt gegenüber dem Eingangssignal eine Phasenverschiebung auf. Rechts: Amplituden- und Phasengang des dynamischen Systems $\ddot{y}+\dot{y}+y=1$. Bei hohen Frequenzen wird das Signal stark abgeschwächt.

wieder. In der Abbildung ist der Amplituden- und der Phasengang des Systems $\ddot{y}+\dot{y}+y=1$ gezeigt. Die Systeme werden auch als Filter bezeichnet, da sie bestimmte Frequenzen verstärken, andere dagegen nicht passieren lassen. Dies ist besonders von Interesse, wenn Systeme oft veränderten Bedingungen ausgesetzt sind und damit einer permanenten Anregung unterliegen.

Matrizen-Faktorisierung

Es gibt verschiedene Möglichkeiten eine Matrix mit N Zeilen und K Spalten zu zerlgen:

(i) Singulärwert-Zerlegung

$$A = U \cdot S \cdot V^T, \tag{A.46}$$

wobei U eine $N \times N$, und V^T eine $K \times K$ Matrix ist. Matrix S $(N \times K)$ beinhaltet die K singulären Werte und hat die Form:

$$S = \begin{bmatrix} s_1 & 0 & \cdots & 0 \\ 0 & s_2 & 0 & \cdots \\ 0 & 0 & s_3 & \cdots \\ 0 & 0 & 0 & \cdots \\ 0 & 0 & 0 & \cdots \\ \vdots & \vdots & \vdots & \end{bmatrix}, \tag{A.47}$$

wobei gilt $s_1 > s_2 > \cdots > 0$.

(ii) QR-Zerlegung

$$A = Q \cdot R \tag{A.48}$$

wobei gilt:

$$QQ^T = I \tag{A.49}$$

und R eine obere Dreiecksmatrix ist. Q ist eine $N \times N$ Matrix und R wird durch zusätzliche Nullen auf eine $N \times K$ Matrix gebracht. Für $N > K$ ist die Zerlegung eindeutig.

(iii) LR-Zerlegung

Die quadratische Matrix A kann wie folgt zerlegt werden:

$$A = L \cdot R, \tag{A.50}$$

wobei L eine untere Dreiecksmatrix und R eine obere Dreiecksmatrix ist.

(iv) Schur-Zerlegung. Für quadratische (reelle) Matrizen kann auch die Schur-Zerlegung durchgeführt werden. Es gilt:

$$R = U^T \cdot A \cdot U \quad \text{mit} \quad U^T U = I, \tag{A.51}$$

wobei R wiederum eine obere Dreiecksmatrix ist.

Nullraum einer Matrix

Besitzt eine Matrix mit n Zeilen den vollen Rang, so können die Zeilenvektoren als Basisvektoren des $\mathbb{R}^n$ angesehen werden. Ist nun der Rang $r = n - 1$, so steht keine vollständige Basis zur Verfügung und es gibt mindestens einen Vektor, mit dem dann eine Basis erstellt werden kann (komplementiert werden kann). Dieser Vektor steht senkrecht auf allen Zeilenvektoren der Matrix und wird Nullraum genannt.

Beispiel: Betrachtet wird die Matrix mit drei Zeilen:

$$N = \begin{pmatrix} 1 & 1 & 0 \\ 2 & 1 & 1 \\ 3 & 2 & 1 \end{pmatrix}, \tag{A.52}$$

die den Rang zwei besitzt (das sieht man, wenn die erste und zweite Zeile addiert werden und sich die dritte Zeile ergibt). Den Nullraum ermittelt man zu:

$$K = \begin{pmatrix} 1 \\ -1 \\ -1 \end{pmatrix}. \tag{A.53}$$

K steht auf allen Zeilen senkrecht, das bedeutet, das Skalarprodukt jedes Zeilenvektors mit dem Nullraum ergibt den Nullvektor. Verwendet man nun zwei Zeilen aus N und den Vektor K, so steht eine Basis des $\mathbb{R}^3$ zur Verfügung.

B Literatur

Bücher

Folgende Bücher können zum Studium der Materie empfohlen werden.

- Alberty, Robert A: Thermodynamics of Biochemical Reactions; Wiley, John, & Sons, Inc, 2003
  Kommentar: Schwerpunkt liegt auf der thermodynamischen Behandlung von biochemischen Reaktionen.

- Alon, Uri: An Introduction to Systems Biology – Design Principles of Biological Circuits; Chapman & Hall, 2006
  Kommentar: Schwerpunkt liegt auf der Analyse von Netzwerkmotiven. Als ausführliches Beispiel wird die Chemotaxis behandelt.

- Bailey, James E. : Biochemical Engineering Fundamentals, MCGRAW HILL PROFESSIONAL, 1988
  Kommentar: Ein Klassiker des Metabolic Engineering, der leider im Buchhandel nicht mehr zu bekommen ist.

- Beard, Daniel Hong, Qian: Chemical Biophysics – Quantitative Analysis of Cellular Systems; Cambridge University Press, 2008
  Kommentar: Auch hier liegt der Schwerpunkt auf thermodynamischen Aspekten.

- Bergethon, Peter R.: The Physical Basis of Biochemistry – The Foundations of Molecular Biophysics; Springer Berlin, 1998

- Bisswanger, H.: Theorie und Methoden der Enzymkinetik. Wiley-VCH, 1994.

- Dochain, Denis [Ed.]: Automatic Control of Bioprocesses; ISTE Ltd and John Wiley, 2008
  Kommentar: Eine Sammlung von Aufsätzen, die sich mit der Prozessführung beschäftigen.

- Heinrich, Reinhart; Schuster, Stefan: The Regulation Of Cellular Systems, Springer, Berlin, 1996
  Kommentar: Gründliche Einführung in viele Grundgebiete der Systembiologie mit Schwerpunkt auf Netzwerkanalyse und Kontrolltheorie.

- Körner, M.-C.; Schöbel, A. (Hrsg.): Gene, Graphen, Organismen, Shaker Verlag, 2010

- Klipp, Edda; Liebermeister, Wolfram; Wierling, Christoph; Kowald, Axel; Lehrach, Hans; Herwig, Ralf: Systems Biology: A Textbook, Wiley-VCH, 2009

- Nielsen, Jens; Villadsen, John; Liden, Gunnar: Bioreaction Engineering Principles, Springer Netherlands, 2002
  Kommentar: Schwerpunkt liegt auf der Modellierung und dem Auslegen von Prozessen.

- Palsson, Bernhard O.: Systems Biology – Properties of reconstructed networks, Cambridge University Press, 2006
  Kommentar: Schwerpunkt liegt auf der Analyse der stöchiometrischen Matrix der biochemischen Netzwerke.

- Stephanopoulos, Gregory N.; Aristidou, Aristos A.; Nielsen, Jens: Metabolic Engineering: Principles and Methodologies; Elsevier, 1998
  Kommentar: Hier liegt der Schwerpunkt ebenfalls auf der Modellierung dann aber auch auf dem Metabolic Engineering.

- Segel, Irwin H.: Enzyme Kinetics: Behavior and Analysis of Rapid Equilibrium and Steady-State Enzyme Systems; Wiley Classics, 1993

- Voit, Eberhard O.: Computational Analysis of Biochemical Systems: A Practical Guide for Biochemists and Molecular Biologists; Cambridge University Press

- R. Diestel.: Graphentheorie; SpringerVerlag 2010

- Lehninger, Nelson, Cox: Prinzipien der Biochemie; Spektrum Verlag

- S. Cooper:Bacterial growth and division; Academic Press, 1991

- F. Neidhardt: Physiology of the bacterial cell : a molecular approach, Sinauer Associates, 1990
  Kommentar: Für mich das informativste Buch über E. coli.

Referenzen und weitere Publikationen

Hier ist eine Liste mit interessanten Publikationen zusammengestellt. Die Liste umfasst auch Publikationen auf die innerhalb des Buches verwiesen wurde. Besonders lesenswerte Arbeiten sind mit $\star$ gekennzeichnet.

- U. Alon: Network motifs: theory and exeprimental approaches. Nature Rev. Gen. 8: 450-460,2007

- $\star$B. B. Aldrige et al.: Physicochemical modelling of cell signalling pathways. Nature Cell Bioloy 8: 1195-1203, 2006

- $\star$A.-L. Barabasi and Z. N. Oltvai: Network Biology: Understanding the cells functional organization. Nat. Rev. Genetics 5: 101 - 114, 2004

- $\star$D. A. Beard et al.: Thermordynamic constraints for biochemical networks, J. Theor. Biol., 228: 327–333, 2004

- H. Conzelmann et al.: A domain-oriented approach to the reduction of combinatorial complexity in signal transduction networks. BMC Bioinformatics 7, 2006, 34

- $\star$M. E. Csete and J. C. Doyle: Reverse Engineering of Biological Complexity. Science 295: 1664-1669, 2002

- M. Ederer und E.D. Gilles: Thermodynamically feasible kinetic models of reaction networks. , Biophys. J., 92:1846-1857, 2007

- A. M. Feist and B. O. Palsson, The growing scope of applications of genome-scale metabolic reconstructions using *Escherichia coli*. Nature Biotechnology 26, 2008, pp. 659

- J. E. Ferrell: Tripping the switch fantastic: how a protein kinase cascade can convert graded inputs into switch-like outputs. TIBS 21, 1996, 460-466

- Z. P. Gerdtzen et al.: Non-linear reduction for kinetic models of metabolic reaction networks. Metab. Eng. 6, 2004, 140-154

- D.T. Gillespie: Exact Stochastic Simulation of Coupled Chemical Reactions. The Journal of Physical Chemistry 81(25): 2340-2361,1977

- $\star$M. Goulian: Robust control in bacterial regulatory circuits. Current Opinion in Microbiology 7, 2004, 198-202

- ★J. W. Hearne: Sensitivity analysis of parameter combinations. Appl. Math. Modelling 9, 1985, 106–108.

- J.J. Heijnen.: Approximative kinetic formats used in metabolic network modeling. Biotech. & Bioeng., 91, 2005, 534–545

- ★R. Heinrich et al.: Mathematical models of protein kinase signal transduction. Molecular Cell 9, 2002, 957-970

- K. A. Janes and M. B. Yaffe: Data-driven modelling of signal-transduction networks, Nature Reviews Molecular Cell Biology 7: 820 - 828, 2006

- M. Joshi et al.: Exploiting the bootstrap method for quantifying parameter confidence intervals in dynamical systems. Metab. Eng. 8, 2006, 447-455.

- H. Kacser and J.A. Burns: The control of flux. Symp. Soc. Exp. Biol. 27, 1973, 65-104

- M. Kaern et al.: The engineering of gene regulatory networks. Annu. Rev. Biomed. Eng. 5, 179-206, 2003

- ★M. Kaern et al: Stochasticity in gene expression: from theories to phenotypes, Nature Reviews Genetics 6: 451-464, 2005

- ★S. Klamt et al.: Calculability analysis in underdetermined metabolic networks illustrated by a model of the central metabolism in purple nonsulfur bacteria. Biotech & Bioeng. 77: 734-751, 2002

- S. Klamt et al.: Modeling the electron transport chain of purple non-sulfur bacteria, Mol. Sys. Biol., 4:156, 2008

- ★B. N. Kholodenko: Cell-signaling in time and space. Molecular Cell Biology, 7, 2006, 165-176

- ★S. Klamt et al.: A methodology for the structural and functional analysis of signaling and regulatory networks, BMC Bioinformatics 7:56, 2006

- A. Kremling & E. D.Gilles: The organization of metabolic reaction networks: II. Signal processing in hierarchical structured functional units. Metab. Eng. 3, 2001, 138-150

- A. Kremling et al.: Analysis of two-component signal transduction by mathematical modeling using the KdpD/KdpE system of *Escherichia coli*. BioSystems 78(1-3),2004, 23-37

- A. Kremling: Comment on mathematical models which describe transcription and calculate the relationship between mRNA and protein expression ratio. Biotech. Bioeng. 96, 2007, 815-819

- A. Kremling et al.: Analysis of global control of *Escherichia coli* carbohydrate uptake. BMC Systems Biology 1, 2007, 42

- H. Kobayashi et al.: Programmable cells: Interfacing natural and engineered gene networks, PNAS 101, 8414-8419, 2004

- ★J. C. Liao et al.: Network component analysis: Reconstruction of regulatory signals in biological systems. PNAS 100: 15522-15527, 2003

- S. B. Lee and J. E. Bailey.: Genetically structured models for *lac* promotor-operator function in the *Escherichia coli* chromosome and in multicopy plasmids: *lac* operator function. Biotech. & Bioeng. 26, 1984, 1372-1382.

- ★S. Mangan and U. Alon: Structure and function of the feed-forward loop network motif. PNAS 100, 2003, 11980 - 11985

- R. Milo et al.: Network Motifs: Simple building blocks of complex networks. Science 298: 824 - 827, 2002

- E. M. Ozbudak et al.: Multistability in the lactose utilization network of *Escherichia coli*. Nature 427, pp. 737, 2004

- P. W. Postma et al.: Phosphoenolpyruvate: carbohydrate phosphotransferase systems of bacteria. Microbiol. Rev. 57, 1993, 543-594

- ★J. Quakenbush: Computational analysis of microarray data, Nature Reviews Genetics 2: 418-427, 2001

- E. Ravasz et al.: Hierarchical organization of modularity in metabolic networks. Science 297, 2002, 1551 - 1555.

- J. Saez-Rodriguez et al.: Modular analysis of signal transduction networks. IEEE Control Systems Magazine 24, 2004, 35-52

- M. A. Savageau, Biochemical System analysis: I Some mathematical properties of the rate law for the component enzymatic reactions. Journal of Theoretical Biology 25, 1969, 365-369

- S. S. Shen-Orr et al.: Network motifs in the transcriptional regulation network of *Escherichia coli.*, Nat. Genetics 31: 64 - 68, 2002

- G. Shinar et al.: Input-output robustness in simple bacterial signaling systems. PNAS 104, 2007, 19931-19935

- ★E. D. Sontag: Some new directions in control theory inspired by systems biology. Systems Biology 1: 9-18, 2004

- ★E. D. Sontag: Remarks on feedforward circuits, adaption and pulse memory. IET Systems Biology 4: 39-51, 2010

- ★R. Steuer et al., Structural kinetic modeling of metabolic networks. PNAS 103, 2006, pp. 11868-11873

- ★J. J. Tyson et al.: Sniffers, buzzers, toggles and blinkers: dynamics of regulatory and signaling pathways in the cell. Current Opinion in Cell Biology, 15, 2003, 221–231

- W. Wiechert: Modeling and simulation: tools for metabolic engineernig. J.Biotech. 94: 37-63, 2002.

- ★D. M. Wolf and A. P. Arkin: Motifs, modules and games in bacteria, Current Opinion in Microbiology 6: 125-134, 2003

- T.-M. Yi et al.: Robust perfect adaption in bacterial chemotaxis through integral feedback control. PNAS 97, 2000, 4649-4653

- G.-Y. Zhu et al.: Model predictive control of continuous yeast bioreactors using cell population balancemodels, Chem. Eng. Science 55:6155-6167, 2000

Glossar

Escherichia coli ist eines der am besten untersuchten Bakterien und dient daher in vielen Studien als Modellorganismus. Viele Beispiele in diesm Skriptum basieren auf der Physiologie und Genetik von *E. coli*. 5

Bottom-Up-Ansatz Beim Bottom-up Ansatz geht man von kleinen Teilnetzwerken aus, die modelliert und analysiert werden und mit anderen Teilnetzwerken zu größeren Modellen verschaltet werden. 3

Flussverteilung In einer Gleichgewichtslage sind die Reaktionsraten der Zu- und Abflüsse einer Komponenten gleich groß. Betrachtet man nun ein biochemisches Reaktionsnetzwerk, in dem für alle Komponenten die Gleichgewichtslage gilt, so beschreibt eine Flussverteilung (flux map) die Verteilung der der Stoffflüsse auf die einzelnen Reaktionen im Netzwerk. 8

Modellreduktion Viele theoretische Analysenmethoden erfordern eine recht einfache Struktur der mathematischen Gleichungen. Eine Vereinfachung eines vorliegenden Modells kann unter mehreren Gesichtspunkten durchgeführt werden: Beschreibung des Ein-/Ausgangsverhaltens, Beschreibung aller Prozesse in einem ausgewählten Zeitfenster (für schnellere Prozesse wird eine Gleichgewichtslage angenommen, langsamere Zustandsgrößen verbleiben bei ihrem Anfangswert), Berücksichtigung von Prozessen, die eine hohe Empfindlichkeit (Sensitivität) gegenüber einer Anregung aufweisen (weniger empfindliche Prozesse (robuste Teile des Netzwerkes) werden als konstant betrachtet). Eine Modellreduktion kann hinsichtlich der Struktur des Netzwerkes als auch der kinetischen Parameter durchgeführt werden. 7

Modul Ein Modul stellt eine Einheit des Stoffwechsels dar, die gegenüber ihrer Umgebung abgegrenzt ist und eine gewisse Autonomie besitzt. Diese Autonomie kann über die stoffliche oder signaltechnische Kopplung erfolgen, wobei im allgemeinen gefordert wird, dass eine Rückwirkungsfreiheit (im Englischen retro activity) vorliegt. 6

Monotonie von Systemen Die Monotonie von Systemen ist eine charakteristische Systemeigenschaft, die sich besonders für die Analyse von Netzwerken eignet, bei denen nur teilweise quantitative Informationen vorliegen, sonst aber qualitative Informationen, bspw. über die Struktur des Netzwerkes. Liegt monotones Verhalten vor, so kann ausgeschlossen werden, dass das System oszilliert. Die Analyse von monotonen Systemen erlaubt die Ermittlung und Charakterisierung von Gleichgewichtslagen der Systeme, wenn das Ein-/Ausgangsverhalten eines offenen Regelkreises bekannt ist, der über ein zweites monotones System geschlossen wird. 8

Motive Ein Motif stellt eine Verschaltung von nur wenigen Elementen dar, deren dynamisches oder stationäres Verhalten sich durch eine gewisse Funktionalität auszeichnet. 6

Reverse Engineering Beim Top-down-Ansatz wird versucht, aus Messdaten auf die Verknüpfungen innerhalb eines Netzwerkes zu schließen. Dieses Vorgehen wird "Reverse Engineering" genannt, weil es im Gegensatz zu einer Synthesemethode - eine Grundaufgabe eines Ingenieurs - eine Analysemethode darstellt. 8

Sensitivitäten Unter einer Sensitivität wird die Empfindlichkeit einer bestimmten Größe oder einer bestimmten Eigenschaft eines Netzwerkes hinsichtlich einer Veränderung bezeichnet, wobei deutlich gemacht werden muss, was verändert wurde und was betrachtet wird. Verhält sich ein System äußert wenig sensitiv, so bezeichnet man es als robust. Robustheit wurde für viele Beispiele in der Literatur gezeigt. Das Paradebeispiel ist das chemotaktische Verhalten von *E. coli*, das durch eine bestimmte Regelkreisstruktur erklärt werden kann. 7

Systembiologie Interdisziplinäres Forschungsfeld. Versucht Methoden aus Biologie, Ingenieurwissenschaften und Informationswissenschaften zur ganzheitlichen Analyse zellulärer Systeme einzusetzen. 3

Top-Down-Ansatz Beim Top-down Ansatz liegen Messdaten vor, die den Gesamtzustand der Zelle charakteriesieren, bspw. in Form von Array- oder Proteom-Daten. Diese Daten können auch als Grundlage der Modellierung dienen. 3

Zeitskalen In zellulären Systemen laufen die einzelnen Prozesse (enzymatische Stoffumwandlung, Signalweiterleitung) unterschiedlich schnell ab. Man spricht von Zeihierarchien, wobei Prozesse der Signalübertragung (Phosphorylierungsreaktionen) in der Regel sehr schnell, Prozesse der Proteinsynthese dagegen sehr viel langsamer ablaufen. 7

F

G

H

I

J

K

L

M

Mathematik für Informatiker

Matthias Schubert
Mathematik für Informatiker
Ausführlich erklärt mit vielen Programmbeispielen
und Aufgaben
2009. 798 S. Br. EUR 49,90
ISBN 978-3-8351-0157-9

Grundlagen - Algebraische Strukturen - Boolesche Algebra -
Graphentheorie - Algorithmen - Wahrscheinlichkeitsrechnung und
Statistik - Analysis - Lineare Algebra

Dieses Buch entstand ausgehend von der Frage, welche Mathematik
Informatiker wirklich brauchen. Es vermittelt das mathematische
Handwerkszeug fundiert und mathematisch präzise. Zugleich
macht es deutlich, an welchen Stellen Sie dieses Wissen als
Informatiker brauchen werden. Die große Anzahl von Übungs-
aufgaben hilft Ihnen, sich ganz gezielt auf Prüfungen vorzubereiten.

**VIEWEG+
TEUBNER**

Abraham-Lincoln-Straße 46
65189 Wiesbaden
Fax 0611.7878-400
www.viewegteubner.de

Stand Juli 2011.
Änderungen vorbehalten.
Erhältlich im Buchhandel oder im Verlag.

Studienbücher Medizinische Informatik

Cord Spreckelsen / Klaus Spitzer
Wissensbasen und Expertensysteme in der Medizin
KI-Ansätze zwischen klinischer Entscheidungsunterstützung und medizinischem
Wissensmanagement
2009. VIII, 286 S. mit 115 Abb. (Studienbücher Medizinische Informatik) Br. EUR 34,90
ISBN 978-3-8351-0251-4

Lutz Dümbgen
Biometrie
2010. X, 236 S. mit 53 Abb. und 18 Tab. (Studienbücher Medizinische Informatik)
Br. EUR 24,90
ISBN 978-3-8348-0662-8

Heinz Handels
Medizinische Bildverarbeitung
Bildanalyse, Mustererkennung und Visualisierung für die computergestützte ärztliche
Diagnostik und Therapie
2., überarb. u. erw. Aufl. 2007. XVI, 432 S. mit 239 Abb. (Studienbücher Medizinische
Informatik, hrsg. von Handels, Heinz / Pöppl, Siegfried) Br. EUR 49,90
ISBN 978-3-8351-0077-0

Reinhard Schuster
Biomathematik
Mathematische Modelle in der Medizinischen Informatik und in den Computational
Life Sciences mit Computerlösungen in Mathematica
2009. XII, 356 S. mit 209 Abb. (Studienbücher Medizinische Informatik, hrsg. von
Handels, Heinz / Pöppl, Siegfried) Br. EUR 29,90
ISBN 978-3-8348-0713-7

**VIEWEG+
TEUBNER**
Abraham-Lincoln-Straße 46
65189 Wiesbaden
Fax 0611.7878-400
www.viewegteubner.de

Stand Juli 2011.
Änderungen vorbehalten.
Erhältlich im Buchhandel oder im Verlag.